Physik 11

Gymnasium Bayern

Cornelsen

Physik 11
Gymnasium Bayern

Herausgegeben von: Ludwig Huber, Pfarrkirchen; Andrea Renner, Pfarrkirchen

Autorinnen und Autoren: Dr. Christian Amann, Aidenbach; Martin Blank, Schwandorf; Dr. Bardo Diehl, Kahl; Ferdinand Hermann-Rottmair, Reichertshausen; Ludwig Huber, Pfarrkirchen; Andrea Renner, Pfarrkirchen; Peter Sander, Gröbenzell

Mit Beiträgen von: Prof. Dr. habil. Lothar Meyer, Potsdam

Beratung: Andreas Ried, Amberg

Redaktion: Dr. Christian Wende

Layoutkonzept: SOFAROBOTNIK GbR, Augsburg & München

Umschlaggestaltung: Corinna Babylon, Berlin

Grafik: Atelier tigercolor Tom Menzel, Klingberg/Scharbeutz; newVISION! GmbH Bernhard A. Peter, Pattensen; ww-visuell Werner Wildermuth, Würzburg

Layout und technische Umsetzung: Straive

www.cornelsen.de

1. Auflage, 1. Druck 2023

Alle Drucke dieser Auflage sind inhaltlich unverändert
und können im Unterricht nebeneinander verwendet werden.

Druck: Mohn Media Mohndruck, Gütersloh

ISBN 978-3-8355-3270-0 (Schülerbuch)
ISBN 978-3-8355-3283-0 (E-Book)

PEFC/04-31-1033

PEFC zertifiziert
Dieses Produkt stammt aus nachhaltig bewirtschafteten Wäldern und kontrollierten Quellen.

www.pefc.de

INHALTSVERZEICHNIS

Kompetenzen erwerben – Physik verstehen 6

Bewegungen 8

WIEDERHOLUNG 10

1 Kreisbewegungen
Bahn- und Winkelgeschwindigkeit 12
Ursache der Kreisbewegung 14
Zentripetalkraft 15
SCHÜLEREXPERIMENT Messung der Zentripetalkraft 17
Zentrifugalkraft 20
Kettenkarussell 22
AUS DER TECHNIK g-Kräfte 23
Dynamische Geschwindigkeitsregelung 24
Newtons Gravitationsgesetz 26
Satellitenbahnen 27
NTG Physik auf dem Jahrmarkt 28
NTG Achterbahnfahrt 29
Aufgaben 36
CHECK-UP Kreisbewegungen 38
AUF EINEN BLICK Kreisbewegungen 40

Schwingungen und Wellen 42

WIEDERHOLUNG 44

1 Mechanische Schwingungen
Periodische Bewegungen 48
Kenngrößen einer Schwingung 49
Diagramme interpretieren 50
Charakteristika und Kenngrößen 50
Verlauf der Schwingung 50
Kräfte 50
Wippe 51
Federpendel 52
Harmonische Schwingungen 52
METHODE Messunsicherheiten 54
METHODE Messgenauigkeit vergrößern 56
METHODE Nichtlineare Zusammenhänge 57
AUS DER NATUR Schwingungen in der Natur 58
SCHÜLEREXPERIMENT Das Fadenpendel 59
Fadenpendel 60
Schwingungsdauer beim Fadenpendel 60
Rückstellkraft beim Fadenpendel 60
Vergleich: Faden- und Federpendel 60
AUS DER TECHNIK Hemmpendel 61
Stoßdämpfer 62
Experimente und Aufgaben 64
CHECK-UP Schwingungen 66

2 Wellen

Von der Schwingung zur Welle **68**
Beschreibung mechanischer Wellen **70**
PHYSIK IM ALLTAG Schallwellen 72
PHYSIK IM ALLTAG Wasserwellen 73
Beugung von Wellen **74**
Ausbreitung mechanischer Wellen **74**
Huygensches Prinzip **74**
AUS DER PHYSIK Anwendung des Huygensschen Prinzips 75
Überlagerung von Wellen **76**
Interferenz **76**
Gangunterschied **79**
Interferenz am Doppelspalt **79**
Stehende Wellen **80**
Konstruktion stehender Wellen **81**
PHYSIK IM ALLTAG Der akustische Doppler-Effekt 82
AUS DER NATUR UND TECHNIK Das Echolot-Prinzip 83
NTG Tonerzeugung bei Instrumenten 84
NTG Klangfarbe von Instrumenten 85
NTG Resonanzphänomene 86
NTG Schwebung 87
NTG Lärmwahrnehmung und Lärmschutz 88
Licht als Welle **90**
Farbe und Wellenlänge von Licht **92**
Modellvorstellungen von Licht **92**
NTG Datenübertragung mit Licht 94
Experimente und Aufgaben **96**
CHECK-UP Wellen 100
AUF EINEN BLICK Schwingungen und Wellen 102

Eigenverantwortliches Arbeiten 104

1 Astronomische Weltbilder

Das Weltbild im Wandel **106**
METHODE Quellenarbeit 107
METHODE Präsentationsformen 108
Der Weg zum modernen Weltbild **110**

2 Spezielle Relativitätstheorie

Stationsarbeit **120**
Station 1: Einsteins Posulate 121
Station 2: Gleichzeitigkeit 123
Station 3: Relative Zeit 124
Station 4: Relativer Raum 126
METHODE Das Zusammenspiel von Theorie und Experiment 127
Station 5: Experimentelle Belege 129
Wissenschaft und Gesellschaft **132**

3 Energieversorgung

Stationsarbeit **134**
Station 1: Reversible und irreversible Vorgänge 135
Station 2: Überblick über Energiequellen 136
Station 3: Energietransport 138
Station 4: Energiesparpotentiale 138
Station 5: Debatte 140
AUF EINEN BLICK Eigenverantwortliches Arbeiten 142

NTG Profilbereich 144

WIEDERHOLUNG **146**

1 Die Methode der kleinen Schritte

Nichtkonstante Kräfte **148**

METHODE Arbeiten mit der Methode der kleinen Schritte 149

Umsetzung mit einer Tabellenkalkulation **150**

Modellierung des Kraftgesetzes **150**

Erstellung des Rechenblatts **150**

Fallschirmsprung **152**

Harmonische Schwingungen **154**

Numerische Verfahren **156**

Das 3-Körper-Problem **157**

Trägheitsnavigationsverfahren **158**

Physik bei Computerspielen **159**

2 Photovoltaik in Anwendungen

Photovoltaik **162**

METHODE Erforschung physikalischer Eigenschaften durch Experimente 163

SCHÜLEREXPERIMENT Kennlinien von Solarzellen .. 164

Kennlinie einer Solarzelle **165**

Konstruktion von Solarzellen **166**

Funktionsweise eines Wechselrichters **167**

Agri-Photovoltaik **168**

PHYSIK IM ALLTAG Aufbau einer Hausanlage 170

3 Außerunterrichtliche Aktivität

Vorschläge für Aktivitäten **172**

Besuch einer Institution **172**

Besuch einer Podiumsdiskussion **172**

Forschungsprojekt **173**

CHECK-UP Profilbereich 174

AUF EINEN BLICK Profilbereich 175

Anhang

Ein Protokoll erstellen **176**

Mit Messwerten umgehen **177**

Aufgaben richtig verstehen **178**

Ausgewählte Lösungen **181**

Stichwortverzeichnis **189**

Quellenverzeichnis **192**

Methoden

METHODE Messunsicherheiten 54

METHODE Messgenauigkeit vergrößern 56

METHODE Nichtlineare Zusammenhänge 57

METHODE Quellenarbeit 107

METHODE Präsentationsformen 108

METHODE Das Zusammenspiel von Theorie und Experiment 127

NTG METHODE Arbeiten mit der Methode der kleinen Schritte 149

NTG METHODE Erforschung physikalischer Eigenschaften durch Experimente 163

Schülerexperimente

SCHÜLEREXPERIMENT Messung der Zentripetalkraft 17

SCHÜLEREXPERIMENT Das Fadenpendel 59

NTG SCHÜLEREXPERIMENT Kennlinien von Solarzellen 164

Anwendung und Vertiefung

AUS DER TECHNIK *g*-Kräfte 23

AUS DER NATUR Schwingungen in der Natur 58

AUS DER TECHNIK Hemmpendel 61

PHYSIK IM ALLTAG Schallwellen 72

PHYSIK IM ALLTAG Wasserwellen 73

AUS DER PHYSIK Anwendung des Huygensschen Prinzips 75

PHYSIK IM ALLTAG Der akustische Doppler-Effekt 82

AUS DER NATUR UND TECHNIK Das Echolot-Prinzip 83

NTG PHYSIK IM ALLTAG Aufbau einer Hausanlage 170

Kompetenzen erwerben – Physik verstehen

Kapiteleinstieg

Die ersten Seiten des Kapitels stimmen auf das Thema ein. Sie erhalten einen ersten Einblick, womit sich dieses Kapitel beschäftigt.

8

Bewegungen

1 Kreisbewegungen 12

In diesem Lernbereich

- übertragen Sie Ihre Kenntnisse über geradlinige Bewegungen auf Kreisbewegungen und erklären ihr Zustandekommen.
- leiten Sie mithilfe geometrischer Überlegungen und Experimenten einen Term zur Berechnung der Zentripetalkraft her und grenzen diese von der Zentrifugalkraft ab.
- identifizieren Sie die als Zentripetalkraft wirkende Kraft bei Kreisbewegungen im Alltag und in der Technik und bewerten kritische Situationen im Straßenverkehr.
- modellieren Sie mithilfe des Gravitationsgesetzes die Bewegung von Himmelskörpern und Satelliten.

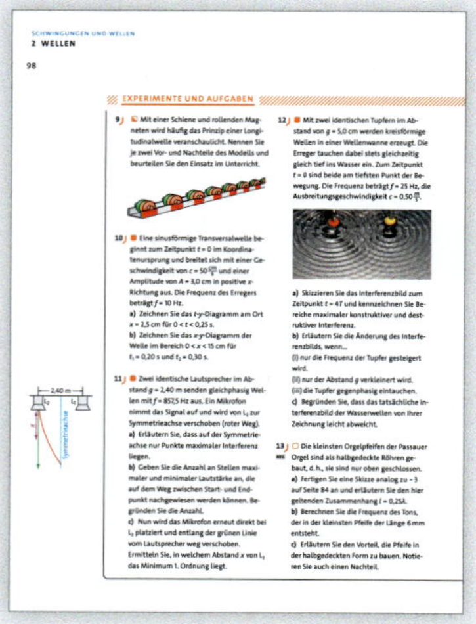

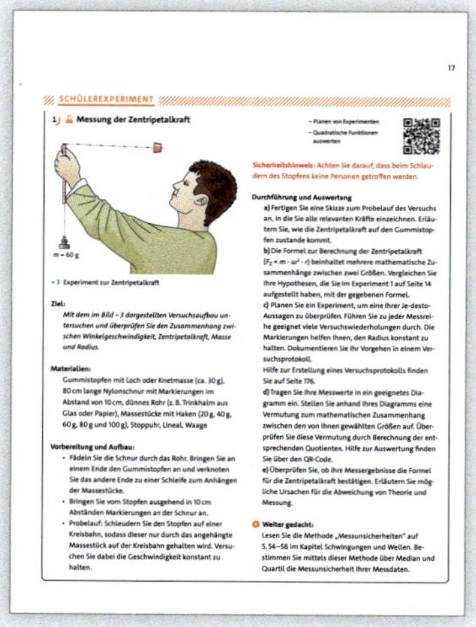

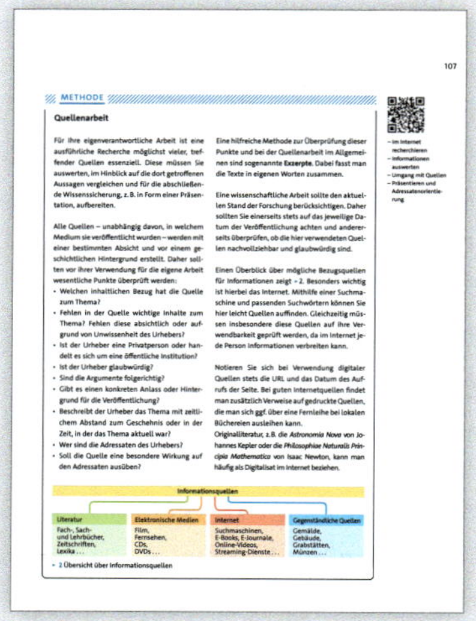

Experimente und Aufgaben

Mit Experimenten, Lern- und Übungsaufgaben können Sie selbst Erscheinungen untersuchen, erwerben Sie Wissen und Kompetenzen und testen, ob Sie diese anwenden, über Physik kommunizieren und Sachverhalte bewerten können.

Schülerexperimente

Die Schülerexperimente fordern zum Experimentieren auf. Dabei wenden Sie nicht nur bekanntes Wissen an, sondern erarbeiten sich selbstständig neue Erkenntnisse.

Methoden

Das bewusste Anwenden von Denk- und Arbeitsweisen der Physik hilft beim Gewinnen von Erkenntnissen, beim Kommunizieren und beim Bewerten von Sachverhalten.

🔑: Zu dieser Aufgabe gibt es eine Musterlösung. L: Lernaufgabe ▢◪■: Anforderungsniveau I–III

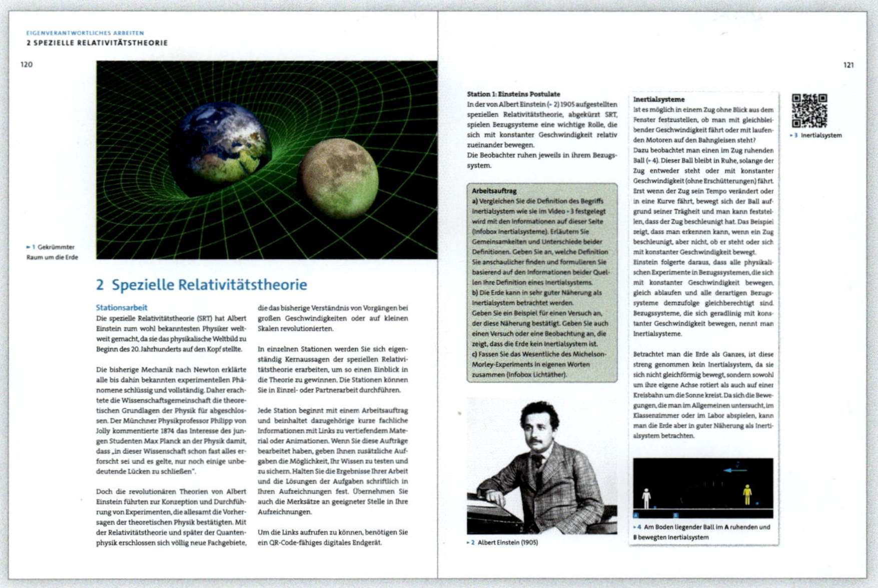

Inhaltsseiten

Grundlegende Begriffe, Gesetze und Zusammenhänge werden systematisch entwickelt. Erläuterungen, Abbildungen, Tabellen und Übersichten helfen Ihnen beim Gewinnen und Aneignen von Erkenntnissen.

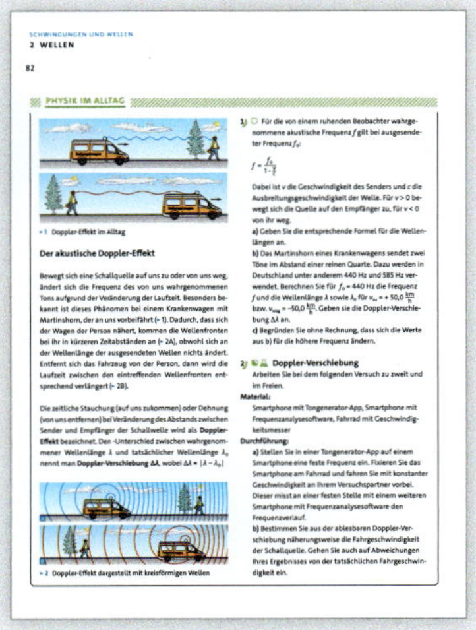

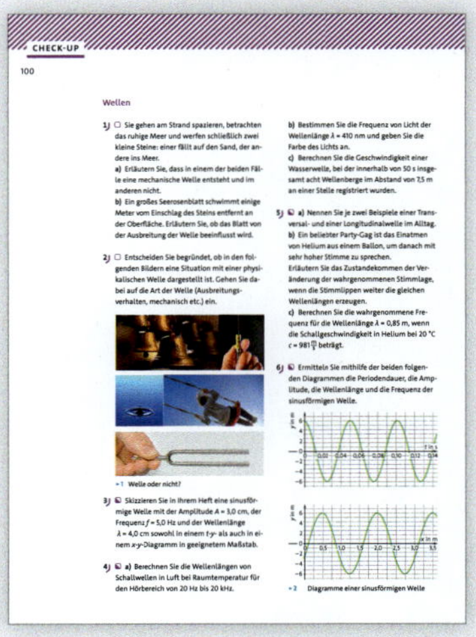

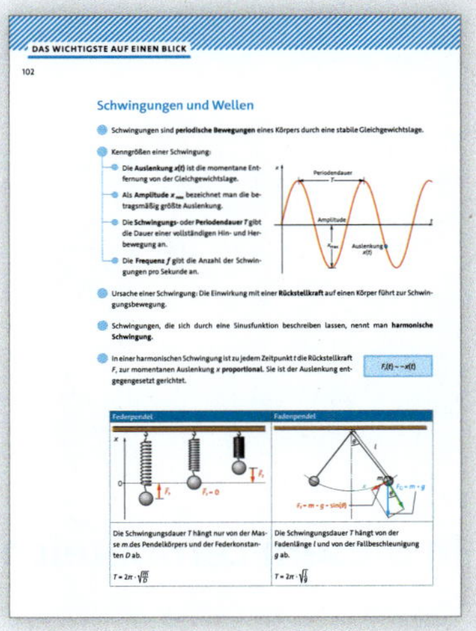

Physik im Alltag / Aus ...

Physik im Alltag zeigt, wie Ihnen physikalisches Wissen helfen kann, sich zweckmäßig zu verhalten, Erscheinungen zu verstehen und zu bewerten. Auf den Seiten *Aus* ... finden Sie Informationen, die über die obligatorischen Inhalte hinausgehen und zur weiteren Beschäftigung mit Physik anregen.

Check-up

Check-up-Aufgaben und Lösungen geben Ihnen die Möglichkeit, Ihr Wissen und Ihre Kompetenzen selbstständig zu überprüfen. Die *Kann ich ...?*-Checkliste hilft Ihnen zudem, Ihre erworbenen Kompetenzen im Blick zu behalten.

Auf einen Blick

Am Ende eines Kapitels werden die wichtigsten Inhalte in systematischer und übersichtlicher Form zusammengefasst.

QR-Codes: Mithilfe der QR-Codes gelangen Sie zu Methodenseiten früherer Jahrgangsstufen sowie zusätzlichem digitalem Material.

Bewegungen

1 Kreisbewegungen 12

In diesem Lernbereich

- übertragen Sie Ihre Kenntnisse über geradlinige Bewegungen auf Kreisbewegungen und erklären ihr Zustandekommen.
- leiten Sie mithilfe geometrischer Überlegungen und Experimenten einen Term zur Berechnung der Zentripetalkraft her und grenzen diese von der Zentrifugalkraft ab.
- identifizieren Sie die als Zentripetalkraft wirkende Kraft bei Kreisbewegungen im Alltag und in der Technik und bewerten kritische Situationen im Straßenverkehr.
- modellieren Sie mithilfe des Gravitationsgesetzes die Bewegung von Himmelskörpern und Satelliten.

Bewegungen

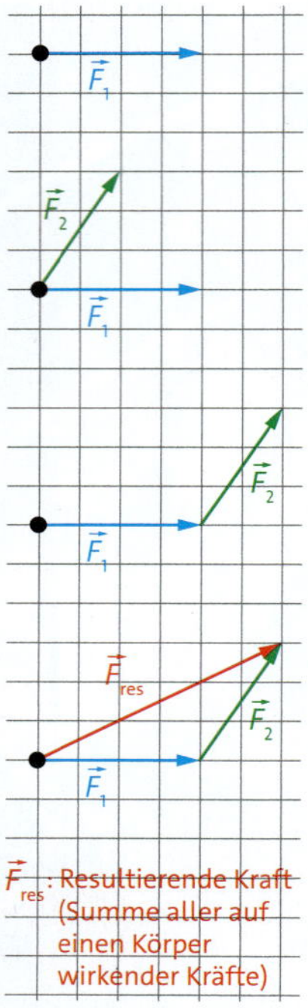

► 1 Vektoraddition

Vektoren: Physikalische Größen, die einen Betrag und eine Richtung haben, werden als Vektoren bezeichnet und meist durch einen Pfeil dargestellt. Die Länge des Pfeils steht für den Betrag der Größe. Die Richtung des Pfeils für die Richtung der Größe.
Mithilfe von Vektoren können zum Beispiel Kräfte zeichnerisch addiert werden.

Geschwindigkeit: Die Änderung des Orts eines Körpers in einer bestimmten Zeit wird durch die Geschwindigkeit $\vec{v}$ beschrieben. Sie ist eine vektorielle Größe.

Formel: $v = \frac{\Delta x}{\Delta t}$; Einheit: $1\frac{\text{m}}{\text{s}}$

Beschleunigung: Die Beschleunigung $\vec{a}$ ist eine vektorielle Größe und beschreibt die Geschwindigkeitsänderung eines Körpers in einer bestimmten Zeit.

Formel: $a = \frac{\Delta v}{\Delta t}$; Einheit: $1\frac{\text{m}}{\text{s}^2}$

Bewegungsgleichungen: Für Bewegungen mit konstanter Geschwindigkeit v_0 und der Startposition x_0 gilt:

$a = 0$
$v(t) = v_0 = \text{konstant}$
$x(t) = v_0 t + x_0$

Für gleichmäßig beschleunigte Bewegungen gilt mit der Anfangsgeschwindigkeit v_0, der Startposition x_0 und der Beschleunigung a_0:

$a(t) = a_0 = \text{konstant}$
$v(t) = a_0 t + v_0$
$x(t) = \frac{1}{2} a_0 t^2 + v_0 t + x_0$

Kräfte

Kraft: Die Stärke und die Richtung einer Einwirkung auf einen Körper werden zusammenfassend als Kraft bezeichnet.

Formelzeichen: $\vec{F}$; Einheit: 1 N

Newtonsches Grundgesetz: Den Zusammenhang zwischen Zusatzgeschwindigkeit, einwirkender Kraft, Trägheit bzw. Masse eines Körpers und der Einwirkungsdauer wird durch das Newtonsche Grundgesetz beschrieben:

$\vec{F} \cdot \Delta t = m \cdot \Delta\vec{v}$ bzw. $\vec{F} = m \cdot \vec{a}$

Trägheitsgesetz: Wirkt auf einen Körper keine resultierende Kraft, dann behält er seine Geschwindigkeit bei.

Wechselwirkungsgesetz: Wirken zwei Körper aufeinander ein, dann wirkt auf jeden der Körper eine Kraft. Die Kräfte sind gleich groß und entgegengesetzt gerichtet.

Gewichtskraft und freier Fall: Die Gewichtskraft $\vec{F}_G$, die ein Körper aufgrund der Anziehung auf der Erde erfährt, ist das Produkt aus seiner Masse m und der Fallbeschleunigung $\vec{g}$:

$\vec{F}_G = m \cdot \vec{g}$

Auf der Erdoberfläche beträgt die Fallbeschleunigung im Durchschnitt $9{,}81\frac{\text{m}}{\text{s}^2}$.

Wirkt auf einen fallenden Körper bei Vernachlässigung des Luftwiderstands nur die Gewichtskraft, spricht man von einem freien Fall.

Energie

Energie: Mithilfe von Energie können Körper bewegt, verformt, erwärmt oder zur Aussendung von Licht veranlasst werden.
Formelzeichen: E; Einheit: 1 J

Energie kann in verschiedenen Formen auftreten, z. B.

Höhenenergie: $E_H = mgh = F_G \cdot h$
Kinetische Energie: $E_{kin} = \frac{1}{2} m v^2$

Der Energieerhaltungssatz besagt: Energie kann weder erzeugt noch vernichtet, sondern nur in andere Energieformen umgewandelt werden. Die Gesamtenergie in einem abgeschlossenen System bleibt immer erhalten.

Bewegungen

1 In den beiden Zeichnungen erhält ein Körper mit der Anfangsgeschwindigkeit $\vec{v}_A$ eine Zusatzgeschwindigkeit $\Delta\vec{v}$. Übernehmen Sie die Zeichnung in Ihr Heft und bestimmen Sie zeichnerisch jeweils die Endgeschwindigkeit des Körpers.

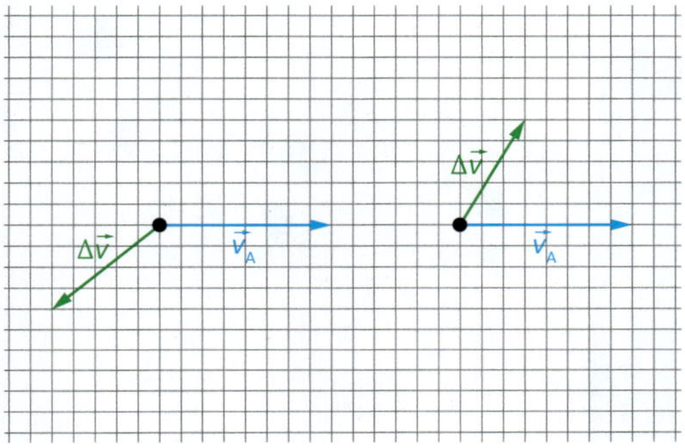

▸ **2** Vektoraddition

2 Alwin fährt auf seinem Skateboard in 5,0 min 900 m weit. Sein Bruder Anton legt mit seinem Fahrrad 15 km in einer Stunde zurück. Berechnen Sie die Beträge der jeweiligen Durchschnittsgeschwindigkeiten in $\frac{m}{s}$.

3 Geben Sie die Bewegungsgleichungen für eine aus dem Stand konstant beschleunigte Bewegung an, wenn diese bei $x_0 = 0$ startet.

4 Nachfolgend sind die Diagramme einer Bewegung geben.

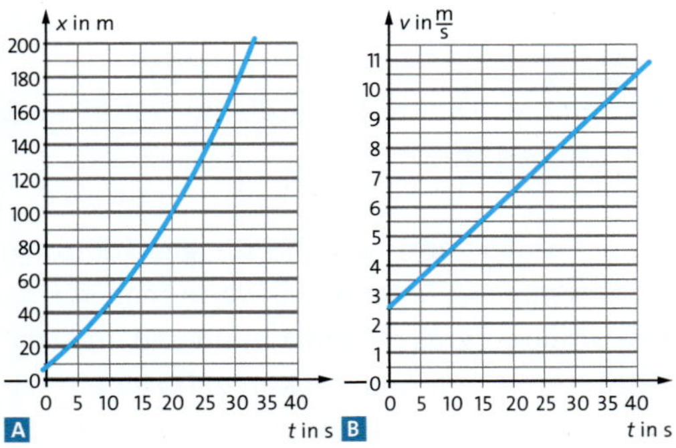

▸ **3** **A** *t*-*x*-Diagramm, **B** *t*-*v*-Diagramm

a) Bestimmen Sie mithilfe der Diagramme a_0, v_0 und x_0.
b) Geben Sie die Bewegungsfunktionen an, die die Bewegung mathematisch beschreiben.
c) Berechnen Sie die Geschwindigkeit sowie den zurückgelegten Weg nach 30 s mithilfe der Bewegungsgleichungen.

Kräfte

5 Ein Sprinter mit einer Masse von 82 kg beschleunigt gleichmäßig innerhalb von 3,4 s von 0 auf 34 $\frac{km}{h}$. Berechnen Sie die Beschleunigung des Sprinters sowie die Kraft, die er dafür aufbringen muss.

6 Entscheiden Sie begründet, ob folgende Aussagen jeweils wahr oder falsch sind.
a) Je schwerer der Körper ist, desto größer ist seine Zusatzgeschwindigkeit bei gleicher Kraft und Einwirkungsdauer.
b) Je länger die Einwirkungsdauer einer Kraft auf einen Körper der Masse *m* ist, desto größer ist die Zusatzgeschwindigkeit, die er erhält.
c) Je größer die Kraft auf einen Körper der Masse *m* ist, desto kürzer muss deren Einwirkungsdauer sein, um die gleiche Zusatzgeschwindigkeit des Körpers zu erreichen.
d) Je länger die Kraft auf einen Körper der Masse *m* einwirkt, desto kleiner ist seine Zusatzgeschwindigkeit.

Energie

7 Bei einer Achterbahn erreicht ein Wagen mit einer Masse von 1,25 t im tiefsten Punkt der Strecke eine Geschwindigkeit von 80,0 $\frac{km}{h}$.
a) Berechnen Sie die kinetische Energie des Wagens an dieser Stelle.
b) Bestimmen Sie die Höhe, aus der der Wagen ohne weiteren Antrieb gestartet sein muss, um dieselbe Energie wie in a) zu erhalten. Die Reibung bleibt dabei unberücksichtigt.

▸ 1 Karussell in luftiger Höhe

1 Kreisbewegungen

Bahn- und Winkelgeschwindigkeit

Bei einem Star Flyer (▸ 1) rotieren 12 Doppelsitze in 122 m Höhe. Die Sitze bewegen sich dabei mit mehr als 70 $\frac{\text{km}}{\text{h}}$ auf einer Kreisbahn mit einem Radius von 20 m. Was für die Insassen rasend schnell geht, sieht für einen Beobachter auf der Erde eher langsam aus. Ganze sechs Sekunden dauert es, bis das Karussell eine volle Umdrehung ausgeführt hat.

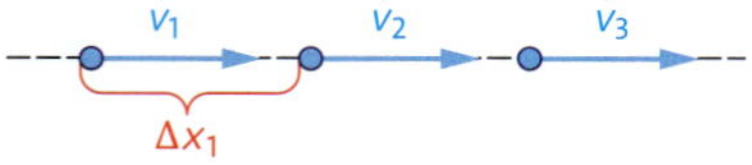

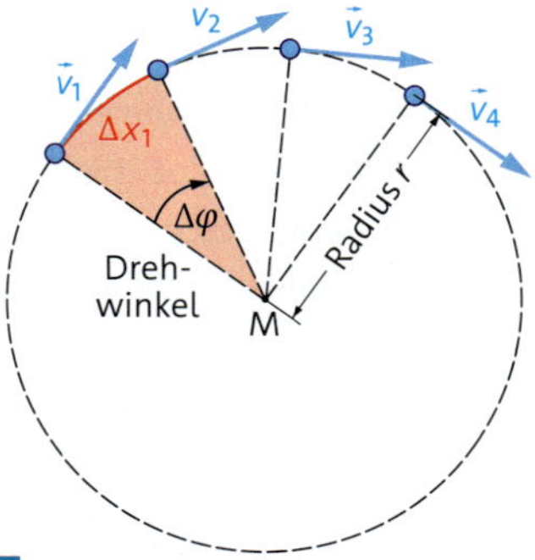

▸ 2 **A** Gleichförmige Bewegung, **B** Gleichförmige Kreisbewegung

Die Stroboskopaufnahmen zeigen eine gleichförmige Bewegung (▸ 2 A) und eine gleichförmige Kreisbewegung (▸ 2 B). In beiden Fällen bleibt der Betrag der Bahngeschwindigkeit konstant. Bei der Kreisbewegung ändert sich aber die Richtung der Geschwindigkeit ständig, d. h., die Bewegung auf einer Kreisbahn ist eine beschleunigte Bewegung. Dabei ist die Beschleunigung in Bewegungsrichtung null.

Die Bahngeschwindigkeit eines gleichförmig bewegten Körpers errechnet man mit der Formel $v = \frac{\Delta x}{\Delta t}$.
Hier gibt Δx die Strecke an, die im Zeitintervall Δt zurückgelegt wird.

Diese Formel kann man auf die gleichförmige Kreisbewegung übertragen, wenn man für Δx den Umfang der Kreisbahn nimmt und für Δt die Zeitdauer T nimmt, die der Körper für einen vollständigen Umlauf benötigt. T wird daher als Umlaufzeit bezeichnet.

AUFGABEN

1 **a)** Lesen sie den einleitenden Text zur Kreisbewegung und überprüfen Sie den genannten Wert der Geschwindigkeit des Star Flyers durch Rechnung.

L

b) Der Betrag der Bahngeschwindigkeit lässt sich allgemein mit folgender Formel berechnen:

$v_B = \frac{2\pi \cdot r}{T}$

Leiten Sie diese Formel her.

c) Allgemein ist die Bahngeschwindigkeit eines Körpers umso größer, je größer der Bahnradius bei gleicher Umlaufdauer ist. Um die Geschwindigkeit einer Drehbewegung unabhängig vom Radius angeben zu können, muss eine neue physikalische Größe definiert werden – die Winkelgeschwindigkeit. Lesen Sie die nachfolgende Infobox und berechnen Sie die Winkelgeschwindigkeit des Star Flyers.

Winkelgeschwindigkeit

Der Drehwinkel $\Delta\varphi$ beschreibt den Winkel, den die Verbindungslinie zwischen Massenpunkt und Kreiszentrum in der Zeitspanne Δt überstreicht. Analog zur bekannten Geschwindigkeitsdefinition kann man jetzt die Winkelgeschwindigkeit definieren:

Die Winkelgeschwindigkeit ω gibt an, um welchen Winkel $\Delta\varphi$ sich die Verbindungslinie zwischen Zentrum und Massenpunkt im Zeitintervall Δt weiterdreht.
$\omega = \frac{\Delta\varphi}{\Delta t}$; Einheit: $\frac{1}{s}$

Dabei wird der Winkel $\Delta\varphi$ im Bogenmaß gemessen. Für eine vollständige Drehung um 360° beträgt der Winkel $\Delta\varphi = 2\pi$. Die benötigte Zeit beträgt $\Delta t = T$.
$\Rightarrow \omega = \frac{2\pi}{T}$

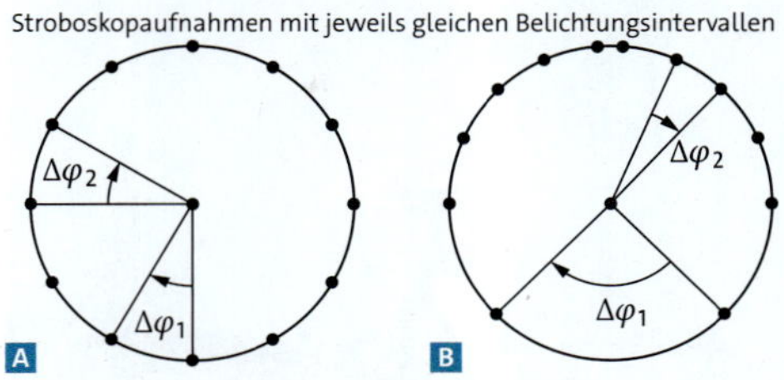

▸ **3** Kreisbewegungen mit gleichem T

d) ▸3 zeigt zwei Kreisbewegungen mit der gleichen Umlaufdauer T. Beschreiben Sie die Unterschiede beider Bewegungen.

e) Für eine Bewegung wie im Bild ▸3 A gilt folgender Merksatz. Leiten Sie die dort genannte Formel her.

Bewegt sich ein Körper mit konstanter Winkelgeschwindigkeit ω auf einer Kreisbahn mit dem Radius r, dann gilt für die Bahngeschwindigkeit: $v_B = \omega \cdot r$

Die Rotationsfrequenz f einer Drehbewegung gibt die Anzahl der vollständigen Umdrehungen n pro Zeiteinheit t an. Betrachtet man nur eine Umdrehung, dann erkennt man: $f = \frac{\text{Anzahl der Umdrehungen } n}{\text{Zeitintervall } t} = \frac{1}{T}$

Die Drehfrequenz einer Kreisbewegung entspricht dem Kehrwert der Umlaufdauer: $f = \frac{1}{T}$

2 ☐ Das Vorderrad eines Hochrads (▸4) hat einen Radius von 62 cm, das Hinterrad einen von 22 cm.

a) Geben Sie die Bahngeschwindigkeit eines Punkts auf dem Vorderrad an, wenn das Hochrad mit 18 $\frac{km}{h}$ bewegt wird.

b) Berechnen Sie jeweils die Winkelgeschwindigkeit und Drehfrequenz der beiden Räder bei obiger Geschwindigkeit.

▸ **4** Hochrad

▸ 1 Athlet schleudert den Hammer im Kreis.

Ursache der Kreisbewegung

Beim Hammerwurf (▸ 1) wird eine schwere Stahlkugel, der sogenannte Hammer, an einem Seil zuerst im Kreis geschleudert und dann im richtigen Moment losgelassen.
Damit der Hammer auf der Kreisbahn bleibt, muss der Athlet mit dem Seil die Stahlkugel auf eine Kreisbahn zwingen, indem er eine Kraft zur Kreismitte auf die Kugel ausübt (▸ 2A). Diese Kraft nennt man **Zentripetalkraft** $\vec{F}_Z$.

Lässt der Sportler den Hammer los, dann behält dieser aufgrund des Trägheitssatzes seine aktuelle Bewegungsrichtung bei und fliegt geradlinig weiter (▸ 2B). Die Flugbahn verläuft tangential zur Kreisbahn.

Bewegt sich ein Körper mit konstantem Geschwindigkeitsbetrag auf einer Kreisbahn, dann hält eine resultierende Kraft den Körper auf der Kreisbahn. Diese Kraft zeigt zum Kreismittelpunkt und wird Zentripetalkraft genannt.

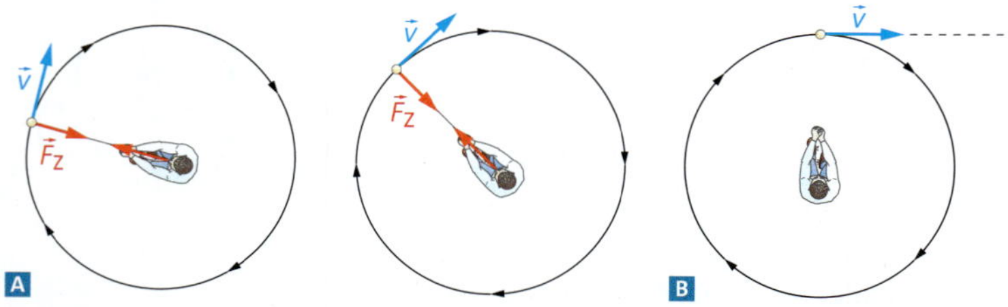

▸ 2 **A** Hammer auf der Kreisbahn, **B** Hammer im Moment des Loslassens

EXPERIMENTE UND AUFGABEN

1 Hammerwurf

Hammerwerfer sind sehr athletische Sportlerinnen und Sportler, die viel Kraft aufbringen können. Warum beim Hammerwurf viel Kraft notwendig ist und von welchen Größen diese Kraft abhängt, sollen Sie im nachfolgenden Experiment qualitativ untersuchen.

Material:

Knetmasse (ca. 50 g), reißfeste Schnur (ca. 1 m)

Durchführung:

a) Lassen Sie die Knetmasse, die an der Schnur befestigt ist, rotieren (▸ 3). Variieren Sie Winkelgeschwindigkeit, Radius und Masse systematisch. Beschreiben Sie Ihre Beobachtungen und wie sich die Kraft verändert, die Sie spüren. Formulieren Sie dazu jeweils eine passende Je-desto-Aussage.

▸ 3 Knetmasse rotiert an einer Schnur.

Sicherheitshinweis: Achten Sie bei allen Versuchsdurchführungen auf genügend Abstand zu Ihren Mitschülerinnen und Mitschülern. Befestigen Sie die Knetmasse fest an der Schnur.

b) Ordnen Sie Ihren Je-desto-Aussagen jeweils eine der folgenden mathematischen Aussagen zu:
(i) $F \sim m$ oder $F \sim \frac{1}{m}$
(ii) $F \sim \omega$ oder $F \sim \omega^2$ oder $F \sim \frac{1}{\omega}$
(iii) $F \sim r$ oder $F \sim r^2$ oder $F \sim \frac{1}{r}$

Zentripetalkraft

Für die Herleitung der Zentripetalkraft betrachtet man einen Körper, der sich mit konstanter Bahngeschwindigkeit v auf einer Kreisbahn mit dem Radius r um ein Zentrum M bewegt. In der sehr kleinen Zeitspanne Δt bewegt sich der Körper von Position A auf einem Kreisbogen der Länge $\Delta x = v \cdot \Delta t$ zur Position B weiter. Die Verbindunglinie zwischen Körper und Zentrum M wandert dabei um den Winkel φ weiter (▸ 4A).

Bei der Bewegung auf der Kreisbahn ändert sich ständig die Richtung des Geschwindigkeitsvektors. In Position A zeigt $\vec{v}_1$ schräg nach oben, bei B zeigt $\vec{v}_2$ schräg nach unten. Im Zeitintervall Δt hat sich die Richtung der Geschwindigkeit geändert, nicht jedoch der Betrag. Auch zwischen den Geschwindigkeitsvektoren $\vec{v}_1$ und $\vec{v}_2$ liegt der Winkel φ.

Den Vektor der Zusatzgeschwindigkeit $\Delta\vec{v}$ erhält man durch Vektoraddition:

$$\vec{v}_1 + \Delta\vec{v} = \vec{v}_2$$

Da die Beträge der Geschwindigkeiten $\vec{v}_1$ und $\vec{v}_2$ immer der Bahngeschwindigkeit v entsprechen, ist das Vektordreieck gleichschenklig (▸ 4B).

Im Zeitintervall Δt bewegt sich der Körper von A nach B. Im selben Zeitintervall bewirkt die Zentripetalkraft die Richtungsänderung um $\Delta\vec{v}$. Der Vektor der Geschwindigkeitsänderung $\Delta\vec{v}$ zeigt deshalb von B nach unten. Für sehr kleine Winkel zeigt $\Delta\vec{v}$ dann zum Kreismittelpunkt. Die Zentripetalkraft ist die Ursache der Richtungsänderung und somit zeigt die Zusatzgeschwindigkeit $\Delta\vec{v}$ in Richtung der Zentripetalkraft. Den Betrag von $\Delta\vec{v}$ erhält man durch folgende geometrische Überlegung:

Das Vektordreieck und das Dreieck AMB gleichen sich insofern, dass beide gleichschenklig sind und den Winkel φ an der Spitze haben. Außerdem kann man für sehr kleine Zeitintervalle die Länge der Dreiecksseite $\overline{AB}$ in sehr guter

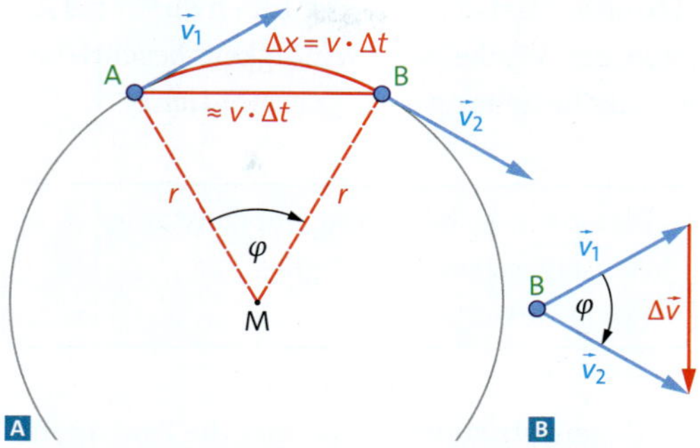

▸ **4 A** Herleitung der Zentripetalkraft, **B** Vektoraddition

Näherung mit der Länge des Kreisbogens Δx gleichsetzen. In ähnlichen Dreiecken sind die Quotienten entsprechender Seiten gleich:

$$\frac{\Delta v}{v} = \frac{v \cdot \Delta t}{r} \Rightarrow \Delta v = \frac{v^2 \cdot \Delta t}{r} \qquad \text{(I)}$$

Nach dem Newtonschen Grundgesetz gilt für den Zusammenhang von Zentripetalkraft und Zusatzgeschwindigkeit folgende Beziehung:
$F_Z \cdot \Delta t = m \cdot \Delta v$

Mit Gleichung (I) folgt: $F_Z \cdot \Delta t = \frac{m \cdot v^2 \cdot \Delta t}{r}$
Nach Division durch Δt ergibt sich:

> Für die Zentripetalkraft, die einen Körper der Masse m auf einer Kreisbahn mit dem Radius r hält, gilt: $F_Z = \frac{m \cdot v^2}{r}$

Hier sieht man, dass bei konstanter Bahngeschwindigkeit die Zentripetalkraft indirekt proportional zum Radius ist.

Das kann man auch anhand einer Skizze plausibel machen (▸ 5): Bei gleicher Bahngeschwindigkeit legen beide Körper in derselben Zeit gleich lange Kreisbögen Δx zurück. Die Geschwindigkeitsänderung auf der inneren Kreisbahn ist aber größer als die Geschwindigkeitsänderung auf der Bahn mit dem größeren Radius. Die größere Geschwindigkeitsänderung ist nur durch eine größere Zentripetalkraft zu erreichen. Bei konstanter Masse und Bahngeschwindigkeit ist F_Z umso kleiner, je größer der Radius ist.

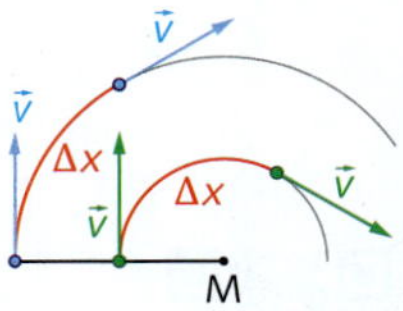

▸ **5** Vergleich zweier Kreisbewegungen bei gleicher Bahngeschwindigkeit

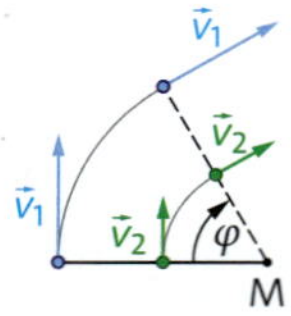

► 1 Vergleich zweier Kreisbewegungen bei gleicher Winkelgeschwindigkeit

Häufig werden Kreisbewegungen durch die Angabe der Winkelgeschwindigkeit beschrieben. Mit der Beziehung $v = \omega \cdot r$ ergibt sich:

> Bei einer Kreisbewegung mit konstanter Winkelgeschwindigkeit gilt:
> $F_Z = m \cdot \omega^2 \cdot r$

Im Gegensatz zu vorher ist hier die Zentripetalkraft proportional zum Radius. Um diesen scheinbaren Widerspruch zu klären, vergleicht man wieder zwei Kreisbewegungen (► 1): Bei gleichem Drehwinkel hat der Körper auf der Außenbahn eine größere Bahngeschwindigkeit als der Körper weiter innen. Daraus resultiert auch eine größere Geschwindigkeitsänderung, die nur durch eine größere Zentripetalkraft möglich ist.

Auch die Kreisbewegung mit konstanter Bahngeschwindigkeit ist eine beschleunigte Bewegung. Da die Zentripetalkraft immer senkrecht zur Bewegungsrichtung wirkt, wird der Körper aus seiner Bewegungsrichtung abgelenkt und auf eine Kreisbahn gezwungen. Dabei ändert sich der Betrag der Geschwindigkeit nicht. Für die Zentripetalbeschleunigung zum Kreismittelpunkt gilt: $a_Z = \frac{F_Z}{m}$

> Für die Zentripetalbeschleunigung bei einer Kreisbewegung mit konstanter Bahn- oder Winkelgeschwindigkeit gilt:
> $a_Z = \frac{v^2}{r} = \omega^2 \cdot r$

► 2 Werbung für eine Waschmaschine

- Bewertungen analysieren
- Adressatenorientierung

AUFGABEN

1 ☐ Geben Sie die Kräfte an, die bei den folgenden Bewegungen die Zentripetalkraft liefern:

a) Ein Kind sitzt auf einem Spielplatz auf einer Drehscheibe.

b) Wäsche wird in der rotierenden Trommel einer Waschmaschine geschleudert.

c) Ein Jugendlicher fährt in einem Kettenkarussell.

d) Der Mond kreist um die Erde.

2 ◩ Die Trommel einer Waschmaschine hat einen Radius von 22 cm und rotiert im Schleudergang mit
(i) 1 000 Umdrehungen pro Minute bzw.
(ii) 1 400 Umdrehungen pro Minute.

a) Berechnen Sie die Bahngeschwindigkeit eines Wassertropfens am Rand der Trommel für beide Umdrehungswerte.

b) Berechnen Sie in beiden Fällen die Zentripetalbeschleunigung, die der Wassertropfen erfährt. Geben Sie ihr Ergebnis in der Einheit $\frac{m}{s^2}$ an.

c) Bei Ihnen zu Hause ist die Waschmaschine defekt und Ihre Eltern wollen eine neue Maschine kaufen. Zur Auswahl stehen zwei Modell mit nahezu identischem Energie- und Wasserverbrauch. Das günstigere Modell hat im Schleudergang eine maximale Drehzahl von 1 000 Umdrehungen pro Minute. Das um 250 € teurere Modell hat dagegen eine maximale Drehzahl von 1 400 Umdrehungen pro Minute.
Nennen Sie jeweils zwei Argumente für und gegen die Anschaffung der teureren Waschmaschine. Beachten Sie dabei auch Ihr Ergebnis aus der Teilaufgabe b) und die Informationen aus der nebenstehenden Werbeanzeige ► 2.
Formulieren Sie abschließend für Ihre Eltern eine begründete Kaufempfehlung mithilfe Ihrer Argumente.

SCHÜLEREXPERIMENT

1 Messung der Zentripetalkraft

– Planen von Experimenten
– Quadratische Funktionen auswerten

▸ 3 Experiment zur Zentripetalkraft

Ziel:

Mit dem im Bild ▸ 3 dargestellten Versuchsaufbau untersuchen und überprüfen Sie den Zusammenhang zwischen Winkelgeschwindigkeit, Zentripetalkraft, Masse und Radius.

Materialien:

Gummistopfen mit Loch oder Knetmasse (ca. 30 g), 80 cm lange Nylonschnur mit Markierungen im Abstand von 10 cm, dünnes Rohr (z. B. Trinkhalm aus Glas oder Papier), Massestücke mit Haken (20 g, 40 g, 60 g, 80 g und 100 g), Stoppuhr, Lineal, Waage

Vorbereitung und Aufbau:

- Fädeln Sie die Schnur durch das Rohr. Bringen Sie an einem Ende den Gummistopfen an und verknoten Sie das andere Ende zu einer Schleife zum Anhängen der Massestücke.
- Bringen Sie vom Stopfen ausgehend in 10 cm Abständen Markierungen an der Schnur an.
- Probelauf: Schleudern Sie den Stopfen auf einer Kreisbahn, sodass dieser nur durch das angehängte Massestück auf der Kreisbahn gehalten wird. Versuchen Sie dabei die Geschwindigkeit konstant zu halten.

Sicherheitshinweis: Achten Sie darauf, dass beim Schleudern des Stopfens keine Personen getroffen werden.

Durchführung und Auswertung

a) Fertigen Sie eine Skizze zum Probelauf des Versuchs an, in die Sie alle relevanten Kräfte einzeichnen. Erläutern Sie, wie die Zentripetalkraft auf den Gummistopfen zustande kommt.

b) Die Formel zur Berechnung der Zentripetalkraft ($F_Z = m \cdot \omega^2 \cdot r$) beinhaltet mehrere mathematische Zusammenhänge zwischen zwei Größen. Vergleichen Sie Ihre Hypothesen, die Sie Im Experiment 1 auf Seite 14 aufgestellt haben, mit der gegebenen Formel.

c) Planen Sie ein Experiment, um eine Ihrer Je-desto-Aussagen zu überprüfen. Führen Sie zu jeder Messreihe geeignet viele Versuchswiederholungen durch. Die Markierungen helfen Ihnen, den Radius konstant zu halten. Dokumentieren Sie Ihr Vorgehen in einem Versuchsprotokoll.
Hilfe zur Erstellung eines Versuchsprotokolls finden Sie auf Seite 176.

d) Tragen Sie Ihre Messwerte in ein geeignetes Diagramm ein. Stellen Sie anhand Ihres Diagramms eine Vermutung zum mathematischen Zusammenhang zwischen den von Ihnen gewählten Größen auf. Überprüfen Sie diese Vermutung durch Berechnung der entsprechenden Quotienten. Hilfe zur Auswertung finden Sie über den QR-Code.

e) Überprüfen Sie, ob Ihre Messergebnisse die Formel für die Zentripetalkraft bestätigen. Erläutern Sie mögliche Ursachen für die Abweichung von Theorie und Messung.

Weiter gedacht:

Lesen Sie die Methode „Messunsicherheiten" auf S. 54–56 im Kapitel Schwingungen und Wellen. Bestimmen Sie mittels dieser Methode über Median und Quartil die Messunsicherheit Ihrer Messdaten.

EXPERIMENTE UND AUFGABEN

► 1 Smartphone auf einem Drehstuhl

1 Messungen mit dem Smartphone

L

Bei dieser Aufgabe experimentieren Sie mit dem Gyrosensor und dem Beschleunigungssensor Ihres Smartphones.

Material:

Drehstuhl, Klebeband, Lineal, Smartphone mit App, die beide Sensoren auslesen kann.

Durchführung:

a) Lesen Sie die Infobox „Gyroskopsensor" und starten Sie die Gyroskop-App. Lassen Sie sich die Winkelgeschwindigkeit jeder Drehachse als Diagramm anzeigen. Legen Sie dann Ihr Smartphone flach auf einen Drehstuhl und drehen Sie diesen mit konstanter Winkelgeschwindigkeit. Messen Sie mit einer Stoppuhr die Zeit für 10 Umdrehungen und vergleichen Sie Ihr Ergebnis mit den Werten des Gyrosensors. Geben Sie die Raumrichtung der Drehachse an, um die der Stuhl rotiert.

b) Starten Sie die App zur Messung der Beschleunigung. Positionieren Sie Ihr Smartphone liegend so auf dem Drehstuhl, dass bei der Drehung des Stuhls die Beschleunigung den Wert null annimmt. Jetzt liegt der Beschleunigungssensor des Smartphones genau auf der Drehachse. Begründen Sie diese Aussage mithilfe der Infobox „Beschleunigungssensor".

c) Markieren Sie die in b) ermittelte Position des Smartphones mit dem Klebeband. Schieben Sie das Smartphone anschließend 10 cm von der Drehachse weg (► 1). Lassen Sie sich von der App die Winkelgeschwindigkeit und die Beschleunigung senkrecht zur Drehachse anzeigen und drehen Sie den Stuhl mit konstanter Winkelgeschwindigkeit. Überprüfen Sie, ob Ihre Messwerte die Gleichung $a = \omega^2 \cdot r$ erfüllen.

d) Erläutern Sie, dass die in b) durchgeführte Positionierung des Smartphones nötig ist, um einen systematischen Messfehler bei der Radiusbestimmung zu vermeiden (vgl. S. 54-56).

Gyroskopsensor

Gyroskopsensoren sind Microchips, die elektrische und mechanische Signale verarbeiten. Ein Gyroskopsensor misst die Winkelgeschwindigkeit, mit der er sich um seine Rotationsachse dreht. In Smartphones sind drei derartige Sensoren verbaut, einer für jede Raumrichtung x, y und z (► 2).

Beschleunigungssensor

Zwischen zwei Federn ist eine Masse eingespannt (► 3). Bei einer Bewegung mit konstanter Geschwindigkeit befindet sich die Masse in der Ruhelage $a = 0$ m/s². Wird der Sensor in x-Richtung beschleunigt, dann wird die Masse aus dieser Lage ausgelenkt. Die Auslenkung wird als elektrisches Signal detektiert und ist ein Maß für die Beschleunigung. Ein Smartphone besitzt für jede Raumrichtung einen Beschleunigungssensor (► 2).

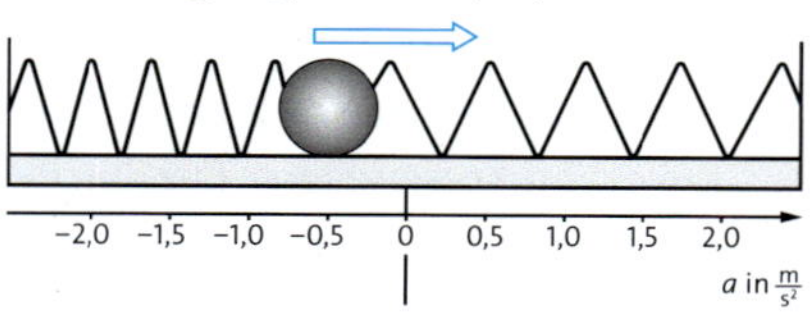

► 3 Auslenkung der Masse

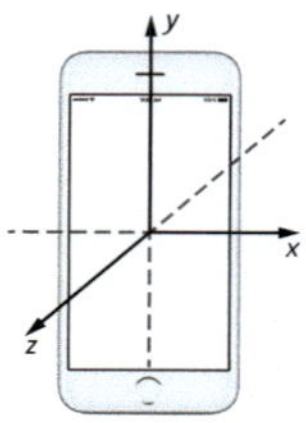

► 2 Orientierung der Koordinatenachsen beim Smartphone

Sicherheitshinweis: Drehen Sie den Stuhl vorsichtig oder fixieren Sie Ihr Smartphone mit Klebeband, damit es nicht vom Stuhl geschleudert wird.

Hinweis zum Beschleunigungssensor:
Der auf dem Smartphone angezeigte Wert ist negativ, obwohl die Beschleunigung in die mathematisch positive Richtung erfolgt.

EXPERIMENTE UND AUFGABEN

▸ 4 Wuchtblei an einer Felge

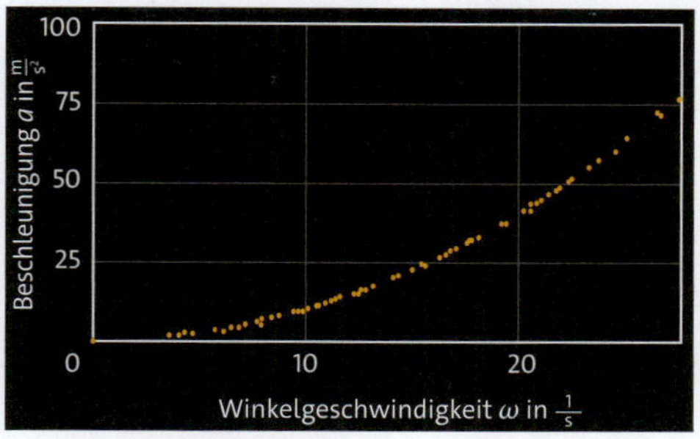

▸ 5 ω-a_Z-Diagramm

1 Unwucht

L Autofelgen werden vor der Montage ausgewuchtet, d. h., dass durch zusätzliche Massestücke eine vollkommen symmetrische Massenverteilung von Reifen und Felge erreicht wird (▸ 4). Ist die Massenverteilung unsymmetrisch, dann vibriert die Lenkung und der Kontakt zwischen Reifen und Straße verschlechtert sich.

Nachfolgend sollen Sie das Phänomen der Unwucht selbst untersuchen und erklären.

Material:

Salatschleuder, Massestücke (50 g) oder mehrere Stücke Knetmasse

Durchführung:

a) Legen Sie ein etwa 50 g schweres Massestück (oder Knete) in den Korb und treiben Sie dann die Salatschleuder an. Wiederholen Sie den Versuch mit verschiedenen symmetrischen und unsymmetrischen Massenverteilungen. Dokumentieren Sie Ihre Beobachtungen.

b) Fertigen Sie jeweils eine Skizze des rotierenden Korbs mit den Massestücken an. Erklären Sie mithilfe der wirkenden Kräfte Ihre Versuchsbeobachtungen.

c) An eine Autofelge wird ein zusätzliches Massestück von 5,0 g befestigt. Schätzen Sie mithilfe sinnvoller Annahmen die Zentripetalkraft ab, die auf dieses Massestück während der Fahrt wirkt.

2 Kreisbewegungen analysieren

L Mit einer Salatschleuder kann man die Abhängigkeit der Zentripetalbeschleunigung von der Winkelgeschwindigkeit bestätigen.

Material:

Salatschleuder, Handtuch, ggf. kleine Massestücke, Smartphone mit Gyro- und Beschleunigungssensor, Physik-App

Durchführung:

Öffnen Sie die Physik-App auf Ihrem Smartphone und lassen Sie sich ein ω-a_Z-Diagramm (▸ 5) anzeigen. Legen Sie Ihr Smartphone in den Korb der Salatschleuder und stabilisieren Sie dieses mithilfe des Handtuchs (▸ 6). Durch Massestücke können Sie für einen ruhigen Lauf sorgen.

a) Starten Sie die Messung. Drehen Sie die Schleuder mit verschiedenen Geschwindigkeiten und dokumentieren Sie den Versuch.

b) Stellen Sie mithilfe des Diagramms eine Vermutung über den mathematischen Zusammenhang zwischen ω und a_Z auf und weisen Sie diesen nach. Nutzen Sie zur Auswertung eine Tabellenkalkulation.

c) Erklären Sie die physikalische Bedeutung der in b) bestimmten Konstante und verifizieren Sie diesen Wert bei Ihrem Versuch.

d) Überprüfen Sie den Zusammenhang zwischen ω und a_Z mit weiteren Experimenten im Alltag, z. B. bei einer Fahrt im Kreisverkehr mit dem Auto.

▸ 6 Smartphone wird mit einem Tuch in der Salatschleuder positioniert.

Hinweis: Drehen Sie nicht zu heftig, damit Ihr Handy nicht beschädigt wird.

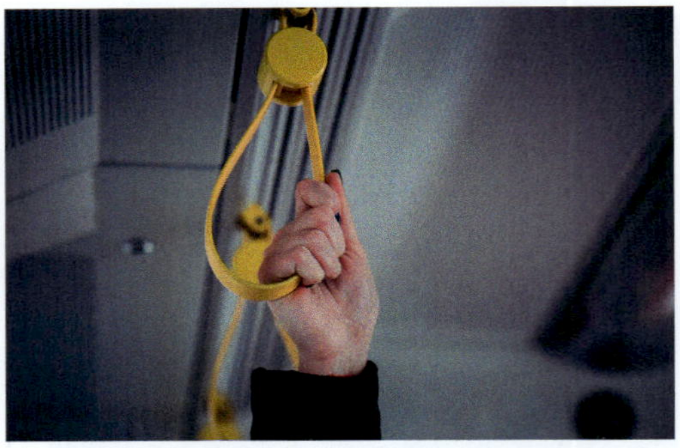

▸ 1 Halteschlaufen in der U-Bahn

Zentrifugalkraft

Steht man in einer U-Bahn während einer Fahrt durch einen unbeleuchteten Tunnel, dann muss man sich, sobald die U-Bahn eine Kurve durchfährt, an einer Haltestange oder einer Halteschlaufe (▸ 1) festhalten, um nicht seitlich umzufallen. Um diese Beobachtung zu erklären, kann man zwei Standpunkte einnehmen:
Ein außenstehender Beobachter sieht, dass die Wagen und alle Körper, die fest verbaut sind, von den Schienen auf der vorgegebenen Kreisbahn gehalten werden.
Ein stehender Fahrgast bewegt sich aufgrund seiner Trägheit geradlinig weiter. Er erfährt keine Zentripetalkraft und die Wand der U-Bahn kommt auf ihn zu.
Hält sich der Fahrgast fest, dann bewegt er sich ebenfalls auf der Kreisbahn und erfährt bei der Kurvenfahrt eine seitliche Kraft.

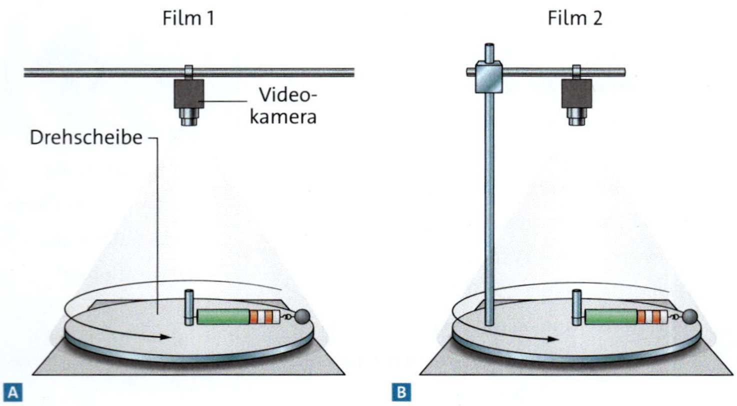

▸ 2 Versuch zur Zentrifugalkraft im rotierenden Bezugssystem

Der mitbewegte Fahrgast muss dieser Kraft entgegenwirken, um nicht umzufallen und um im Kräftegleichgewicht zu bleiben. Diese seitliche Kraft, die nur der Mitfahrende erfährt, heißt **Zentrifugalkraft**. Bei dieser Kraft handelt es sich nicht um eine Kraft im Sinne der Newtonschen Gesetze, sondern um eine Scheinkraft, die ein Körper aufgrund seiner Trägheit erfährt. Folgender Versuch verdeutlicht diesen Sachverhalt:

Im Zentrum einer rotierenden Scheibe wird ein Kraftmesser befestigt, an dem eine Kugel eingehängt wird. Die Bewegung wird mit einer Digitalkamera gefilmt: Einmal ist die Kamera ortsfest über der rotierenden Scheibe befestigt (▸ 2A). Das andere Mal ist die Kamera direkt auf der rotierenden Scheibe montiert (▸ 2B).

Auf dem Film des ruhenden Beobachters sieht man die Kreisbewegung einer Kugel, die von einem Kraftmesser auf einer Kreisbahn gehalten wird. Der Kraftmesser zeigt die Zentripetalkraft an, die zum Kreismittelpunkt wirkt.

Der Betrachter des zweiten Films sieht eine ruhende Kugel und einen Kraftmesser, der durch die Kugel gedehnt wird. Auf die Kugel wirkt die Zentrifugalkraft nach außen. Der Kraftmesser hält die Kugel im Kräftegleichgewicht. Die Zentrifugalkraft ist also betragsgleich mit der Zentripetalkraft.

Personen, die sich auf einer Kreisbahn bewegen, beobachten eine Zentrifugalkraft nach außen. Was sie spüren, ist die Trägheit der Masse gegenüber Richtungsänderungen. Die Zentrifugalkraft ist ebenso groß wie die Zentripetalkraft, die den Körper auf der Kreisbahn hält.

Oft nimmt man bewusst den Standpunkt des außenstehenden Beobachters ein, der eine Kreisbewegung aufgrund der Zentripetalkraft beobachtet.

BEISPIEL

Aufgaben:

Der Wagen einer Achterbahn ($m = 850\,\text{kg}$) fährt mit $v = 90\,\frac{\text{km}}{\text{h}}$ am tiefsten Punkt in einen Looping mit einem Radius von 12 m hinein. Im Looping bewegt sich der Wagen ohne eigenen Antrieb nur aufgrund seiner kinetischen Energie weiter. Mechanische Energieverluste durch Reibung sind vernachlässigbar klein.

a) Berechnen Sie die Geschwindigkeit des Wagens am höchsten Punkt des Loopings.

b) Berechnen Sie die Zentripetalkraft, die den Wagen im höchsten Punkt auf seiner Kreisbahn hält. Bestimmen Sie die Kräfte, die diese Zentripetalkraft liefern und zeichnen Sie in eine Skizze alle Kräfte ein, die im höchsten Punkt am Wagen angreifen.

c) Beschreiben Sie die Fahrt des Wagens aus der Sicht eines Insassen. Erläutern Sie die Kräfte, die dieser am höchsten Punkt verspürt.

Lösung:

a) Da sich der Wagen ohne zusätzlichen Antrieb bewegt, kann die Geschwindigkeit mit einer Energiebilanz bestimmt werden.

$E_{\text{kin,unten}} = E_{\text{kin,oben}} + E_{\text{H}}$

$\frac{1}{2}mv_{\text{unten}}^2 = \frac{1}{2}mv_{\text{oben}}^2 + mg(2r) \quad | \cdot 2 | : m$

Dieser Ansatz ist unabhängig von der Masse und man erhält:

$v_{\text{unten}}^2 = v_{\text{oben}}^2 + 4gr \quad | -4gr \quad | \sqrt{}$

$v_{\text{oben}} = \sqrt{v_{\text{unten}}^2 - 4gr}$

$v_{\text{oben}} = \sqrt{\left(25\,\frac{\text{m}}{\text{s}}\right)^2 - 4 \cdot 9{,}81\,\frac{\text{m}}{\text{s}^2} \cdot 12\,\text{m}}$

$v_{\text{oben}} = 12{,}41\,\frac{\text{m}}{\text{s}} \approx 12\,\frac{\text{m}}{\text{s}}$

b) Die Zentripetalkraft am höchsten Punkt wird durch die Geschwindigkeit, den Radius und die Masse bestimmt:

$F_{\text{Z}} = \frac{m \cdot v^2}{r} = \frac{850\,\text{kg} \cdot \left(12{,}41\,\frac{\text{m}}{\text{s}}\right)^2}{12\,\text{m}}$

$F_{\text{Z}} = 10\,909\,\text{N} \approx 11\,\text{kN}$

Die Gewichtskraft $F_{\text{G}} = 850\,\text{kg} \cdot 9{,}81\,\frac{\text{m}}{\text{s}^2} \approx 8{,}3\,\text{kN}$ liefert einen Teil der notwendigen Zentripetalkraft. Zusätzlich üben die Schienen eine Kraft auf den Wagen nach unten aus. Diese beträgt 2,7 kN. Die Summe beider Kräfte hält den Wagen auf der Kreisbahn. (▸Skizze).

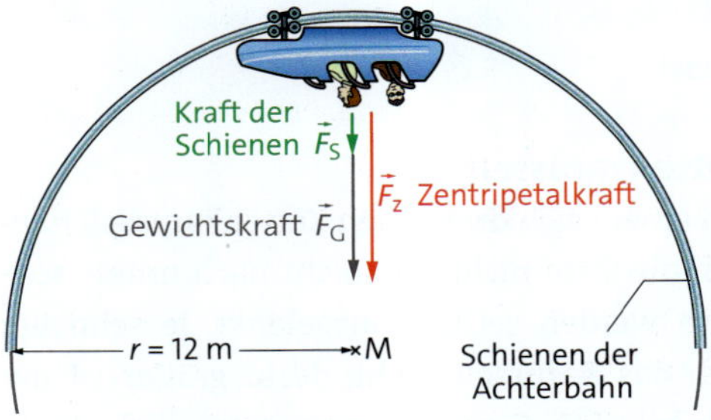

c) Ein Insasse wird vom Sitz auf der Kreisbahn gehalten. Diese Kraft ist notwendig, da die notwendige Zentripetalkraft größer als die Gewichtskraft ist. Da der Sitz eine Kraft auf die Insassen ausübt, haben diese das Gefühl, dass sie in den Sitz gedrückt werden.

AUFGABEN

1) ▢ Die Schienen einer Achterbahn beschreiben eine „Bodenwelle", über die alle Wagen fahren. Diese „Bodenwelle" kann als ein Kreissegment mit $r = 20\,\text{m}$ beschrieben werden (▸3). Der Betrag der Geschwindigkeit beträgt an der höchsten Stelle $v = 14\,\frac{\text{m}}{\text{s}}$.

a) Berechnen Sie die Zentripetalbeschleunigung und die Zentripetalkraft, wenn die Masse des Wagens 900 kg beträgt.

b) Übertragen Sie ▸3 in ihr Heft und zeichnen Sie die wirkenden Kräfte ein.

c) Beschreiben Sie die Fahrt des Wagens aus Sicht der Mitfahrenden.

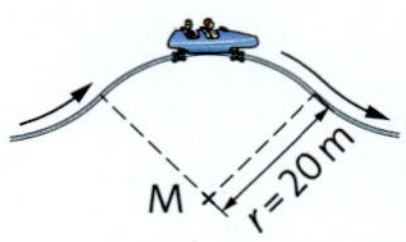

▸3 Bodenwelle einer Achterbahn

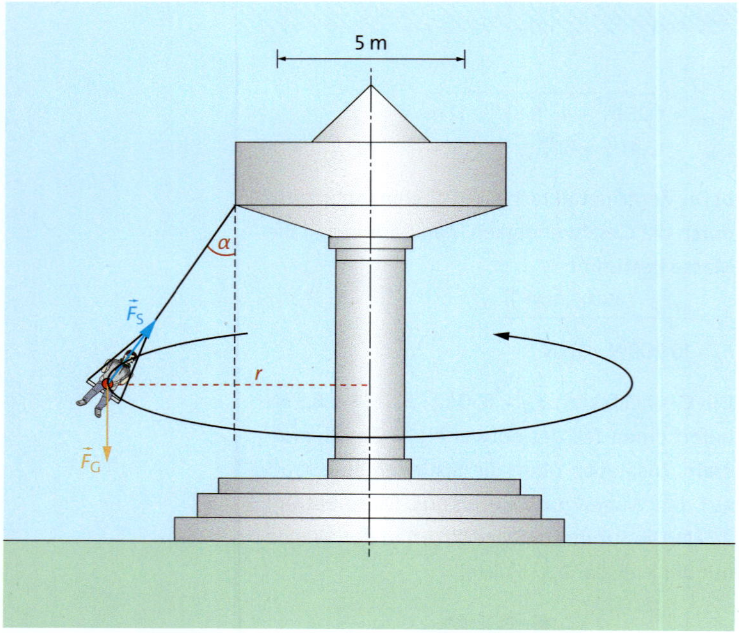

▸ 1 Kräfte beim Kettenkarussell

Kettenkarussell

Bei einem sich drehenden Kettenkarussell hängen die Sitze nicht senkrecht nach unten, sondern werden seitlich ausgelenkt. Je schneller sich das Karussell dreht, desto größer ist der Winkel α (▸ 1). Gleichzeitig nimmt auch der Radius r der Kreisbahn zu, auf dem sich die Mitfahrenden im Sitz bewegen.
Auf den ersten Blick wirkt keine der angreifenden Kräfte in Richtung des Kreismittelpunkts. Keine Kette zieht in diese Richtung. Wie entsteht die Zentripetalkraft, die die Sitze auf einer Kreisbahn hält?

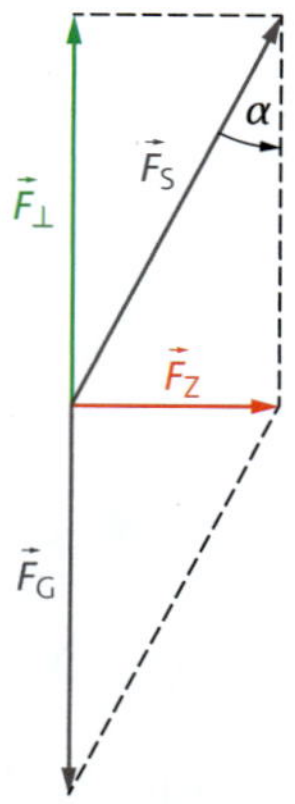

▸ 2 Am Sitz angreifende Kräfte

Am Schwerpunkt einer Person im Sitz wirkt die Gewichtskraft senkrecht nach unten. Die Zugkraft des Seils wirkt schräg nach oben. Diese beiden Kräfte addieren sich vektoriell (▸ 2):

$$\vec{F}_S + \vec{F}_G = \vec{F}_Z$$

Die Zugkraft des Seils und die Gewichtskraft ergeben addiert die Zentripetalkraft bei der Fahrt im Kettenkarussell. Die Zentripetalkraft zeigt waagerecht zum Kreismittelpunkt und erzwingt die Kreisbewegung. Der Winkel α stellt sich dabei so ein, dass die senkrechte Komponente der Seilkraft $\vec{F}_\perp$ der Gewichtskraft das Gleichgewicht hält. Die waagerechte Komponente der Seilkraft entspricht der Zentripetalkraft $\vec{F}_Z$.

Für α im Kräfteparallelogramm gilt:

$$\tan\alpha = \frac{F_Z}{F_G} = \frac{m \cdot \omega^2 \cdot r}{m \cdot g} = \frac{\omega^2 \cdot r}{g} \qquad \text{(I)}$$

Anhand dieser Gleichung erkennt man, dass die Masse keine Auswirkung auf den Auslenkungswinkel α hat. Alle Sitze werden gleich weit ausgelenkt, unabhängig davon ob sie leer oder besetzt sind.

AUFGABEN

1 L Beim Kettenkarussell ist die Zentripetalkraft der Bewegung nicht offensichtlich erkennbar.

a) Lesen Sie den Text zum Kettenkarussell und formulieren Sie einen kurzen Merksatz, wie die Zentripetalkraft beim Kettenkarussell entsteht.

b) Jetzt wird die Winkelgeschwindigkeit, mit der sich das Karussell bewegt, erhöht. Beschreiben Sie mithilfe eines Kräfteparallelogramms (▸ 2) die Veränderungen, die sich ergeben. Geben Sie die Größen an, die unverändert bleiben. Fertigen Sie weitere Kräfteparallelogramme zur Erläuterung an.

c) Bei einem Kettenkarussell hängen die Sitze in zwei Reihen, d. h. in zwei verschiedenen Abständen zum Kreismittelpunkt. Erläutern Sie, ob die Sitze gleich weit ausgelenkt werden.

d) Da der Winkel α, um den die Sitze ausgelenkt werden, charakteristisch für die Drehbewegung ist, kann aus ▸ 1 die Winkelgeschwindigkeit ω ermittelt werden. Bestimmen Sie dazu alle benötigten Größen durch Messung aus ▸ 1. Beachten Sie den angegebenen Maßstab.

AUS DER TECHNIK

g-Kräfte

1 **a)** Besonders in englischsprachigen Quellen wird oft der Begriff *g-force* verwendet, was wörtlich übersetzt g-Kraft bedeutet. Lesen Sie den Text in der Infobox „Beschleunigung und g-Kräfte" und formulieren Sie eine kurze Definition des Begriffs g-Kraft mit eigenen Worten.

b) ▸ 3 zeigt eine Achterbahn, von der folgende Daten bekannt sind:

Punkt	Bahnradius in m	Geschwindigkeit in $\frac{m}{s}$
A	40	19,8
B	20	26,0
C	10	14,0

(i) Berechnen Sie für jeden Punkt die Zentripetalbeschleunigung und vergleichen Sie diese mit der Fallbeschleunigung. Geben Sie jeweils die g-Kraft an.

(ii) Im Punkt A sind die Insassen der Achterbahn schwerelos. Begründen Sie dies mit dem oben berechneten Beschleunigungswert.

Beschleunigung und g-Kräfte

Als g-Kräfte werden Belastungen bezeichnet, die auf einen Körper durch seine Trägheit beim Beschleunigen einwirken. Bei Kreisbewegungen ist das die Summe aus Zentripetal- und Fallbeschleunigung. Um sich das besser vorstellen zu können, gibt man sie als Vielfaches der Fallbeschleunigung g auf der Erde an. Man redet etwas missverständlich von g-Kräften. Beträgt die g-Kraft $3g$, wird der Körper mit der dreifachen Fallbeschleunigung beschleunigt und die beschleunigende Kraft entspricht dem Dreifachen seiner Gewichtskraft. Bei $0g$ ist man schwerelos. Bei Achterbahnen sind bis zu $5g$ möglich.

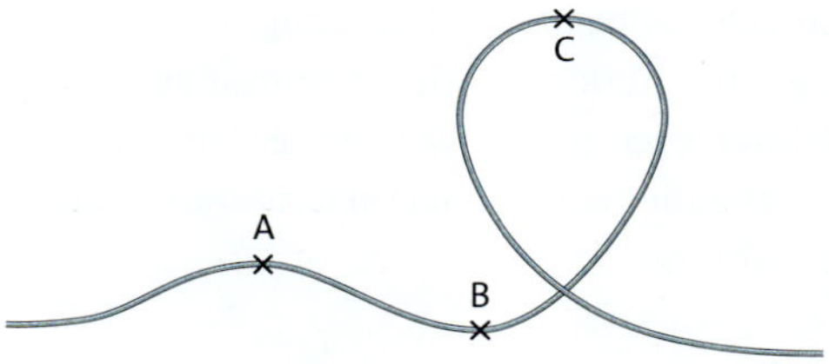

▸ 3 g-Kräfte in der Achterbahn

AUFGABEN

1 Im Film *Moonraker* sitzt James Bond in einer Humanzentrifuge (▸ 4).

a) Bestimmen Sie durch Messung aus dem Bild den Neigungswinkel und den Bahnradius der Kapsel. Zum Vergleich: Die Kapsel ist ungefähr 1,2 m hoch.

b) Zeichnen Sie in eine Skizze alle Kräfte ein, die an der Person in der Kapsel angreifen, und zeigen Sie, dass die Formel (I) auf Seite 22 gilt.

c) Bestimmen Sie anhand Ihrer Daten die Winkelgeschwindigkeit und die Umlaufdauer der Zentrifuge.

d) Berechnen Sie die Zentripetalbeschleunigung, die auf James Bond wirkt.

e) Sehen Sie sich die entsprechende Szene im Film an. Beschreiben Sie mithilfe der Szene den physikalischen Fehler, der zu sehen ist.

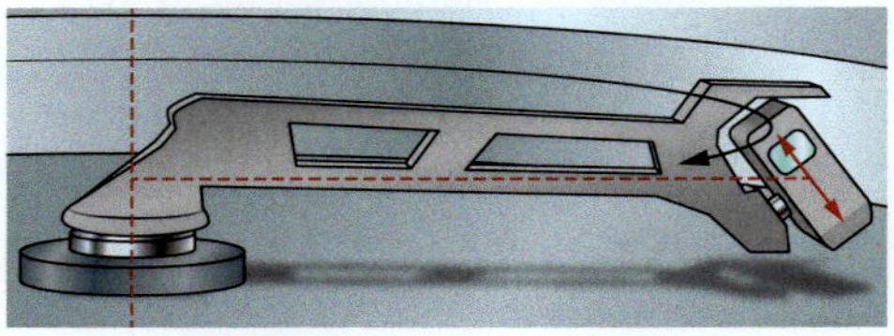

▸ 4 Humanzentrifuge

Hinweis zu Aufgabe a): Die Kapsel ist im Schwerpunkt gelagert, sodass sich beim Verkippen der Bahnradius nicht ändert.

AUFGABEN

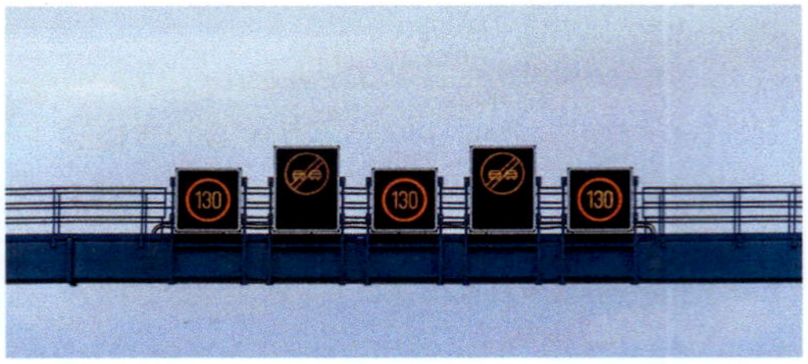

▸ 1 Elektrische Verkehrszeichen

Dynamische Geschwindigkeitsregelung L

Schon seit mehreren Jahrzehnten wird ein allgemeines Tempolimit auf Autobahnen gefordert. Befürworter eines Tempolimits von 120 $\frac{km}{h}$ argumentieren mit geringerem Treibstoffverbrauch und damit weniger CO_2-Emissionen. Zudem verbessere das Tempolimit die Verkehrssicherheit und vor allem den Verkehrsfluss. Gegner hingegen bemängeln längere Fahrzeiten und den Eingriff in ihre Freiheitsrechte. Unabhängig davon gibt es bereits jetzt auf vielen Autobahnen dauerhafte Geschwindigkeitsbeschränkungen auf besonders Stau gefährdeten Abschnitten oder aus Lärmschutzgründen entlang von Wohnsiedlungen.

Auch elektronische Geschwindigkeitsbeschränkungen (▸ 1), die die erlaubte Höchstgeschwindigkeit der Verkehrslage oder den Wetterbedingungen anpassen, werden von unterschiedlichen Verbänden gefordert.

Die Autobahnverwaltung prüft, ob die festen Geschwindigkeitsbeschränkungen auf den Zu- und Abfahrten des Memminger Autobahnkreuzes durch elektrische Anzeigen ersetzt werden sollen. Zur Diskussion stehen drei Varianten:

V1 Das Tempolimit von 60 $\frac{km}{h}$ bleibt (A7 auf A96) und die Abfahrt von der A96 auf die A7 wird auf 80 $\frac{km}{h}$ beschränkt.
V2 Auf der Abfahrt von der A96 auf die A7 wird eine Anlage zur dynamischen Geschwindigkeitsregelung errichtet und auf der anderen Abfahrt (A7 auf A96) bleibt 60 $\frac{km}{h}$.
V3 Beide Abfahrten werden mit dynamischen Geschwindigkeitsanzeigen ausgestattet.

1 **a)** Suchen Sie das Memminger Kreuz auf einer digitalen Landkarte und bestimmen Sie die Kurvenradien der beiden Abfahrten mit der Messfunktion (rechte Maustaste: Menüpunkt „Entfernung messen“).
b) Ermitteln Sie mithilfe des Materials aus der Infobox „Haftreibungskraft“ den jeweils maximalen Geschwindigkeitsbetrag, mit dem beide Kurven bei trockenen und nassen Straßenverhältnissen durchfahren werden können. Beachten Sie, dass nur 80 % der maximalen Haftkraft für die seitliche Führungskraft F_Z angenommen werden dürfen, da in Kurven auch zusätzliche Bremskräfte wirken können.

2 Beschreiben Sie die Unterschiede zwischen dem theoretisch zu erwartenden Zusammenhang von Verkehrsfluss und Geschwindigkeit und dem experimentell ermittelten (▸ 3; Infobox „Verkehrsfluss“).

3 Formulieren Sie eine begründete Empfehlung für eine der drei zu Beginn genannten Varianten der Geschwindigkeitslimitierung unter Berücksichtigung aller verfügbaren Informationen.

4 Erläutern Sie noch einen weiteren Gesichtspunkt, der bisher noch nicht beachtet wurde, aber Auswirkungen auf Ihre Empfehlung haben könnte.

Haftreibungskraft

Bei jedem Lenkmanöver muss die Haftreibungskraft F_H zwischen Autoreifen und Boden die nötige Zentripetalkraft, auch seitliche Führungskraft F_Z genannt, liefern. Diese hält das Fahrzeug in der Kurve auf der Fahrbahn (▸ 2).

Die Haftreibungskraft ist direkt proportional zur Kraft, mit der die Reifen auf die Straße gedrückt werden. Auf ebenen Strecken entspricht diese Kraft der Gewichtskraft. Wie gut die Reifen auf der Straße haften, wird durch den Haftreibungskoeffizienten μ_r beschrieben. Folglich erhält man für die maximale Haftreibungskraft F_H zwischen Reifen und Fahrbahn: $F_H = \mu_r \cdot F_G$

Die Haftreibungskoeffizienten μ_r für Straßenbeläge und Reifen sind bekannt:

Straßenbelag	μ_r
Asphalt (trocken)	0,75 – 0,85
Asphalt (nass)	0,4 – 0,6
Fahrbahn, schneebedeckt	0,1 – 0,2
Fahrbahn, vereist	< 0,1

Da μ_r kleiner als 1 ist, kann die Haftreibungskraft nicht größer als die Gewichtskraft sein.

Verkehrsfluss

Der Verkehrsfluss, also die Zahl der Fahrzeuge, die pro Stunde einen bestimmten Autobahnabschnitt durchqueren, hängt stark vom Tempo ab.

Bei theoretischen Simulationen ermittelt man den Platzbedarf eines fahrenden Fahrzeugs unter Beachtung des nötigen Sicherheitsabstands und ermittelt mithilfe dieses Werts und der Geschwindigkeit die maximale Zahl der Fahrzeuge, die sich innerhalb einer Stunde durch einen Messpunkt auf der Autobahn bewegen können (▸ 3, rote Linie).

Bei niedrigen Geschwindigkeiten ist der Sicherheitsabstand klein und damit auch der Platzbedarf eines Fahrzeugs in der Simulation. Der Verkehrsfluss ist aber relativ gering, da nur wenige Fahrzeuge innerhalb einer Stunde die Messstrecke durchfahren können.

Nimmt die Strömungsgeschwindigkeit der Fahrzeuge zu, dann steigt wegen des stark zunehmenden Sicherheitsabstands auch der Platzbedarf der Fahrzeuge.

Es stellt sich heraus, dass bei ca. 80 $\frac{km}{h}$ der Verkehrsfluss maximal ist. ▸ 3 zeigt den Graphen der Simulation und reale Messdaten zum Vergleich.

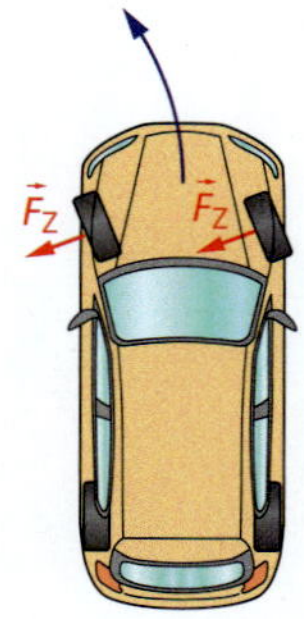

▸ 2 Seitliche Führungskräfte F_Z der Vorderräder

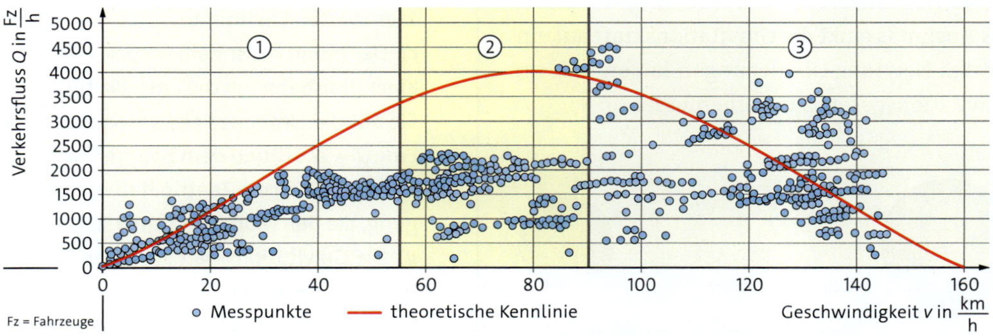

▸ 3 Verkehrsfluss in Abhängigkeit von der Geschwindigkeit auf einer zweispurigen Autobahn

▸ 1 ISS auf ihrer Umlaufbahn um die Erde

Newtons Gravitationsgesetz

Welche Kraft hält die ISS (▸ 1) auf einer Kreisbahn um die Erde, wenn die Astronauten in der Raumstation schwerelos sind? Welche grundlegende Kraft liefert die für eine stabile Bahn benötigte Zentripetalkraft?

ISAAC NEWTON war der erste, der aus der Bewegung der Planeten die Kraft, welche die Planeten auf ihrer Umlaufbahn hält, theoretisch bestimmte. Als Ursache für diese Kraft machte er die gegenseitige Anziehung von Massen verantwortlich: Die Masse M zieht die andere Masse m mit der Kraft F_G an. Nach dem Wechselwirkungsgesetz zieht auch m die Masse M mit der betragsgleichen Kraft an (▸ 2).

Die sogenannte **Gravitationskraft** ist proportional zu jeder der beiden Massen M und m. Sie nimmt quadratisch mit dem Abstand der Massenschwerpunkte ab, d. h., bei einer Verdopplung des Abstands sinkt die Gravitationskraft auf ein Viertel. Newtons Überlegungen lassen sich im Gravitationsgesetz zusammenfassen:

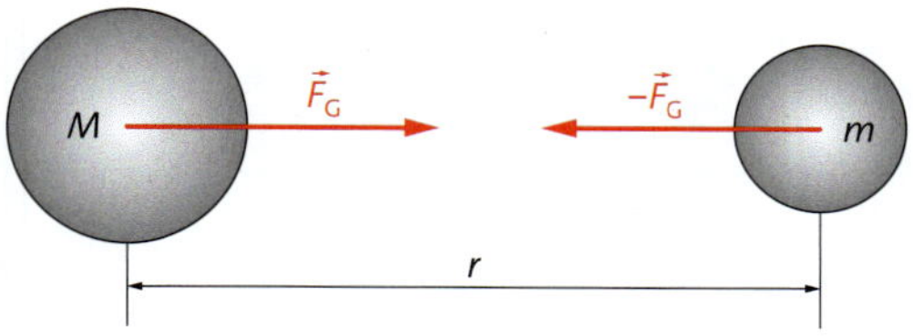

▸ 2 Gegenseitige Anziehung von Massen

> Gravitationsgesetz:
> Zwei Massen M und m ziehen sich im Abstand r mit der Gravitationskraft F_G an. Es gilt: $F_G = G \cdot \frac{M \cdot m}{r^2}$

Die Gravitationskonstante G wurde experimentell erstmals von HENRY CAVENDISH ermittelt. Der aktuell gültige Wert der Konstante beträgt $G = 6{,}674 \cdot 10^{-11} \frac{\text{m}^3}{\text{kg} \cdot \text{s}^2}$.

AUFGABEN

1 L **a)** Lesen Sie den Text auf dieser Seite und vervollständigen Sie folgende Aussagen:
(i) Verdreifacht man die Masse M, dann steigt der Wert der Gravitationskraft zwischen M und m auf ...
(ii) Verdoppelt man die Masse m, dann steigt der Wert der Gravitationskraft zwischen M und m auf ...
(iii) Verdreifacht man M und halbiert m, dann steigt der Wert der Gravitationskraft zwischen M und m auf ...
(iv) Halbiert man den Abstand zwischen M und m, dann ...
b) Henry Cavendish konnte die Gravitationskraft zwischen zwei Kugeln mit den Massen $M = 158$ kg und $m = 0{,}73$ kg im Abstand von 211 mm messen. Der Wert betrug $F_G = 0{,}175\ \mu\text{N}$.
Berechnen Sie den Wert der Gravitationskonstante G, den Cavendish aus seinen Messwerten bestimmte.
c) Der Mond kreist näherungsweise auf einer Kreisbahn um die Erde. Bestimmen Sie aus der Umlaufzeit des Monds um die Erde ($T = 27{,}3$ d) und dem Bahnradius $r = 384\,400$ km die Zentripetalbeschleunigung, die den Mond auf seiner Bahn hält.
d) Die Gravitationskraft zwischen Erde und Mond hält den Mond auf seiner Umlaufbahn. Bestimmen Sie aus dem Ansatz $F_G = F_Z$ die Masse der Erde.

AUFGABEN

► 3 Position der ISS

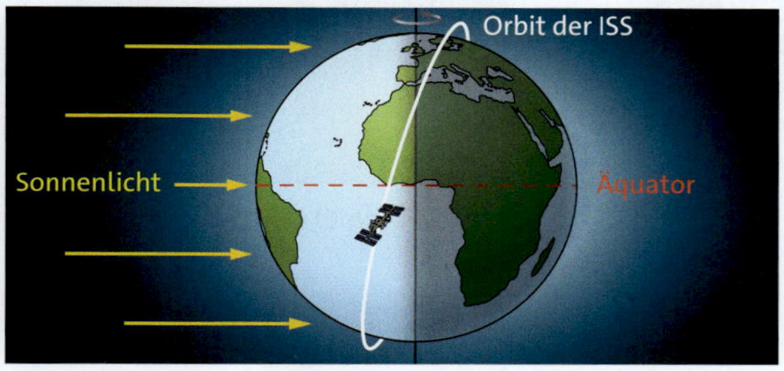

► 4 Umlaufbahn der ISS

Satellitenbahnen

1998 wurden die ersten Module der Internationalen Raumstation in Betrieb genommen. Seitdem wurde die ISS ständig ausgebaut und modernisiert. Sie umkreist in ca. 425 km Höhe die Erde und man kann ihre aktuelle Position über die Homepage der NASA oder der ESA nachschlagen (► 3).

Die Umlaufbahn der ISS ist nahezu kreisförmig mit dem Erdzentrum als Mittelpunkt. Die Umlaufbahn ist im Raum stabil und um 51° gegenüber dem Äquator geneigt (► 4). Betrachtet man die Projektion der Umlaufbahn auf die Erdoberfläche, erkennt man eine Kurve ähnlich der einer Sinusfunktion, die sogenannte Bodenspur.

1 L Die ISS wird durch die Gravitationskraft auf ihrer Bahn gehalten. Die Masse der Erde beträgt $M = 5{,}97 \cdot 10^{24}$ kg und der mittlere Erdradius $r = 6\,371$ km.

a) Berechnen Sie mithilfe der Daten der Erde und den Daten aus ► 3 die Umlaufdauer der ISS um die Erde.

b) Die Beschleunigung, mit der die ISS auf ihrer Kreisbahn gehalten wird, beträgt $a_Z = 8{,}7\,\frac{\text{m}}{\text{s}^2}$. Diese Beschleunigung erfahren auch die Astronauten in der ISS. Trotzdem sind sie schwerelos.
Bestätigen Sie den Wert für a_Z durch eine Rechnung und begründen Sie, dass die Astronauten in der ISS schwerelos sind, d. h., dass sie nicht mehr auf dem Boden der Raumstation stehen können, sondern sich frei im Innenraum bewegen können.

c) Begründen Sie, dass die aktuelle Bodenkurve der ISS (► 3, gelb) gegenüber der Bodenkurve in +1,5 Stunden nach Osten verschoben ist.

2 Geostationäre Satelliten (► 5), z. B. Fernsehsatelliten, haben eine feste Position über dem Äquator. Sie drehen sich mit der Erde mit, sodass Fernsehantennen nicht nachjustiert werden müssen und immer auf die Satelliten ausgerichtet bleiben. Die Umlaufbahn dieser Satelliten um die Erde beträgt demnach $T \approx 24$ h.

a) Berechnen Sie den Bahnradius und die Höhe der Satelliten über der Erdoberfläche mithilfe der Daten der Erde aus 1).

b) Berechnen Sie die Zentripetalbeschleunigung in dieser Entfernung zum Erdmittelpunkt.

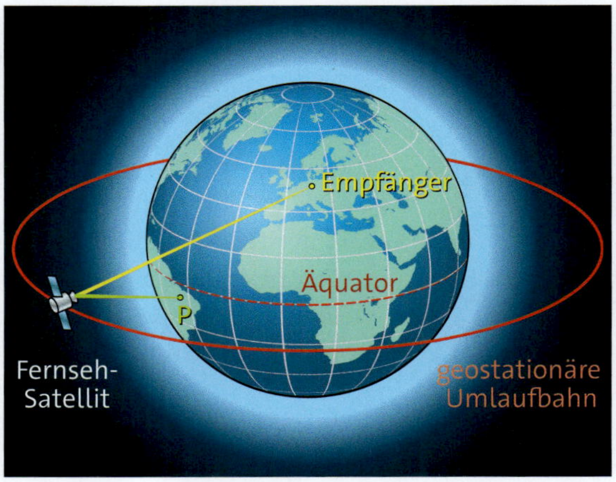

► 5 Geostationärer Satellit

– Videoanalyse
– Beschleunigungs-
messungen

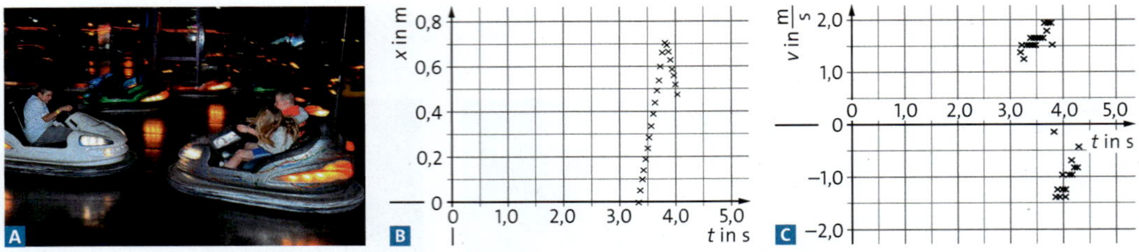

▸ 1 **A** Einzelbild vom Zusammenstoß beim Autoscooter, **B** *t*-*x*- und **C** *t*-*v*-Diagramm des linken Scooters

Physik auf dem Jahrmarkt

Fahrgeschäfte auf Volksfesten und Vergnügungsparks vermitteln adrenalinhaltige besondere Erlebnisse. Wie lassen sich die Bewegungsabläufe und erlebten Kräfte experimentell untersuchen?

Videokamera, Stativ und Maßband genügen, um mithilfe von **Videoanalysen** physikalische Einblicke über Fahrgeschäfte wie die auftretenden Geschwindigkeiten und Beschleunigungen, respektive Kräfte oder ganze Bewegungsabläufe erhalten zu können.
Ein Video besteht aus mehreren Einzelbildern, die dann zu einem Film zusammengefügt werden. Durch eine entsprechende Skalierung und Festlegung des Ursprungs entstehen für einen festgelegten Punkt Ort-Zeit-Wertepaare. Im obigen Beispiel wird der Frontalzusammenstoß von zwei Autoscootern untersucht (▸ 1 A). Man kann als Punkt der Bewegung z. B. den vorderen Scheinwerfer des linken Wagens verwenden. Auswertprogramme helfen bei der Erstellung der jeweiligen Diagramme (▸ 1 B und C).

▸ 2 Geschwindigkeits- und Beschleunigungsvektor

Videoanalysen eignen sich besonders gut für geradlinige Bewegungen auf kurzen Wegstrecken, um Geschwindigkeiten und Beschleunigungen zu ermitteln. Es lassen sich aber auch zweidimensionale Bewegungen im Hinblick auf die vektoriellen Größen auswerten (▸ 2).

Bei guten farblichen Kontrasten kann die Auswertung des Videos automatisiert erfolgen, andernfalls muss man das Video Bild für Bild auswerten.

Mithilfe von Smartphones lassen sich auch Höhen messen. Die **integrierten Sensoren** erlauben es sogar Beschleunigungen entlang aller drei Raumrichtungen zu messen. Entsprechende Physik-Apps helfen bei der Auswertung der Messdaten. Hierbei muss man jedoch beachten, dass bei den meisten Apps die Fallbeschleunigung g mitgemessen wird. Um die effektive Beschleunigung zu erhalten, muss daher die Fallbeschleunigung abgezogen werden.

Das sichere Verstauen des Smartphones gestaltet sich nicht immer einfach. Gleichermaßen will man das Smartphone vor Schäden bei kurzzeitig sehr hohen Beschleunigungen wie dem harten Auftreffen mit dem Fahrrad bei einem Sprung bewahren. In diesen Fällen eignen sich zur Messung dann **externe Sensoren**, die per Bluetooth mit dem Smartphone gekoppelt werden. Die zugehörige App zeichnet dann die Beschleunigungen auf.

Mithilfe dieses experimentellen Rüstzeugs kann man nun viele verschiedene Fahrgeschäfte selbst erforschen. Zur Auswertung der durchgeführten Messungen benötigt man dann nur noch die passenden physikalischen Zusammenhänge. Dabei hilft folgende Einordnung:

- Stoßprozesse: Bei der Analyse von Stößen kann der Impuls bzw. Impulserhaltungssatz helfen.
- Eindimensionale Bewegungen: Die Bewegungsgleichungen und die Newtonschen Gesetze sind hier hilfreich. Die zugehörigen Bewegungsdiagramme erhält man über Videoanalysen oder Sensoren.

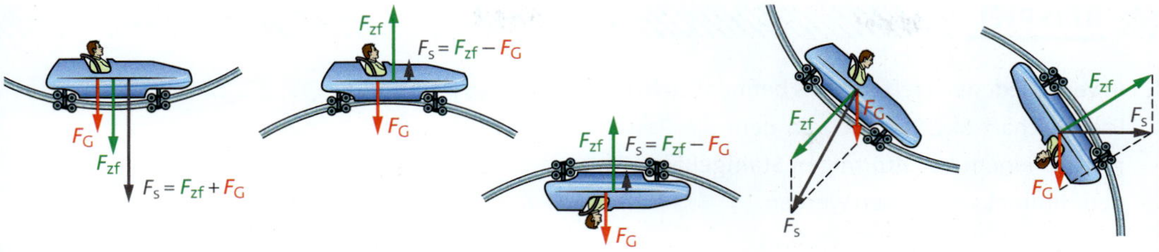

▸ 3 Kräfte bei einer Achterbahnfahrt

- Zweidimensionale Bewegungen: Die vektorielle Darstellung der Geschwindigkeit und der Beschleunigung ist unerlässlich. Auf diese Weise können die Größen dann auch addiert werden. Sollte es nur um den Betrag der physikalischen Größe gehen, kann der Energieerhaltungssatz wertvolle Hilfe sein, da man nur die Energie zwischen zwei Zuständen vergleichen muss.
- Dreidimensionale Bewegungen: Hier empfiehlt sich die vektorielle Zusammenfassung der Bewegung von zwei Dimensionen zu einer Dimension. Damit wird die Bewegung insgesamt wieder auf zwei Dimensionen reduziert (▸ Aufgabe 1, Seite 33).
- Periodische Bewegungen: Frequenz und Periodendauer lassen sich sowohl über Videoanalysen als auch Beschleunigungsmessungen per Sensoren gut bestimmen.

Achterbahnfahrt

Entscheidend für eine erlebnisreiche Achterbahnfahrt sind die Beschleunigungen und die auf die Passagiere wirkenden Kräfte, wobei bestimmte Beschleunigungsgrenzwerte nicht überschritten werden dürfen. So sollten zum Beispiel kurzzeitig nur maximal $6g$ in der vertikalen bzw. $2g$ in der lateralen Achse (Schulter-Schulter) auf den Fahrgast wirken. Was aber bedeuten $6g$ und wie berechnet man das?

Sobald sich auf Streckenabschnitten die Fahrtrichtung des Zugs verändert, wirkt auf diesen die zum Kurvenmittelpunkt gerichtete Zentripetalkraft. Aufgrund ihrer Trägheit erfahren die Insassen aber die entgegengesetzt gerichtete Zentrifugalkraft. Sie wissen bereits, dass man diese als Mitfahrer eines durch die Zentripetalkraft beschleunigten Systems wahrnimmt, es sich aber um eine aufgrund der Trägheit erfahrene Scheinkraft handelt, d.h. um keine reale Kraft im Sinne der Newtonschen Gesetze.

Der große Vorteil der Verwendung der Zentrifugalkraft besteht darin, dass sie vereinfachte Überlegungen erlaubt. Dadurch wird die Bestimmung der gespürten, auf den Passagier einwirkenden Kraft F_S als vektorielle Summe der Gewichtskraft F_G und der Zentrifugalkraft F_{Zf} möglich (▸ 3).
Während im tiefsten Punkt der Achterbahn der Fahrgast die Kraft $F_S = F_G + F_{Zf}$ spürt, ist F_S im höchsten Punkt $F_{Zf} - F_G$. Beschleunigung und Kraft sind über das 2. Newtonsche Gesetz unmittelbar miteinander verbunden. Erfährt der Körper eine Beschleunigung, die 6-mal so groß wie die Fallbeschleunigung ist ($6g$), dann „fühlt sich der Passagier 6-mal so schwer", die gespürte Kraft ist $F_S = 6 \cdot F_G$.

Als besonderes interessant gelten bei Achterbahnfahrern die sogenannten Airtimes. Das sind die Augenblicke, die einem Fahrgast das Gefühl der Schwerelosigkeit verspüren lassen.

In diesen Momenten beträgt $F_S = 0\,N$ bzw. $F_S < 0\,N$. Man spürt eine Kraftwirkung Richtung Himmel und wird nur von den Haltebügeln zurückgehalten. Auch hier handelt es sich nur um einen Trägheitsprozess und keine im Sinne der Newtonschen Gesetze wirkende Kraft, die auf die Passagiere ausgeübt wird.

BEISPIEL

▸ 1 Sky Shot

In verschiedenen Freizeitparks befindet sich das Fahrgeschäft Sky Shot (▸ 1), in dem die Passagiere in einem kugelförmigen Stahlgehäuse in den Himmel geschossen werden.

Aufgaben:

Mithilfe eines Beschleunigungs- und eines Höhenmessers wurde eine Sky-Shot-Fahrt aufgenommen. Nehmen Sie für die folgenden Aufgaben an, dass das Stahlgehäuse mit zwei Insassen eine Masse von 450 kg hat.

a) Die gespannten Federn haben eine Länge von 2 m. Über Umlenkrollen wird die Kugel dann beschleunigt. Bestimmen Sie vereinfachend mithilfe des Diagramms ▸ 2 und der Energieerhaltung die maximale Geschwindigkeit der Kugel. Verwenden Sie den tiefsten Punkt als Nullpunkt für die potentielle Energie.

b) Die vertikale Beschleunigung setzt sich aus zwei Komponenten a_y und a_z zusammen. Dies hängt mit der Lage des Passagiers in der Stahlkugel zusammen. Zeigen Sie anhand von ▸ 3 und der gezeigten Diagramme ▸ 4, dass der Passagier eine Beschleunigung von etwa dem 3,5-fachen der Fallbeschleunigung erfährt.

c) Berechnen Sie, nach welcher Zeit die in a) bestimmte Geschwindigkeit erreicht ist. Vergleichen Sie die Ergebnisse von a) und c) und nehmen Sie dazu Stellung.

d) Mit einem Elektromotor werden mehrere Stahlfedern in 25 s gespannt. Das schlagartige Entspannen der Federn beschleunigt schließlich den Stahlkäfig zusammen mit den Passagieren. Beschreiben Sie die Energieumwandlungen bis zum höchsten Punkt, den die Kugel dann erreicht. Geben Sie auch die Geschwindigkeit auf halber Steighöhe an, für den Fall, dass der Flug idealisiert ohne Reibung stattfindet.

e) Berechnen Sie die Leistung des Elektromotors, die dieser mindestens haben muss. Erläutern Sie ferner die Bedeutung des Wortes „mindestens" in diesem Zusammenhang.

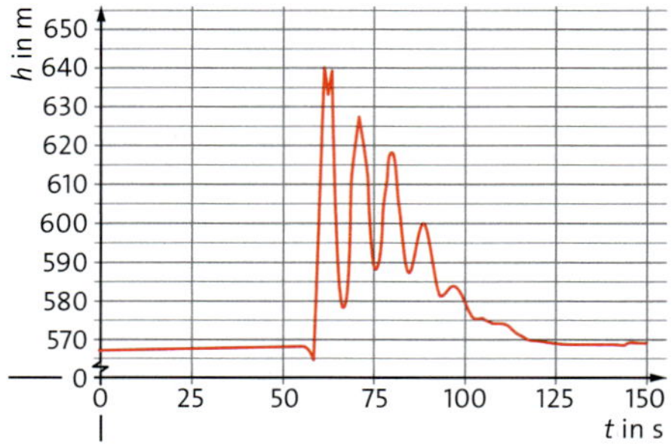

▸ 2 t-h-Diagramm

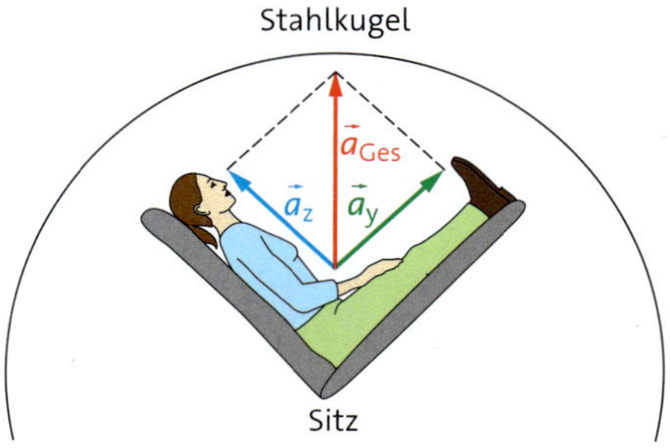

▸ 3 Lage des Passagiers in der Sky-Shot-Kugel

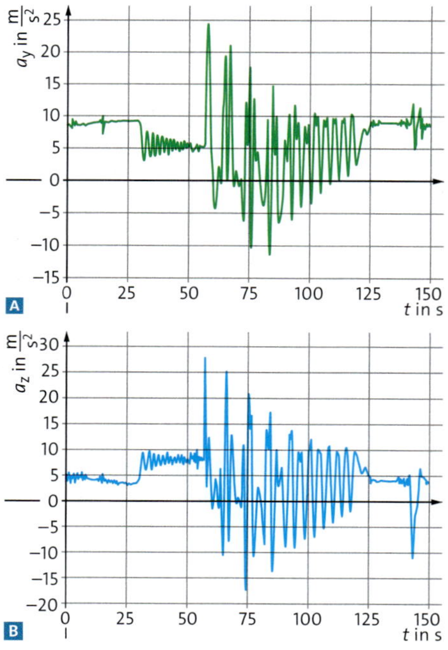

▸ 4 **A** t-a_y-Diagramm, **B** t-a_z-Diagramm

Rechnung und Lösung:

a) *Lösungsansatz: Betrachten Sie bei der Energieerhaltung zwei Zustände und überlegen Sie, welche Energieformen vorliegen. Beziehen Sie auch den Nullpunkt für die potentielle Energie mit ein.*

Aus Diagramm ▸2 ergibt sich für den Höhenunterschied: $\Delta h = 640\,\text{m} - 565\,\text{m} = 75\,\text{m}$.

Idealisiert (ohne Reibungsverluste) gilt dann:

$$E_{\text{kin}} = E_{\text{H}}$$

$$\frac{1}{2} m v^2 = mg\,\Delta h$$

$$\Rightarrow v = \sqrt{2g\,\Delta h}$$

$$v = \sqrt{2 \cdot 9{,}81\,\tfrac{\text{m}}{\text{s}^2} \cdot 75\,\text{m}} \approx 38{,}4\,\tfrac{\text{m}}{\text{s}} \approx 138\,\tfrac{\text{km}}{\text{h}}$$

Die maximale Geschwindigkeit der Kugel beträgt rund $138\,\frac{\text{km}}{\text{h}}$.

b) *Lösungsansatz: Bei Zeichnungen weist ein rechter Winkel auf den Satz des Pythagoras oder trigonometrische Funktionen hin.*

Die gesamte Beschleunigung kann mithilfe des Satzes des Pythagoras berechnet werden:

$$a_{\text{ges}} = \sqrt{(a_y)^2 + (a_z)^2}$$

$$a_{\text{ges}} = \sqrt{\left(24\,\tfrac{\text{m}}{\text{s}^2}\right)^2 + \left(26\,\tfrac{\text{m}}{\text{s}^2}\right)^2}$$

$$a_{\text{ges}} \approx 35\,\tfrac{\text{m}}{\text{s}^2} \approx 3{,}6\,g$$

Für die Gesamtbeschleunigung ergib sich $3{,}6\,g$.

c) Bei der Berechnung von a) geht man davon aus, dass die Geschwindigkeit bereits unmittelbar in der Nähe des Erdbodens erreicht wird und keine weitere Krafteinwirkung nach oben stattfindet.

Die in b) berechnete Beschleunigung von $a_{\text{ges}} = 35\,\frac{\text{m}}{\text{s}^2}$ zeigt allerdings, dass die Geschwindigkeit erst nach

$$t = \frac{v}{a} = \frac{38\,\frac{\text{m}}{\text{s}}}{35\,\frac{\text{m}}{\text{s}^2}} = 1{,}1\,\text{s}$$

erreicht ist.

In dieser Zeit wurde ein Weg von

$$x(1{,}1\,\text{s}) = \frac{1}{2} a t^2 = \frac{1}{2} \cdot 35\,\tfrac{\text{m}}{\text{s}^2} \cdot (1{,}1\,\text{s})^2 = 21\,\text{m}$$

zurückgelegt. Man müsste daher erst an diesem Punkt den Nullpunkt für die potentielle Energie festlegen.

d) Die Spannenergie der Stahlfedern wird beim Entspannen zunächst in kinetische Energie umgewandelt. Diese wird wiederum in potentielle Energie umgewandelt.

Für die Berechnung der Geschwindigkeit vergleicht man den Zustand auf halber Höhe mit dem Zustand auf maximaler Höhe:

$$mg\,\frac{\Delta h}{2} + \frac{1}{2} m v^2 = mg\,\Delta h$$

$$g\,\Delta h + v^2 = 2g\,\Delta h \Rightarrow v = \sqrt{g\,\Delta h}$$

$$v = \sqrt{9{,}81\,\tfrac{\text{m}}{\text{s}^2} \cdot 75\,\text{m}} \approx 27{,}1\,\tfrac{\text{m}}{\text{s}} \approx 98\,\tfrac{\text{km}}{\text{h}}$$

Idealisiert ergibt sich auf halber Steighöhe eine Geschwindigkeit von rund $98\,\frac{\text{km}}{\text{h}}$.

e) Für die Leistung des Motors gilt:

$$P = \frac{\Delta E}{\Delta t} = \frac{mg\,\Delta h}{\Delta t}$$

$$P = \frac{450\,\text{kg} \cdot 9{,}81\,\frac{\text{m}}{\text{s}^2} \cdot 75\,\text{m}}{25\,\text{s}} = 13\,243\,\text{W} \approx 13\,\text{kW}$$

Die Leistung des Motos muss mindestens 13 kW betragen. Da bislang keine Reibungsverluste berücksichtigt worden sind, muss die reale Leistung jedoch größer sein. Das Wort „mindestens" bezieht sich damit auf eine ideale Energieumwandlung mit einem Wirkungsgrad von 100 %.

Hinweis:

Die Lösungen zu a) und c) zeigen, dass komplexere, anwendungsbezogene Aufgaben Vereinfachungen bei den Ansätzen verlangen. So werden z. B. vorhandene Reibungseffekte oder Rotationen um die eigene Achse vernachlässigt und diese Energieumwandlungen ignoriert.

EXPERIMENTE

1 Die Wilde Maus

In einem für 4 Personen ausgelegten Wagen fährt man nach Erreichen des Lifthügels in einem verwinkelten Kurs umher. Der Nervenkitzel scheint begrenzt, da die Geschwindigkeit gering ist - oder?

a) Nehmen Sie mit einem Smartphone ein Video von der Fahrt der „Wilden Maus" auf. Ermitteln Sie mithilfe einer Videoanalysesoftware die Geschwindigkeit eines Achterbahnwagens in der Kurve.

b) Berechnen Sie den minimalen Radius, den diese Kurve zuvor haben darf, damit der Beschleunigungsgrenzwert von $2g$ nicht überschritten wird.

c) Ermitteln Sie aus der Videoanalyse die Diagramme für die laterale und vertikale Beschleunigung. Erklären Sie die Bedeutung negativer Beschleunigungswerte.

d) Überprüfen Sie mithilfe Ihrer Diagramme das Einhalten des Grenzwerts von $2g$.

e) Erläutern Sie den besonderen Reiz der „Wilden Maus". Argumentieren Sie mit Ihrem physikalischen Hintergrundwissen. Erklären Sie, dass hier nur sehr kurze Achterbahnwagen zum Einsatz kommen.

f) Häufig sind bei Achterbahnfahrten pfeifende Geräusche zu hören. Erklären Sie, wie und warum diese zustande kommen.

Informationen zur lateralen und vertikalen Beschleunigung finden Sie auf Seite 29.

2 Playball

Bei dem Fahrgeschäft Playball finden sich einzelne kleine Gondeln auf einer großen rotierenden Scheibe, die sich dann aus der Horizontalen aufrichtet.

a) Bestimmen Sie mithilfe einer Videoanalyse die Umlaufdauer der rotierenden Scheibe und die Frequenz der Gondeln.

b) Bestimmen Sie den Radius der Scheibe und der Gondeln und berechnen Sie damit die minimale und maximale Beschleunigung der Scheibe in der Horizontalen.

3 Autoscooter

Der Autoscooter ist eine der bekanntesten Attraktionen auf einem Jahrmarkt. Man kann einen anderen Wagen seitlich rammen, ohne dass die Fahrzeuge beschädigt werden. Die Insassen werden nur kräftig durchgeschüttelt. Im Folgenden messen sie die Beschleunigungen, die bei einem Zusammenstoß zweier Scooter auftreten und beurteilen das Risiko für Verletzungen.

a) Planen Sie eine Messung, bei der mithilfe eines Beschleunigungssensors oder eines Smartphones die Beschleunigung des Fahrzeuges bei einem Zusammenprall gemessen wird. Hinweise zur Messmethode finden Sie unter dem QR-Code auf Seite 28. Vergleichen Sie dabei drei verschiedene Stöße: Frontalzusammenstoß, seitlicher Stoß und ein Stoß von hinten.

b) Beurteilen Sie anhand Ihrer Messdaten, welcher Stoß das größte Risiko birgt.

c) Im Folgenden sollen Sie die Beschleunigung des Kopfs eines Mitfahrenden mit der Beschleunigung des Scooters vergleichen. Führen Sie eine geeignete Messung mit zwei Beschleunigungssensoren oder mit einer Videoanalyse durch. Vergleichen Sie die Beschleunigungswerte für Scooter und Kopf und erläutern Sie die Unterschiede.

4 Freefall Tower

Der Reiz dieses Fahrgeschäfts liegt darin, dass man angeblich beim Fall der Gondel schwerelos ist. Im Folgenden sollen Sie diese Hypothese experimentell überprüfen.

a) Machen Sie sich mit der Funktionsweise eines Beschleunigungssensors vertraut und planen Sie ein Experiment, um die Hypothese zu prüfen (vgl. S. 18).

b) Führen Sie Ihr Experiment durch, dokumentieren Sie Ihre Ergebnisse und werten Sie Ihre Messkurve aus.

AUFGABEN

1 Beim Eurostar erleben die Passagiere auf einem Teilabschnitt der Strecke eine vollständige Rotation um die Achse in Fahrtrichtung. Sie durchfahren diesen 22 m langen Abschnitt mit einer konstanten Geschwindigkeit von $45\,\frac{\text{km}}{\text{h}}$. Die Wegstrecke ist dabei parallel zum Boden.
Die Abbildung ▸ 1 veranschaulicht die Rotation zu zwei Zeitpunkten bei der Betrachtung von vorne.

a) Bestimmen Sie die bei der Rotation auftretende Zentripetalbeschleunigung. Nehmen Sie einen Radius von 2,10 m an.

b) Erläutern Sie, an welchen Punkten die wirkende Kraft auf einen Passagier minimal und maximal ist. Berechnen Sie die Beträge dieser Kräfte.

c) Berechnen Sie die notwendige Geschwindigkeit des Eurostars, damit sich die Passagiere kurzzeitig schwerelos fühlen.

▸ **1** Rotation im Eurostar

2 In der Längsachse drehbar gelagerte Gondeln eines Enterprises (▸ 2) hängen an einem kreisförmigen Metallgestänge, das sich während der Rotation langsam aufrichtet.

▸ **2** Enterprise

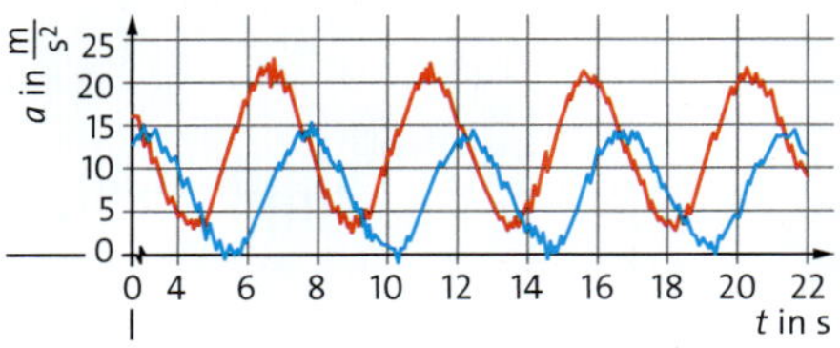

▸ **3** Beschleunigungsdiagramm

a) Erklären Sie mithilfe eines Videos der Fahrt eines Enterprises aus dem Internet bzw. der Beobachtung des Fahrgeschäfts auf einem Jahrmarkt das Beschleunigungsdiagramm ▸ 3.

b) Bestimmen Sie aus dem Beschleunigungsdiagramm die Periodendauer T und die Drehfrequenz f.

c) Berechnen Sie die Bahngeschwindigkeit der Gondeln (Durchmesser des Rads: 22 m).

d) Bestimmen Sie die Bahngeschwindigkeit, sodass der Passagier bei senkrecht stehendem Rotor nicht auf das Kabinendach fällt.

e) Entscheiden Sie begründet, ob bei geneigtem Rotor der Winkel zwischen Gondel und Rotor genau 180° betragen kann.

3 Laut Patent handelt es sich beim Rotor (▸ 4) um einen hohlen Rotationszylinder für Volksbelustigungen. Wenn sich der Rotor schnell genug dreht, wird der Boden abgesenkt, ohne dass die Menschen herausfallen. Erklären Sie anhand einer Zeichnung das Wirkprinzip des Rotors und geben Sie die Bedingung an, die gelten muss, damit die Menschen nicht herunterfallen.
Leiten Sie ferner folgende Formel her, die die notwendige Drehfrequenz angibt:
$f = \frac{1}{2\pi} \cdot \sqrt{\frac{g}{\mu \cdot r}}$, wobei r der Radius des Rotors und μ die Haftreibungszahl ist.
Hinweis: Recherchieren Sie den Zusammenhang zwischen Reibungskraft und Anpresskraft und nutzen Sie die Seite 25 (Haftreibung beim Kurvenfahren).

▸ **4** Rotor

AUFGABEN

4

► 1 Star Flyer

► 2 Pendulum Ride

Der Star Flyer (► 1) ist eine Mega-Ausführung eines Kettenkarussells. Er befördert seine Fahrgäste in zwei Etappen bis in eine Höhe von fast 40 Metern. Laut Hersteller umfasst die Flugbahn einen Durchmesser von 30 m und die Bahngeschwindigkeit erreicht in der Spitze bis zu $80\,\frac{\text{km}}{\text{h}}$.

a) Betrachten Sie eine Person im rotierenden Bezugssystem und tragen Sie in eine Skizze die auf die Person wirkenden Kräfte ein. Zeigen Sie, dass der Auslenkungswinkel unabhängig von der Masse der mitfahrenden Person ist.

b) Berechnen Sie den Auslenkungswinkel für die Angaben des Herstellers.

c) Bestimmen Sie die Bahngeschwindigkeit, die man erhält, wenn man obiges Bild für die Rechnung zugrunde legt.

d) Ein Passagier hat seinen Schlüssel nicht sachgerecht verstaut. Er merkt noch, wie er ihm aus der Tasche fällt. Leider kann er ihn nicht mehr festhalten. Erklären Sie, wo der Passagier seine Suche am Boden anfangen sollte. Geben Sie die Informationen an, die bei der Suche helfen.

5 Wie ein überdimensionaler, hin- und herschwingender Greifarm erscheint der Pendulum Ride ► 2. In dem „Greifer" sitzen gut gesichert die Passagiere, die neben der Schwingung auch noch der Rotation des Greifers ausgeliefert sind.

a) Bestimmen Sie aus dem Beschleunigungsdiagramm ► 3 die Frequenz f und die Periodendauer T des Pendels.

b) Schätzen Sie die Geschwindigkeit des Pendels im tiefsten Punkt ab, wenn man annimmt, dass die Beschleunigung im Wesentlichen durch die Gravitationskraft der Erde bestimmt ist. Recherchieren Sie die notwendigen Größen.

c) Berechnen Sie die Kraft, die ein Passagier (m = 60 kg) aufgrund von b) im tiefsten Punkt spürt. Vergleichen Sie mit dem aus ► 3 erhaltenen Wert.

d) Berechnen Sie die Geschwindigkeit, mit der der „Greifer" rotieren müsste, damit bei waagerechter Pendelachse (Auslenkwinkel α = 90°) eine Sitzreihe kräftefrei ist. Geben Sie an, um welche Sitzreihe es sich handelt. Berechnen Sie die Kraft, die dann eine Person (m = 60 kg) der gegenüberliegenden Sitzreihe erfährt.

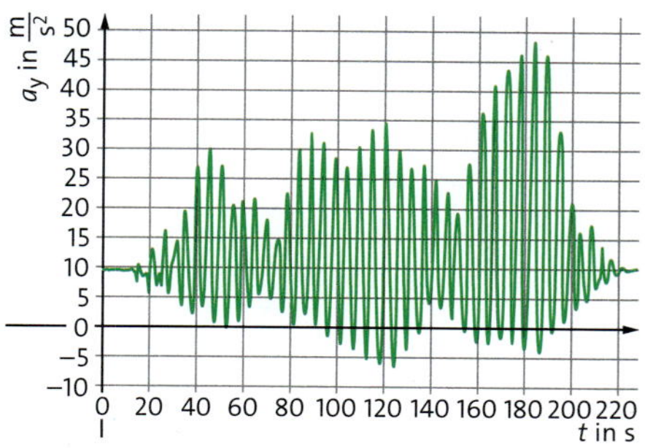

► 3 Beschleunigungsdiagramm

6

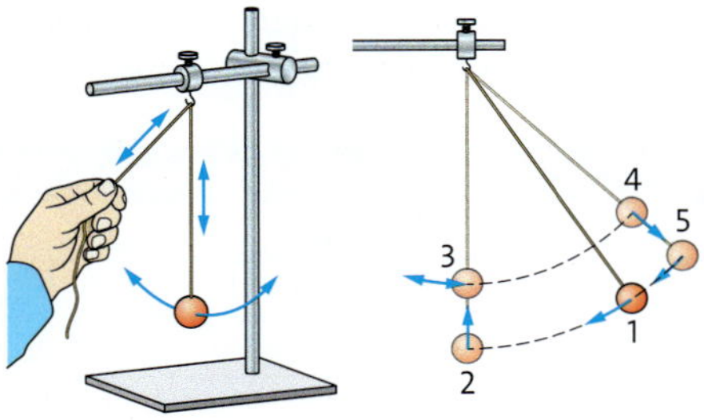

▸ **4** Fadenpendel als Modell

▸ **5** Schiffsschaukel

Bereits jüngere Kinder vollziehen intuitiv eine Körperbewegung, die es Ihnen ermöglicht, dass sie mit einer kleinen Schiffsschaukel immer höher schwingen. Wie ist es möglich, dass aus einer Auf- und Abbewegung des Körpers eine Hin- und Herbewegung entsteht?

Ein Modellversuch hilft bei der Antwort. Das Fadenpendel (▸ 4) beginnt bei rhythmischem Ziehen langsam mit immer größerer Amplitude zu schwingen. Wenn es beispielsweise bis zur Position 1 schwingt, zieht man die Kugel in Position 2 rasch bis zu Position 3 hoch. Das verkürzte Pendel schwingt erst nach links und dann nach rechts bis zur Position 4 hinauf. Hier wird es wieder um die Strecke verlängert, die es anfangs hochgezogen wurde, und erreicht den Punkt 5. Insgesamt hat die Amplitude also zugenommen.

a) Erklären Sie, dass das Pendel nach dem Hochziehen bis zur Position 4 schwingt.
Hinweis: Führen Sie eine sorgfältige Energiebetrachtung durch.

b) Moni behauptet: „Die gesamte hochgezogene Strecke wird dem Pendel beim Umkehrpunkt wieder zurückgegeben. Es kann nicht mehr Energie haben als vorher“. Antworten Sie Moni begründet.

c) Übertragen Sie Ihre Erkenntnisse aus dem Modellversuch auf eine Schiffsschaukel auf einem Jahrmarkt (▸ 5).

d) Oskar bestimmt mithilfe eines Sensors die Beschleunigungen bei einer elektrisch betriebenen Schiffsschaukel. Bestimmen Sie anhand der Diagramme ▸ 6 und 7 die Frequenz der Schiffsschaukel sowie die resultierende Beschleunigung, die Oskar erfährt. Erläutern Sie, ob es Zeiten gibt, in denen sich Oskar nahezu schwerelos fühlt.

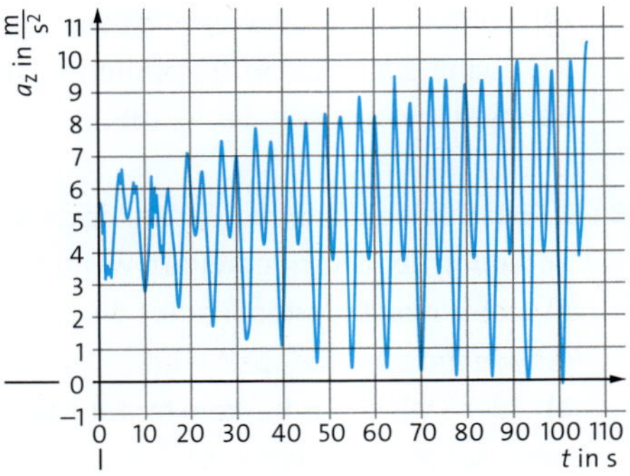

▸ **6** t-a_z-Diagramm

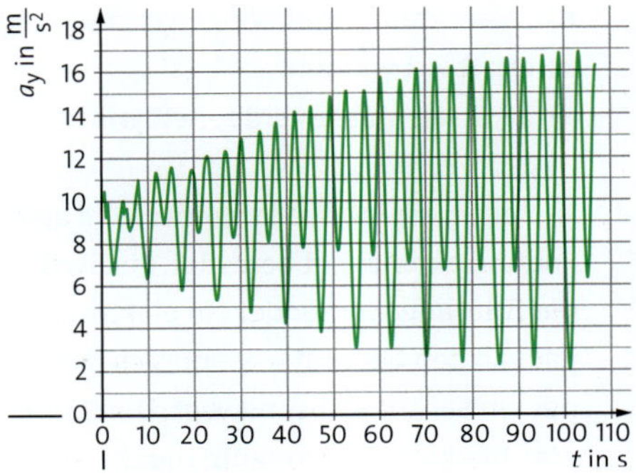

▸ **7** t-a_y-Diagramm

AUFGABEN

1 ▢ Die Tabelle zeigt typische Werte für einige Kreisbewegungen. Übertragen Sie die Tabelle in Ihr Heft und ergänzen Sie die fehlenden Werte. Dokumentieren Sie Ihre Rechnungen.

Beispiel	f in $\frac{1}{s}$	ω in $\frac{1}{s}$	Umdrehungen pro Minute
Waschmaschine im Schleudergang	...	...	1200
Akku-Schrauber	...	620	...
Zentrifuge	150	...	...
Pirouette beim Eislaufen	5	...	...
Stundenzeiger einer Uhr	...	...	...
Minutenzeiger einer Uhr	...	...	...
Sekundenzeiger einer Uhr	...	...	...

2 ▢ Sie sind mit dem Auto mit Tempo 100 $\frac{km}{h}$ unterwegs. Der Durchmesser der Fahrzeugräder beträgt 60 cm.

a) Berechnen Sie die Winkelgeschwindigkeit, mit der sich die Räder drehen. Bestimmen Sie mit diesem Wert die Zahl der Umdrehungen pro Minute.

b) Das Reifenventil bewegt sich auf einer Kreisbahn mit $r = 25$ cm. Berechnen Sie die Bahngeschwindigkeit des Ventils.

3 ▢ Beschreiben und begründen Sie die Veränderung der Zentripetalkraft, wenn

a) ...bei unverändertem Radius die Bahngeschwindigkeit verdoppelt wird.

b) ...der Kreisradius bei konstanter Bahngeschwindigkeit halbiert wird.

c) ...der Kreisradius bei konstanter Winkelgeschwindigkeit halbiert wird.

d) ...Bahnradius und Winkelgeschwindigkeit halbiert werden.

e) ...nur die Masse verdoppelt wird.

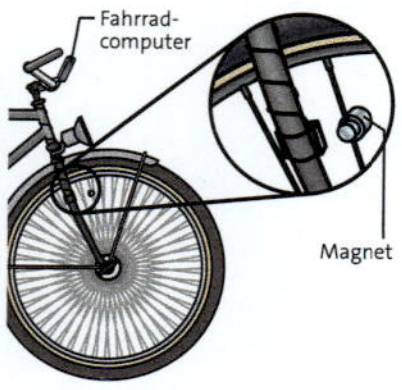

4 ◩ Bei einem Fahrradcomputer wird an einer Speiche ein Magnet befestigt. Ein Sensor an der Fahrradgabel sendet ein elektrisches Signal an den Computer, wenn sich der Magnet am Sensor vorbei bewegt. Der Computer errechnet aus der Umlaufdauer T und dem Reifenradius r die Geschwindigkeit.

a) Berechnen Sie die Geschwindigkeit eines Fahrrads, wenn die Umlaufdauer $T = 0{,}3$ s und der Reifenradius $r = 37$ cm betragen.

b) Vor der Inbetriebnahme des Fahrradcomputers muss der Reifenradius für die Berechnung der Geschwindigkeit einprogrammiert werden. Berechnen Sie den prozentualen Fehler, wenn beim obigen Rad der Reifenradius um 1 cm zu groß eingegeben wird.

5 ◩ Der Looping einer modernen Achterbahn ist nicht kreisförmig, sondern setzt sich aus einem Halbkreis und aus einer Klothoide zusammen. Eine Klothoide ist ein Ausschnitt aus einer Spiralbahn mit zunehmender Krümmung.

a) Berechnen Sie die Zentripetalbeschleunigung bei Einfahrt mit $v = 25\,\frac{m}{s}$ in einem Looping mit 15 m Radius.

b) Erläutern Sie die Nachteile eines kreisförmigen Loopings im Vergleich zu einem Klothoidenlooping.

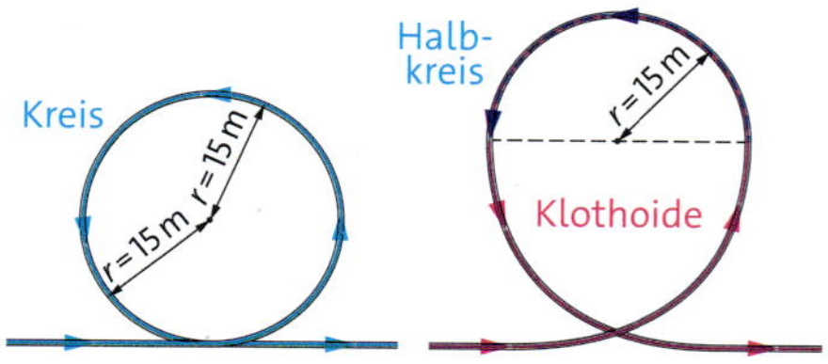

6 Beim Hammerwurf wird der 7,26 kg schwere Hammer an einem Seil (Länge 1,22 m) vor dem Abwurf schnell im Kreis gedreht. Nach 5 Umdrehungen hat der Hammer seine Endgeschwindigkeit erreicht und wird losgelassen.

a) Übertragen Sie die nachfolgende Skizze in ihr Heft und zeichnen Sie in diese die Zentripetalkraft ein.

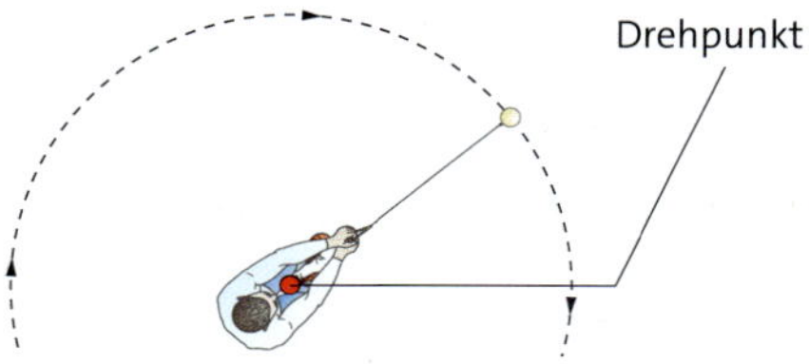

b) Für die letzte Umdrehung benötigt der Werfer 0,60 s. Berechnen Sie die Winkelgeschwindigkeit der Drehung.

c) Die Länge der Arme müssen wir abschätzen, da die Lage des Drehpunkts nicht exakt bekannt ist. Verwenden Sie für die Länge der Arme und des Seils $r \approx 1{,}65$ m. Berechnen Sie die Bahngeschwindigkeit des Hammers und den Betrag der Zentripetalkraft für die Drehung aus b).

d) Um die Größe der Zentripetalkraft zu veranschaulichen, berechnen Sie die Masse eines Körpers, dessen Gewichtskraft ebenso groß ist wie die Zentripetalkraft in c).

e) Hammer und Werfer rotieren um einen gemeinsamen Drehpunkt (s. Skizze). Erläutern Sie, dass der Werfer nur dann das Gleichgewicht halten kann, wenn der Drehpunkt zwischen Werfer und Hammer liegt. Geben Sie den Wert der Zentripetalkraft an, die auf den Werfer wirkt.

f) Zeichnen Sie den weiteren Verlauf der Bahnkurve des Hammers in Ihre Skizze ein, wenn der Werfer den Hammer in der gezeichneten Position loslässt.

7 Eine Kölner Zeitung berichtete im August 2017 über eine spektakuläre Fahrt mit einem Pkw durch einen Looping. Lesen Sie den unten stehenden Pressebericht und bearbeiten Sie folgende Fragen.

a) Überprüfen Sie rechnerisch die Aussage, dass der Stuntman mit dem Sechsfachen seines Körpergewichts in den Sitz gepresst wird. Geben Sie die Position an, an der die Kraft auf den Sitz maximal ist.

b) Damit der Pkw beim Durchfahren des Loopings nicht herunterfällt, muss mit der Fallbeschleunigung g und dem Radius r für die Geschwindigkeit am höchsten Punkt des Loopings folgende Beziehung gelten:

$$v = \sqrt{g \cdot r}$$

Leiten Sie diese Formel mit einem Kraftansatz her und berechnen Sie den Betrag der Geschwindigkeit.

c) Zeigen Sie, dass eine Geschwindigkeit von $87\,\frac{\text{km}}{\text{h}}$ am tiefsten Punkt ausreichend ist, damit der Wagen am höchsten Punkt nicht herunterfällt.

Weltrekord im Looping

Zum 80-jährigen Bestehen einer Automarke sollte in einem Werbevideo der Beweis angetreten werden, dass das Luxusmodell sogar der Schwerkraft widersteht.

Ein Looping mit 20 Meter Durchmesser wurde aufgebaut und ein Stuntman musste das Fahrzeug auf 87 km/h beschleunigen, um am höchsten Punkt des Loopings nicht herunterzufallen. Während der Fahrt durch den Kreisel wurde der Stuntman mit dem Sechsfachen seines Körpergewichts in den Sitz gepresst. Ein Eintrag ins Guinness-Buch ...

Sinngemäß nach einem Bericht einer Kölner Zeitung vom 05. August 2017

Kreisbewegungen

1 ▢ **a)** Erläutern Sie die Gemeinsamkeiten und Unterschiede der beiden Formeln $v = \frac{\Delta x}{\Delta t}$ und $\omega = \frac{\Delta \varphi}{\Delta t}$.
b) Bei einer gleichförmigen geradlinigen Bewegung gilt $x = vt$. Geben Sie ein Beispiel an, wie diese Formel auch bei Kreisbewegungen angewendet werden kann.

2 ▢ Bei der Erneuerung einer Landstraße soll eine ebene Kurve so gebaut werden, dass sie gefahrlos bei trockenen Straßenverhältnissen mit 100 $\frac{km}{h}$ durchfahren werden kann.
a) Berechnen Sie den minimalen Kurvenradius. Nehmen Sie an, dass die Haftreibungskraft 85 % der Gewichtskraft eines Fahrzeugs beträgt.
b) Bei nasser Fahrbahn verringert sich die maximale Haftreibungskraft auf 40 % bis 60 % der Gewichtskraft. Beurteilen Sie mittels Rechnung, ob und welche Geschwindigkeitsbegrenzung bei nasser Fahrbahn sinnvoll ist.

3 ▢ Eine Hammerwerferin schleudert ihren Hammer vor dem Abwurf schnell im Kreis.
a) Wählen Sie begründet den Punkt in der unten stehenden Skizze aus, an dem sie den Hammer loslassen muss, damit er nach links wegfliegt.
b) Geben Sie die Kraft an, die den Hammer auf der Kreisbahn hält, und erläutern Sie die Richtung dieser Kraft.

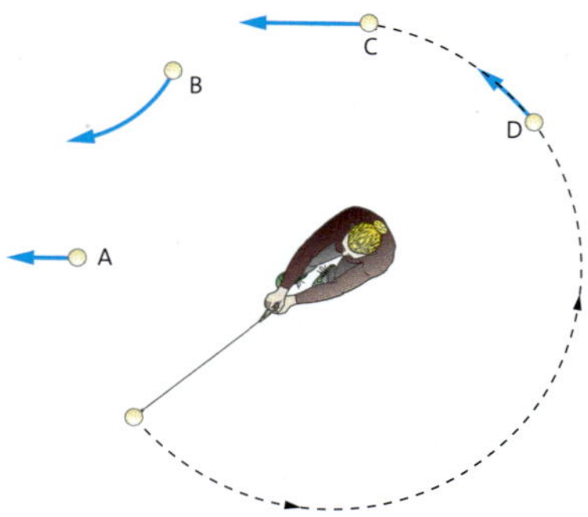

▸ 1 Hammerwerferin

4 ◪ Ein Experimentierwagen befindet sich auf einer rotierenden Schiene. Mit einem Kraftmesser wird die Zentripetalkraft gemessen, die den Wagen auf einer Kreisbahn hält.

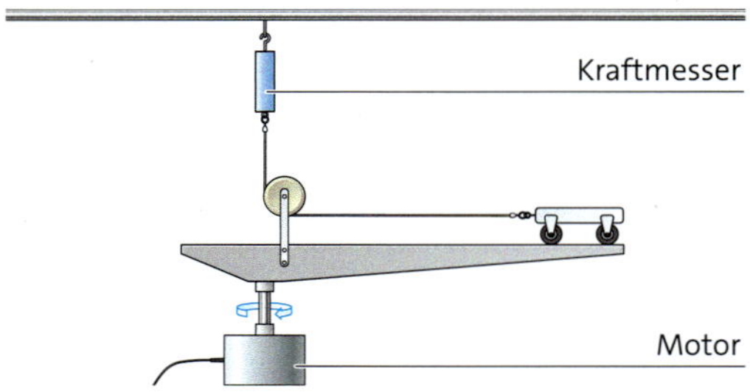

▸ 2 Messung der Zentripetalkraft

Daten: $r_{\text{Bahn}} = 0{,}30\,\text{m}$; $m_{\text{Wagen}} = 150\,\text{g}$
Versuchsziel: Bestimmung des mathematischen Zusammenhangs zwischen Zentripetalkraft und Bahngeschwindigkeit
a) Erläutern Sie eine Möglichkeit, die Umlaufdauer T der Schiene experimentell zu bestimmen.
b) Die Bahngeschwindigkeit v wird variiert, indem man die Drehzahl des Antriebsmotors verändert. Bei konstanter Masse m und konstantem Bahnradius r wird jeweils die Zentripetalkraft gemessen.

	1	2	3	4	5
F_Z in N	0,07	0,20	0,45	0,70	0,90
T in s	2,35	1,43	0,94	0,75	0,65
v in $\frac{m}{s}$	0,80	1,32	2,01	2,51	2,90

(i) Erläutern Sie den Zusammenhang zwischen der Umlaufdauer T und der Bahngeschwindigkeit v mithilfe der Bewegungsgleichungen.
(ii) Tragen Sie die Werte in ein v-F_Z-Diagramm ein und stellen Sie eine Hypothese über den Zusammenhang zwischen F_Z und v auf. Bestätigen Sie diese Hypothese.
(iii) Beschreiben Sie weitere Messungen, die Sie mit obiger Versuchsanordnung durchführen müssen, um die Formel $F_Z = \frac{mv^2}{r}$ zu bestätigen.

5 Markus hat in seinem Schulheft folgende unbeschriftete Skizze gefunden, die ein Flugzeug in einer Kurve zeigt.

a) Übertragen Sie die Kraftvektoren in Ihr Heft und beschriften Sie diese.

b) Erklären Sie die Entstehung einer Zentripetalkraft, die das Flugzeug auf der Kreisbahn hält. Erläutern Sie auch die Bedeutung der unterschiedlichen Farben der Kraftvektoren.

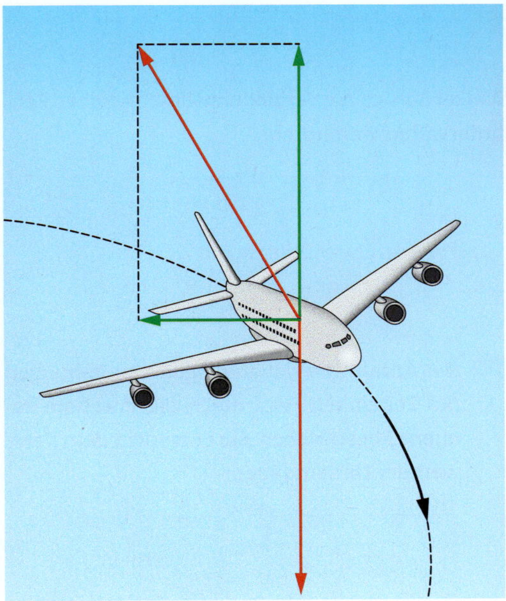

► 3 Flugzeug in der Kurve

6 Der Planet Jupiter verfügt über 79 bekannte Monde. Zu den bekanntesten unter den Jupitermonde gehören Io, Europa, Ganymed und Callisto.

► 4 Jupiter mit seinen vier Monden Io, Europa, Ganymed und Callisto

Die Umlaufbahnen dieser vier sogenannten Galileischen Monde lassen sich sehr gut als Kreisbahn modellieren.

Vom Mond Io sind die folgenden Daten bekannt:

$r = 421\,800\,\text{km}$ und $T = 1{,}77\,\text{d}$

a) Berechnen Sie die Zentripetalbeschleunigung, die den Mond Io auf seiner Kreisbahn hält.

b) Bestimmen Sie mithilfe der gegebenen Daten die Masse des Jupiters.

Kann ich ...	Aufgabe	Hilfe
• durch Analogiebetrachtung die Größen zur Beschreibung einer Kreisbewegung herleiten?	1 1 (S. 13) 1 + 2 (S. 36)	S. 12 f.
• die Entstehung einer Kreisbewegung erklären und die dazu notwendige Zentripetalkraft erklären?	3 1 (S. 16)	S. 13 f.
• den Term zur Berechnung der Zentripetalkraft durch ein Experiment bestätigen?	4 3 (S. 36)	S. 17
• in Alltagssituationen die Zentripetalkraft identifizieren und quantitativ bestimmen?	5 1 (S. 21) 6 + 7 (S. 37)	S. 19, 21 f.
• anhand von Betrachtungen zu Kreisbewegungen kritische Situationen im Straßenverkehr bewerten?	2 1 – 4 (S. 24)	S. 24 f.
• mithilfe des Gravitationsgesetzes die Bewegung von Himmelskörpern als Kreisbewegung modellieren?	6 1 (S. 27)	S. 26 f.

Die Lösungen zu den Check-up-Aufgaben finden Sie ab Seite 181.

Kreisbewegungen

Bei einer gleichförmigen Kreisbewegung bleibt der **Betrag der Bahngeschwindigkeit** konstant. Die **Richtung der Geschwindigkeit** ändert sich jedoch ständig. Die Bewegung auf einer Kreisbahn ist damit eine beschleunigte Bewegung.

Betrag der Bahngeschwindigkeit: $v_B = \frac{2\pi r}{T}$
mit dem Bahnradius r und der Umlaufdauer T

Die **Winkelgeschwindigkeit ω** gibt an, um welchen Winkel $\Delta\varphi$ sich die Verbindungslinie zwischen Zentrum und Massenschwerpunkt im betrachteten Zeitintervall Δt weiterdreht.

$\omega = \frac{\Delta\varphi}{\Delta t}$ bzw. $\omega = \frac{2\pi}{T}$
mit $\Delta\varphi = 2\pi$ bei einer Drehung um 360° und der dafür benötigten Zeit $\Delta t = T$.

Bewegt sich ein Körper mit konstanter Winkelgeschwindigkeit ω auf einer Kreisbahn mit dem Radius r, dann ergibt sich für die **Bahngeschwindigkeit:**

$v_B = \omega \cdot r$

Die Anzahl der vollständigen Umdrehungen pro Zeiteinheit wird durch die **Rotationsfrequenz f** beschrieben. Sie entspricht dem Kehrwert der Umlaufdauer:

$f = \frac{1}{T}$

Allgemein: $f = \frac{n}{t}$

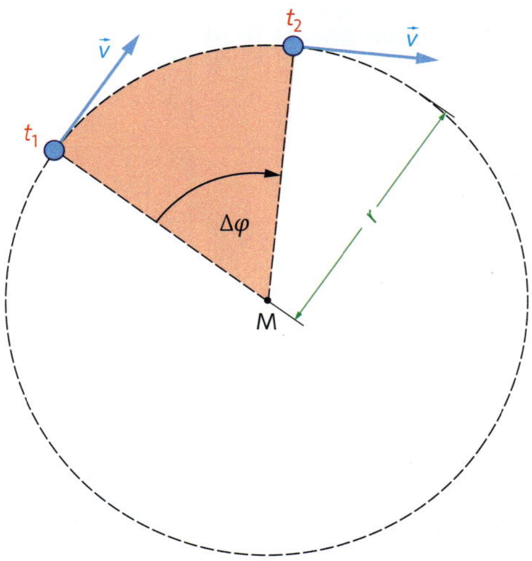

$\vec{v}$: Geschwindigkeit

t: Zeit

$\Delta\varphi$: Drehwinkel

r: Radius

M: Kreismittelpunkt

- Bewegt sich ein Körper mit konstantem Geschwindigkeitsbetrag auf einer Kreisbahn, dann hält die **Zentripetalkraft** als resultierende Kraft den Körper auf der Kreisbahn.
  - Zentripetalkraft: $F_Z = \frac{m \cdot v^2}{r}$
  - Mit der Winkelgeschwindigkeit ω gilt: $F_Z = m \cdot \omega^2 \cdot r$
  - Zentripetalbeschleunigung: $a_Z = \frac{v^2}{r} = \omega^2 \cdot r$

- Zentripetal- und **Zentrifugalkraft:**

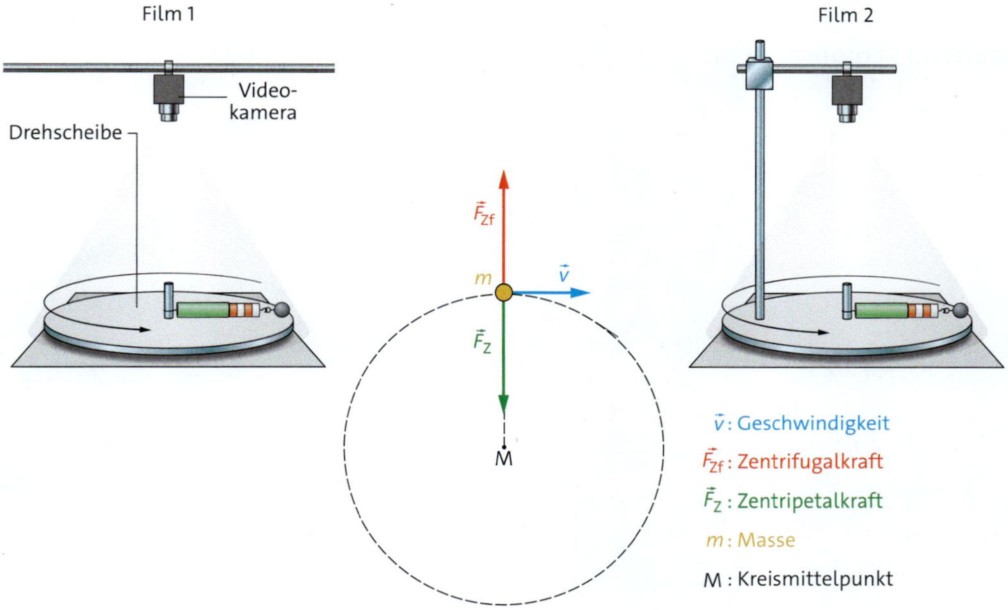

Personen, die sich auf einer Kreisbahn bewegen, beobachten eine Zentrifugalkraft nach außen. Was sie spüren, ist die Trägheit der Masse gegenüber Richtungsänderungen. Die Zentrifugalkraft ist ebenso groß wie die Zentripetalkraft, die den Körper auf der Kreisbahn hält.

- **Newtons Gravitationsgesetz**
  - Zwei Massen M und m ziehen sich im Abstand r mit der Gravitationskraft F_G an:

$$F_G = G \cdot \frac{M \cdot m}{r^2}$$

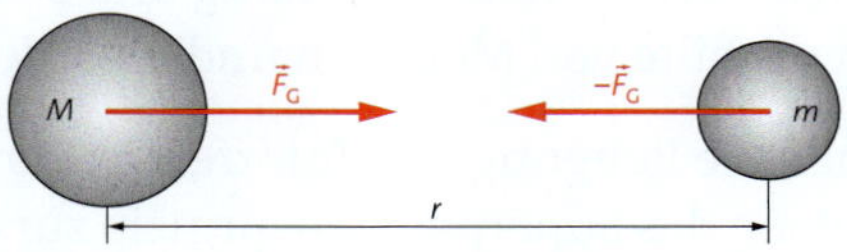

  - Die Gravitationskraft ist proportional zu jeder der beiden Massen, die sich gegenseitig anziehen.
  - Die Gravitationskraft nimmt quadratisch mit dem Abstand der Massenschwerpunkte ab.
  - Die Gravitationskonstante G ist eine Naturkonstante und beträgt $G = 6{,}674 \cdot 10^{-11} \frac{m^3}{kg \cdot s^2}$.

Schwingungen und Wellen

1 **Mechanische Schwingungen** 48

2 **Wellen** 68

In diesem Lernbereich

- lernen Sie verschiedene schwingungsfähige Systeme kennen und beschreiben diese anhand ihrer charakteristischen Größen.
- quantifizieren Sie die Genauigkeit mehrfach gemessener Größen anhand eines Experiments zum Fadenpendel.
- identifizieren Sie Wellen im Alltag und beschreiben die Ausbreitung von Wellen mithilfe von Modellen und digitalen Medien.
- erkennen Sie Beugung und Interferenz als typische Wellenphänomene und nutzen das Superpositionsprinzip zur Erklärung der Interferenz.
- untersuchen Sie Licht am Doppelspalt und erkennen den Zusammenhang zwischen Farbe und Wellenlänge des Lichts. Sie vergleichen zudem das Photonen- und das Wellenmodell des Lichts hinsichtlich ihrer Anwendbarkeit.

Bewegungen und Kräfte

Bewegungsdiagramme: Zur Beschreibung realer Bewegungsabläufe unterteilt man die Bewegung in Abschnitte konstanter Geschwindigkeit oder konstanter Beschleunigung. Für den jeweiligen Abschnitt betrachtet man dann die mittlere Geschwindigkeit bzw. die mittlere Beschleunigung.

***t*-*x*-Diagramme:**
- Je steiler der Graph im *t*-*x*-Diagramm ist, desto größer ist die Geschwindigkeit des Körpers. Die Steigung des Graphen in einem Abschnitt entspricht der Geschwindigkeit in diesem Abschnitt.
- Ist der Graph im *t*-*x*-Diagramm eine Gerade, dann bewegt sich der Körper mit konstanter Geschwindigkeit. Verläuft die Kurve in einem Abschnitt waagerecht, dann ist der Körper in Ruhe.
- Bei einer Bewegung mit konstanter Beschleunigung ist der Graph ein Parabelast.

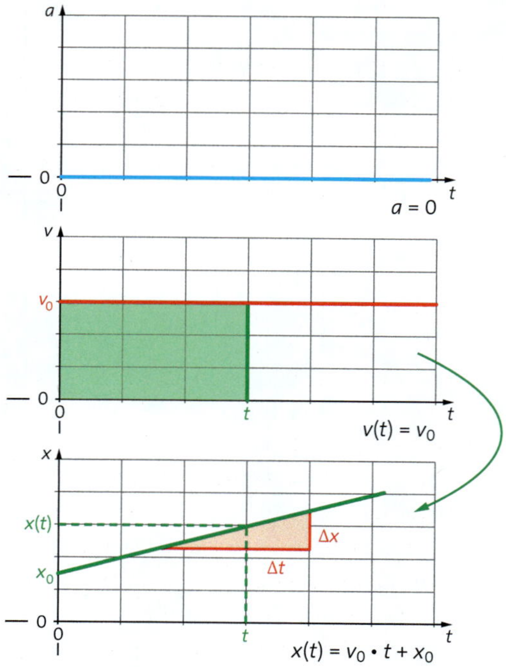

▸ 1 Bewegung mit konstanter Geschwindigkeit

***t*-*v*-Diagramme:**
- Zu jedem Geradenabschnitt im *t*-*x*-Diagramm verläuft der zugehörige Graph im *t*-*v*-Diagramm parallel zur *t*-Achse.
- Waagerechte Abschnitte im *t*-*v*-Diagramm stellen konstante Geschwindigkeiten dar. Der Körper erfährt keine Beschleunigung. Steigende oder fallende Abschnitte stellen sich ändernde Geschwindigkeiten dar. Der Körper wird beschleunigt.
- Die Fläche unter dem Graphen im *t*-*v*-Diagramm entspricht dem im Zeitabschnitt Δt zurückgelegtem Weg Δx.

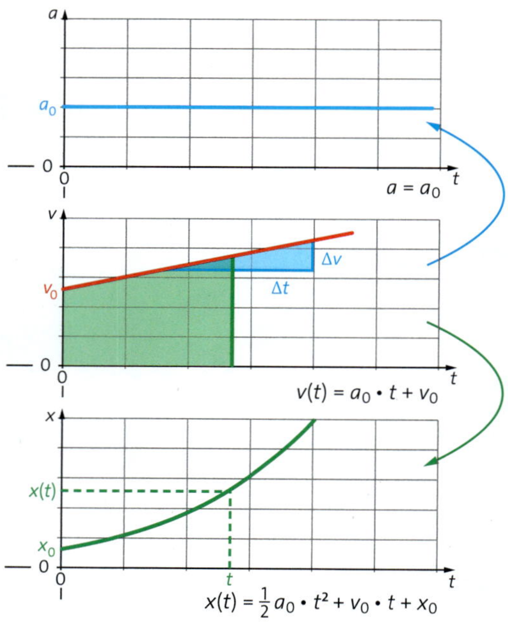

▸ 2 Bewegung mit konstanter Beschleunigung

Weiterführend: Hookescher Bereich: Wird ein Körper verformt, dann wirkt auf diesen eine Kraft. Die Verformung ist umso größer, je stärker die Kraft ist. Der elastische Bereich eines verformbaren Körpers wird als Hookescher Bereich bezeichnet. In diesem Bereich ist die Dehnung *s* des Körpers proportional zur verformenden Kraft *F*. Der Proportionalitätsfaktor ist die Federkonstante *D*.

Formel: $F = D \cdot s$; Einheit: 1 N

Bewegungen und Kräfte

1 Das Diagramm zeigt die eindimensionale Bewegung eines Körpers.

a) Bestimmen Sie den insgesamt nach 3,5 min zurückgelegten Weg.

b) Beschreiben Sie die Geschwindigkeitsänderungen des Körpers physikalisch korrekt.

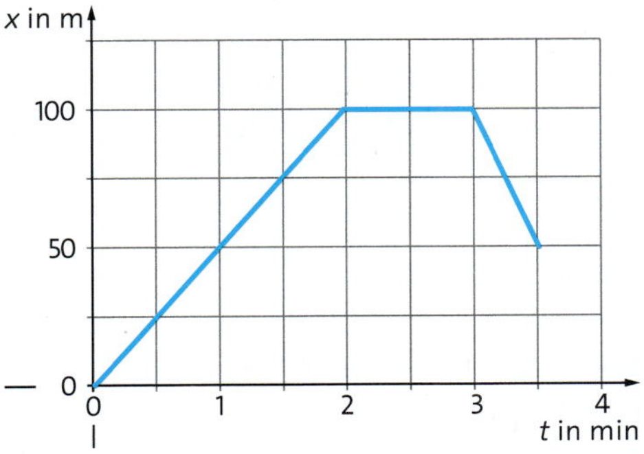

► **3** *t-x*-Diagramm

2 Fertigen Sie zu folgenden Radfahrsituationen ein qualitatives *t-x*- und *t-v*-Diagramm an:

a) Fahrt einen Berg hinauf und anschließend den gleichen Weg wieder hinunter.

b) Fahrt eine Zeit lang bergab, dann genau so lange bergauf.

3 Berechnen Sie mithilfe eines geeigneten Steigungsdreiecks jeweils die Beschleunigung des Kleinwagens, des Sportwagens und des E-Autos anhand des folgenden Diagramms.

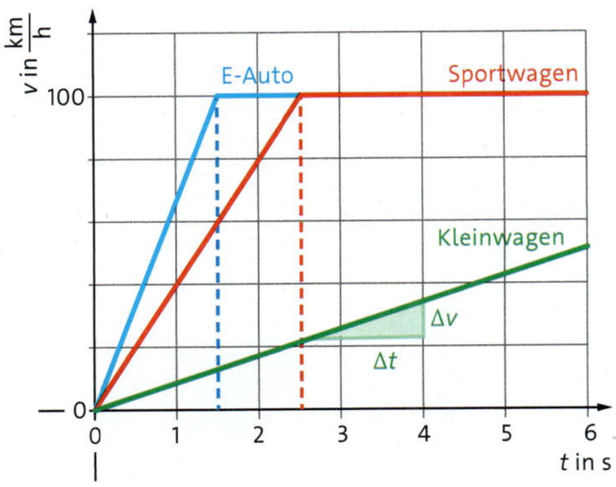

► **4** *t-v*-Diagramm dreier Autos

4 Die Bewegung eines Experimentierwagens wird aufgezeichnet. Man erhält folgendes *t-v*-Diagramm.

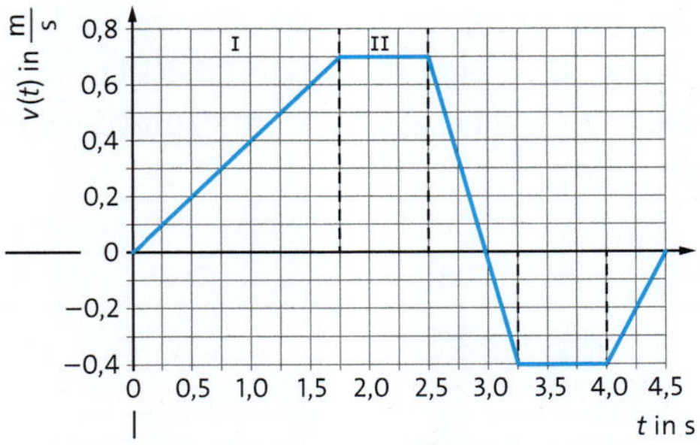

► **5** *t-v*-Diagramm des Experimentierwagens

a) Bestimmen Sie die Beschleunigung des Wagens in Phase I.

b) Berechnen Sie die Strecke, die der Wagen in den ersten 2,5 s zurücklegt.

c) Lesen Sie aus dem Diagramm den Zeitpunkt ab, an dem der Wagen die größte Entfernung zum Startpunkt hat. Begründen Sie Ihre Entscheidung.

d) Beschreiben Sie die Bewegung im Zeitintervall von 3,0 s bis 4,5 s.

5 **Weiterführende Aufgabe:** Eine Stahlfeder wird durch eine Kraft von 1,4 N um 2,1 cm gedehnt.

a) Geben Sie die Dehnung an, die eine 3,5 N große Kraft bewirkt.

b) Berechnen Sie die Federkonstante.

Hilfe für die Aufgaben 5 und 6:
Nehmen Sie jeweils an, dass der Hookesche Bereich der Federn nicht verlassen wird.

6 **Weiterführende Aufgabe:** Martin hat in der Werkstatt seiner Mutter eine Trampolinfeder gefunden. Hängt er ein Massestück mit einer Gewichtskraft von 5,0 N an die Feder, wird diese von 19 cm auf 25 cm Länge gedehnt.

a) Berechnen Sie die Federkonstante der Trampolinfeder.

b) Bestimmen Sie die Gesamtlänge der Feder, wenn man ein Gewicht mit 10 N daran hängt.

c) Zeichnen Sie das Dehnung-Kraft-Diagramm der Feder im Bereich von 0 N bis 10 N. Achten Sie auf eine sinnvolle Einteilung der Achsen.

Energie

Mechanische Energie: Energie kann in verschiedenen Formen auftreten. Zu den Formen der mechanischen Energie gehören die Höhenenergie ($E_H = mgh = F_G \cdot h$), die kinetische Energie (Bewegungsenergie, $E_{kin} = \frac{1}{2}mv^2$) und die Spannenergie.

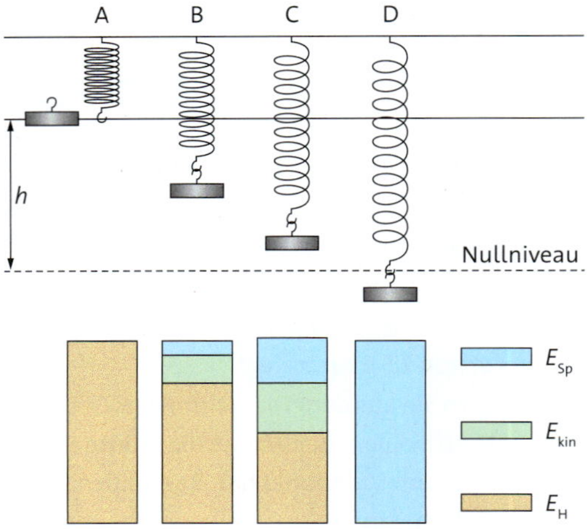

► 1 Umwandlung mechanischer Energieformen bei einer Schraubenfeder

Optik

Reflexion: Licht wird an glatten, hellen Oberflächen reflektiert.
Das Reflexionsgesetz besagt, dass an einem ebenen Spiegel der Reflexionswinkel α' genau so groß ist wie der Einfallswinkel α. Einfallender und reflektierter Lichtstrahl sowie Einfallslot liegen in einer Ebene.

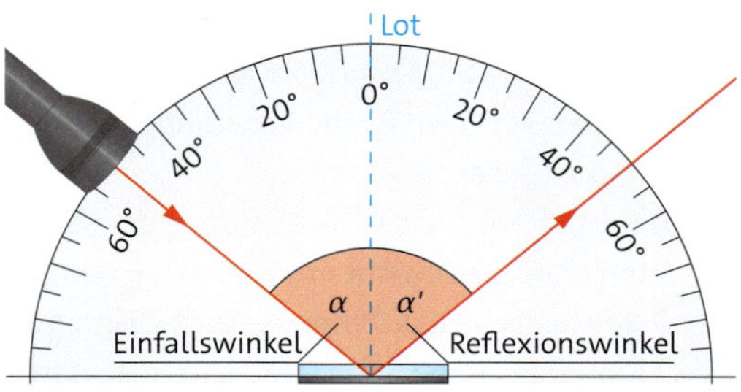

► 2 Reflexionsgesetz

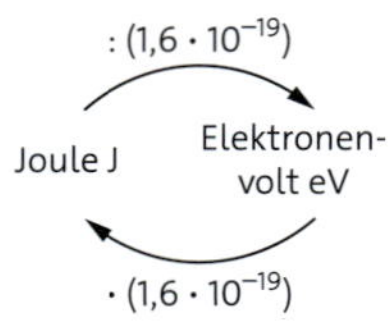

Umrechnung von Joule und Elektronenvolt

Brechung: An der Grenzfläche zweier optisch unterschiedlich dichten Medien wird Licht gebrochen. Je größer der Einfallswinkel α ist, desto größer ist der Brechungswinkel β.

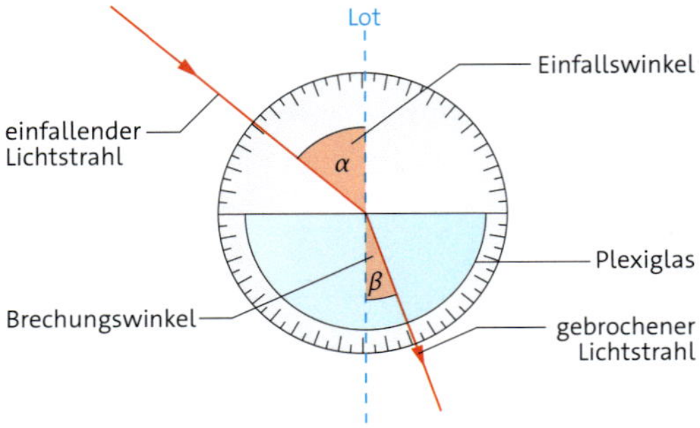

► 3 Brechungsgesetz

Spektren: Mithilfe eines Spektrometers (Prisma oder optisches Gitter) lässt sich Licht zerlegen. Dabei können Emissionsspektren oder Absorptionsspektren entstehen.

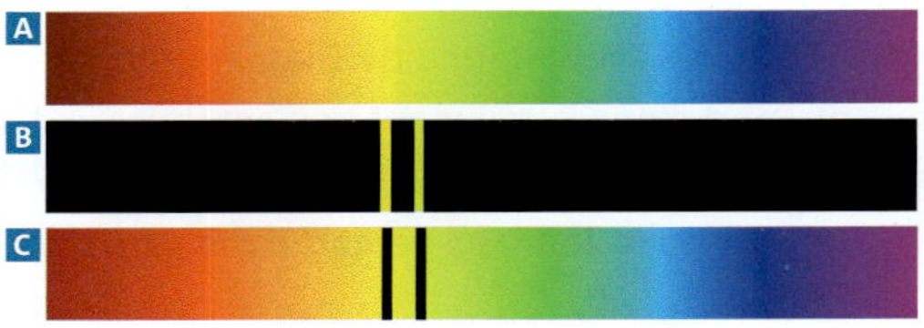

► 4 **A** Kontinuierliches Spektrum, **B** diskretes Emissionsspektrum, **C** Absorptionsspektrum

Photonenmodell des Lichts:

- Licht besteht aus Photonen, die sich mit Lichtgeschwindigkeit bewegen.
- Jedes Photon besteht aus einer kleinen Energieportion, die einer bestimmten Spektralfarbe entspricht.
- Photonen können nur als Ganzes emittiert oder absorbiert werden.

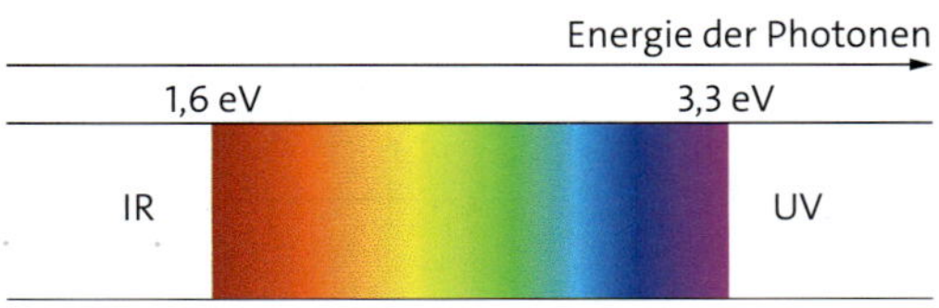

► 5 Zusammenhang von Photonenenergie und Farbe

Energie

1 Bestimmen Sie die Höhenenergie einer Schultasche ($m = 8{,}0$ kg), die um 1,0 m nach oben gehoben wird.

2 Ein Bergsteiger (Masse 86 kg) besitzt auf dem Gipfel eines Bergs eine Höhenenergie von 7,37 MJ gegenüber dem Meeresspiegel. Bestimmen Sie die Höhe des Bergs. Recherchieren Sie, um welchen Berg es sich handeln könnte.

3 Ein Unfallgutachter berechnet aus den Verformungen zweier Pkws nach einem Unfall, dass die Aufprallenergie des unfallverursachenden Pkws 531 kJ betrug. Die Masse des Pkws beträgt 1600 kg. Der Unfallgutachter kommt zu dem Schluss, dass das Fahrzeug die an der Unfallstelle geltende Geschwindigkeitsbeschränkung von 80 $\frac{\text{km}}{\text{h}}$ nicht eingehalten hat. Vollziehen Sie die Beurteilung des Gutachters mithilfe einer Rechnung nach.

4 Beim Trampolinsprung in der folgenden Abbildung sind die Energiesäulen durcheinandergeraten. Ordnen Sie die Säulen passend den Positionen A bis D des Springenden zu. Geben sie an, wo das Nullniveau der Höhenenergie liegen muss.

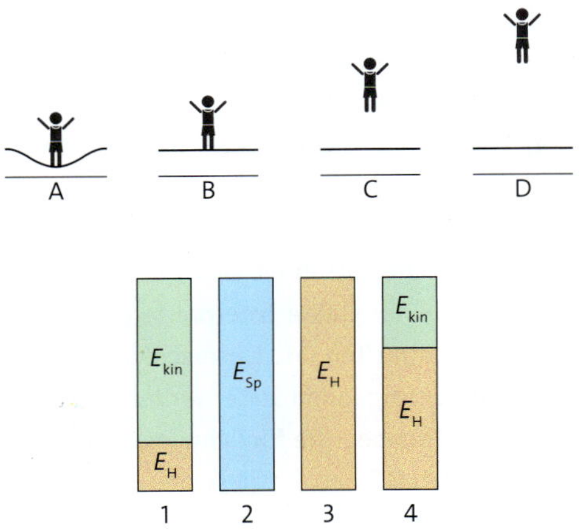

► 6 Energieumwandlung beim Trampolinsprung

Optik

5 Ein Laserstrahl trifft auf einen Winkelspiegel, der aus zwei zueinander senkrecht stehenden Spiegeln besteht.

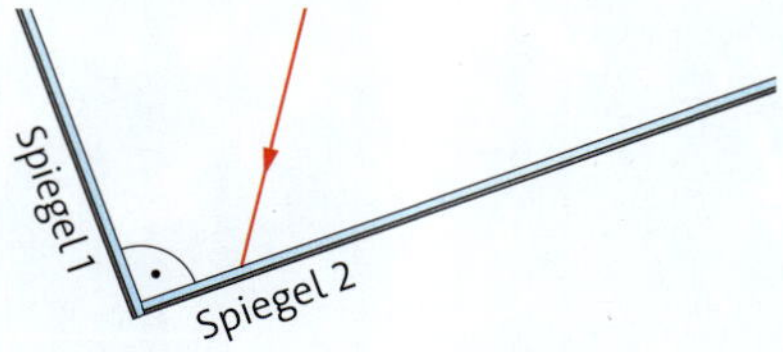

► 7 Winkelspiegel

a) Übertragen Sie die Zeichnung in Ihr Heft. Der Einfallswinkel zwischen Laserstrahl und Spiegel 2 beträgt 56°.
b) Zeichnen Sie den weiteren Verlauf des Laserstrahls möglichst exakt in Ihre Zeichnung ein.
c) Zeichnen Sie den kompletten Strahlenverlauf eines zweiten Laserstrahls in Ihre Zeichnung ein, der zum ersten Laserstrahl nicht parallel verläuft.
d) Erläutern Sie, dass sich diese Spiegelform besonders gut für Reflektoren eignet.

6 Übertragen Sie die folgenden Skizzen in Ihr Heft und vervollständigen Sie den Verlauf des Lichtstrahls durch das Plexiglasprisma. Nutzen Sie als Hilfe die nebenstehende Tabelle.

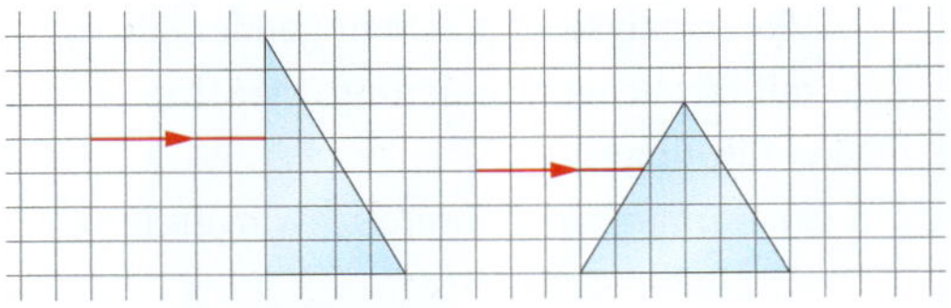

► 8 Brechung am Plexiglasprisma

Luft	Plexiglas
α in °	β in °
0	0
10	7
20	13
30	20
40	26
50	31
60	36
70	39
80	41
90	42

7 **a)** Erklären Sie den Begriff „Intensität von Licht" mithilfe des Photonenmodells.
b) Eine blaue und eine rote Lichtquelle senden je einen Lichtblitz der Energie 15 mJ aus. Beschreiben Sie neben der Farbe eine weitere Eigenschaft, in der sich die Lichtblitze unterscheiden.

►1 Blumen schwingen im Wind – Videoanalyse

1 Mechanische Schwingungen

Periodische Bewegungen

Ein kurzer Windstoß und die Tulpenblüten bewegen sich periodisch hin und her. Diese Art von Bewegungen, sogenannte **Schwingungen,** finden sich in der Natur, im Sport und in der Technik. Manche dieser Schwingungen ähneln sich in ihrem Bewegungsablauf, andere dagegen wenig. Analysiert man die horizontale Bewegung in ihrer x-Koordinate mit Videoanalysen (► 1), lassen sich Gemeinsamkeiten und Unterschiede entdecken.

Videoanalyse

Hinweise zur Videoanalyse:

- Die farbliche Markierung des Körpers muss sich deutlich von der Bildumgebung unterscheiden.
- Legen Sie den Nullpunkt des Koordinatensystems möglichst in die Ruhelage des Körpers.
- Für eine maßstabsgerechte Auswertung messen Sie in der Schwingungsebene die Länge einer Strecke.

EXPERIMENT

1 Videoanalyse einer Schwingung

L Anhand der t-x- und t-v-Diagramme können Sie Charakteristisches von Schwingungen entdecken und beschreiben.

Materialien:

Videoanalyse-App, schwingender Körper mit farblicher Markierung, Maßstab

Durchführung:

a) Nennen Sie mehrere schwingende Körper aus dem Alltag.

b) Wählen Sie ein Beispiel, das für eine Videoanalyse geeignet ist. Beachten Sie dabei die Hinweise in der Randspalte. Beschreiben Sie den Aufbau und die Durchführung des Experiments.

c) Lassen Sie den Körper über einen längeren Zeitraum schwingen und führen Sie die Videoanalyse durch.

d) Ermitteln Sie die Dauer einer vollständigen Hin- und Herbewegung. Erläutern Sie Ihre gewählte Messmethode.

e) Untersuchen Sie, ob sich diese Dauer über den untersuchten Zeitraum ändert.

f) Ermitteln Sie aus den Diagrammen die Beträge maximaler Auslenkung und maximaler Geschwindigkeit.

g) Beschreiben Sie in Worten die Position des Körpers zum Zeitpunkt, an dem die Geschwindigkeit null ist.

h) Vergleichen Sie Ihre Diagramme mit anderen in der Klasse. Interpretieren Sie Gemeinsamkeiten und Unterschiede.

i) Auf der folgenden Seite werden physikalische Fachbegriffe für Schwingungen eingeführt. Ordnen Sie diese den Ergebnissen Ihres Experiments zu.

Kenngrößen einer Schwingung

Bewegungen, die nach Auslenkung aus einer stabilen Ruhelage periodisch um diese pendeln, bezeichnet man als Schwingungen (► 2). Schwingungsfähige Systeme nennt man **Oszillatoren.**

> Schwingungen sind periodische Bewegungen eines Körpers durch eine stabile Gleichgewichtslage.

Den Bewegungsabschnitt bis zur nächsten Wiederholung der Bewegung nennt man **Periode.** Auf seiner Bahn ändert sich der Bewegungszustand des Körpers. Befindet er sich nach einer Periode wieder am gleichen Ort, dann stimmen im idealen Fall Geschwindigkeit und Beschleunigung in Betrag und Richtung mit denen zu Beginn der Periode überein.

> - Die **Auslenkung** $x(t)$ ist der momentane, horizontale Abstand von der Gleichgewichtslage. Mit dem Vorzeichen unterscheidet man die Auslenkungsrichtung.
> - Die **Amplitude** x_{max} ist die betragsmäßig größte Auslenkung.
> - Die **Schwingungsdauer (Periodendauer)** T gibt die Dauer einer vollständigen Hin- und Herbewegung an.
> - Die **Frequenz** $f = \frac{1}{T}$ gibt die Anzahl der Schwingungen pro Sekunde an. Ihre Einheit ist $1\,\text{Hz} = 1\frac{1}{\text{s}}$ (1 Hertz).

In allen Schwingungen kehrt sich die Bewegungsrichtung um. In diesen Umkehrpunkten ändert sich die Richtung der Geschwindigkeit. Ursache für diese Änderung ist nach dem 2. Newtonschen Gesetz eine Kraft $\vec{F}_r = m \cdot \vec{a}$.

> Die Einwirkung mit einer **Rückstellkraft** $\vec{F}_r$ auf einen Körper führt zur typischen Schwingungsbewegung. Sie ist der Auslenkung entgegengesetzt gerichtet.

AUFGABEN

1 Vergleichen Sie anhand der Diagramme ► 3 die Bewegung einer Schaukel mit der einer Kugel auf zwei zueinander geneigten Schienen.

a) Beschreiben Sie qualitativ die Unterschiede beider Bewegungen.

b) Ermitteln Sie T, x_{max}, v_{max} und a_{max} beider Schwingungen.

c) Skizzieren Sie im Heft die Kraftpfeile in den Momentaufnahmen. Beachten Sie dabei die Änderung in Betrag und Richtung.

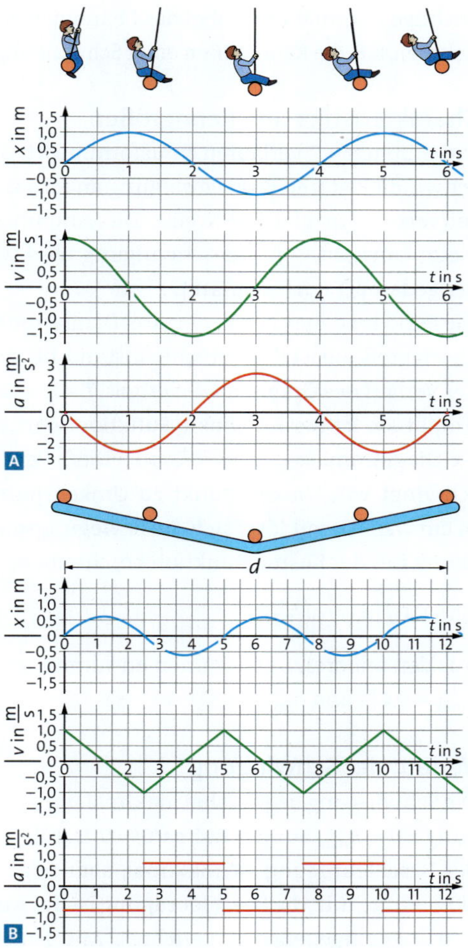

► 3 Bewegungsdiagramme einer **A** Schaukel ($\Delta t = 0{,}5$ s) und einer **B** Kugel ($\Delta t = 0{,}625$ s)

Die Ruhelage wird auch als Gleichgewichtslage bezeichnet.

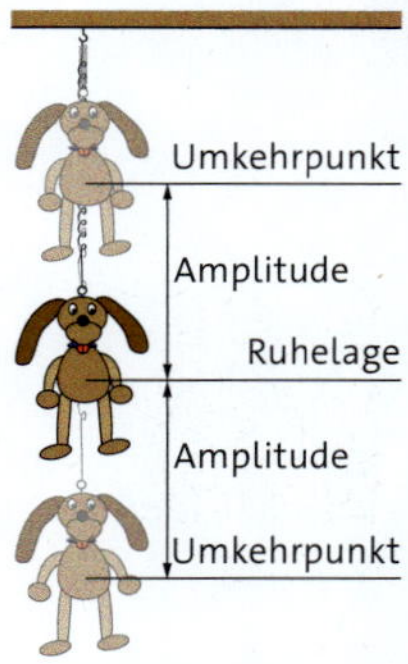

► 2 Schwingungskenngrößen

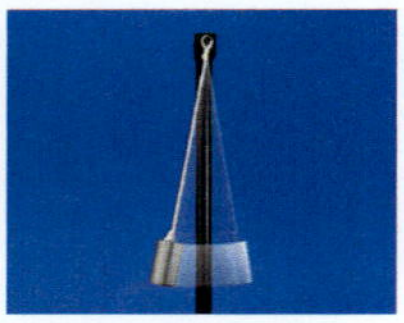

►1 Fadenpendel

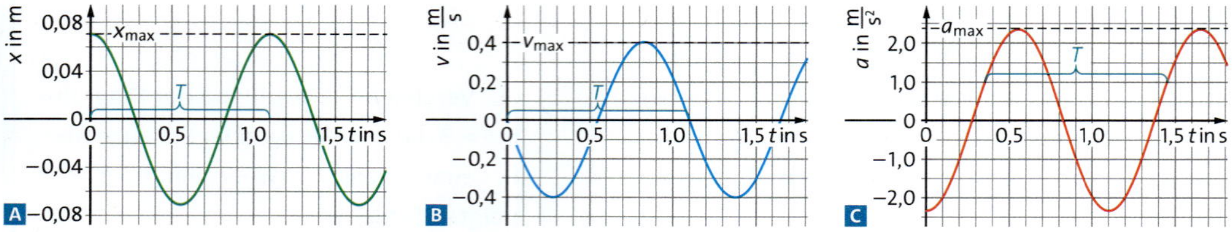

►2 **A** *t-x*-Diagramm, **B** *t-v*-Diagramm und **C** *t-a*-Diagramm eines Fadenpendels

Diagramme interpretieren

Ein Massekörper pendelt an einem Faden (► 1). Das beobachtbare Phänomen lässt sich sowohl alltagssprachlich als auch fachsprachlich beschreiben. Dabei sind Diagramme ein wichtiger Teil der physikalischen Fachsprache. Aus ihnen lassen sich wichtige Informationen über das Phänomen entnehmen, z. B. die Kenngrößen einer Schwingung.

Charakteristika und Kenngrößen

Die Graphen ► 2 verlaufen sinusförmig. Ort, Geschwindigkeit und Beschleunigung ändern sich zeitversetzt in gleicher Weise. Die Amplitude bleibt konstant, d. h., die Schwingung wird weder gedämpft noch verstärkt.

Die Periodendauer T ist in den drei Diagrammen gleich groß. Sie ist der zeitliche Abstand, bis sich der Verlauf des Graphen wiederholt: $T = 1{,}1\,\text{s}$. Die Amplitude ist der maximale Funktionswert im *t-x*-Diagramm: $x_{max} = 0{,}07\,\text{m}$. Das Pendel schwingt von Umkehrpunkt zu Umkehrpunkt 14 cm weit. Damit lässt sich die Bewegungsgleichung mit der Kosinusfunktion beschreiben:

$$x(t) = 0{,}07\,\text{m} \cdot \cos\left(\frac{2\pi}{1{,}1\,\text{s}}\,t\right) \qquad \text{(I)}$$

Aus den anderen Diagrammen entnimmt man: $v_{max} = 0{,}4\,\frac{\text{m}}{\text{s}}$ und $a_{max} = 2{,}3\,\frac{\text{m}}{\text{s}^2}$

Verlauf der Schwingung

Die Schwingung beginnt bei maximaler Auslenkung $x(0) = x_{max}$ aus der Ruhe $v(0) = 0$. Der Betrag der Beschleunigung ist maximal, aber negativ $a(0) = -a_{max}$, d. h., die Beschleunigung ist der Auslenkung entgegensetzt gerichtet. Mit zunehmender Zeit wird der Betrag der Geschwindigkeit im *t-v*-Diagramm größer und die Kurve im *t-x*-Diagramm steiler. Auf das Phänomen geschlossen: Der Körper wird schneller. Nach 0,275 s erreicht der Körper seine maximale Geschwindigkeit in der Gleichgewichtslage $x = 0$. Danach wird der Körper wieder langsamer, bis er bei $t = 0{,}55\,\text{s}$ im Wendepunkt $x = -7\,\text{cm}$ wieder in Ruhe ist. Aus dem Zeitintervall [0,55 s; 0,825 s] lässt sich folgender Zusammenhang herleiten:

> Steigt der Graph im *t-x*-Diagramm mit der Zeit immer steiler an, nimmt der Funktionswert im *t-v*-Diagramm zu. Der Körper wird schneller. Im *t-a*-Diagramm ist die Beschleunigung während dieser Zeit positiv.

Kräfte

Den Diagrammen kann nicht entnommen werden, mit welchen Kräften auf den Körper eingewirkt wird. Auf die Größe der resultierenden Kraft, die die Beschleunigung verursacht, kann jedoch geschlossen werden. Sie ist wie die Beschleunigung der Auslenkung entgegengesetzt gerichtet und nimmt mit der Auslenkung zu. Beträgt die Masse 0,10 kg, ergibt sich: $F_{max} = m \cdot a_{max} = 0{,}23\,\text{N}$

AUFGABEN

1 ☐ **a)** Zeigen Sie mit einer Geometriesoftware, dass Gleichung (I) ► 2A beschreibt.

b) Skizzieren Sie mit $F_{max} = 0{,}23\,\text{N}$ das zu ► 2 passende *t-F_r*-Diagramm.

2 Im Intervall [0,825 s; 1,10 s] wird der Graph im *t-x*-Diagramm immer flacher. Formulieren Sie für einen solchen Verlauf eine Regel für das *t-v*- und *t-a*-Diagramm.

AUFGABEN

Wippe

1 Ein Stadtrat will eine neue Wippe für den Spielplatz anschaffen: eine Balkenwippe, eine Federwippe oder eine Karussellwippe. Recherchieren Sie zu den drei Wippen. Erstellen Sie eine Präsentation, mit der Sie dem Stadtrat die Geräte vorstellen und deren Funktionsweise physikalisch erklären. Erläutern Sie dabei auch Vor- und Nachteile der Geräte.

2 Da das Spielgerät gestiftet wird, ist der Kaufpreis für die Entscheidung nicht relevant. Der Rat möchte nach folgenden Kriterien entscheiden: Altersgruppe, Sicherheitsaspekte, pädagogische Ziele, Interesse der Kinder am Gerät. Erstellen Sie ein Handout für den Rat, in dem sie Argumente auflisten, diese gewichten und eine begründete Bewertung vornehmen.

3 Die Beschreibung einer Balkenwippe enthält eine ungeordnete Bilderfolge (► 3) und ein idealisiertes *t*-*v*-Diagramm des linken Kindes (► 4). Die momentanen Geschwindigkeitspfeile des Kindes sind eingezeichnet.

a) Ordnen Sie jedem markierten Punkt in ► 4 ein passendes Bild aus ► 3 zu.

b) Das *t*-*v*-Diagramm setzt sich abschnittsweise aus typischen linearen Bewegungen zusammen. Geben Sie diese mit den zugehörigen Zeitintervallen an.

c) Der Verlauf des *t*-*y*-Diagramms ist für die ersten 1,7 s gezeigt (► 5). Übernehmen Sie das Diagramm in Ihr Heft und ergänzen Sie begründet den weiteren Verlauf.

d) ► 4 und ► 5 sind idealisiert. Stellen Sie begründet Hypothesen auf, worin sich reales Wippen und dessen Diagramme vom Idealmodell unterscheiden.

e) Weiter gedacht: Überprüfen Sie Ihre Hypothesen mit einer Videoanalyse.

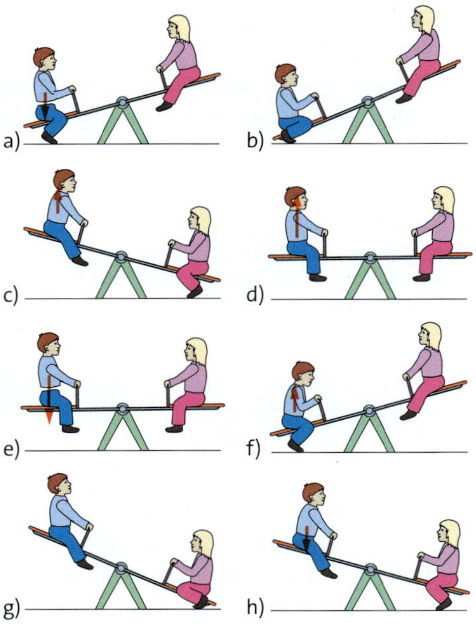

► 3 Bilderfolge

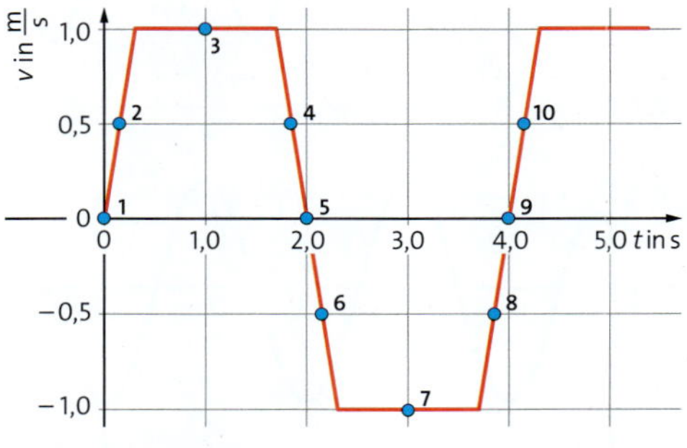

► 4 *t*-*v*-Diagramm

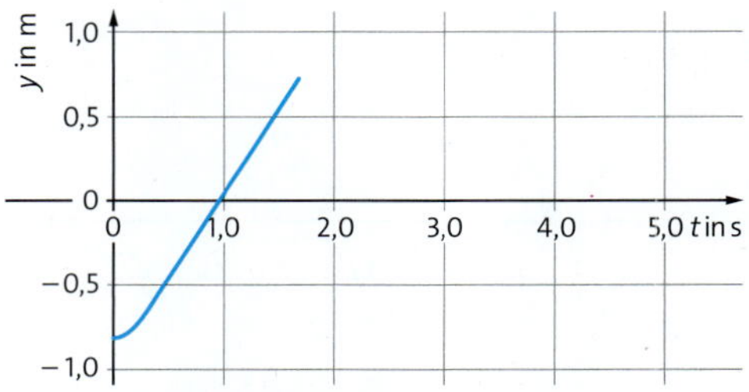

► 5 Unvollständiges *t*-*y*-Diagramm

– Bewertungen analysieren
– Präsentieren und Adressatenorientierung

► 1 Bilderfolge einer schwingenden Spiralfeder

Federpendel

Bei einem Federpendel hängt an einer Schraubenfeder ein Massestück (► 1). In Ruhe befindet sich der Körper in der Gleichgewichtslage. Daraus ausgelenkt, schwingt der Körper symmetrisch um diese Lage. Die Graphen der Bewegung wurden mit einer Videoanalysesoftware aufgezeichnet. Sie verlaufen sinusförmig (► 2).

Die Auslenkung $x(t)$ wird gelegentlich auch mit $y(t)$ oder $s(t)$ bezeichnet.

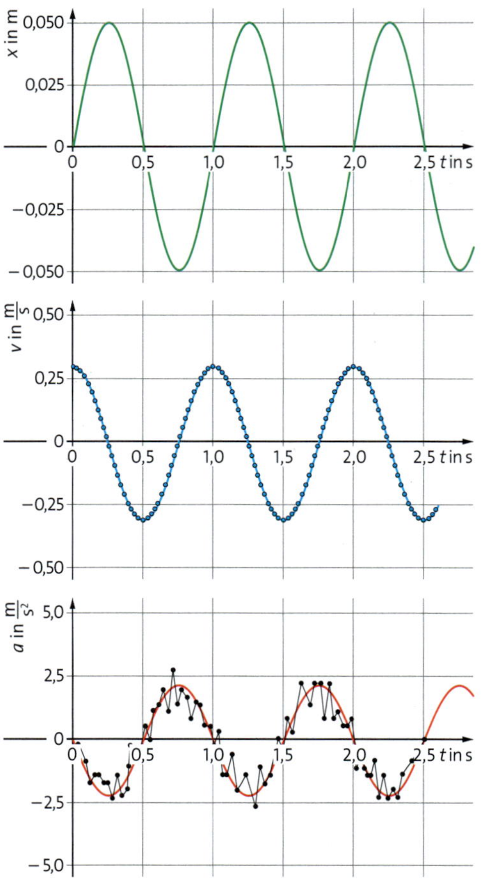

► 2 Diagramme der Videoanalyse des Federpendels

Störungen und Messungenauigkeiten führen im t-a-Diagramm zu stärkeren Streuungen.

Harmonische Schwingungen

Der Sinusverlauf der Schwingung eines Federpendels ist typisch für viele Schwingungen. Wenn Musikinstrumente harmonisch klingende Töne erzeugen, schwingen sie ähnlich.

Sind die Amplitude x_{max} und mit T die Kreisfrequenz $\omega = \frac{2\pi}{T} = 2\pi f$ bekannt, lässt sich die Auslenkung x zu jedem Zeitpunkt t berechnen.

> Schwingungen, die sich durch eine Sinusfunktion beschreiben lassen, nennt man **harmonisch.** Beginnt eine harmonische Schwingung in der Gleichgewichtslage, dann gelten folgende Bewegungsgleichungen:
> $x(t) = x_{max} \cdot \sin(\omega \cdot t)$
> $v(t) = v_{max} \cdot \cos(\omega \cdot t)$
> $a(t) = -a_{max} \cdot \sin(\omega \cdot t)$

Die sinusförmigen t-x- und t-a-Diagramme harmonischer Schwingung verlaufen gegenläufig (► 2). Wird $x(t)$ nach $\sin(\omega \cdot t)$ aufgelöst und in $a(t)$ eingesetzt, dann ergibt sich:

$$a(t) = -\left(\frac{a_{max}}{x_{max}}\right) \cdot x(t),$$

d.h., die Beschleunigung nimmt proportional mit der Auslenkung zu, ist ihr aber entgegengesetzt gerichtet, sodass zu jedem Zeitpunkt $a(t) \sim -x(t)$ gilt. Mit $F = ma$ folgt daraus:

> In einer harmonischen Schwingung ist zu jedem Zeitpunkt t die Rückstellkraft F_r zur momentanen Auslenkung x proportional. Sie ist der Auslenkung stets entgegengesetzt gerichtet: $F_r(t) \sim -x(t)$

Der Sinusverlauf von $x(t)$ und die Proportionalität $F_r \sim -x$ sind gleichwertige Kriterien. Die Überprüfung eines der beiden Kriterien ist ausreichend, um festzustellen, ob eine Schwingung durch das Modell der harmonischen Schwingung beschreibbar ist.

BEISPIEL

Hypothesenbildung für Experimente

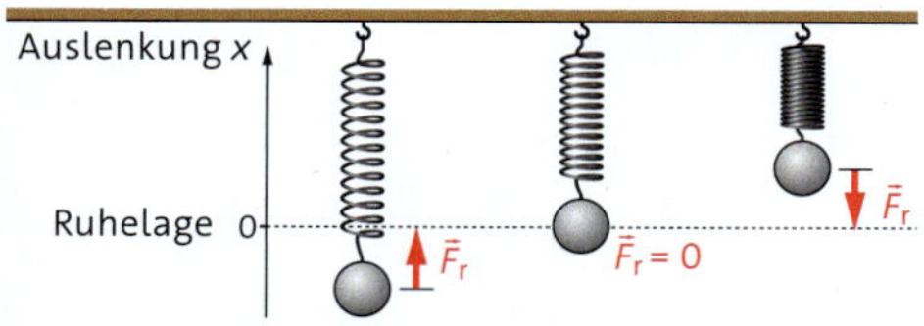

► 3 Rückstellkraft beim Federpendel

Hypothesenfindung:
Wenn Sie ein Experiment eigenständig entwickeln und durchführen, klären Sie zunächst, was Sie untersuchen wollen. Dies kann entweder durch die Aufgabenstellung vorgegeben sein oder muss aus vorhandenen Kenntnissen abgeleitet werden:

Ein Federpendel schwingt harmonisch. Eine charakteristische Größe ist die Schwingungsdauer. Das legt die **Fragestellung** nahe: Wovon hängt die Schwingungsdauer ab?
Um mögliche **Einflussgrößen** zu finden, kann man sich überlegen, was sich in der Versuchsanordnung ändern lässt. Beispielsweise kann man verschieden schwere Massestücke an die Feder hängen, die Feder austauschen oder die Feder unterschiedlich weit auslenken.

Anschließend stellt man **Hypothesen** darüber auf, wie sich diese Einflussgrößen auswirken. Hypothesen müssen immer begründet sein. Oft kann man dabei nur mit Plausibilitäten arbeiten. Nach Möglichkeit greift man jedoch auf bereits bekanntes physikalisches Wissen zurück:

Während der Schwingung ändert sich die Geschwindigkeit. Ursache jeder Beschleunigung ist das Einwirken einer Kraft gemäß $F = ma$.

Mit der Auslenkung der Feder nimmt die Federkraft nach $F = Dx$ zu. Sie ist die Rückstellkraft F_r (► 3).

Aus beiden Gleichungen lassen sich Hypothesen begründet ableiten, die in einem Experiment überprüft werden müssen.

Beispielprotokoll:
Problemstellung
Abhängigkeiten der Schwingungsdauer T von physikalischen Größen des Federpendels

Begründete Hypothesen
- Je größer die Amplitude x_{max}, desto größer T, da der zurückzulegende Weg länger ist.
- Je größer die Masse m bei gleicher Kraft, desto größer T wegen der Trägheit des Pendelkörpers.
- Je größer die Federhärte D, desto kleiner T, weil die Rückstellkraft größer ist. Der Pendelkörper kommt schneller vom Umkehrpunkt auf eine größere Geschwindigkeit.

Versuchsaufbau und Durchführung
- Material: Lineal, Stoppuhr, verschiedene Federn und Massestücke (► 4)
- Durchführung der Versuchsreihen: Einmal wird nur x_{max} geändert, dann nur m und schließlich nur D.

Auswertung und Ergebnis
Die erste Hypothese wird widerlegt: Die Schwingungsdauer ist unabhängig von der Amplitude (► 5). Die übrigen Hypothesen werden bestätigt.

Weitergehend liefert eine geeignete grafische Auswertung der Messwerte: $T \sim \frac{1}{\sqrt{D}}$ (► 6).

Die Quotientengleichheit zeigt $T \sim \sqrt{m}$ (► 7).

Zusammenfassend ergibt sich folgendes Ergebnis: $T \sim \sqrt{\frac{m}{D}}$

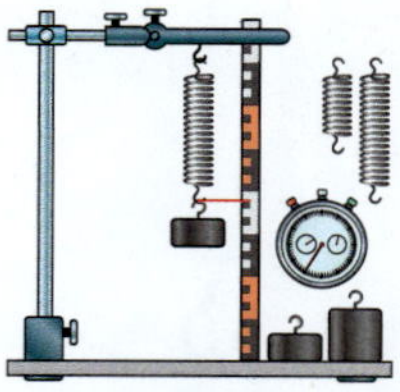

► 4 Versuchsaufbau

x_{max} in cm	T in s
2,0	1,01
3,0	0,98
4,0	1,01
5,0	1,00

► 5 Konstanz von T

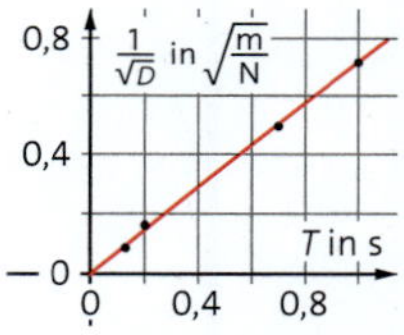

► 6 $\frac{1}{\sqrt{D}}$-T-Diagramm

m in kg	T in s	$\frac{T}{\sqrt{m}}$ in $\frac{s}{\sqrt{kg}}$
0,05	1,0	4,47
0,10	1,4	4,43
0,15	1,7	4,39
0,20	2,0	4,47
0,30	2,4	4,38
0,50	3,2	4,53

► 7 Quotientengleichheit

Hilfestellungen zu grafischen und numerischen Auswertungen finden Sie auf S. 57.

METHODE

Messunsicherheiten

Sie haben folgende Aufgabe: Ein Stein wurde an einen Faden gebunden (► 1). Messen Sie die Länge des nebenstehenden maßstabsgetreuen Fadenpendels möglichst genau. Vergleichen Sie anschließend sämtliche Messwerte der Klasse. Diskutieren Sie mögliche Ursachen für die Abweichungen Ihrer Messungen. Geben Sie einen Bereich an, in dem Sie die Messwerte noch tolerieren.

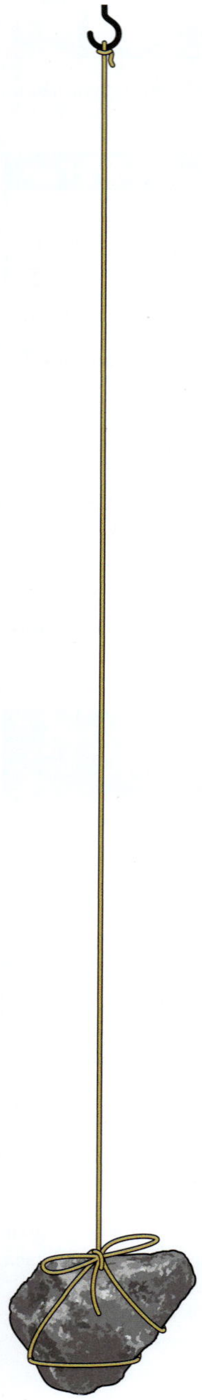

►1 Stein am Faden

> Messen ist ein Vergleichen. Eine physikalische Größe zu messen, heißt zu bestimmen, wievielmal eine festgelegte Einheit in der Größe enthalten ist.

Für Ihre Aufgabe stellt sich also die Frage: Wievielmal ist ein Millimeter in der Länge des Fadenpendels enthalten? Je nach Genauigkeitsanspruch werden hier Probleme sichtbar:

- Wo beginnt und endet die Länge des Fadenpendels?
- Wie genau kann man mit einem Lineal abmessen, wenn der Messpunkt zwischen zwei Millimeterstrichen liegt?
- Wurde das Lineal korrekt abgelesen?

Das zeigt, dass Messwerte meist von einem theoretisch zu erwartenden Wert abweichen.

> Jede Messung ist mit Ungenauigkeiten behaftet.

Die Abweichungen können unterschiedliche Ursachen haben, z. B.

Messperson (bei manueller Messung)
- Ablesefehler am Messinstrument
- Reaktionszeit bei der Zeiterfassung

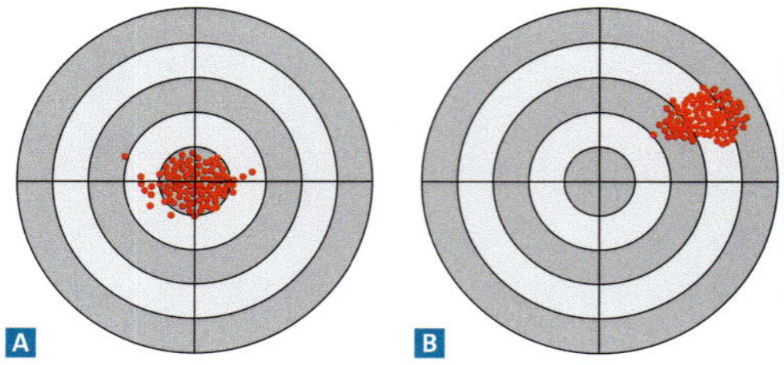

►2 Zielscheibenmodell

Messgeräte
- begrenzte Genauigkeit der Messgeräte

Messanordnung
- Wahl eines wenig geeigneten Messpunkts
- zu wenige Messwerte einer Messreihe

Messumgebung
- Erschütterungen des Aufbaus während der Messung

Auch hoch präzise Messgeräte liefern keine exakten Werte. Das Ergebnis einer Messung ist immer ein Bereich, in dem der zu erwartende Wert mit großer Wahrscheinlichkeit liegt. Bei z. B. einer auf die Sekunde genauen Einzelmessung gibt man das Ergebnis daher folgendermaßen mit Fehler an: $T = 3\,\text{s} \pm 0{,}5\,\text{s}$

Das Zielscheibenmodell veranschaulicht, wie sich Mehrfachmessungen verteilen können, wenn im Zentrum der zu erwartende Wert liegt (► 2A). Dabei können zwei Arten von Messungenauigkeiten unterschieden werden:

Systematische Messungenauigkeit
Ist eine Waage falsch kalibriert oder wird eine Zeit wegen der Reaktionszeit regelmäßig zu spät gestoppt, treten Abweichungen systematisch auf (► 2B). Ist die Ursache bekannt, können die Messwerte oft korrigiert werden.

► 3 Eine „Mitte“ findet sich in **A** sicherer als in **B**.

Statistische Messungenauigkeit

Schwankungen treten auch zufällig auf: Einmal wird die Länge zu groß gemessen, ein anderes Mal zu kurz. Bei zufälligen Abweichungen kann man mit großer Wahrscheinlichkeit schließen, dass der zu erwartende Wert in der „Mitte“ aller Messwerte liegt. Im Modell kennt man dann nur die Messpunkte, sieht aber die Scheibe mit dem zu erwartenden Wert im Fadenkreuz nicht (► 3).

Auswertung

Um die „Mitte“ einer Messreihe zu ermitteln, kann man den **Mittelwert** bestimmen, indem man alle Werte der Messreihe addiert und die Summe durch die Anzahl aller Werte teilt. In der 1. Messreihe (► 4A) beträgt der Mittelwert 0,98 s und in der 2. Reihe 0,95 s. Einzelne starke Abweichungen unter den Messwerten, sogenannte Ausreißer, können den Mittelwert jedoch verfälschen. In solchen Fällen ist die Auswertung über den **Median** geeigneter.

Bei zufälligen Abweichungen liegen die Messwerte um den zu erwartenden Wert verteilt. In der Regel liegt etwa die Hälfte der gemessenen Werte darunter und die andere darüber. Darum wird der mittlere Wert aller Messdaten mit großer Wahrscheinlichkeit dem zu erwartenden Wert am nächsten kommen. Nach dem empirischen Gesetz der großen Zahl gilt: Je mehr Messungen vorliegen, desto größer ist diese Wahrscheinlichkeit. Dieser mittlere Wert wird Median genannt.

Der Median teilt eine aufsteigend geordnete Datenreihe in zwei Hälften. Bei einer ungeraden Datenanzahl ist der Median genau der Wert in der Mitte dieser Datenreihe. Bei einer geraden Anzahl wählt man den Mittelwert beider mittleren Werte.

Als Maß für die Messgenauigkeit wird der Abstand gewählt, der zwischen dem untersten und dem obersten Viertel der geordneten Messwerte liegt. Dazu betrachtet man jeweils die Werte oberhalb und die Werte unterhalb des Medians.

Das untere **Quartil** ist der Median der unteren Datenhälfte, das obere Quartil der Median der oberen Hälfte.

Die Länge der Box (► 4B) zwischen den Quartilen ist ein Maß für die Genauigkeit der Messungen. Eine kurze Box spricht für eine hohe Präzision.

Messreihen

	1	2
	t in s	*t* in s
	0,81	0,78
	0,85	0,82
	0,90	0,88
	0,92	0,91
	0,93	0,97
	0,94	1,01
	0,96	1,07
	0,99	1,18
	1,05	
	1,13	
	1,27	
unteres Quartil	0,90	0,85
Median	0,94	0,94
oberes Quartil	1,05	1,04

A

Boxplots

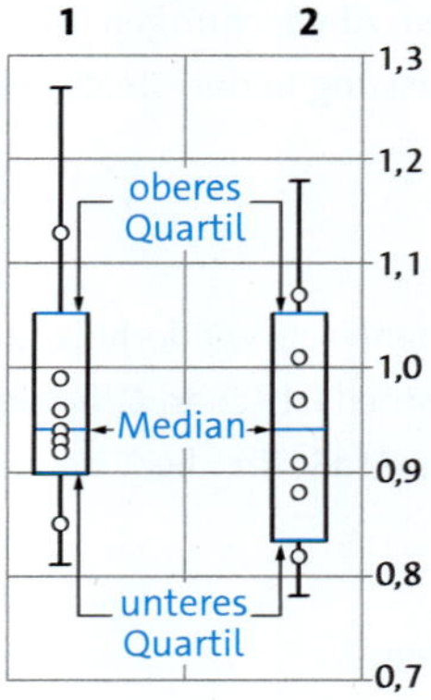

B

► 4 **A** Zwei Messreihen zum gleichen Experiment, **B** Boxplots zu beiden Messreihen

METHODE

Messgenauigkeit vergrößern

Die Messgenauigkeit bei Experimenten kann durch verschiedene Möglichkeiten vergrößert werden. Anhand der Messung der Periodendauer einer Schwingung können beispielsweise folgende Möglichkeiten in Betracht gezogen werden:

Präzisere Messgeräte:
Je präziser die Messgeräte sind, desto größer wird die Messgenauigkeit, da diese Messgeräte oft mehr Dezimalstellen erlauben. Eine analoge Uhr lässt sich nur auf eine Sekunde genau ablesen. Digitaluhren erlauben hingegen eine Genauigkeit im Hundertstelsekundenbereich (► 1).

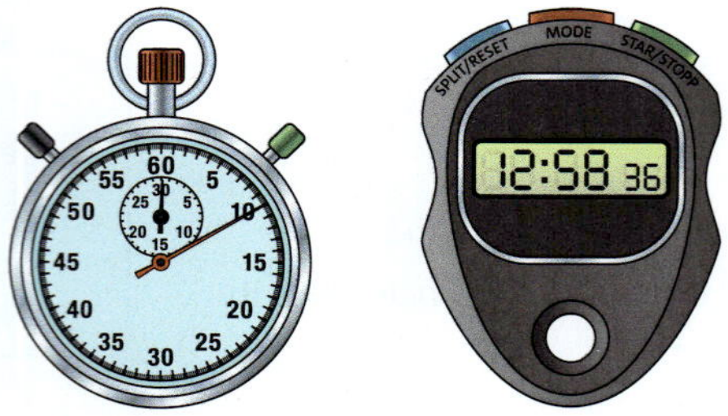

► 1 Analoge und digitale Stoppuhr

Automatisierte Messwerterfassung:
Bei einer manuellen Zeitmessung stört die individuelle Reaktionszeit. Über Messungen mit Lichtschranken oder mithilfe von Videoanalysen lässt sich diese systematische Messungenauigkeit vermeiden (► 2).

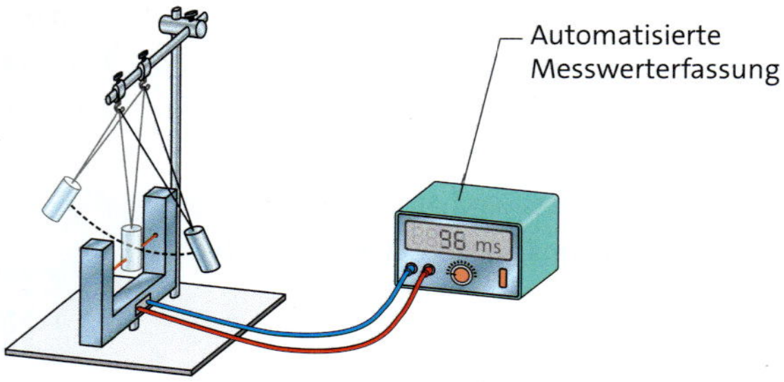

► 2 Messung mit Lichtschranke

Klar umgrenzter Messpunkt:
Bei Schwingungen wird ein Messen in der Gleichgewichtslage bevorzugt. An diesen Stellen ändert sich der Ort schneller als in den Umkehrpunkten. Die gleiche Breite in der Ungenauigkeit der Ortsmessung (► 3, gelb) führt zu unterschiedlich breiten Abweichungen der Zeitmessung (► 3, blau). Eine Zeitmessung in der Gleichgewichtslage ist daher präziser.

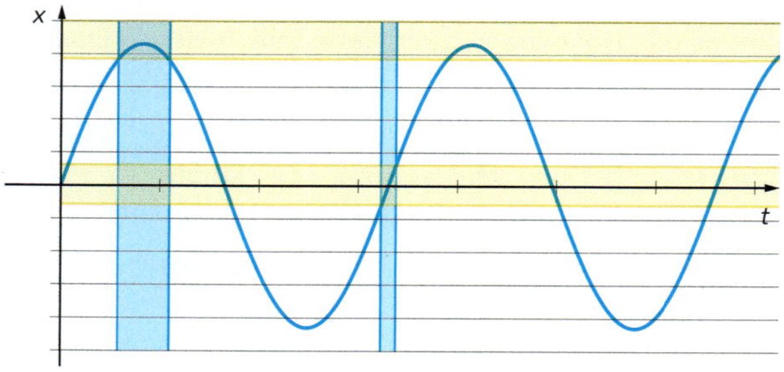

► 3 Zeitabweichungen an verschiedenen Stellen

Mehrfachmessungen:
Wird eine Messung mehrfach wiederholt, dann wird die Messgenauigkeit aus stochastischen Gründen größer und somit der Boxplot als Maß für die Genauigkeit kleiner (vgl. ► 4B, Seite 55).

Messung von Vielfachen:
Die Zeit wird über mehrere Perioden hinweg gemessen. Eine sekundengenaue Messung über eine Periode ergibt $T = 3\ \text{s} \pm 0{,}5\ \text{s}$. Die Gesamtzeit über zehn Perioden beträgt $T = 33\ \text{s} \pm 0{,}5\ \text{s}$.
Rechnerisch folgt $T = 3{,}3\ \text{s} \pm 0{,}05\ \text{s}$ (► 4).

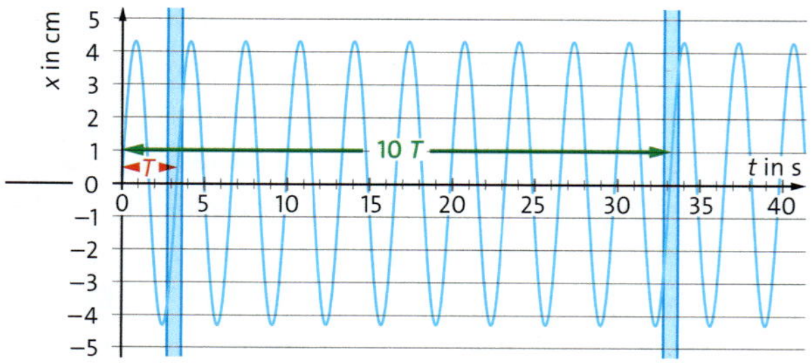

► 4 Sekundengenaue Messung

METHODE

Nichtlineare Zusammenhänge

In physikalischen Gesetzen wird die Abhängigkeit verschiedener Größen voneinander mit einer Gleichung beschrieben. Die Schwingungsdauer T eines Federpendels ändert sich mit der Masse m des angehängten Körpers. In einem Experiment wird die Abhängigkeit untersucht.

Grafische Funktionsanpassung: Durch die Messpunkte lässt sich im m-T-Diagramm der Graph einer Wurzelfunktion $y = c \cdot \sqrt{x}$ legen (► 1). In einer dynamischen Geometriesoftware wird die Funktion mit einem Schieberegler in c an die Messpunkte nach Augenmaß angepasst. Trotzdem bleibt die Frage: Ist die Quadratwurzel die geeignete Funktion und welcher Faktor c ist möglichst genau?

Linearisierung: Um diese Fragen zu klären, wird der Graph „linearisiert". Dazu wird die Wurzel von m berechnet. Über die Werte von $\sqrt{m}$ wird T aufgetragen (► 2). Weichen die Messpunkte nicht systematisch von der Trendlinie des Tabellenkalkulationsprogramms ab, bestätigt dies, dass sich die Schwingungsdauer T proportional zur Quadratwurzel von m verhält. Die Quadratwurzel ist also eine geeignete Funktion. Die Steigung c der Ursprungsgeraden entspricht dem Proportionalitätsfaktor.
Es gilt: $T = c \cdot \sqrt{m}$.

Quotientengleichheit: Numerisch lässt sich dieser Nachweis aufgrund der Proportionalität auch über die Quotienten $\frac{T}{\sqrt{m}}$ führen (► 3). Können die Quotienten im Rahmen der Messgenauigkeit als konstant angesehen werden, wird ihr Median $\left(1{,}29 \frac{\text{s}}{\sqrt{\text{kg}}}\right)$ als Faktor c gewählt.

Das Maß der Messunsicherheit ist der Abstand zwischen unterem Quartil $\left(1{,}28 \frac{\text{s}}{\sqrt{\text{kg}}}\right)$ und oberem Quartil $\left(1{,}32 \frac{\text{s}}{\sqrt{\text{kg}}}\right)$ und beträgt $0{,}04 \frac{\text{s}}{\sqrt{\text{kg}}}$ (► 4).

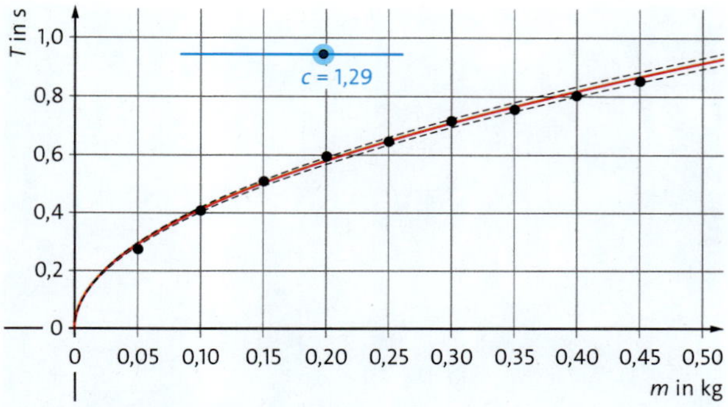

► 1 Funktionsanpassung

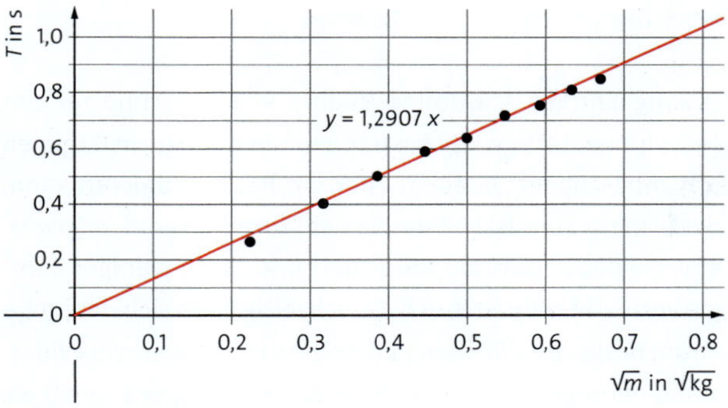

► 2 Linearisierung

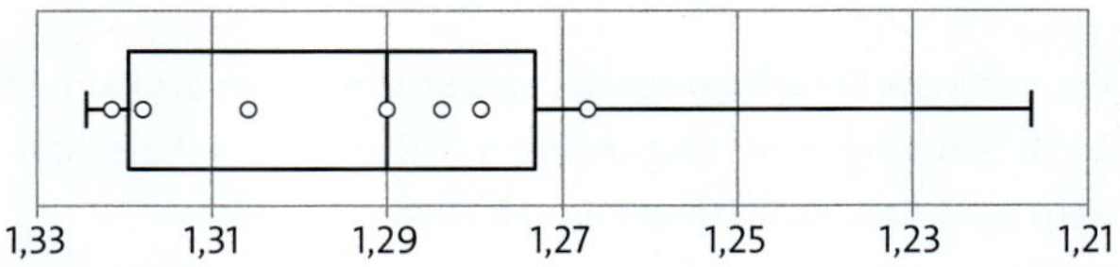

► 4 Boxplot

Aus den Quartilen ergibt sich im m-T-Diagramm (► 1, gestrichelte Linien) ein Streifen der Messunsicherheit. Für die gewählte Feder des Experiments lässt sich T abhängig von m mit der Gleichung $T = 1{,}29 \frac{\text{s}}{\sqrt{\text{kg}}} \cdot \sqrt{m}$ berechnen.

m in kg	0,050	0,100	0,150	0,200	0,250	0,300	0,350	0,400	0,450
T in s	0,272	0,413	0,513	0,591	0,645	0,722	0,757	0,812	0,850
$\frac{T}{\sqrt{m}}$ in $\frac{\text{s}}{\sqrt{\text{kg}}}$	1,22	1,31	1,33	1,32	1,29	1,32	1,28	1,28	1,27

► 3 Quotientengleichheit

AUS DER NATUR

Schwingungen in der Natur

►1 Sturmschäden an alten Bäumen

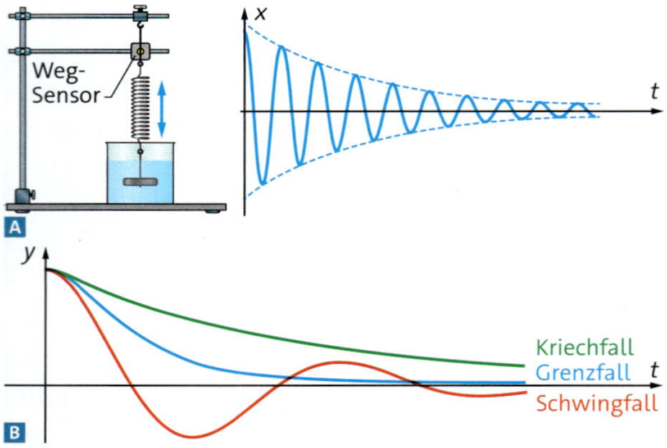

►2 Gedämpfte Schwingung

Orkane knicken stämmige Bäume wie Streichhölzer um (► 1). Junge, saftige Bäume überstehen den Sturm dagegen oft unbeschadet. Je elastischer ein Baum reagieren kann, desto mehr kinetische Energie der Sturmböe wird in Spannenergie des Baums umgewandelt und desto weniger Energie verbleibt für den Bruch. Gleichzeitig kann sich der junge Baum besser im Wind wiegen, sodass er ihm weniger Widerstand entgegenstellt. So gibt der Sturm weniger Energie ab. Anschließend pendelt der elastische Baum in seine Gleichgewichtslage zurück.

Erzwungene Schwingung: Hält der Sturm länger an, kann es beim Schwingen im ungünstigen Fall zu einem Aufschaukeln kommen. Den Effekt kennen bereits Kinder:
Stößt man eine Schaukel von außen immer wieder im richtigen Moment an, nimmt die maximale Auslenkung zu und es kann zu einer Katastrophe kommen. Regt man ein schwingungsfähiges System von außen periodisch an, schwingt es mit der Frequenz des Erregers. Ist die Erregerfrequenz so groß wie die Eigenfrequenz des Systems, ergeben sich große Amplituden und Energie wird maximal übertragen **(Resonanz).**

In wenig gedämpften Systemen kommt es schon mit geringer Kraft zu Zerstörungen (Resonanzkatastrophe). Bäume dagegen sind in ihren Schwingungen stark gedämpft.

Gedämpfte Schwingung: Bei mechanischen Schwingungen tritt Reibung auf. Die mechanische Energie nimmt dadurch ab und die innere Energie zu. Sofern nicht von außen weiterhin Energie zugeführt wird, nimmt die Amplitude nach und nach ab. Der Körper hört irgendwann auf zu schwingen. Eine häufig auftretende Reibungsart, die zur Dämpfung von Schwingungen führt, kann mit einem Federpendel simuliert werden, wenn der Schwingkörper in einer Flüssigkeit gedämpft wird (► 2A).

Optimale Dämpfung: Je größer die Reibung ist, desto schneller klingt eine Schwingung ab. Wird die Dämpfung jedoch sehr groß, dann wird die Gleichgewichtslage erst sehr spät erreicht (Kriechfall).
Zwischen Schwingfall und Kriechfall gibt es eine Dämpfung, bei der die Auslenkung in kürzester Zeit in ihre Gleichgewichtslage zurückkehrt, der sogenannte aperiodische Grenzfall (► 2B).

1 Um ein Aufschaukeln zu verhindern, sollte möglichst schnell der Gleichgewichtszustand erreicht werden. Trotzdem ist der aperiodische Grenzfall für Bäume nicht optimal. Bäume schwingen in der Regel noch eine Zeit lang hin und her.
Erklären Sie dieses Verhalten mithilfe der Energieumwandlung.

SCHÜLEREXPERIMENT

1 Das Fadenpendel

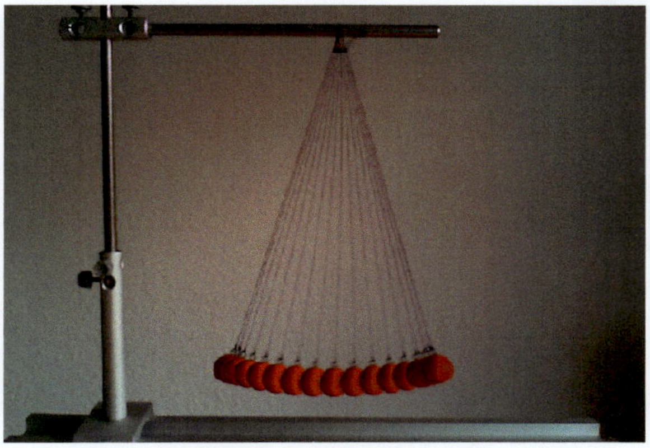

► 5 Stroboskopaufnahme eines Fadenpendels

Ein Fadenpendel besteht aus einem Massekörper, der an einem Faden aufgehängt ist. Bringt man das Pendel aus seiner senkrechten Gleichgewichtslage, pendelt der Körper symmetrisch um die Gleichgewichtslage (► 5). Experimente mit einem Fadenpendel können sich in der Länge des Fadens, in der Masse des angehängten Körpers und in der Auslenkung zu Beginn der Schwingung unterscheiden. Beeinflussen diese Größen die Periodendauer? Reibungseffekte werden im Folgenden nicht berücksichtigt.

Ziel:

In diesem Experiment sollen Sie für das Fadenpendel die Abhängigkeit der Schwingungsdauer T von der Fadenlänge l, der Masse m des Pendelkörpers und der maximalen Auslenkung x_{max} untersuchen und den Zusammenhang in einer Gleichung formulieren. Hilfestellung können Ihnen das Beispiel auf Seite 53 sowie die Methoden auf den Seiten 54-56 bieten.

Hypothesen:

Formulieren Sie zunächst qualitativ mit Je-desto-Aussagen, wie sich die Schwingungsdauer in Abhängigkeit jeweils einer Größe ändert. Begründen Sie Ihre Vermutungen mit physikalischen Argumenten oder mit Alltagsbeobachtungen.

Planen von Experimenten

Versuchsaufbau und Materialien:

- Skizzieren Sie den Versuchsaufbau und listen Sie das Material auf, das Sie zur Durchführung des Experiments benötigen.
- Geben Sie die Stellen an, zwischen denen die Länge des Pendels gemessen wird, und begründen Sie dies physikalisch.
- Entscheiden Sie über die Art der Zeitmessung, z. B. per Hand mit einer Stoppuhr, mit einer Lichtschranke oder mit einer Videoanalyse.
- Erläutern Sie eine Möglichkeit, mit der Sie eine große Messgenauigkeit erreichen.
- Beschreiben Sie die Messung der Auslenkung.

Durchführung:

Führen Sie quantitativ zu jeder Versuchsreihe, in der Sie jeweils nur eine Größe ändern, eine geeignete Anzahl von Versuchen durch. Protokollieren Sie die Ergebnisse. Hilfe zur Protokollerstellung finden Sie auf S. 176.

Auswertung:

- Geben Sie die Größen an, von denen Sie für *T* eine Unabhängigkeit nachweisen.
- Fertigen Sie zu den jeweiligen Teilversuchen ein Diagramm an, in denen sich die Schwingungsdauer in Abhängigkeit einer Größe ändert. Zeichnen Sie eine Ausgleichskurve.
- Stellen Sie eine Vermutung über den Funktionstyp auf, mit dem sich die Abhängigkeit der Schwingungsdauer *T* von der Fadenlänge *l* beschreiben lässt.
- Überprüfen Sie die Vermutung durch eine geeignete „Linearisierung" des Graphen.
- Ermitteln Sie den Faktor zusätzlich mittels Quotientengleichheit. Erstellen Sie einen Boxplot für die Messunsicherheit.
- Formulieren Sie die Gleichung, die diese Abhängigkeiten beschreibt.
- **Weiter gedacht:** Deuten Sie das Ergebnis im Vergleich mit dem Federpendel (s. S. 52–53).

► 1 Historische Pendeluhr

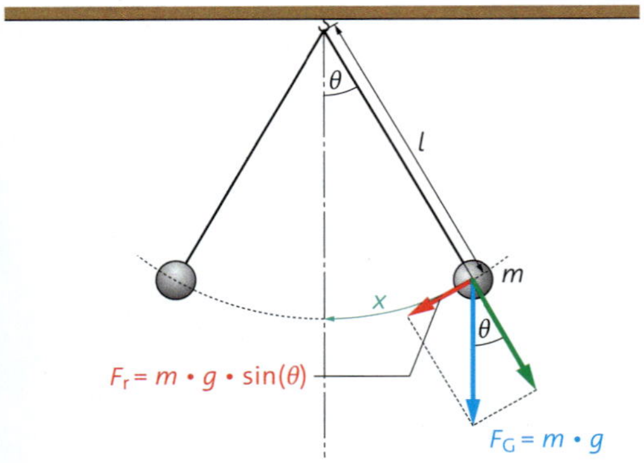

► 2 Kräftezerlegung

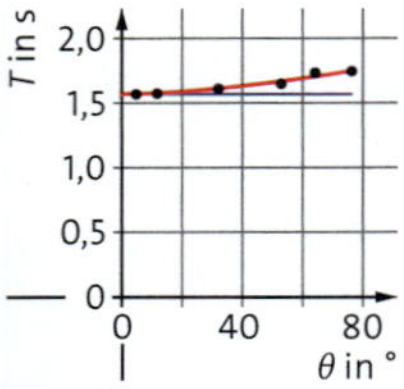

► 3 θ-T-Diagramm

Fadenpendel

Uhren geben die Zeit umso genauer an, je präziser die Schwingungen des Taktgebers sind. In einigen mechanischen Uhren gibt ein Pendel (► 1) den Takt an. Wenn eine Pendeluhr vor- oder nachgeht, wird mit einer kleinen Stellschraube die Länge des Pendels angepasst.

Bei einem Fadenpendel in der Physik ist die Masse des Fadens zu vernachlässigen. Der Pendelkörper ist klein gegenüber der Fadenlänge und wird punktförmig in seinem Schwerpunkt angesehen. Von Reibungskräften wird abgesehen.

Schwingungsdauer beim Fadenpendel

Die Schwingungsdauer T nimmt proportional mit der Quadratwurzel der Pendellänge l zu: $T \sim \sqrt{l}$

Die Erde wirkt mit der Gewichtskraft auf den Pendelkörper ein und verursacht die Schwingung. Wie beim freien Fall ist auch hier die Bewegung unabhängig von der Masse des Pendelkörpers, aber von der Fallbeschleunigung g abhängig.

Die Schwingungsdauer T des Fadenpendels hängt von der Fadenlänge l und von der Fallbeschleunigung g ab.

Es gilt: $T = 2\pi \cdot \sqrt{\frac{l}{g}}$.

Rückstellkraft beim Fadenpendel

Die Rückstellkraft ist die Komponente der Gewichtskraft parallel zur Bahn (► 2).
Für kleine Winkel ist die Rückstellkraft proportional zur Auslenkung. In diesem Fall schwingt das Fadenpendel harmonisch. Die Graphen der Schwingung sind sinusförmig und es gelten die bekannten Bewegungsgleichungen der harmonischen Schwingung.
Für große Auslenkungswinkel θ nimmt die Schwingungsdauer zu und die Bewegungsgleichungen gelten in der Form nicht mehr (► 3).

Vergleich: Faden- und Federpendel

Die Schwingungsdauer des Fadenpendels hängt von g ab, die des Federpendels dagegen nicht. Dies hat unterschiedliche Auswirkungen:
Das Fadenpendel schwingt auf dem Mond langsamer als auf der Erde, in der Raumstation gar nicht. Ein Federpendel schwingt auf der Erde, auf dem Mond und im Weltall stets mit gleicher Frequenz.

AUFGABEN

1 ▢ Mit einem Fadenpendel lässt sich die ortsabhängige Fallbeschleunigung bestimmen. Erläutern Sie diese Möglichkeit.

2 ◩ Recherchieren Sie, wie sich Astronauten in der Raumstation wiegen. Begründen Sie, dass eine Personenwaage nicht geeignet ist.

AUS DER TECHNIK

Hemmpendel

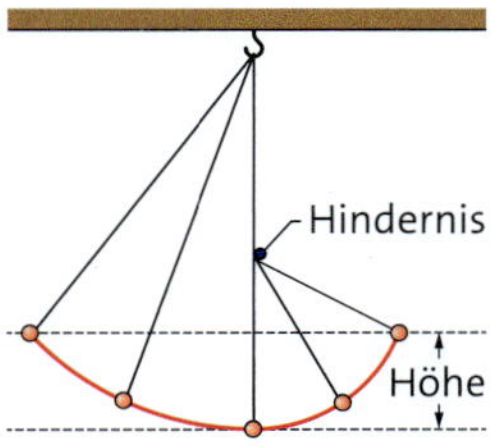

► 4 Hemmpendel

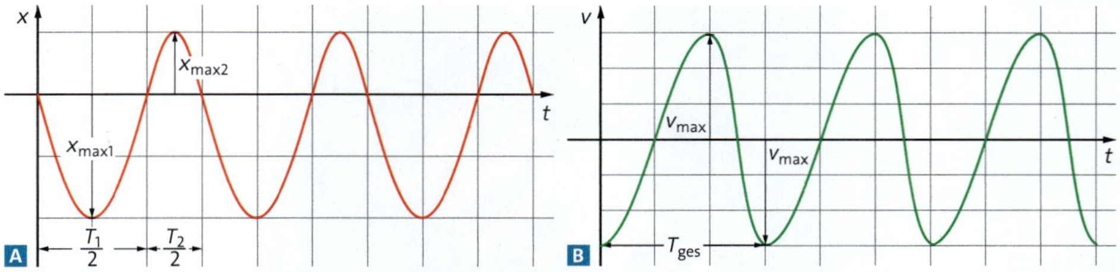

► 5 **A** *t*-*x*- und **B** *t*-*v*-Diagramm eines Hemmpendels

Das Hemmpendel (► 4) ist ein Sonderfall des Fadenpendels. Senkrecht unter dem Aufhängepunkt befindet sich ein Stift. Der Pendelkörper wird dadurch nur so weit ausgelenkt, dass er sich tiefer als der Stift befindet. Von links kommend schwingt das Pendel mit der vollen Fadenlänge l_1. Durch den Stift wird die Schwingung gehemmt. Das Pendel schwingt rechts mit der verkürzten Länge l_2 weiter.

Eine Schwingungshälfte dauert aufgrund der größeren Fadenlänge länger als die andere. Für die Gesamtperiodendauer T_{ges} des Hemmpendels addieren sich die beiden Halbperioden:

$$T_{ges} = \frac{T_1}{2} + \frac{T_2}{2} = \pi\sqrt{\frac{l_1}{g}} + \pi\sqrt{\frac{l_2}{g}}$$

In der Gleichgewichtslage geht die eine Schwingungshälfte in die andere über. In diesem Tiefpunkt ist die Geschwindigkeit und mit ihr die kinetische Energie maximal. Aufgrund des Energieerhaltungssatzes erreicht der Pendelkörper in den Wendepunkten jeweils die gleiche Höhe. Wegen der unterschiedlichen Fadenlängen sind die maximalen horizontalen Auslenkungen auf beiden Seiten jedoch verschieden (► 4). In jeder Schwingungshälfte schwingt das Pendel harmonisch.

Das *t*-*x*-Diagramm (► 5A) setzt sich abschnittsweise aus Sinusfunktionen mit den unterschiedlichen Amplituden x_{max1} und x_{max2} und den Periodenhälften $\frac{T_1}{2}$ und $\frac{T_2}{2}$ zusammen. Im *t*-*v*-Diagramm (► 5B) ist v_{max} stets gleich, der zeitliche Abstand zwischen den maximalen Geschwindigkeitsbeträgen entspricht aber den jeweiligen Halbperioden.

1 Ein Schüler macht eine Schwingung am Reck als Vorübung zum Hüftumschwung. Einige seiner Positionen sind in einer nicht geordneten Bilderfolge dargestellt (► 6A). Die horizontale Bewegungskomponente der Füße und die dazugehörige Geschwindigkeit wurden mithilfe einer Videoanalyse ermittelt (► 6B).

a) Ordnen Sie jeder grün markierten Stelle in den Diagrammen eine der Positionen zu.

b) Ermitteln Sie die Schwingungsdauer.

c) Deuten Sie im Kontext die verschiedenen Abstände der Schnittpunkte des *t*-*x*-Graphen mit der *t*-Achse.

d) Die Energie der Füße beim Schwung nach rechts ist größer als nach links. Weisen Sie diese Aussage sowohl anhand der Bilderfolge als auch der Diagramme nach.

e) Erklären Sie diese Energieänderungen.

f) Das Hemmpendel dient als Modell, um die Vorübung physikalisch zu verstehen. Nehmen Sie Stellung zu Eignung und Grenzen des Modells.

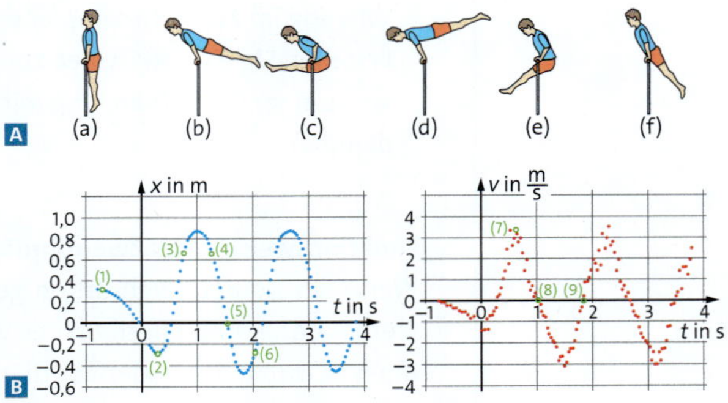

► 6 **A** Schwingen am Reck, **B** *t*-*x*- und *t*-*v*-Diagramm

- Messwerte in Tabellen bearbeiten
- Präsentieren und Adressatenorientierung

Simulation

EXPERIMENTE UND AUFGABEN

Stoßdämpfer L

► 1 Schraubenfeder und Stoßdämpfer

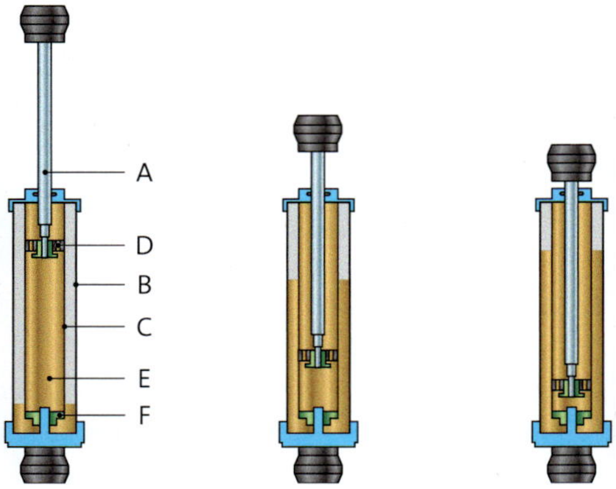

► 2 Zweirohrdämpfer

1 In Fahrzeugen werden Räder flexibel befestigt (► 1). Oft besteht die Radaufhängung aus einer Schraubenfeder und einem Stoßdämpfer, der sich innerhalb der Feder befindet.

a) Recherchieren und beschreiben Sie die wesentlichen Aspekte von Aufbau und Funktion der Radaufhängung.

b) Ein Zweirohrdämpfer (► 2) besteht aus einem Kolben, einem inneren Rohr (Arbeitszylinder) und einem äußeren Rohr (Ausgleichsraum), einem Kolben- und einem Bodenventil sowie Öl. Ordnen Sie die Teile den Beschriftungen in ► 2 zu.

c) In der unten stehenden Infobox wird die Wirkung im Zweirohrdämpfer erläutert. Erstellen Sie ein Erklärvideo zur Funktionsweise einer Radaufhängung mit Zweirohrdämpfer.

2 Der Massekörper einer Schraubenfeder schwingt im Wasser. Die Videoanalyse dokumentiert die Bewegung (► 3).

a) Beschreiben und skizzieren Sie einen geeigneten Versuchsaufbau, um mithilfe einer Videoanalyse die Schwingung zu untersuchen.

b) Entnehmen Sie dem Diagramm die Anzahl der Perioden, nach der die Amplitude nur noch halb so groß ist.
Überprüfen Sie, ob die Amplituden mit der Zeit exponentiell abnehmen.

c) Erläutern Sie, inwieweit dieses Pendel als Modell für eine Radaufhängung dienen kann.

d) Weiterführende Aufgabe: Beschreiben Sie Möglichkeiten, die Schwingung im Experiment stärker zu dämpfen. Begründen Sie Ihre Möglichkeiten physikalisch.

Funktionsweise eines Zweirohrdämpfers
Wenn der Kolben nach unten gedrückt wird, fließt Öl durch das Kolbenventil in den größer werdenden Raum oberhalb des Ventils. Da die Kolbenstange dort ebenfalls Platz beansprucht, muss Öl durch das Bodenventil in die äußere Kammer ausweichen. Die Reibung des zähflüssigen Öls wandelt dabei kinetische Energie in innere Energie um. Dies bremst die Bewegung.

3 Je nach Stärke der Dämpfung kann ein Abklingen der Schwingung über mehrfaches Hin- und Herschwingen (Schwingfall) oder ohne dieses periodische Schwingen (Kriechfall) erfolgen.
In einer Simulation (► QR-Code und ► 4) lassen sich die Masse *m* des Schwingkörpers, die Federkonstante *D* der Feder und die Dämpfungskonstante *k* in der Flüssigkeit mit Schiebereglern verändern.
a) Simulieren Sie einen Schwingfall und einen Kriechfall. Dokumentieren Sie Ihre Ergebnisse mithilfe von Screenshots oder Skizzen.
b) Ermitteln Sie mithilfe der Simulation für ein Pendel mit der Masse $m = 1{,}1\,\text{kg}$ und der Federkonstanten $D = 4{,}9\,\frac{\text{N}}{\text{m}}$ die Dämpfungskonstante *k*, bei der das Pendel am schnellsten zur Ruhe kommt (Grenzfall). Geben Sie die dafür benötigte Zeit an.
c) Untersuchen und beschreiben Sie im Schwingfall die Auswirkungen, wenn Sie die Masse verändern. Wählen Sie dazu $k = 1\,\frac{\text{kg}}{\text{s}}$ und $D = 8{,}0\,\frac{\text{N}}{\text{m}}$.

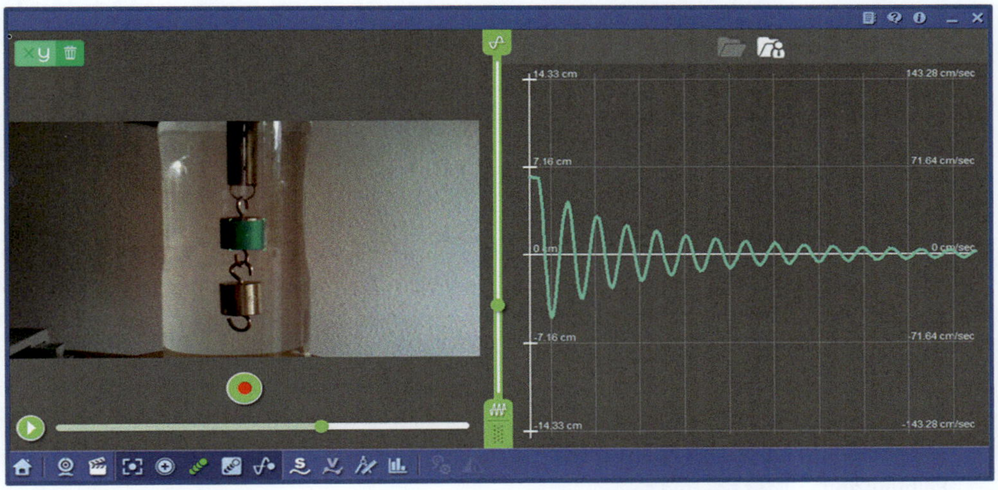

►3 Modellexperiment

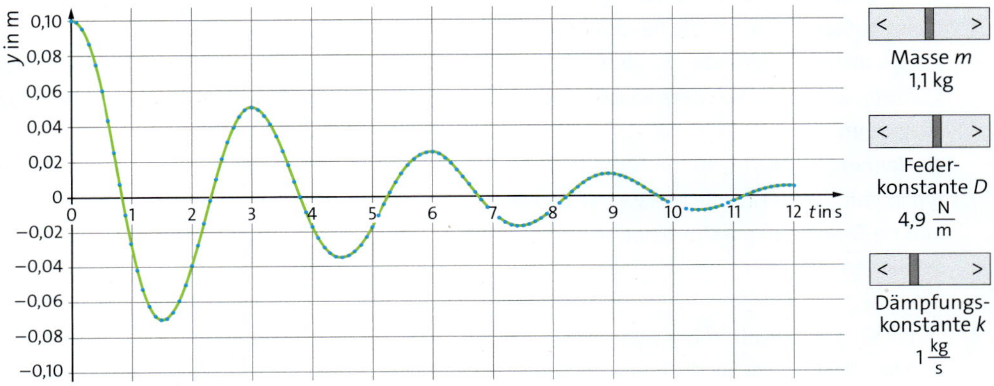

►4 Simulation mit Schiebereglern

EXPERIMENTE UND AUFGABEN

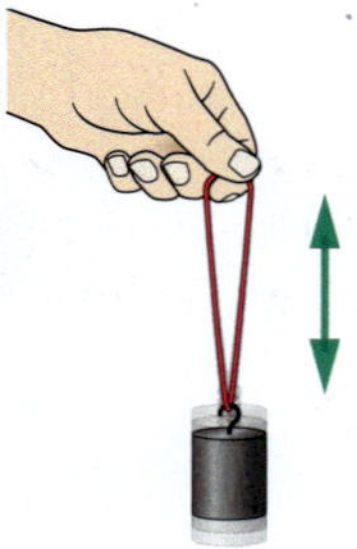

1 **Gummiband**

Material:

Gummiring, Massekörper (ca. 200 g), Stoppuhr, Küchenwaage

Durchführung:

Halten Sie den Gummiring, an dem der Körper hängt, oben mit Ihrer Hand fest. Regen Sie durch kontinuierliches leichtes Auf- und Abbewegen der Hand den Massekörper zum Schwingen an. Führen Sie die Bewegung fort und messen Sie mehrfach die Zeit über mehrere Schwingungen, um T zu bestimmen. Erstellen Sie einen Boxplot. Deuten Sie das Ergebnis bezüglich der Messgenauigkeit.

2 **Geneigte Ebenen**

Ein Ball rollt auf zwei gegeneinander geneigte Schienen hin und her.

Material:

Schienen, Softball, Videoanalyse-App

Durchführung:

Stellen Sie die leicht gegeneinander geneigten Schienen so aneinander, dass der Ball möglichst ruckelfrei über diese Stelle rollen kann. Analysieren Sie die Bewegung mit der App.

a) Beschreiben Sie die Auswirkungen der Reibung anhand des *t*-*x*- und *t*-*v*-Diagramms der Pendelbewegung.

b) Wird die Reibung vernachlässigt, dann bleibt auf jeder Schiene die Beschleunigung konstant. Begründen Sie dies mittels Kräftezerlegungen. Skizzieren Sie das *t*-*a*-Diagramm.

c) Nennen Sie begründet die Funktionstypen, mit denen sich die Messwerte im *t*-*x*- und *t*-*v*-Diagramm abschnittsweise anpassen lassen.

3 Ein Kind schaukelt in 12 s viermal hin und her. Bestimmen Sie die Periodendauer und die Frequenz der Schwingung.

4 **Weiterführende Aufgabe:**

Ein 60 cm langes Pendel wird 40 cm senkrecht unter seiner Aufhängung auf einer Seite gehemmt.

a) Berechnen Sie die Schwingungsdauer.

b) Überprüfen Sie Ihr Ergebnis experimentell.

c) Lenken Sie den Pendelkörper auf der ungehemmten Seite aus, sodass er sich höher als der Stift befindet. Experimentieren Sie mit unterschiedlich hohen Auslenkungen. Beschreiben und erklären Sie die Bewegungen des Pendels.

5

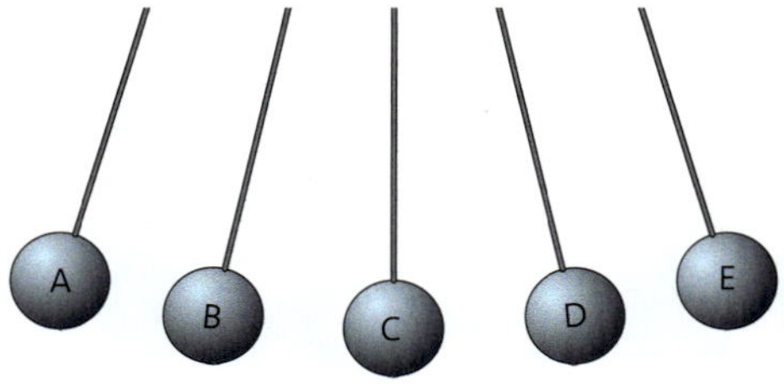

Das Stroboskopbild zeigt die harmonische Schwingung eines Fadenpendels. Diese kann sowohl durch die Funktion $x(t) = x_{max} \cdot \sin(\omega t)$ als auch durch $x(t) = x_{max} \cdot \cos(\omega t)$ beschrieben werden. Ordnen Sie für beide Funktionen den Zeitpunkten $0, \frac{1}{4}T, \frac{1}{2}T, \frac{3}{4}T, T$ jeweils die momentanen Positionen zu.

6 **a)** Berechnen Sie die Schwingungsfrequenz eines Fadenpendels ($l = 1{,}70$ m; $m = 500$ g), das 20 cm weit ausgelenkt wird.

b) Erläutern Sie den Einfluss von Länge, Masse und Auslenkung auf die Frequenz des Pendels.

7 Durch Auswertung eines Experiments mit einem Fadenpendel erhält man:

$$x(t) = 0{,}15\,\text{m} \cdot \sin\left(\frac{2\pi}{1{,}5\,\text{s}}t\right)$$

a) Entnehmen Sie der Gleichung die Amplitude und die Periodendauer.

b) Geben Sie die Versuchsbedingungen an, die zu dieser Gleichung führen.

8 Léon Foucault demonstrierte im Jahr 1851 das nach ihm benannte Foucaultsche Pendel. Er befestigte in der Kuppel des Pantheons in Paris ein 67 m langes Seil mit einer 28 kg schweren Kugel.

a) Recherchieren und notieren Sie, wie damit die Erdrotation nachgewiesen wird.

b) Berechnen Sie die Schwingungsdauer.

Foucaultsches Pendel

9 Betrachten Sie den Idealfall eines vollkommen elastischen Balls, der aus der Höhe $h = 1\,\text{m}$ auf den Boden fällt.

a) Berechnen Sie die Zeit, die er bis zum ersten Aufprall benötigt.

b) Geben Sie begründet die Höhe an, die der Ball nach dem Aufprall erreicht.

c) Geben Sie die Zeit bis zum dritten Aufprall an und zeichnen Sie das *t*-*h*-Diagramm für die Zeit.

d) Begründen Sie, ob eine Schwingung vorliegt und ob diese harmonisch ist.

10 Eine Quizfrage: „Im *Elizabeth Tower* in London (Big Ben) wird die Uhr durch ein Pendel ($l = 3{,}9\,\text{m}$; $m = 299\,\text{kg}$) angetrieben. Läuft die Uhr vor oder nach, wird die Schwingungsdauer angepasst. Stimmt es, dass traditionell dazu Penny-Münzen auf das Pendel gelegt werden?“

a) Finden Sie physikalische Gründe, die dafür oder dagegen sprechen.

b) Recherchieren und erstellen Sie ein Erklärvideo zur Feinjustierung der Uhr.

11 **Weiterführende Aufgabe:**
An eine nicht gespannte Stahlfeder wird ein Körper gehängt und losgelassen. Nennen Sie die Energieformen, die beim senkrechten Schwingen auftreten

12 **Weiterführende Aufgabe:**
Harmonische Schwingung können als eine Projektion der gleichförmigen Kreisbewegung interpretiert werden.

Die Schatten der Kreisbewegung und eines Federpendels verlaufen zu jeder Zeit synchron, wenn die Umlaufdauer *T* und die Schwingungsdauer *T* gleich sind und wenn der Radius *r* mit der Amplitude y_{max} übereinstimmt.

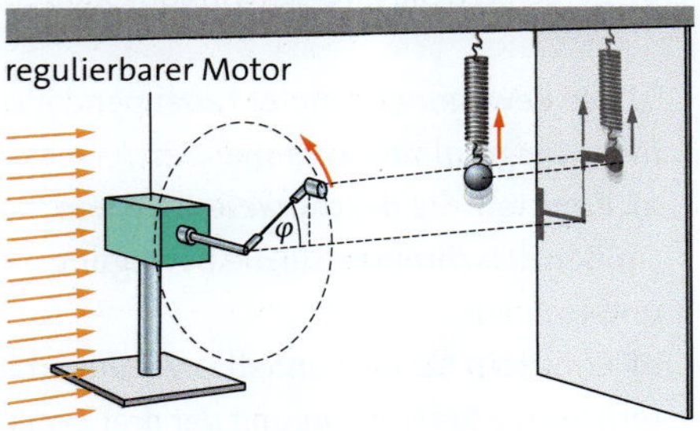

a) Beschreiben Sie den abgebildeten Versuch. Nennen Sie Möglichkeiten, die Bewegungen zu regulieren, damit die Schattenbewegungen synchron verlaufen.

b) Erläutern Sie anhand der geometrischen Konstruktion der Sinusfunktion, wie aus der Kreisbewegung mit der Winkelgeschwindigkeit ω die Gleichung der Schwingung $y(t) = r \cdot \sin(\omega t)$ folgt.

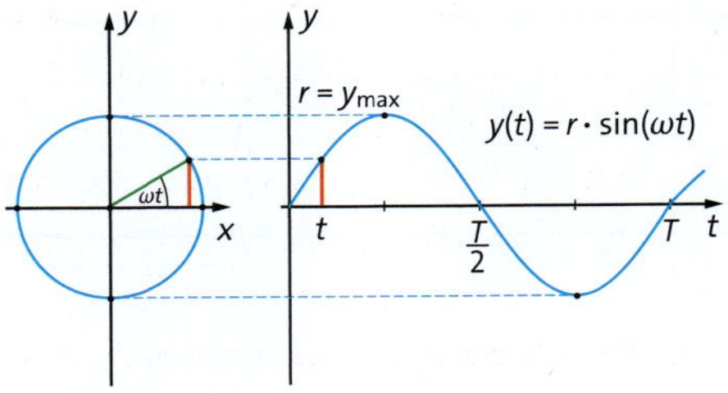

c) In einer Kreisbewegung gilt für die Bahngeschwindigkeit $v_B = \omega r$ und für die Zentripetalbeschleunigung $a_Z = \omega^2 r$. Erläutern Sie, dass sich aus der Projektion der Kreisbewegung die beiden Gleichungen $v(t) = \omega r \cdot \cos(\omega t)$ und $a(t) = -\,\omega^2 r \cdot \sin(\omega t)$ der harmonischen Schwingung ergeben. Begründen Sie zuerst, dass die drei Winkel in der rechten Abbildung gleich groß sind.

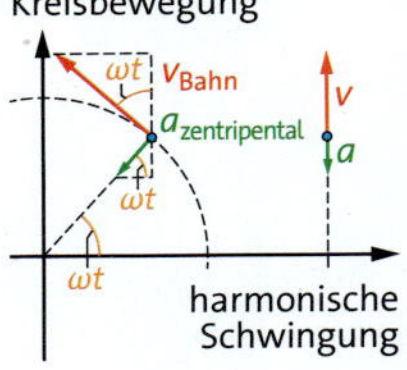

Mechanische Schwingungen

1 ▢ Vor einem Konzert werden die Instrumente des Orchesters auf den Kammerton a gestimmt. Dazu wird eine Stimmgabel von 440 Hz angeschlagen.

a) Geben Sie die Anzahl der Schwingungen der Stimmgabel pro Minute an.

b) Berechnen Sie ihre Schwingungsdauer.

2 ▢ Die Bewegungen dreier Fadenpendel sind in *t*-*x*-Diagrammen dokumentiert.

a) Ermitteln Sie die charakteristischen Größen. Beschreiben Sie die Bewegungsunterschiede.

b) Ermitteln Sie die Pendellänge und erläutern Sie die Startbedingung der drei Experimente.

c) Beschreiben Sie einen experimentellen Aufbau, um einen abnehmenden Schwingungsverlauf wie bei Pendel 3 zu bewirken.

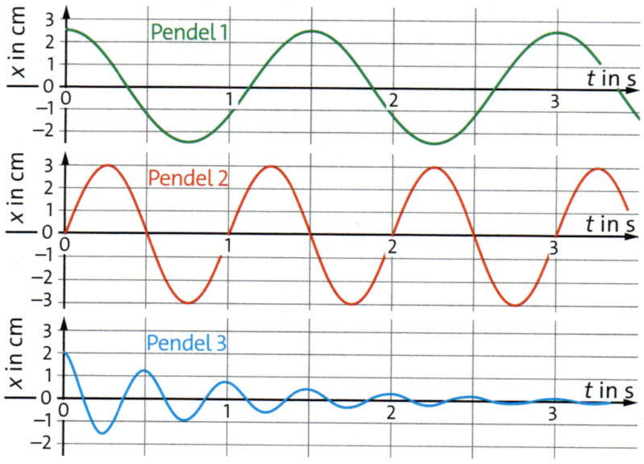

►1 *t*-*x*-Diagramme dreier Fadenpendel

3 ◩ Lore trägt eine schwere Tasche in ihrer Hand und beobachtet, dass beim Gehen die Tasche locker mit dem ganzen Arm schwingt.

►2 Schwingende Handtasche

a) Stellen Sie Hypothesen über die Größen auf, von denen die Schwingungsdauer von Lores Tasche abhängt.

b) Nennen Sie ein physikalisches Modell, mit dem sich diese Schwingung beschreiben lässt. Erläutern Sie dabei Gemeinsamkeiten und Unterschiede.

c) Lore will mit ihren Freundinnen überprüfen, wie gut die theoretische Berechnung der Schwingungsdauer mit einem experimentell zu messendem *T* übereinstimmt. Formulieren Sie für Lore und ihre Freundinnen eine ausführliche Beschreibung eines passenden Experiments. Geben Sie dabei an, wie sie möglichst genau messen kann.

4 ◩ Eine Tabelle dokumentiert die Abhängigkeit der Schwingungsdauer von der Länge eines Fadenpendels:

l in m	0,20	0,40	0,60	0,80
T in s	0,91	1,30	1,56	1,79

a) Erstellen Sie anhand der Messwerte in der gezeigten Tabelle das *l*-*T*-Diagramm und überprüfen Sie zeichnerisch, inwieweit die Werte durch einen liegenden Parabelast angepasst werden können.

b) Weisen Sie durch eine Linearisierung des Graphen nach, dass $T \sim \sqrt{l}$ gilt.
Ermitteln Sie den Proportionalitätsfaktor und vergleichen Sie ihn mit dem theoretisch zu erwartenden Wert.

5 ◩ Ein 100 cm langes Fadenpendel wird 20 cm weit ausgelenkt und dann losgelassen.

a) Berechnen Sie die Periodendauer des Fadenpendels.

b) Zeichnen Sie das *t*-*x*-Diagramm der Bewegung des Fadenpendels.

c) Geben Sie die zugehörige Bewegungsgleichung an.

d) Berechnen Sie die Auslenkung des Pendels nach 1,2 s. Markieren Sie diese Stelle in Ihrem Diagramm.

6 ▢ Mehrere Schülerinnen und Schüler messen die Zeit (in s), die ein Pendel benötigt, bis die Amplitude halb so groß ist:

A	B	C	D	E	F	G	H	I
1,91	1,82	2,15	1,78	2,28	2,01	1,97	2,25	1,88

Ermitteln Sie den Median sowie das obere und untere Quartil. Beschreiben Sie die physikalische Bedeutung dieser Werte im Kontext.

7 ■ Die Bilderfolge zeigt den Trampolinsprung in einer zeitlichen Abfolge von 0,20 s. Der Springer erreicht regelmäßig eine Höhe von 70 cm und das Trampolin wird maximal 15 cm eingedrückt. Die Schwingung setzt sich aus einer Bewegung oberhalb und einer unterhalb der Gleichgewichtslage zusammen.

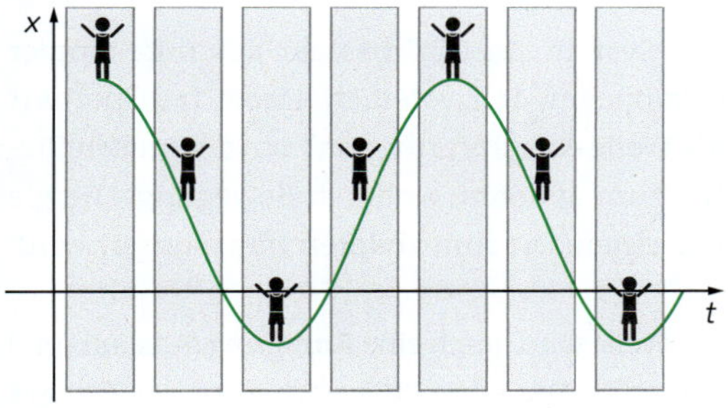

►3 Trampolinsprung

a) Ermitteln Sie die Schwingungsdauer und geben Sie die Amplitude jeder Teilschwingung an.

b) Weiterführende Aufgabe: Erläutern Sie physikalisch begründet, welche Bewegung oberhalb bzw. unterhalb der Gleichgewichtslage vorliegt, wenn für das Trampolin das Hookesche Gesetz gilt. Geben Sie dazu jeweils den mathematischen Funktionstyp an, der den Abschnitt im *t*-*y*-Diagramm beschreibt.

8 ■ Opa unterhält sich mit seiner Enkelin über den Physikunterricht:
„Zu meiner Zeit haben wir in der Schule nur die idealen, harmonischen Schwingungen mit ihren Gleichungen kennengelernt. Unsere Aufgaben beschränkten sich meist darauf, den Ort auszurechnen, wo sich der Körper nach einer bestimmten Zeit befindet. Ich finde es toll, dass ihr heute ganz beliebige, reale Schwingungen mit digitalen Mitteln untersucht, sie analysiert und modelliert. Damals war das gar nicht möglich."
Nennen Sie Techniken, die heute in der Schule einen anderen Zugang zur Physik erlauben. Nehmen Sie Stellung, inwieweit sich die Sichtweise der Generationen der Lernenden auf die Physik und die Welt dadurch wandeln.

Kann ich ...	Aufgabe	Hilfe
• Diagramme zu schwingungsfähigen Systemen anhand ihrer charakteristischen Größen beschreiben und interpretieren?	2, 5, 7 1 (S. 49)	S. 48 ff.
• für Schwingungen Hypothesen über die Abhängigkeit der Schwingungsdauer von anderen Größen formulieren?	3	S. 52 f., 59
• ein Experiment selbstständig planen und durchführen?	2, 3	S. 48 f., 52 f., 59
• den Zusammenhang zwischen Periodendauer und Länge eines Fadenpendels mithilfe einer grafischen Auswertung verifizieren?	4	S. 57, 59
• Fehlerquellen und Möglichkeiten der Fehlerminimierung benennen?	3	S. 54 ff.
• mittels Quartilen die Genauigkeit einer mehrfach gemessenen Größe quantifizieren?	6 1 (S. 64)	S. 54 f.
• mit physikalischen Modellen Alltagsphänomene beschreiben und erklären sowie erkennen, dass das physikalische Weltbild durch die Weiterentwicklung von Methoden und Modellen einem Wandel unterworfen ist?	3, 7, 8 8 + 9 (S. 65)	S. 51, 58, 62 f.

Die Lösungen zu den Check-up-Aufgaben finden Sie ab Seite 183.

▸1 La Ola

2 Wellen

Von der Schwingung zur Welle

Aus dem Alltag kennt man verschiedene Arten von Wellen, z.B. La-Ola-Wellen (▸1), Wasserwellen oder Schallwellen.

Anhand einer La Ola lässt sich modellhaft vieles zeigen, was eine physikalische Welle ausmacht: In Abbildung ▸2 erkennt man, wie aus der Bewegung eines Einzelnen eine La Ola entsteht: Zur Ausbreitung benötigt eine La Ola die beteiligten Menschen. Jede Person bleibt an ihrem Platz und führt durch Auf- und Abbewegungen eine Schwingungsbewegung durch. Die Stadionbesucher sind somit das **(Träger-)Medium**, in dem sich die Welle fortsetzt.

Jeder Bestandteil der Welle muss auf die Bewegung des Vorherigen reagieren. Die Fans im Stadion müssen dabei zwangsläufig genau beobachten, was die Personen direkt neben ihnen machen. Dies führt zu einer „Kopplung“:

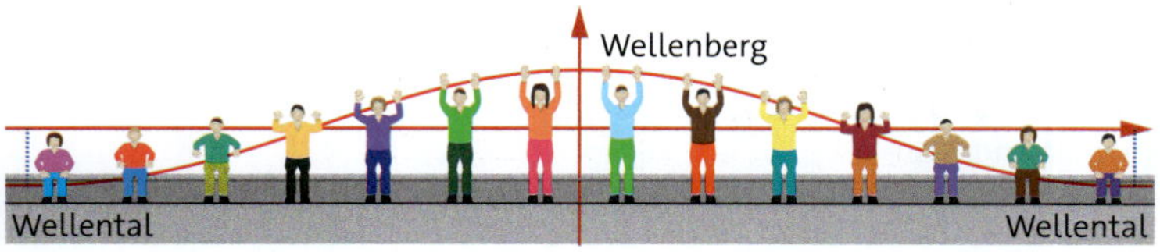

▸2 Schematische La Ola

Das System „La Ola“ besteht aus miteinander gekoppelten Teilsystemen. Dabei transportiert die Welle eine „Information“ von einem Beteiligten zum anderen, wodurch Bewegungsenergie von einem Ort zum anderen transportiert wird.

Die Welle wird durch eine **Anregung** (Auslenkung) gestartet. Der erste Teilnehmer ist der **Erreger** der Welle. Während sich die Welle voran bewegt, bleiben die einzelnen Fans ortsfest, d.h. immer am gleichen Platz.

> Eine Welle entsteht, wenn sich in einem System aus gekoppelten Teilsystemen eine Anregung zeitlich und räumlich ausbreitet. Eine physikalische Welle transportiert Energie, aber keine Teilchen.

So wie bei der La Ola die Menschen zur Ausbreitung notwendig sind, benötigen auch Wasser- und Schallwellen Teilchen zur Ausbreitung, d.h. diese Arten von Wellen bewegen sich in einem bestimmten Medium (Personen, Wasser bzw. Luft). Sie zählen daher zu den **mechanischen Wellen**.

Im All hingegen könnte man jederzeit Textnachrichten erhalten, da diese mittels einer elektromagnetischen Welle versendet werden. Das Hören von Sprachnachrichten gelingt aber nur, wenn Luft als Medium des Schalls vorhanden ist. Dies kann man im Versuch mit einem Smartphone in einer Vakuumglocke verdeutlichen (▸ 3): Je mehr Luft herausgepumpt wird, desto leiser wird der Klingelton.

Mechanische Wellen benötigen ein Medium, elektromagnetische Wellen können sich auch im Vakuum ausbreiten.

Wellen werden in der Physik auch anhand der Art ihrer Ausbreitung unterschieden. Die beiden wichtigsten Beispiele sind transversale und longitudinale Wellen.

Die La Ola ist ein Beispiel für eine **Transversalwelle**. Die Schwingungsebene, in der sich die Teilchen bewegen, steht hier senkrecht auf der Ausbreitungsrichtung (▸ 4).

Schall hingehen breitet sich in Flüssigkeiten und Gasen **longitudinal** aus, dabei ändert sich die Teilchendichte des Trägermediums (▸ 5).

Bei einer Transversalwelle (Querwelle) schwingen die beteiligten Teilchen stets senkrecht zur Ausbreitungsrichtung.
Bei einer Longitudinalwelle (Längswelle) schwingen die Teilchen parallel bzw. antiparallel zur Ausbreitungsrichtung.

Wasserwellen lassen sich nicht in eine der beiden obigen Kategorien fassen.

AUFGABEN

1) ☐ Finden Sie zwei weitere Beispiele für mechanische Wellen. Geben Sie zudem das Trägermedium der mechanischen Welle an und entscheiden Sie jeweils, ob es sich um eine Longitudinal- oder Transversalwelle handelt.

2) ☐ Erläutern Sie zwei Unterschiede zwischen einer mechanischen Schwingung und einer mechanischen Welle.

3) ☐ Recherchieren Sie, was man in der Physik unter dem „Äther" verstand und beschreiben Sie seine historische Rolle.

▸ 3 Smartphone im Vakuum

Mehr über Wasserwellen erfahren Sie auf Seite 73.

Informationen über elektromagnetische Wellen finden Sie ab S. 90 (Licht als Welle).

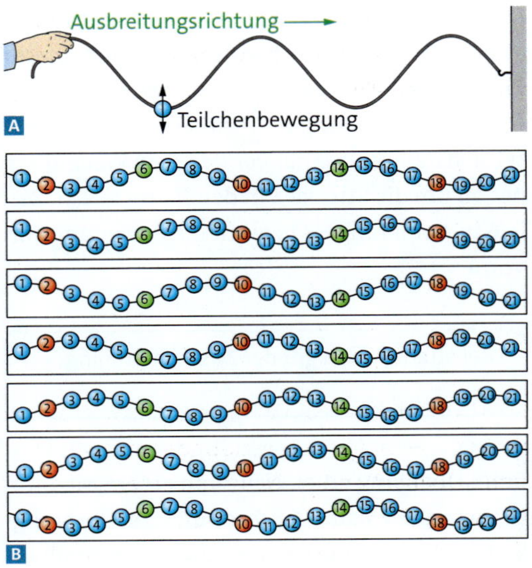

▸ 4 **A** Schematische und **B** zeitliche Ausbreitung einer Transversalwelle

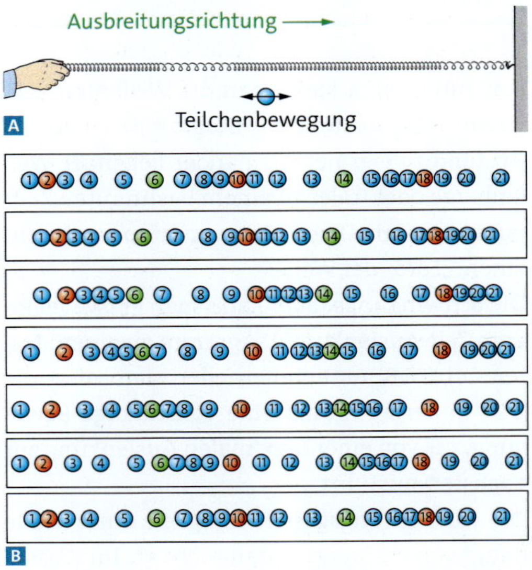

▸ 5 **A** Schematische und **B** zeitliche Ausbreitung einer Longitudinalwelle

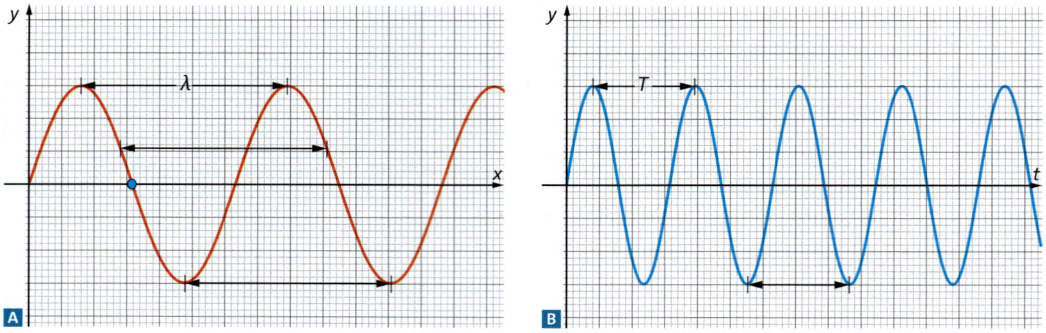

▸1 **A** Bestimmung der Wellenlänge im *x*-*y*-Diagramm (*t* fest), **B** *t*-*y*-Diagramm des markierten Punkts (*x* fest)

Beschreibung mechanischer Wellen

Bei einer mechanischen Welle bewegt sich jeder Massepunkt wie bei einer Schwingung. Auslenkung y, Schwingungsdauer T und Frequenz f definieren die Bewegung des einzelnen Punkts der Welle. Die Ausbreitung der Welle im Raum wird darüber hinaus durch die **Wellenlänge** und die **Ausbreitungsgeschwindigkeit** einer Auslenkung im Raum charakterisiert.

Die so definierte Ausbreitungsgeschwindigkeit nennt man auch „Phasengeschwindigkeit".

Die Wellenlänge ist der Abstand zweier benachbarter, gleicher Schwingungszustände zum gleichen Zeitpunkt.
Formelzeichen: λ
Einheit: 1 m

Am einfachsten kann man die Wellenlänge in einem Weg-Auslenkung-Diagramm (▸1A) als Abstand zweier nebeneinander liegender Wellenberge oder -täler zu einem bestimmten Zeitpunkt ablesen. Dieser Diagrammtyp entspricht einem „Foto" der Welle.
Die Schwingungsdauer kann man entweder einem Zeit-Auslenkung-Diagramm an einem festen Ort (▸1B) entnehmen oder man misst die Zeit, in der ein Punkt eine vollständige Bewegung, z. B. von einer maximalen Auslenkung zur nächsten, ausführt.
Die Ausbreitungsgeschwindigkeit einer Welle hängt von mehreren Parametern ab: Im Wasser breitet sich Schall beispielsweise schneller aus als in Luft.

Die Ausbreitungsgeschwindigkeit einer Welle gibt an, wie schnell sich eine Auslenkung ausbreitet.
Formelzeichen: c
Einheit: $1\,\frac{\text{m}}{\text{s}}$

Häufig wird statt des Formelzeichens c auch der Buchstabe v verwendet. Bei der Ausbreitungsgeschwindigkeit von Schall spricht man von „Schallgeschwindigkeit", bei der von Licht von „Lichtgeschwindigkeit".

Der Darstellung in Abbildung ▸3 kann man entnehmen, dass es einen Zusammenhang zwischen Schwingungsdauer T, Wellenlänge λ sowie Ausbreitungsgeschwindigkeit c gibt. Dieser lässt sich aus der bekannten Formel einer gleichförmigen Bewegung $v = \frac{\Delta x}{\Delta t}$ herleiten. Dabei breitet sich innerhalb einer Periode T ein Wellenberg genau um die Strecke λ in den Raum aus. In Zeile 6 in Abbildung ▸3 beginnt die Bewegung von vorne.

Bei allen Wellen gilt der Zusammenhang:
$c = \frac{\lambda}{T} = \lambda \cdot f$

Beim Übergang einer Welle von einem Medium in ein anderes sind Ausbreitungsgeschwindigkeit und Wellenlänge vom jeweiligen Stoff abhängig (▸4). Die Frequenz bleibt allerdings gleich.

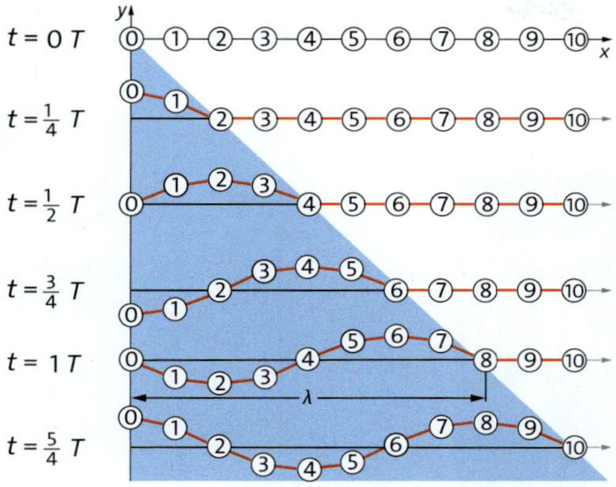

▸ **3** Zeitlicher Verlauf der Ausbreitung einer Welle

Die Geschwindigkeit wird von der Art des Mediums, z.B. Festkörper, Flüssigkeit, Gas, oder auch der Temperatur beeinflusst (▸ 5). Dabei muss man beachten, dass sich bei einer Änderung der Anregungsfrequenz der Wert von c nicht ändert, sondern nur die Wellenlänge λ. Die Geschwindigkeit wirkt auf diese Art als Proportionalitätsfaktor zwischen T bzw. $\frac{1}{f}$ und λ, der durch die Rahmenbedingungen festgelegt wird.

Dies lässt sich bei Schall gut nachvollziehen: Damit ein hoher und ein tiefer Ton aus einem Lautsprecher, z.B. Gesang und Bassdrum, gleichzeitig beim Hörer ankommen, muss die Schallgeschwindigkeit für beide Signale gleich sein. Anderenfalls würden die beiden gleichzeitig gespielten Töne zu unterschiedlichen Zeitpunkten beim Empfänger registriert werden.

Welle	Wellenlänge
Kammerton a (440 Hz) bei 0 °C (Luft) bei 20 °C (Luft) bei 20 °C (Wasser)	 0,75 m 0,78 m 3,37 m
Ultraschallwellen in der Medizin (1 – 15 MHz)	1,5 – 0,1 mm
Wasserwellen in flachem Wasser im Meer bei Sturm	 wenige cm mehr als 10 cm
Menschliches Gehör (Luft) (ca. 16 – 20 000 Hz)	ca. 21 m – 17 mm

▸ **4** Typischen Wellenlängen

AUFGABEN

1 ▢ Berechnen Sie, bei welcher Frequenz eine Schallwelle mit der Wellenlänge $\lambda = 15$ cm in Luft (20 °C) entsteht.

2 ▢ Eine Stimmgabel für den Ton e² schwingt bei einer Frequenz von 659,255 Hz.

a) Ermitteln Sie Schwingungsdauer und Wellenlänge der emittierten Wellen in Luft bei 20 °C.

b) Erläutern Sie, wie sich die Ergebnisse aus a) ändern, wenn man die Welle
(i) bei 0 °C in Luft
(ii) bei 20 °C in Wasser betrachtet.

3 „Die Ausbreitungsgeschwindigkeit der Welle ist im Allgemeinen nicht gleich der Geschwindigkeit, mit der sich die einzelnen Teilchen der Welle bewegen." Erläutern Sie die Aussage anhand von ▸ 3.

4 Von einer Brücke in Frankfurt am Main wird der Wellengang beobachtet. An der beobachteten Stelle zählt man innerhalb von 8,0 Sekunden etwa vier Wellenberge im Abstand von etwa 50 m.

a) Bestimmen Sie die Ausbreitungsgeschwindigkeit der Wellen.

b) Die nächste Brücke über den Fluss ist 370 m entfernt. Berechnen Sie die Zeit, innerhalb derer ein bestimmter Wellenberg dort ankommt.

Medium	Geschwindigkeit
Luft bei 0 °C bei 20 °C	 332 m/s 343 m/s
Wasser bei 0 °C bei 20 °C	 1 407 m/s 1 484 m/s
Eis (– 4 °C)	3 250 m/s
Eisen (20 °C)	ca. 5 170 m/s
Kupfer (20 °C)	Ca. 4 660 m/s
Diamant	ca. 18 000 m/s
Wasserdampf (100 °C)	477 m/s

▸ **5** Schallgeschwindigkeiten

PHYSIK IM ALLTAG

Schallwellen

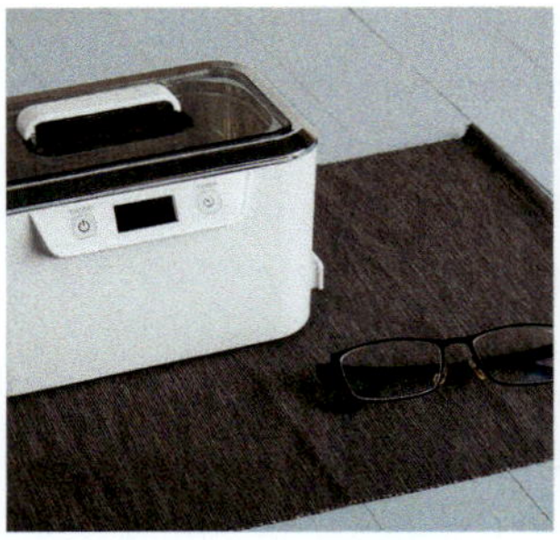

▸1 Ultraschallgerät zum Reinigen von Brillen

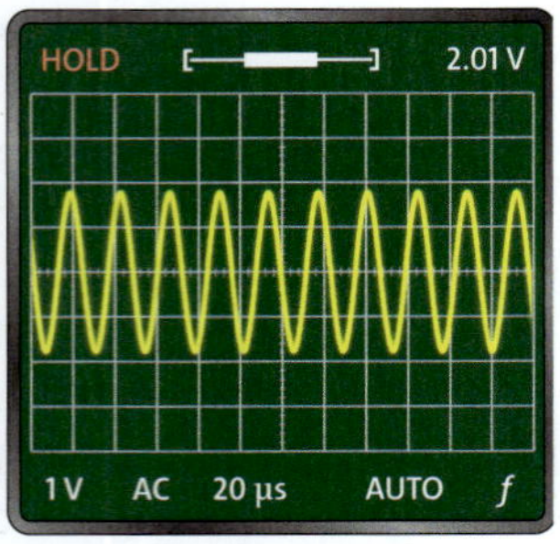

▸2 Signal des Senders eines Ultraschallreinigers

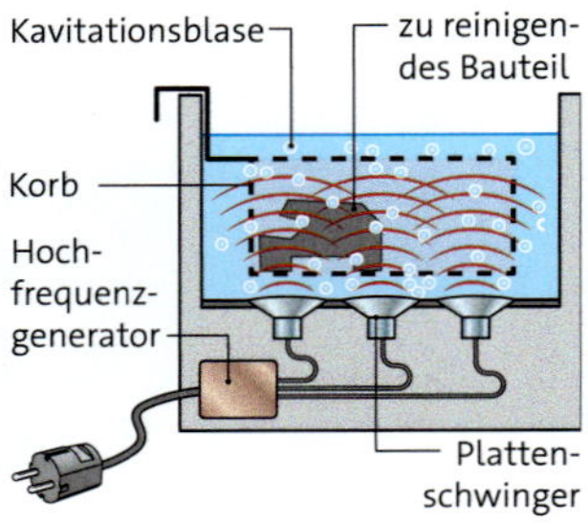

▸3 Prinzipieller Aufbau eines Ultraschallreinigers

Im Alltag bezeichnet man mit dem Begriff „Schall" hörbare Wellen, die sich durch Druckschwankungen in der Luft ausbreiten. Physikalisch gesehen umfasst der Begriff aber auch andere Ausbreitungsmöglichkeiten und mehrere Unterarten. Je nach Frequenzbereich unterscheidet man u. a. Infraschall ($f < 16$ Hz), Hörschall (Mensch: 16 Hz $< f <$ 20 kHz) und Ultraschall (20 kHz $< f <$ 10 GHz).
Ultraschall findet im Alltag z. B. bei der Zahnreinigung oder der Reinigung von Schmuck und Brillen in speziellen Geräten Anwendung (▸1). Besonders bekannt ist Ultraschall aus der Medizin zur Diagnostik bei Schwangerschaften.

1 Erläutern Sie mithilfe des Teilchenmodells, dass die Schallgeschwindigkeit in Festkörpern im Allgemeinen größer ist als in Gasen und dass sich Schallwellen in Festkörpern auch transversal ausbreiten.

2 L Im trockenen Zustand wurde das Signal des Ultraschallsenders eines Reinigungsgeräts von Brillen aufgenommen.

a) Ermitteln Sie aus ▸2 durch Bestimmung von T die Frequenz und berechnen Sie die Wellenlänge des Senders in Luft. Die Breite eines Kästchens stellt dabei ein Zeitintervall von 20 µs dar.

b) Recherchieren Sie, was man unter dem Begriff „Kavitation" versteht.

c) Erklären Sie die Funktionsweise des Geräts unter Verwendung Ihrer Rechercheergebnisse aus Teilaufgabe b) und der Abbildung ▸3. Begründen Sie, dass für ein solches Reinigungsgerät kein Hörschall verwendet wird.

3 **Schallgeschwindigkeit in Luft**

Zur experimentellen Bestimmung der Schallgeschwindigkeit in Luft gibt es mehrere Möglichkeiten, z. B. analoge oder digital gestützte Methoden mit einer Smartphone-App.

a) Recherchieren Sie zwei unterschiedliche experimentelle Möglichkeiten zur Bestimmung der Schallgeschwindigkeit in Luft und stellen Sie diese auf einem Plakat gegenüber. Skizzieren Sie dazu jeweils den Versuchsaufbau und fassen Sie die Durchführung in Stichpunkten zusammen.

b) Stellen Sie die Vor- und Nachteile dar, die die jeweilige Vorgehensweise Ihrer Meinung nach hat.

c) Ermitteln Sie mit der von Ihnen bevorzugten Methode die Schallgeschwindigkeit in Luft.

PHYSIK IM ALLTAG

Wasserwellen

▸ 4 Surfer am Münchner Eisbach

Wasserwellen wie in ▸ 4 kennt man z. B. aus dem Urlaub am Meer. Sie erinnern an ihrer Oberfläche an Transversalwellen und werden häufig näherungsweise so behandelt. Unterschiede ergeben sich bei der Betrachtung der Welle als Ganzes bzw. bei der Ausbreitung der Wasserwelle in tieferen Wasserschichten: Anders als bei Longitudinal- oder Transversalwellen bewegen sich die Teilchen an der Oberfläche der Welle nicht linear, sondern auf einer Kreisbahn bzw. in tieferen Schichten elliptisch (▸ 5).

Wie andere mechanische Wellen transportieren auch Wasserwellen Energie. Dies zeigt sich z. B. deutlich bei Tsunamis, die an Meeresküsten Amplituden von bis zu 30 m erreichen können.

Bei Tsunamis hängen Ausbreitungsgeschwindigkeit und Form von der Meerestiefe ab: Je tiefer der Ozean ist, desto größer sind Geschwindigkeit und Wellenlänge und desto kleiner ist die Amplitude.

Dabei schwingt die gesamte, mehrere Kilometer hohe Meerwassersäule auf dem offenen Meer zunächst mit geringer Amplitude über dem tiefen Meeresboden und die Energie der Welle kann sich auf viele breite Wasserschichten verteilen. Erreicht die Welle das Küstengewässer, werden diese Schichten immer dünner und die Energie der Welle wird stärker konzentriert. Beim Einlaufen an die Küste wird die Welle durch zunehmende Reibung zwischen den oszillierenden Wasserteilchen und dem Meeresboden in immer geringerer Tiefe gebremst und so zusammengestaucht. Das führt zu einem Auftürmen der Wassersäule (▸ 6).

1 ▢ Erzeugen Sie eine Wasserwelle, indem Sie z. B. mit einem Finger in eine mit etwas Wasser gefüllte Pfanne tippen. Nehmen Sie ein Video der entstehenden Welle auf und bestimmen Sie damit die Ausbreitungsgeschwindigkeit dieser Welle.

2 Informieren Sie sich, wieso man die Eisbachwelle trotz strömenden Wassers als „stehende Welle" bezeichnet und wie sie entstanden ist.

3 **a)** Stellen Sie mithilfe der Informationen auf dieser Seite und Ihrer Geografiekenntnisse die Entstehung eines Tsunami mit kommentierten Skizzen dar.

b) Weiterführende Aufgabe: Beschreiben Sie, wie sich Küstenformen auf die Höhe der Tsunamiwellen am Ufer auswirken.

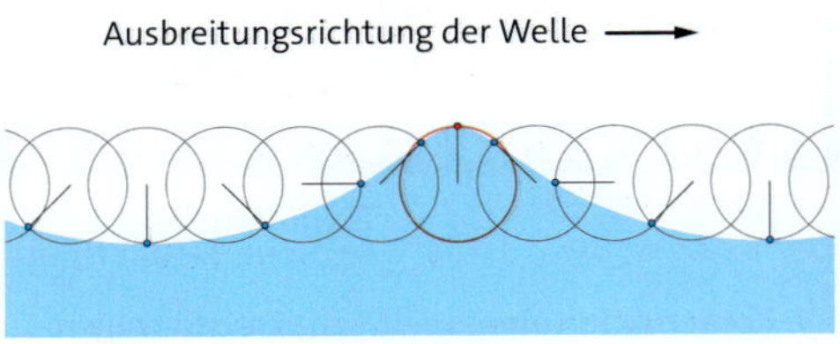

▸ 5 Schematische Wasserwelle

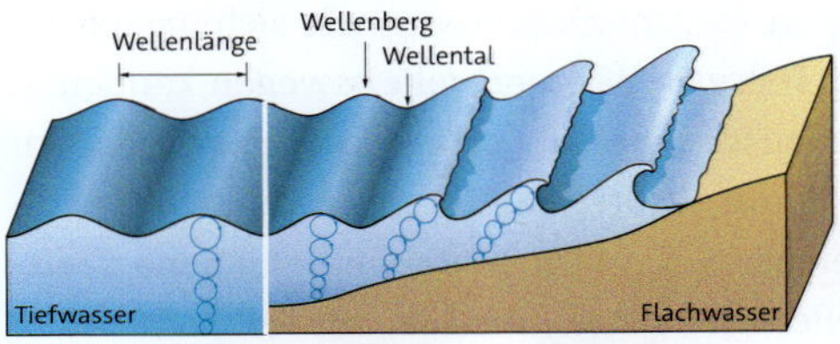

▸ 6 Wasserwelle im flachen und tiefen Wasser

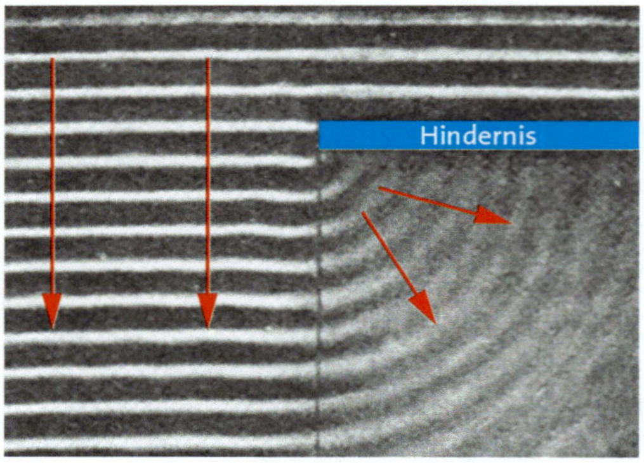

► 1 Beugung einer Wasserwelle

Beugung von Wellen

Wenn man im Gang hinter einer Wand steht, kann man bei offener Tür das Unterrichtsgespräch mithören. Dieses Phänomen wird in der Physik **Beugung** der Schallwelle genannt. Es tritt auch bei allen anderen Arten von Wellen auf (► 1) und kann mit dem sogenannten Huygensschen Prinzip erklärt werden.

> Treffen Wellen auf ein begrenztes Hindernis, dann breitet sich die Welle auch in den Bereichen aus, die vom Hindernis verdeckt sind. Diese Erscheinung heißt Beugung. Sie ist eine Eigenschaft, die Wellen kennzeichnet.

Bringt man zwei Hindernisse nah genug zusammen, dann entsteht ein kleiner Spalt. Ist die Spaltbreite kleiner als die Wellenlänge, können aus geraden Wellen durch Beugung kreisförmige Wellen, ähnlich wie bei einem punktförmigen Erreger, entstehen (► 2A und B).

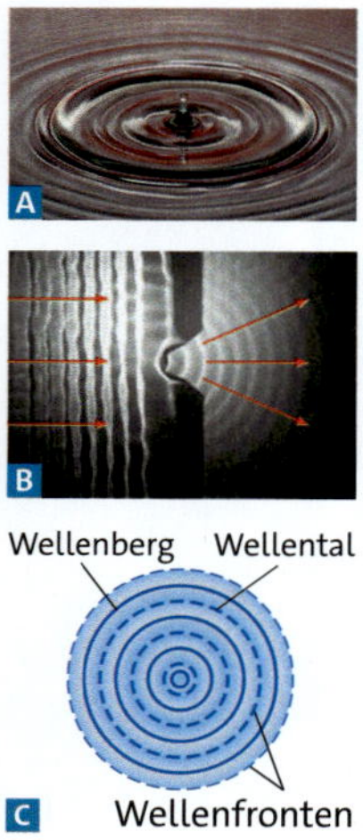

► 2 **A** Ausbreitung einer Kreiswelle um einen punktförmigen Erreger, **B** Beugung am Spalt, **C** Schematische Darstellung

Ausbreitung mechanischer Wellen

Neben der Unterscheidung, wie sich die einzelnen Teilsysteme einer Welle bewegen, kann man Wellen auch danach kategorisieren, wie sie sich im Raum ausbreiten, z. B. ein-, zwei- oder dreidimensional. Im Folgenden werden ebene Kreiswellen betrachtet, die alle im Medium radial vom Erreger (= Sender) ausgehen. Dabei entstehen **Wellenfronten** (► 2C).

> Eine Wellenfront ist in einem Medium eine Fläche, auf der alle Punkte den gleichen Phasenzustand, z. B. Wellenberge mit gleicher Laufzeit vom Sender, besitzen.

Huygenssches Prinzip

Um die zwei- oder dreidimensionale Ausbreitung von Wellen zu erklären, kann man das **Huygenssche Prinzip** nutzen. Dieses nach Christiaan Huygens (1629–1695) benannte Prinzip verwendet man beispielsweise, um Wellenphänomene wie Beugung von Wasserwellen, Reflexion (z. B. Echo an einer Wand) oder Brechung (z. B. beim Übergang Luft-Wasser) zu erklären. Dabei wird davon ausgegangen, dass jeder Punkt einer Wellenfront Ausgangspunkt einer neuen Kreis- bzw. Kugelwelle ist. Diese Wellen nennt man auch **Elementarwellen**. Sie durchdringen sich dabei ungestört voneinander. Man konstruiert die Ausbreitung aller Elementarwellen für eine kleine Zeitspanne. Die sogenannte **Einhüllende** aller Elementarwellen ergibt die nächste Wellenfront (► 3).

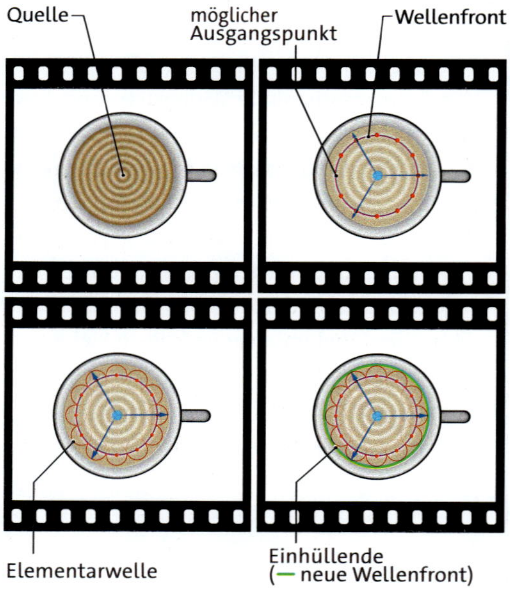

► 3 **Konstruktion einer Welle mit kreisförmigen Elementarwellen (Die blauen Pfeile entsprechen der Ausbreitungsrichtung.)**

AUS DER PHYSIK

Anwendung des Huygensschen Prinzips

Mithilfe des Huygensschen Prinzips kann man die Beugung einer Welle beschreiben: In einem Wasserbecken wird eine ebene Welle angeregt. ▸ 4 A zeigt schematisch die Ausbreitung der Welle mit vier Elementarwellen. Jeder Punkt einer neu entstandenen Wellenfront ist dabei Ausgangspunkt für eine neue Elementarwelle. Trifft nun die erste Wellenfront auf den Spalt, dann geschieht dies entlang der gesamten Länge des Spalts. Die Elementarwellen gelangen so auch im Randbereich hinter dem Spalt (▸ 4B). Betrachtet man nun die Wellenfronten der Elementarwellen und skizziert deren Einhüllende (▸ 4C, grün), dann erhält man die neue Wellenfront der gesamten Welle. Nun ist wiederum jeder Punkt, der auf der gebeugten Welle liegt, Ausgangspunkt einer Elementarwelle, sodass sich fortlaufend neue Wellenfronten bilden (▸ 4D). Je enger dabei der Spalt ist, desto kreisförmiger erscheint die gebeugte Welle.

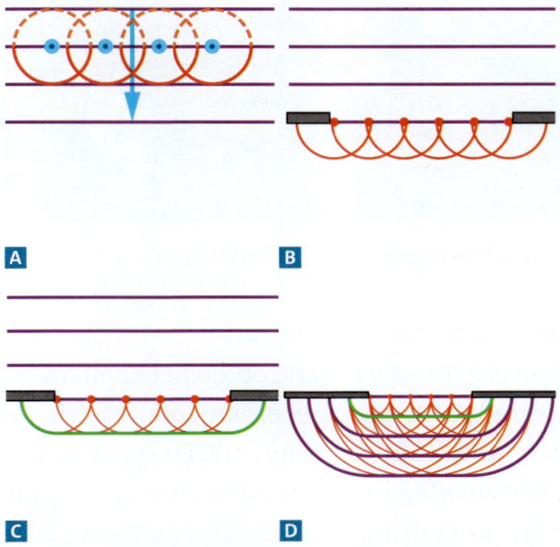

▸ 4 **A** Huygenssches Prinzip einer ebenen, linearen Wellenfront,
B Beugung der ersten Wellenfront,
C Einhüllende als neue Wellenfront,
D Entstehung neuer Wellenfronten

1 In ▸ 5 ist eine Filmleiste mit Screenshots aus einer Simulation zur Erklärung der Brechung einer mechanischen Welle mit dem Huygensschen Prinzip dargestellt.

a) Beschreiben Sie die einzelnen dargestellten Schritte zur Brechung der Welle. Gehen Sie dabei auch auf das „Abknicken" der Wellenfront ein.

b) Suchen Sie im Internet nach einer Simulation, mit der Sie die Reflexion einer mechanischen Welle mit dem Huygensschen Prinzip darstellen können.

c) Machen Sie sich mit der Simulation vertraut und simulieren Sie die Reflexion einer Welle auf einer ebenen, glatten Fläche. Fertigen Sie Screenshots an.

d) Erläutern Sie anhand Ihrer Screenshots die Reflexion von mechanischen Wellen mit dem Huygensschen Prinzip.

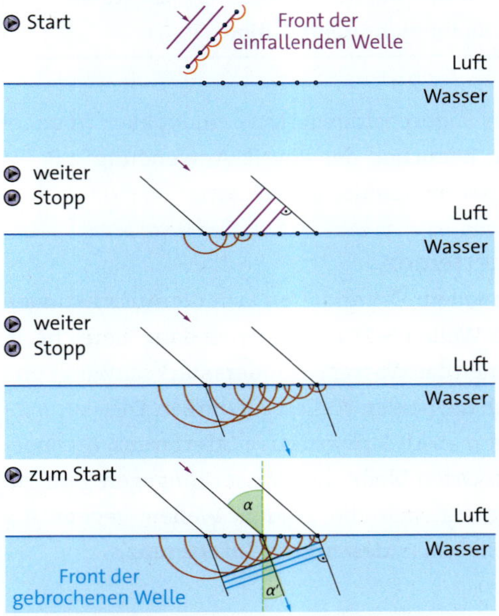

▸ 5 Schrittweise Darstellung der Brechung einer Welle mit dem Huygensschen Prinzip

▸ 1 Interferenz von Oberflächenwellen

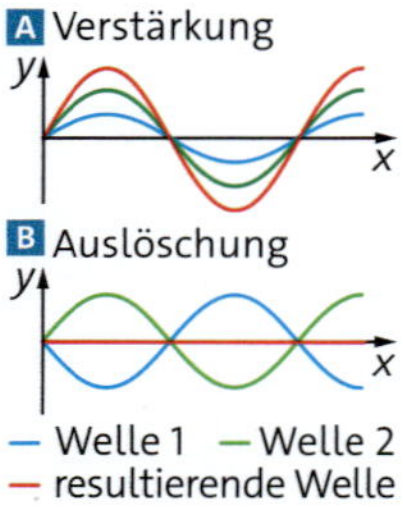

▸ 3 Schematische Darstellung der Interferenz

Überlagerung von Wellen

Fallen gleichzeitig Regentropfen nebeneinander auf eine Wasseroberfläche, dann breitet sich um jeden Auftreffpunkt eine Kreiswelle aus. Die Wellen überlagern sich ungestört (▸ 1), d.h., die Wellen durchdringen sich zwar gegenseitig, können sich aber weiter wie zuvor ausbreiten, ohne dass sich beispielweise ihre Ausbreitungsgeschwindigkeit ändert.

> Eine Überlagerung gleicher physikalischer Größen, die sich gegenseitig nicht stören, nennt man **Superposition**.

Das Superpositionsprinzip findet auch in anderen Bereichen der Physik Anwendung, z.B. bei elektromagnetischen Feldern.

Interferenz

An jedem Ort addieren sich die Auslenkungen der Wellen (▸ 2). Es entstehen dabei Bereiche, in denen das Wasser besonders stark schwingt und sich die beiden Wellen verstärken. Dies bezeichnet man als **konstruktive Interferenz**. An anderen Orten bleibt das Wasser hingegen ganz ruhig, da sich die beiden Wellen gegenseitig auslöschen (**destruktive Interferenz**).

> Unter Interferenz versteht man die ungestörte Überlagerung zweier Wellen gleicher Wellenlänge nach dem Superpositionsprinzip.

Wenn zwei punktförmige Erreger gleicher Frequenz stets gleichzeitig Wellenberge bzw. Wellentäler aussenden, d.h. gleichphasig abstrahlen, dann entstehen Interferenzmaxima immer dann, wenn je zwei Wellenberge oder je zwei Wellentäler aufeinandertreffen. Trifft ein Wellenberg der einen auf ein Wellental der anderen Welle, dann löschen sie sich gegenseitig aus und man beobachtet ein Interferenzminimum (▸ 3). Die Lage der Maxima und Minima im Raum hängt dabei von der jeweiligen Wellenlänge ab.

> Interferenz ist ein Phänomen, das Wellen kennzeichnet. Es tritt auf, wenn sich zwei Wellen gleicher Frequenz und fester Phasenbeziehung überlagern.

Neben der Interferenz ist auch das Auftreten von Beugung ein typisches Kennzeichen von Wellen. Daher ist die La Ola aus den ersten Überlegungen zu Wellen aus physikalischer Sicht keine Welle. Interferenz und Beugung von La-Ola-Wellen nicht möglich sind.

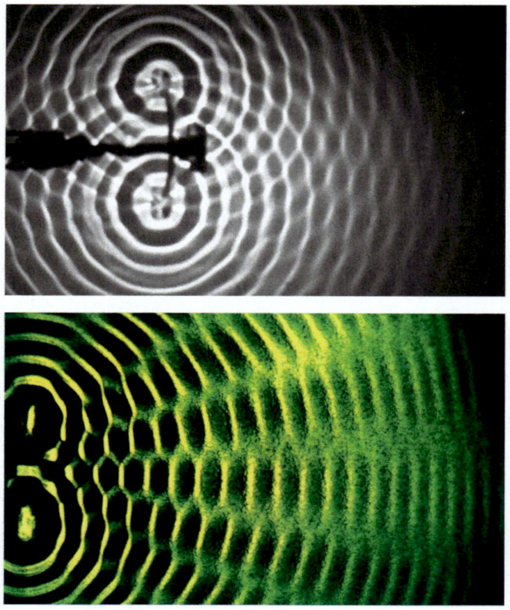

▸ 2 Interferenzbilder von Wasserwellen zweier punktförmiger Erreger

BEISPIEL

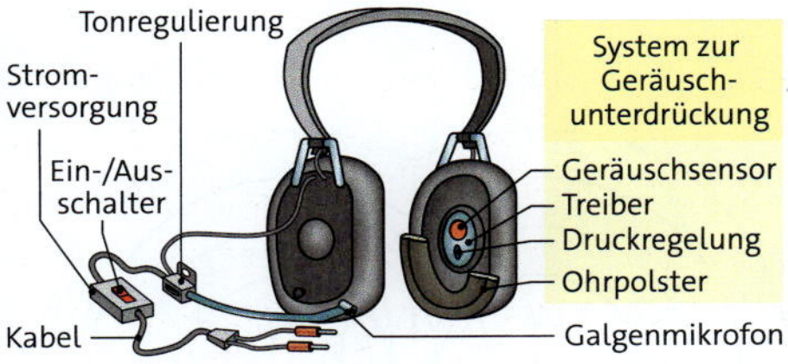

▸ **4** Geräuschunterdrückende Kopfhörer

Aufgabe:

Erklären Sie die Verwendung von destruktiver Interferenz bei geräuschunterdrückenden Kopfhörern (*noise cancelling headphones*, ▸4).

Lösung:

Ziel ist die Auslöschung der Störwellen durch Überlagerung mit einer geeigneten Welle. Der Lärmsensor (*noise sensor*) nimmt dazu das Umgebungssignal auf. Dieses kann vom Sprachsignal des Trägers des Kopfhörers ins Mikrofon getrennt werden. Das System gibt über einen Lautsprecher eine „Gegenschallwelle" zur aufgenommenen Störwelle ab, um eine Auslöschung des Umgebungslärms zu erreichen (▸5). Dabei wird die aufgenommene Welle genau „umgekehrt" und durch Abspielen mit der Eingehenden überlagert. Im Idealfall ist so kein Ton aus der Umgebung mehr zu hören.

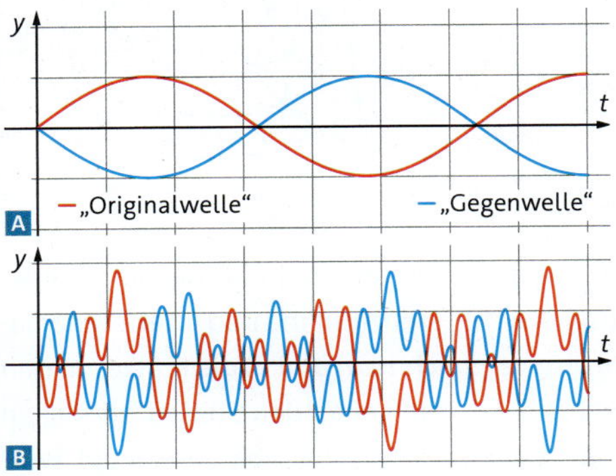

▸ **5** Funktionsweise geräuschunterdrückender Kopfhörer: **A** einfacher Ton, **B** zusammengesetztes Umgebungssignal

EXPERIMENTE UND AUFGABEN

1 Forschende der *Nanyang Technolology University Singapur* haben 2018 ein Gerät zur Montage an Fenstergittern entwickelt, das das Eindringen von Straßenlärm durch offene Fenster deutlich reduzieren kann.

a) Recherchieren Sie den Aufbau des Geräts und erläutern Sie sein Funktionsprinzip. Fertigen Sie eine Skizze an.

b) Begründen Sie, dass eine vollständige Unterdrückung aller Nebengeräusche praktisch kaum erreicht werden kann.

c) Geben Sie weitere Vor- und Nachteile des Geräts an.

2 **Schallwelleninterferenz**

L In der Serie *The Big Bang Theory* sucht die Hauptfigur Sheldon im Kino seinen „akustischen Lieblingsplatz". Dort ist es weder zu laut, noch werden zu viele Frequenzen ausgelöscht. Untersuchen Sie die akustischen Eigenschaften im Physiksaal.

Material:

Frequenzgenerator (ggf. entsprechende App), zwei Lautsprecher und lange Kabel

Durchführung:

a) Schließen Sie die Lautsprecher an den Frequenzgenerator an und stellen Sie sie im Abstand von 1,0 m auf. Stellen Sie eine Frequenz von 340 Hz ein. Halten Sie sich ein Ohr zu und erkunden Sie den Raum auf besonders laute und leise Stellen. Markieren Sie diese.

b) Ändern Sie die Frequenz deutlich jeweils einmal nach oben und unten und untersuchen Sie Unterschiede zu a). Geben Sie Ihre Folgerungen an.

c) Variieren Sie bei fester Frequenz den Abstand der Lautsprecher. Notieren und erklären Sie Ihre Beobachtungen.

d) Beurteilen Sie, welche akustischen Kriterien Ihrer Meinung nach einen guten „akustischen Lieblingsplatz" ausmachen.

BEISPIEL

Musteraufgabe zur Interferenz

▸ 1 Zwei Steine werden ins Wasser geworfen.

Aufgaben:
Zwei näherungsweise identische Steine werden gleichzeitig ins Wasser geworfen und treffen im Abstand von $g = 1{,}60$ m auf die Wasseroberfläche auf. Die ausgehenden Oberflächenwellen überlagern sich (▸ 1) und haben eine Wellenlänge von $\lambda = 20$ cm.

a) Stellen Sie die Situation grafisch in geeignetem Maßstab in dem Moment dar, in dem von den Erregern gerade ein Wellenberg erzeugt wird. Kennzeichnen Sie die Stellen maximaler konstruktiver bzw. destruktiver Interferenz.

b) Stellen Sie die Situation für den Fall dar, dass die Erreger gerade ein Wellental erzeugen und vergleichen Sie die Lage der Interferenzmaxima und -minima mit a).

c) Die Steine werden nun nacheinander ins Wasser geworfen. Erläutern Sie die Änderung der Lage der Maxima und Minima, wenn ein Erreger gerade ein Wellental aussendet, während der andere gleichzeitig einen Wellenberg erzeugt.

Lösung:
a) Beide Steine wirken als Erreger mehrerer Wellenberge und -täler. Die Stellen der Wellenberge werden durchgezeichnet, die der Täler gestrichelt dargestellt. Interferenzmaxima werden rot, Minima grün markiert. Der Maßstab beträgt 1 : 20.

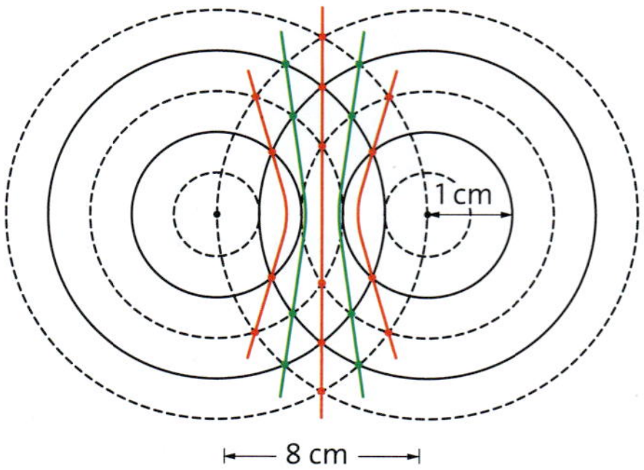

Treffen Wellenberge auf andere Wellenberge oder Wellentäler auf andere Täler, dann entstehen Zonen maximaler konstruktiver Interferenz. „Fällt" ein Wellenberg in ein Wellental, dann interferieren sie destruktiv.

b) Die Interferenzmaxima und -minima behalten ihre Lage bei, solange beide Erreger in gleicher Weise Wellenberge und Wellentäler aussenden.

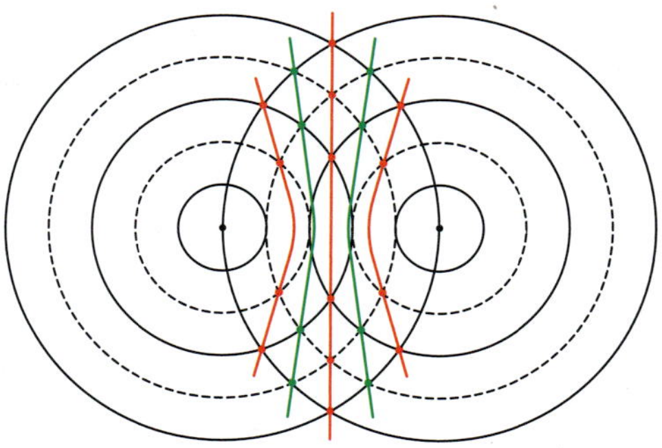

c) Bei gegenphasiger Abstrahlung der Erreger tauschen Interferenzminima und Interferenzmaxima im Vergleich zu a) und b) die Plätze, da nun Berge auf Täler an genau den Stellen treffen, an denen zuvor andere Wellenberge erzeugt wurden (gilt analog für Täler). Wo Auslöschung war, treffen nun gleiche Wellenphasen aufeinander und verstärken sich.

Gangunterschied

Um in ▸ 1 an einem bestimmten Punkt E der Wasseroberfläche zu entscheiden, ob ein Ort maximaler konstruktiver oder destruktiver Interferenz vorliegt, muss man zunächst entscheiden, ob an der Stelle z. B. ein Wellenberg vom Sender S_1 kommend auf ein Wellental vom Sender S_2 trifft oder ob sich dort zwei Wellenberge bzw. Wellentäler überlagern. Anhand des **Gangunterschieds** $\boldsymbol{\Delta s}$ kann man dann entscheiden, ob z. B. ein Intensitätsmaximum beim Empfänger E vorliegt.

> Als Gangunterschied Δs bezeichnet man den Unterschied der Streckenlängen vom Sender S_1 zum Empfänger E und vom Sender S_2 zum Empfänger E: $\Delta s = \left| |\overline{S_1E}| - |\overline{S_2E}| \right|$

Geht man davon aus, dass beide Sender gleichphasig und mit gleicher Wellenlänge senden und nimmt man an, dass in Punkt E gerade ein Wellenberg vom Sender S_1 empfangen wird, dann muss für ein Intensitätsmaximum auch ein Wellenberg vom Sender S_2 ankommen. Dies ist der Fall, wenn die Streckenlängen $|\overline{S_1E}|$ und $|\overline{S_2E}|$ gleich sind. Allgemein muss der Gangunterschied bei konstruktiver Interferenz ein ganzzahliges Vielfaches der Wellenlänge betragen (▸ 2). Werden aber am Ort des Empfängers ein Wellental von S_1 und ein Wellenberg von S_2 empfangen, dann schwächen sich die beiden gegenseitig ab und es findet eine Auslöschung statt. Man spricht von einem Interferenzminimum. Dies passiert dann, wenn Δs ein ungeradzahliges Vielfaches der halben Wellenlänge beträgt:

> Konstruktive Interferenz liegt bei gleichphasiger Abstrahlung vor, wenn gilt:
> $\Delta s = k \cdot \lambda\,;\ k \in \mathbb{N}$
>
> Bei destruktiver Interferenz gilt:
> $\Delta s = (2k - 1) \cdot \frac{\lambda}{2};\ k \in \mathbb{N}\backslash\{0\}$
>
> Dabei ist k die Ordnung des Maximums bzw. Minimums.

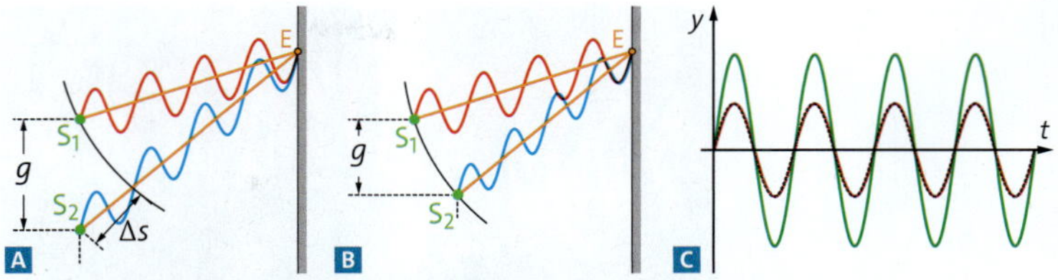

▸ 2 Gangunterschied: **A** $\Delta s = \lambda$, **B** $\Delta s = 0$, **C** Signal in E im t-y-Diagramm

Interferenz am Doppelspalt

Interferenzbilder können sogar mit nur einem Sender erzeugt werden. Dazu verwendet man einen **Doppelspalt**, d. h. zwei nebeneinanderliegende schmale Spalte. Wird eine Welle aus parallelen Wellenfronten an den beiden Spalten jeweils gebeugt, dann wirken die Spaltmittelpunkte wie punktförmige Sender einer Kreiswelle für den dahinterliegenden Bereich (▸ 3). Man erhält ein Interferenzbild wie bei zwei punktförmigen Erregern. Da die Lage der Maxima und Minima auch abhängig vom Abstand der Sender ist, zeigt sich auch beim Doppelspalt:

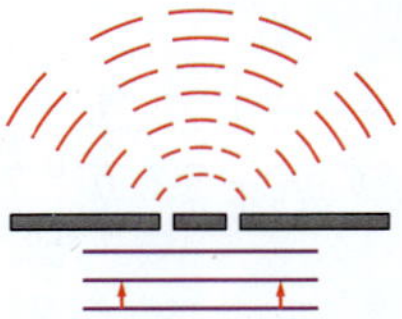

▸ 3 Interferenz am Doppelspalt

> Die Maxima und Minima rücken näher zusammen, wenn man bei gleichem Spaltabstand die Wellenlänge verkleinert oder bei gleicher Wellenlänge den Spaltabstand vergrößert.

AUFGABE

1 Zwei Lautsprecher (g = 5,0 m) senden gleichphasig Schallwellen aus (▸ 4). Ein Beobachter steht 12 m entfernt von L_1.

a) Zeigen Sie rechnerisch, dass beim Beobachter für f = 343 Hz ein Interferenzmaximum vorliegt.

b) Geben Sie in Abhängigkeit von der Ordnung k die Frequenzen an, für die an dieser Stelle Interferenzminima auftreten und berechnen Sie die Frequenz für k = 2.

c) Begründen Sie, dass sich bei gegenphasiger Abstrahlung die Gegebenheiten aus a) und b) ändern würden.

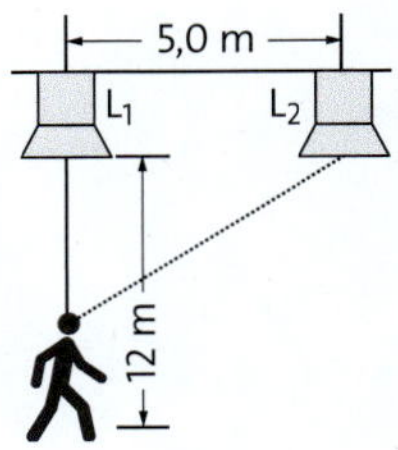

▸ 4 Skizze zur Aufgabe 1

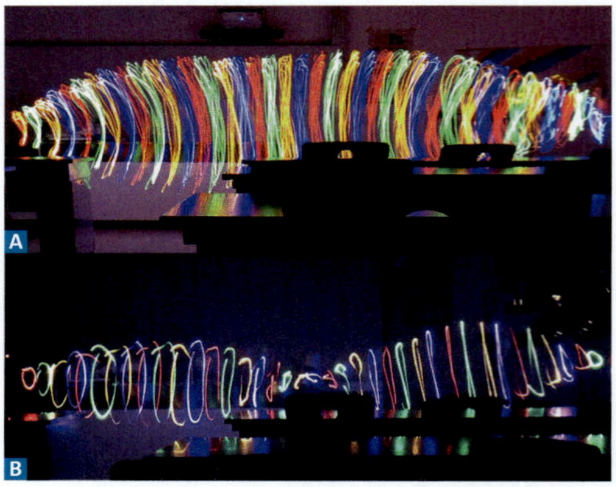

▸1 Stehende Wellen mit LED-Lichterketten

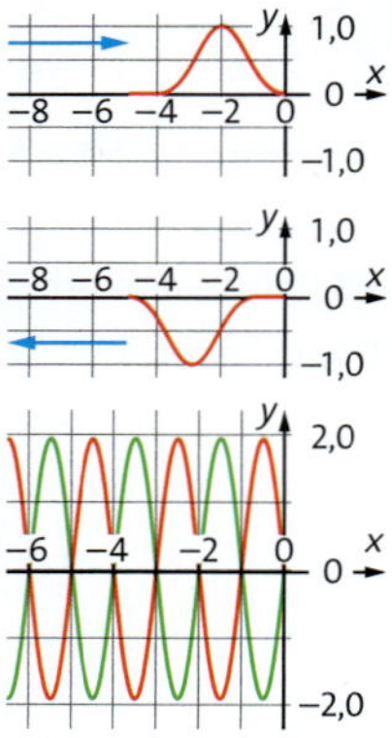

▸2 Reflexion einer Welle am festen Ende

Stehende Wellen

Knotet man ein Seil oder eine Lichterkette an einem Türgriff fest und fängt an, das andere Seilende auf- und abzubewegen, läuft die Welle zunächst in Richtung des Griffs, einem sogenannten festen Ende. Dort wird die Welle reflektiert und erfährt einen Phasensprung (▸2), d.h., sie läuft nun in die Gegenrichtung und die Auslenkung erfolgt in die entgegengesetzte Richtung. Bewegt man das Ende in der Hand weiter mit gleichbleibender Frequenz und gleicher Amplitude, dann überlagern sich die einlaufenden und die reflektierte Welle ungestört.

Je nach Seillänge und Frequenz der Anregung, kann sich ein seltsames Bild (▸1) ergeben: Es wirkt, als bleibt die Welle „stehen". Einige Punkte, sogenannte **Knoten**, scheinen fest an einem Platz zu bleiben. An anderen Stellen fällt die Bewegung besonders ausgeprägt mit maximaler Auslenkung aus, sogenannte **Bäuche**.

> Eine stehende Welle entsteht bei der Überlagerung von zwei gegenläufigen Wellen gleicher Frequenz und gleicher Amplitude. Es bilden sich Knoten und Bäuche aus. Knoten erscheinen als ortsfeste Punkte, Bäuche als Bereiche maximaler Auslenkung. Der Abstand zweier benachbarter Bäuche (bzw. Knoten) beträgt $\frac{\lambda}{2}$.

Die Interferenz zweier Wellen mit gleicher Wellenlänge und Amplitude, aber entgegengesetzten Ausbreitungsrichtungen führt zur Ausbreitung einer stehenden Welle. Das kann man auch bei Kreiswellen im Wasser beobachten: Zwischen den beiden Erregern bildet sich eine stehende Welle aus den gegenläufigen Wellen aus.

Die Lichterkette aus ▸1 wird nur zu einer stehenden Welle, wenn die Anregungsfrequenz auch zur Länge der Kette passt. Dafür gibt es mehrere passende Zustände: Neben der Grundschwingung (Länge der Kette $l = \frac{\lambda}{2}$,) existieren noch weitere sogenannte Oberschwingungen (höhere Ordnungen).
In der Grundschwingung ist nur ein Bauch zu sehen (▸1 A), die Enden sind ortsfest. Bei höheren Ordnungen der Schwingung kommen weitere Knoten und Bäuche hinzu. In ▸1 B ist die erste Oberschwingung zu sehen: Die Länge des Seils stimmt dabei mit der Wellenlänge überein, wodurch im Vergleich zur Grundschwingung je ein Knoten und ein Bauch zusätzlich hinzukommen. Bei der 2. Oberschwingung entspricht dann $l = 3 \cdot \frac{\lambda}{2}$ (▸3) usw.
Stehende Wellen dieser Art erfüllen die Bedingung $l = (n + 1) \cdot \frac{\lambda}{2}$, $n \in \mathbb{N}$. Für $n = 0$ ergibt sich die Grundschwingung, für $n = 1$ die erste Oberschwingung usw. Die Zahl der Bäuche ist dabei $n + 1$, die Ordnungsnummer n entspricht zudem der Zahl der Knoten zwischen den Enden bzw. Endknoten.

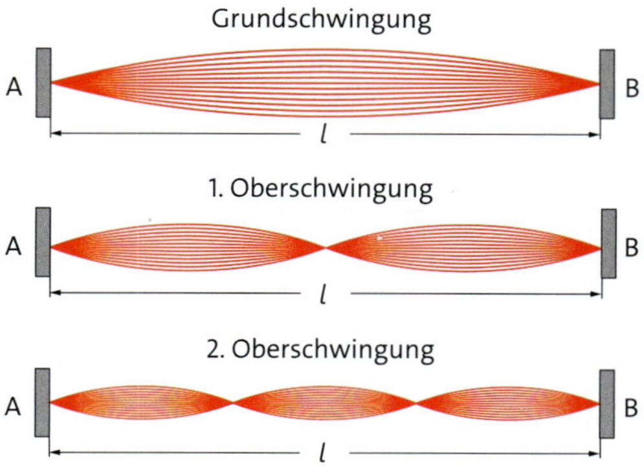

▸3 Stehende Wellen unterschiedlicher Schwingungszustände

Konstruktion stehender Wellen

Durch das Superpositionsprinzip kann die Ausbildung einer stehenden Welle auch konstruktiv nachvollzogen werden. In ▸4 sind mehrere Schritte von den Einzelwellen (rot bzw. blau) hin zur stehenden Welle (grün) dargestellt. Die Lage einiger einzelner Oszillatoren ist dabei gekennzeichnet (pink): Zwei gegenläufige Wellen bewegen sich aufeinander zu (▸4A). Nach dem nächsten Zeitschritt (▸4B) kommt es zur Überlagerung in der Mitte. Um die Lage der resultierenden Welle zu ermitteln, muss man die „Einzelwerte" der Teilwellen, die sich an dieser Stelle ergeben würden, vektoriell addieren: Die gerichtete Addition des roten und blauen Pfeils ergibt den grünen Vektor, der die Lage der stehenden Welle an diesem Ort festlegt. Im weiteren Verlauf wird dies an jeder Stelle der Überlagerung fortgesetzt und zeitlich aktualisiert (▸4C und D). Dabei stellt man fest, dass sich an bestimmten Stellen beide Teilwellen stets so verstärken, dass sich „Wellenbäuche" ausbilden. Dort befinden sich einzelne Erreger mit maximaler Auslenkung. Umgekehrt entstehen aber auch Stellen, an denen die Auslenkung durch ständige gegenseitige Auslöschung der Wellen erliegt („Knoten").

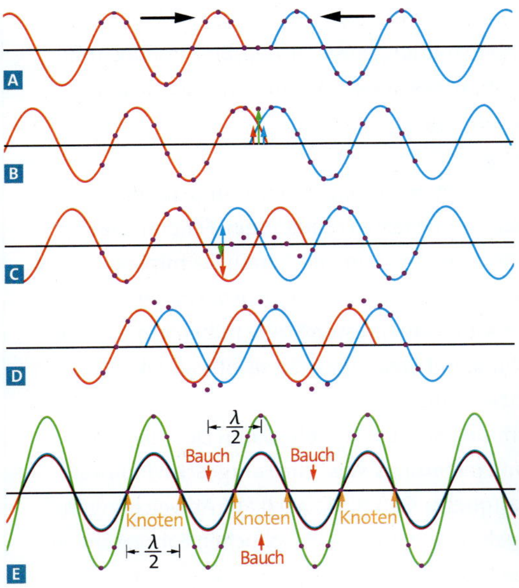

▸4 Ausbildung einer stehenden Welle

EXPERIMENTE UND AUFGABEN

1 Ein Gummiband der Länge 1,2 m wird an einem Ende eingespannt.

a) Ermitteln Sie, für welche Wellenlängen sich stehende Wellen bis zur 3. Ordnung ausbilden und geben Sie einen Formelzusammenhang zwischen der Wellenlänge λ_0 der Grundschwingung und den Wellenlängen n-ter Ordnung λ_n an.

b) Erklären Sie, dass es nicht ohne weiteres möglich ist, die zugehörigen Anregungsfrequenzen anzugeben.

2 In ▸5 ist der Aufbau des sogenannten Kundtschen Staubrohrs zu sehen: Ein Lautsprecher wird vor einem mit Korkmehl gefüllten Glasrohr mit verschiebbarem Verschluss aufgestellt.

a) Sehen Sie sich dazu ein Versuchsvideo an und erläutern Sie, wie man experimentell vorgeht, um eine stehende Welle zu erzeugen.

b) Erläutern Sie, dass sich trotz Ausbildung einer stehenden Welle das Korkmehl im Glasrohr bewegt.

c) Geben Sie mithilfe von ▸5 einen Formelzusammenhang für L und λ an, bei dem eine stehende Welle entsteht.

d) Ermitteln Sie aus ▸6 die Frequenz, bei der der Versuch durchgeführt wurde.

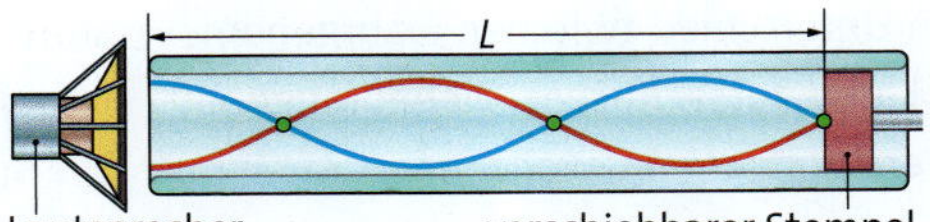

▸5 Kundtsches Staubrohr

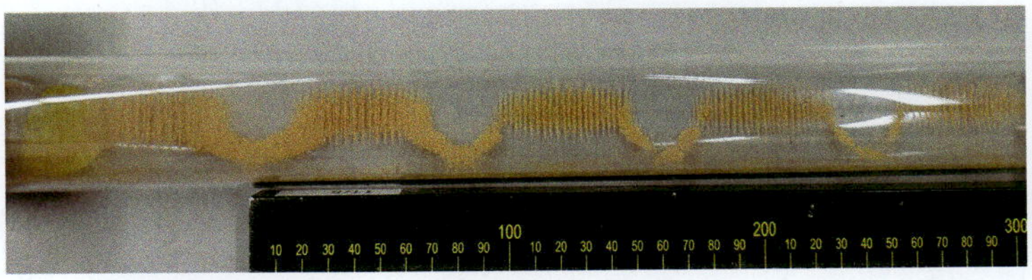

▸6 Versuchsaufnahme des Kundtschen Staubrohrs

PHYSIK IM ALLTAG

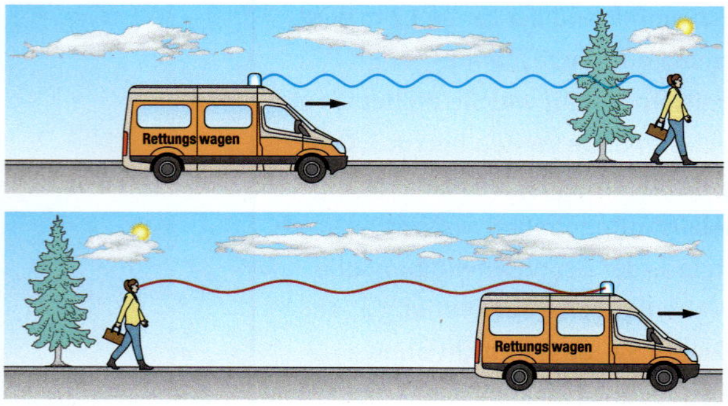

▸ 1 Doppler-Effekt im Alltag

Der akustische Doppler-Effekt

Bewegt sich eine Schallquelle auf uns zu oder von uns weg, ändert sich die Frequenz des von uns wahrgenommenen Tons aufgrund der Veränderung der Laufzeit. Besonders bekannt ist dieses Phänomen bei einem Krankenwagen mit Martinshorn, der an uns vorbeifährt (▸ 1). Dadurch, dass sich der Wagen der Person nähert, kommen die Wellenfronten bei ihr in kürzeren Zeitabständen an (▸ 2A), obwohl sich an der Wellenlänge der ausgesendeten Wellen nichts ändert. Entfernt sich das Fahrzeug von der Person, dann wird die Laufzeit zwischen den eintreffenden Wellenfronten entsprechend verlängert (▸ 2B).

Die zeitliche Stauchung (auf uns zukommen) oder Dehnung (von uns entfernen) bei Veränderung des Abstands zwischen Sender und Empfänger der Schallwelle wird als **Doppler-Effekt** bezeichnet. Den Unterschied zwischen wahrgenommener Wellenlänge λ und tatsächlicher Wellenlänge λ_0 nennt man **Doppler-Verschiebung $\Delta\lambda$**, wobei $\Delta\lambda = |\lambda - \lambda_0|$

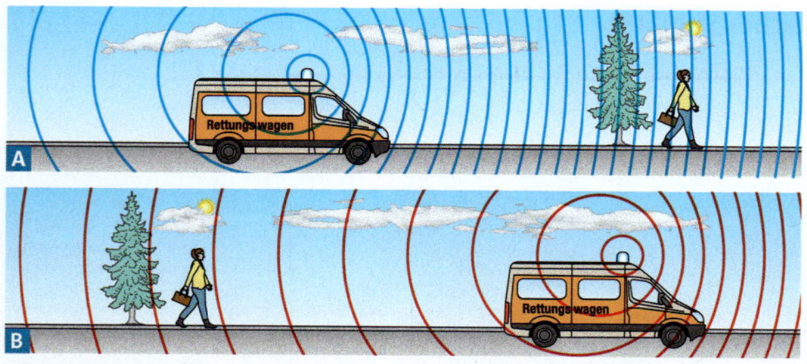

▸ 2 Doppler-Effekt dargestellt mit kreisförmigen Wellen

1 ▢ Für die von einem ruhenden Beobachter wahrgenommene akustische Frequenz f gilt bei ausgesendeter Frequenz f_0:

$$f = \frac{f_0}{1 - \frac{v}{c}}$$

Dabei ist v die Geschwindigkeit des Senders und c die Ausbreitungsgeschwindigkeit der Welle. Für $v > 0$ bewegt sich die Quelle auf den Empfänger zu, für $v < 0$ von ihr weg.

a) Geben Sie die entsprechende Formel für die Wellenlängen an.

b) Das Martinshorn eines Krankenwagens sendet zwei Töne im Abstand einer reinen Quarte. Dazu werden in Deutschland unter anderem 440 Hz und 585 Hz verwendet. Berechnen Sie für $f_0 = 440$ Hz die Frequenz f und die Wellenlänge λ sowie λ_0 für $v_{zu} = +50{,}0\ \frac{km}{h}$ bzw. $v_{weg} = -50{,}0\ \frac{km}{h}$. Geben sie die Doppler-Verschiebung $\Delta\lambda$ an.

c) Begründen Sie ohne Rechnung, dass sich die Werte aus b) für die höhere Frequenz ändern.

2 **Doppler-Verschiebung**

Arbeiten Sie bei dem folgenden Versuch zu zweit und im Freien.

Material:

Smartphone mit Tongenerator-App, Smartphone mit Frequenzanalysesoftware, Fahrrad mit Geschwindigkeitsmesser

Durchführung:

a) Stellen Sie in einer Tongenerator-App auf einem Smartphone eine feste Frequenz ein. Fixieren Sie das Smartphone am Fahrrad und fahren Sie mit konstanter Geschwindigkeit an Ihrem Versuchspartner vorbei. Dieser misst an einer festen Stelle mit einem weiteren Smartphone mit Frequenzanalysesoftware den Frequenzverlauf.

b) Bestimmen Sie aus der ablesbaren Doppler-Verschiebung näherungsweise die Fahrgeschwindigkeit der Schallquelle. Gehen Sie auch auf Abweichungen Ihres Ergebnisses von der tatsächlichen Fahrgeschwindigkeit ein.

AUS DER NATUR UND TECHNIK

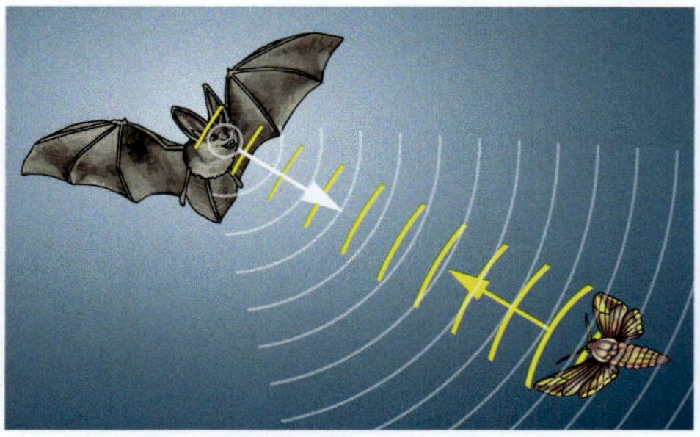

▸ 3 Echolotung bei Fledermäusen

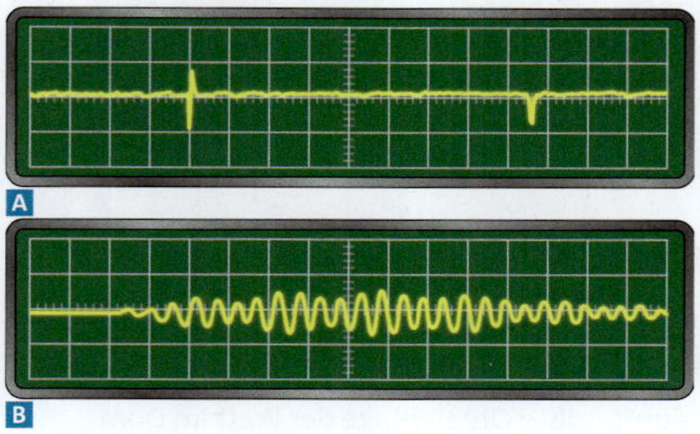

▸ 4 Oszilloskopaufnahmen einer Einparkhilfe

Das Echolot-Prinzip L

Viele Fahrzeuge verfügen über eine Einparkhilfe mittels Ultraschalltechnik. Sie beruht auf dem Echolot-Prinzip, das auch von Fledermäusen verwendet wird.

1 Als Ultraschall bezeichnet man in der Regel Schallwellen mit einer Frequenz von mehr als 20 kHz. Recherchieren Sie vier Tiere, die Töne in diesem Bereich hören können.

2 Fledermäuse geben kurze Schreie in Ultraschall ab, sogenannte Pulse. Diese sind je nach Fledermausart zwischen 10 ms und 20 ms lang und werden zwischen 5- und 60-mal pro Sekunde abgegeben.

a) Berechnen Sie die längste mögliche Pause zwischen zwei Pulsen.

b) Erläutern Sie, wozu Fledermäuse die Ultraschallpulse aussenden. Recherchieren Sie gegebenenfalls notwendige Informationen.

c) Eine Fledermaus gibt einen Schrei in Richtung einer Motte ab (▸ 3). Begründen Sie, dass für den Abstand d zwischen Fledermaus und Motte die Formel

$$d = \frac{1}{2} c_{\text{Schall}} \cdot t$$

gilt, wobei t die Zeit angibt, die vergeht, bis der Schrei durch Reflexion wieder bei der Fledermaus ankommt.

3 In Abbildung ▸ 4A sieht man die Oszilloskop-Aufnahme zweier Ultraschallpulse, die von einer Einparkhilfe eines Pkws abgegeben wurden. Auf der horizontalen Achse entspricht ein Kästchen einer Zeitdauer von 20 ms.

a) Bestimmen Sie die Länge der Pause zwischen den zwei Pulsen.

b) Berechnen Sie, wie weit ein einparkendes Auto in dieser Zeit kommt, wenn es konstant mit $5{,}0\,\frac{\text{km}}{\text{h}}$ fährt.

c) Moderne Einparkhilfen messen die Zeit zwischen dem Aussenden eines Ultraschallpulses und dem Eintreffen des Echos und können daraus den Abstand zu einem Hindernis bestimmen.
Berechnen Sie die Zeit zwischen dem Aussenden des Pulses und dem Empfangen des Echos für einen Abstand von 50 cm, wenn die Geschwindigkeit von Ultraschall in Luft $343\,\frac{\text{m}}{\text{s}}$ beträgt.

d) Begründen Sie, ob die Einparkhilfe ihre Pulse immer im gleichen zeitlichen Abstand aussenden kann oder diese je nach Abstand variiert werden muss.

e) Im Oszilloskopbild ▸ 4B ist der Ultraschallpuls selbst dargestellt (nicht ganz vollständig). Diesmal entspricht auf der horizontalen Achse ein Kästchen einer Zeitdauer von 50 µs. Bestimmen Sie die Frequenz des Ultraschalls.

▸ 1 Fünftgrößte Orgelanlage der Welt im Dom St. Stephan in Passau

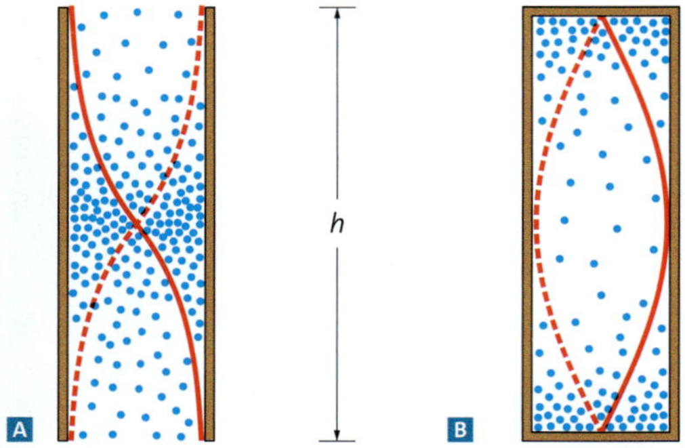

▸ 3 Dichteverteilung und Amplitude der Luftschwingung in einer **A** offenen und **B** geschlossenen Röhre

Tonerzeugung bei Instrumenten

1928 wurde im Dom St. Stephan in Passau eine Orgel mit 17 974 Pfeifen als damals noch größte Orgel der Welt erbaut (▸ 1). Die größte Orgelpfeife hat eine Länge von über elf Metern und wiegt 306 Kilogramm. Ihr Ton liegt mit 16 Hz an der unteren Hörgrenze des Menschen. Die kleinsten Pfeifen haben eine Länge von lediglich sechs Millimetern, ihre Töne liegen mit etwa 16 000 Hz an der oberen Hörgrenze des Menschen.

Die Töne in Musikinstrumenten entstehen immer nach demselben Prinzip: Luft wird in Schwingungen versetzt, sodass sich eine stehende Welle ausbildet.

Bei den Orgelpfeifen wird die Schwingung erzeugt, indem mit Druck Luft auf eine scharfe Kante, die sogenannte Lippe, geblasen wird. Der Luftstrom teilt sich an der Lippe. Der in die Pfeife strömende Teil regt die Luft in der Röhre zum Schwingen an (▸ 2).

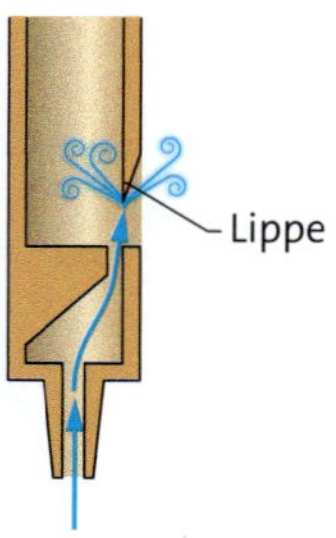

▸ 2 Lippenpfeife

In einer offenen Röhre schwingt die Luft so, dass die Luftteilchen an den offenen Enden in maximaler Bewegung sind (▸ 3A). Die Luft hat dort die geringste Dichte und die Schwingung ihre maximale Amplitude. Analog ergibt sich in der Mitte der Röhre ein Schwingungsminimum bei größter Dichte der Luftteilchen. In dieser Grundschwingung passt genau eine halbe Wellenlänge in eine Röhre der Höhe h.

Schwingt die Luft dagegen in einer geschlossenen Röhre (▸ 3B) oder durch die Bewegung einer beidseitig eingespannten Saite, dann erhält man umgekehrt an den fixierten Enden ein Minimum und in der Mitte das Maximum.

> Der Grundton einer schwingenden Luftsäule hängt von ihrer Länge l ab. Die Frequenz des Grundtons erhält man mit:
>
> $$f = \frac{v}{\lambda} = \frac{343\,\frac{\text{m}}{\text{s}}}{2\,l}$$

Orgelpfeifen werden entweder als ganz offene, als halb gedeckte (nur die Oberseite der Röhre ist abgedeckt) oder als gedeckte Pfeifen gebaut.

Bei Saiteninstrumenten schwingt eine auf beiden Seiten eingespannte Saite. Da die Saite nur wenig Luft zum Schwingen bringen kann, ist der Ton der schwingenden Saite allein recht leise. Durch den Steg (▸ 4) wird die Schwingung jedoch auf den Korpus des Instruments übertragen, der eine wesentlich größere Oberfläche hat. Je größer der Korpus ist, desto lauter ist der Ton.

▸ 4 Gitarrensaiten mit Steg

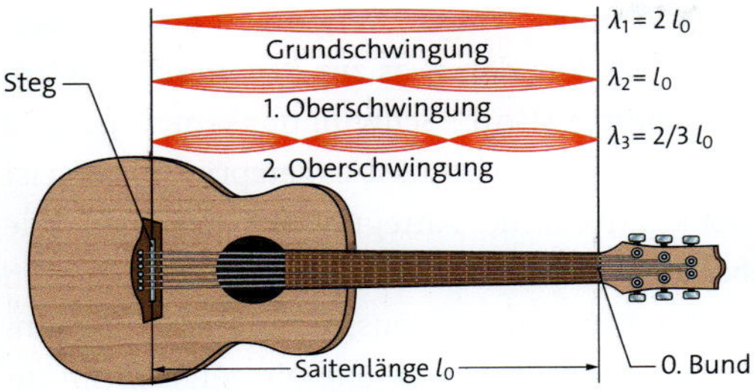

▸ 5 Schwingungen bei der Gitarrensaite

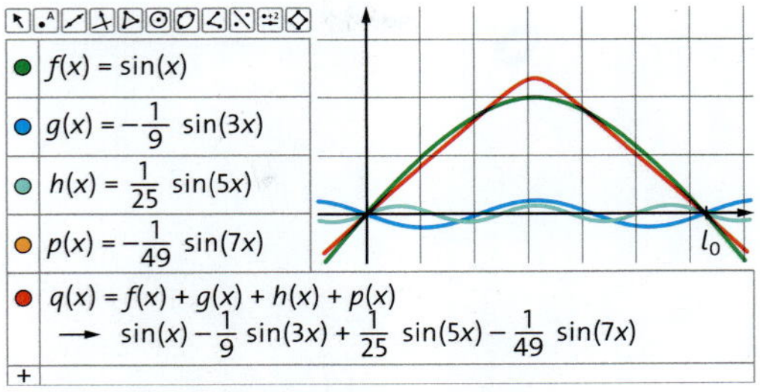

▸ 7 Überlagerung von Schwingungen

Klangfarbe von Instrumenten

Spielt man mit einer Geige, einer Querflöte und einem Klavier den eingestrichenen Ton a^1 (Frequenz 440 Hz), dann hört sich trotz gleicher Tonhöhe jedes Instrument anders an. Die Klangfarbe des Instruments entsteht, da neben der Grundschwingung auch Oberschwingungen erzeugt werden. Die Ausprägung der Oberschwingungen entscheidet über die Klangfarbe und ist charakteristisch für das Instrument.

Bei Saiteninstrumenten wie einer Gitarre schwingt in der Grundschwingung die Saite vom Steg bis zum 0. Bund mit der Länge l_0, sofern kein Bund gedrückt wird. Dann beträgt die Wellenlänge der entstehenden Grundschwingung $\lambda_0 = 2\,l_0$ (▸ 5). Die Saite schwingt tatsächlich jedoch nicht in Sinusform, sondern eher in einer Dreiecksform (▸ 7). Diese erhält man, wenn man die Oberschwingungen der Saite mit einbezieht. Wie bei den stehenden Wellen beträgt die Wellenlänge der 1. Oberschwingung $\lambda_1 = \frac{1}{2}\lambda_0 = l_0$, die Frequenz ist die doppelte der Grundschwingung $f_1 = 2f_0$. Bei der 2. Oberschwingung ergibt sich $\lambda_2 = \frac{1}{3}\lambda_0$ und $f_2 = 3f_0$.
Dies kann man in einem **Frequenzspektrum** (▸ 6) darstellen, dessen Aussehen typisch für das jeweilige Instrument ist.

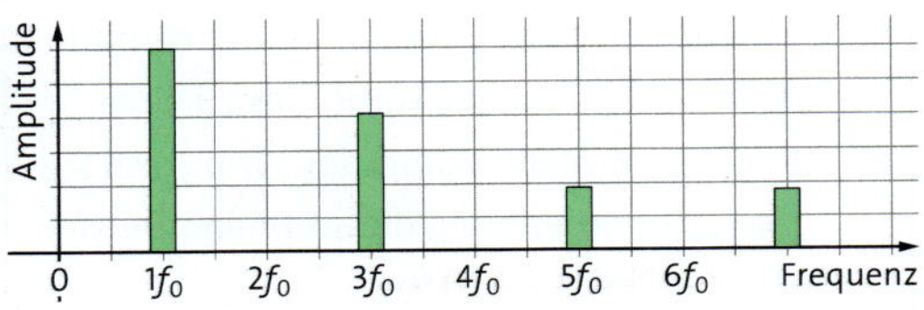

▸ 6 Frequenzspektrum einer Schwingung

Der Mathematiker Jean-Baptiste Fourier wies nach, dass sich jedes periodische Signal, also auch die Schwingung einer Saite, durch die Addition reiner Sinusschwingungen passender Frequenz und Amplitude erzeugen lässt. Mit einem Funktionsanalyseprogramm kann man das für die Gitarrensaite einfach demonstrieren (▸ 7). Dieses Prinzip, die sogenannte **Fourieranalyse**, wird in der Physik häufig genutzt.

AUFGABEN

1 ☐ Panflöten bestehen aus einer Reihe offener Röhren, bei denen der Ton durch Überblasen der Oberkante erzeugt wird.
a) Berechnen Sie die Frequenz des Grundtons, den man erhält, wenn man über das Rohr der Länge l = 19 cm bläst. Geben Sie die Bezeichnung dieses Tons an.
b) Begründen Sie, dass die Panflöte ▸ 8 einen Tonumfang von mehr als einer Oktave besitzt.

2 Suchen Sie mit den Begriffen „Frequenzanalyse Physik" eine Smartphone-App, die Amplituden von Tönen aufzeichnet und ein Frequenzspektrum erstellt.
a) Erzeugen Sie durch Pfeifen einen Sinuston. Erstellen Sie Screenshots vom Amplitudendiagramm und Frequenzspektrum.
b) Spielen Sie ein und denselben Ton auf zwei verschiedenen Instrumenten. Fertigen Sie Screenshots der Frequenzspektren an und vergleichen Sie diese hinsichtlich der Oberschwingungen.

▸ 8 Panflöte

Ein Ton der doppelten Frequenz liegt genau eine Oktave über dem Ton der Grundschwingung.

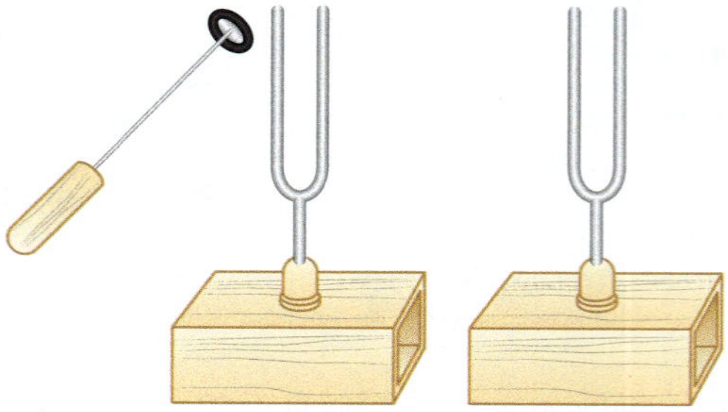

▸1 Stimmgabeln für den Resonanzversuch

Resonanzphänomene

Weingläser kann man mithilfe von Schall zerspringen lassen, ohne sie zu berühren. Die Rahmenbedingungen dafür sind allerdings alles andere als einfach: Der Ton muss exakt die richtige Frequenz besitzen, laut genug sein und die Schallquelle muss auf das Glas gerichtet sein.

Schlägt man das Glas mit einer Gabel an, schwingen die Glasflächen periodisch, es erklingt ein Ton. Die Frequenz dieses Tons wird **Eigenfrequenz** genannt. Wenn der anregende Ton dieselbe Frequenz wie die Eigenfrequenz besitzt, tritt **Resonanz** ein und das Glas beginnt zu schwingen – und zerspringt, wenn die Schwingung intensiv genug angeregt wird.

Ein Versuch zeigt die Grundidee: Zwei identisch gestimmte Stimmgabeln auf Resonanzkörpern werden nebeneinander aufgestellt (▸1). Schlägt man eine Stimmgabel an, breitet sich die durch den Resonanzkörper verstärkte Schallwelle in Richtung des Resonanzkastens der zweiten, ruhenden Stimmgabel aus und versetzt sie in Schwingungen. Fixiert man die angeschlagene Stimmgabel mit der Hand, hört man, dass nun auch die zweite Stimmgabel schwingt. Haben die Gabeln nicht denselben Ton, kann die Schallwelle der ersten Gabel die zweite nicht anregen.

Unter Resonanz versteht man das Mitschwingen eines schwingungsfähigen Systems, wenn es von außen angeregt wird.

Dem Weinglas muss Energie von außen zugeführt werden, damit es zur **Resonanzkatastrophe** kommt, also die Schwingungsamplitude des Glases so hoch wird, dass es zerspringt. Dabei ist der Rhythmus der Anregung entscheidend: Wie bei einer Kinderschaukel, die man im richtigen Moment anschieben muss, um sie höher schwingen zu lassen, muss die Energie genau dann zugeführt werden, wenn die Schwingung kurz vor der maximalen Auslenkung steht. Dann kann die Amplitude immer weiter anwachsen, bis die Elastizitätsgrenze des Systems erreicht ist: Das Glas zerspringt; die Schaukel macht einen Überschlag.

Beim Bau von Wolkenkratzern, Brücken oder Stoßdämpfern ist das Resonanzphänomen gefürchtet: Wind in Straßenschluchten kann Hochhäuser zum Aufschwingen bringen, sodass die obersten Stockwerke mehr als einen Meter seitlich über die Grundfläche hinausschwingen. Stoßdämpfer, die bei üblicher Fahrgeschwindigkeit auf rauen Straßen zum Schwingen angeregt werden, haben im Allgemeinen nur eine kurze Lebensdauer.

EXPERIMENTE UND AUFGABEN

1 Fertigen Sie aus einem 40 cm langen Faden und einem Radiergummi ein einfaches Fadenpendel an. Ermitteln Sie die Eigenfrequenz des Fadenpendels. Versuchen Sie, dem Pendel regelmäßig durch horizontales Anstoßen Energie zuzuführen, sodass es sich überschlägt. Beschreiben Sie den zeitlichen Zusammenhang zwischen der Anregung und dem Durchgang des Pendels durch die Ruhelage.

2 Geht man mit einem eingeschalteten Mikrophon zu nah vor den damit verbundenen Lautsprecher, kommt es zu einer sogenannten Rückkopplung. Erläutern Sie den Zusammenhang dieses Phänomens mit der Resonanz.

▸ 2 Stimmen einer Gitarre

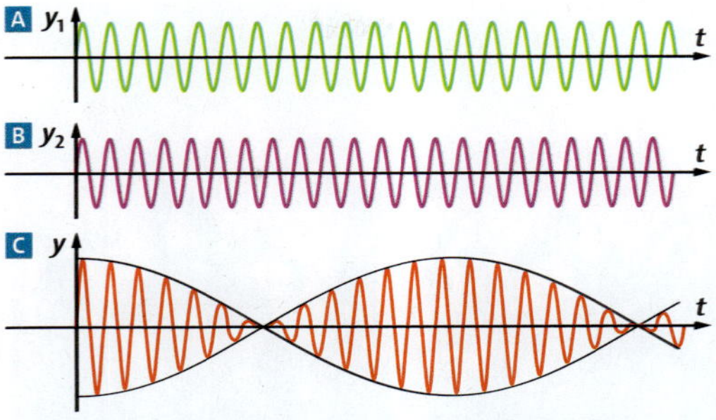

▸ 4 **A** Ton 1 mit kleinerer Frequenz, **B** Ton 2 mit höherer Frequenz, **C** Überlagerung beider Töne

Schwebung

Wie stimmen Musiker ihre Instrumente so aufeinander ab, dass ein gespielter Ton bei allen dieselbe Frequenz besitzt (▸ 2)?
Wenn kein elektronisches Stimmgerät verwendet wird, das die Frequenzen vergleicht und vorgibt, ob der Ton zu tief, passend oder zu hoch ist, hört jeder Musiker unmittelbar beim gemeinsamen Anspielen des Tons, ob die Stimmung passt: Sind die Frequenzen zweier Instrumente nicht genau gleich, ergibt sich eine **Schwebung**, d.h., der resultierende Ton wird periodisch leiser und lauter. Je geringer der Unterschied der Frequenzen ist, desto größer ist die Periodendauer der Schwebung (▸ 3). Erst wenn das Auf- und Abschwellen des Tons verschwindet, sind die Instrumente korrekt aufeinander abgestimmt.

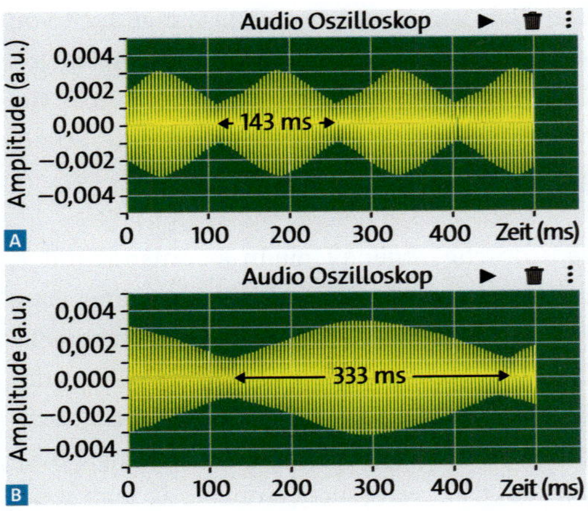

▸ 3 Amplitude der überlagerten Schwingungen bei **A** großem Δf bzw. **B** kleinem Δf

Die Schwebung ist die Überlagerung zweier Töne mit unterschiedlicher Frequenz (▸ 4).

AUFGABEN

1 Ein Schüler spielt mit seiner Flöte zum ersten Mal im Duo mit einem Klavier. Er weiß bereits, dass er den Ton seiner Flöte durch Herausziehen des Mittelstücks aus dem Mundstück tiefer machen kann. Erklären Sie ihm Schritt für Schritt, wie er vor dem Stück seine Flöte passend zum Klavier auf den Ton a‘ stimmt.

2 Suchen Sie eine Smartphone-App, die Töne definierter Frequenz erzeugen und ein Zeit-Amplitude-Diagramm von Schall aufzeichnen kann.

a) Erzeugen Sie mit zwei Smartphones Töne mit unterschiedlicher Frequenz f_1 bzw. f_2. Experimentieren Sie mit Frequenzunterschieden von 1 Hz bis 10 Hz und beschreiben Sie die Änderung bei der Schwebungsfrequenz, die Sie hören.

b) Verwenden Sie ein drittes Gerät als Messgerät und zeichnen Sie analog zu ▸ 3 ein Diagramm der Schwebung auf. Bestimmen Sie die Schwebungsfrequenz und ermitteln Sie aus den Messwerten einen Zusammenhang zwischen der Frequenz $f_{Schwebung}$, mit der der Ton auf- und abschwillt, und f_1 und f_2. Dokumentieren Sie ihre Messungen mit Screenshots.

► 1 Konzerterlebnis ohne böse Folgen

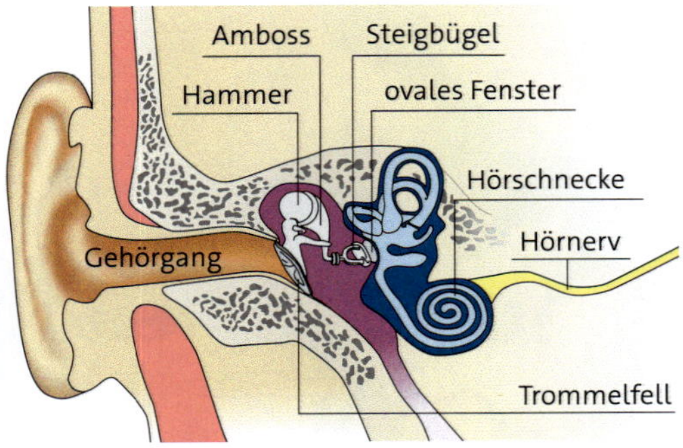

► 2 Aufbau des Ohrs

Lärmwahrnehmung und Lärmschutz

Auf einem Konzert (► 1) kann es schon mal unangenehm laut für die Ohren werden. Doch ist ein professioneller Gehörschutz notwendig oder reichen einfache Schaumstoff-Ohrstöpsel?

Beim Hörvorgang bringen die Schallwellen, aufgefangen von der Ohrmuschel, das Trommelfell zum Vibrieren (► 2). Im luftgefüllten Mittelohr leiten die drei Gehörknöchelchen, Hammer, Amboss und Steigbügel, die Schwingungen zum ovalen Fenster weiter. Dabei reduzieren sie die Amplitude der Schwingung, erhöhen dafür aber die wirkenden Kräfte. Das ist nötig, weil die Flüssigkeit im Innenohr hinter dem ovalen Fenster deutlich träger ist als die Luft vor dem Fenster.

Die Wirkungsweise der Gehörknöchelchen basiert auf dem Hebelprinzip.

An das ovale Fenster schließt sich das eigentliche Hörorgan an, die Schnecke. Sie ist ausgerollt etwa 3 cm lang und enthält in ihrer Mitte die Basilarmembran mit feinen Sinneshärchen. Je tiefer ein Ton ist, desto weiter hinten regt er die Härchen in der Schnecke zu maximalen Schwingungen an. Über die Haarzellen wird diese Information an den Hörnerv und schließlich ans Gehirn weitergegeben.

Schallquelle	Lautstärke
Ruhiges Atmen	10 dB
Normales Gespräch	40 dB
Straßenlärm	60 dB
Konzert	110 dB
Schmerzschwelle	134 dB

► 3 Typische Lautstärken

Die physikalische Intensität I der Schallwellen wird in der Einheit $\frac{W}{m^2}$ als Leistung pro Fläche angegeben. Unser Ohr kann Schallintensitäten über viele Größenordnungen wahrnehmen: Die Hörschwelle liegt bei $I_0 = 10^{-12}\frac{W}{m^2}$, die Schmerzgrenze bei $I_{max} = 10\frac{W}{m^2}$.

Unser Gehör arbeitet dabei nicht linear, d.h., eine Verdopplung der Schallintensität führt nicht zu einer Verdopplung der empfundenen Lautstärke.

Die Lautstärke L von Schall, auch Schalldruckpegel genannt, wird festgelegt als

$$L = 10 \log\frac{I}{I_0} = 10 \log\frac{I}{10^{-12}\frac{W}{m^2}}$$

Einheit: 1 dB (1 Dezibel)

Eine Lautstärke von 0 dB ergibt sich damit bei $I = I_0 = 10^{-12}\frac{W}{m^2}$, 10 dB bei $I = 10^{-11}\frac{W}{m^2}$. Jede Erhöhung der Lautstärke um 10 dB bedeutet also eine Verzehnfachung der Schallintensität, wird aber lediglich als Verdopplung der Lautstärke wahrgenommen.

Die Wahrnehmung von Schall hängt auch von dessen Frequenz ab: Das Ohr ist im Bereich von 2 kHz bis 5 kHz am empfindlichsten. Diese Gewichtung berücksichtigt der bewertete Schallpegel, angegeben in dB(A).

Jede durchgezogene Linie in ► 4 entspricht derselben Lautstärkewahrnehmung unseres Ohrs im jeweiligen Frequenzbereich. Die Hörschwelle bei 4 000 Hz liegt knapp über $10^{-13}\frac{W}{m^2}$. Dies wird bereits durch die Brownsche Bewegung der Luftmoleküle erzeugt. Eine bessere Leistungsfähigkeit des Ohrs wäre nicht sinnvoll, da man sonst die Bewegung der Luftmoleküle als Rauschen wahrnehmen würde.

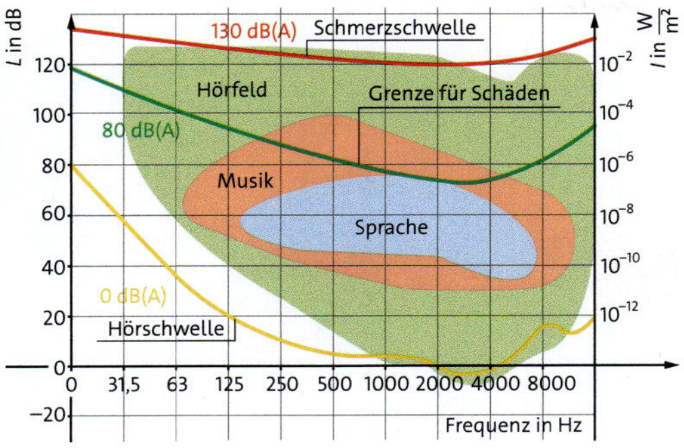

▸ **4** Frequenzabhängige Lautstärkeempfindung

Ob Schall gesundheitsgefährdend ist oder nicht, hängt von der Lautstärke und der Einwirkdauer auf das Ohr ab: Bei einem kurzen Knall mit hoher Intensität kann es zur Verletzung des Trommelfells oder der Gehörknöchelchen kommen. Ist das Gehör über längere Zeit Lautstärken über 85 dB(A) ausgesetzt, können die Härchen in der Schnecke brechen oder verkleben. Bei leichten Schäden können diese wieder regenerieren, wenn die Lärmquelle abgeschaltet wird. Bei zu intensiver Belastung entstehen irreparable Schäden.

Lärmschutzmaßnahmen:

- Lautstärke der Schallquelle selbst reduzieren.
- Schallausbreitung durch Schalldämmung verringern.
- Abstand zur Schallquelle vergrößern oder Gehörschutz verwenden.

Schalldämmende Materialien, die die vom Schall übertragene Energie absorbieren, bestehen häufig aus porösen, weichen Schaumstoffen. In Konzerthallen wie der Hamburger Elbphilharmonie werden Akustikelemente gezielt so an den Wänden und Decken verbaut, dass die Schallausbreitung für alle Plätze in der Halle gleichermaßen gut ist.

Aktiven Schallschutz kann man durch Ohrstöpsel erzielen. Einfache Schaumstoffstöpsel absorbieren nahezu alle Frequenzen gleichermaßen. Insbesondere Berufsmusiker nutzen hingegen individuell angepasste Silikon-Ohrstöpsel, die in dem von ihnen benötigten Frequenzbereich ein natürliches Hörerleben bieten.
Kopfhörer mit aktiver Geräuschunterdrückung analysieren den eintreffenden Schall und erzeugen passgenau Gegenschall, sodass sich die Amplituden in der Summe aufheben und am Ohr nahezu Stille herrscht.

Mehr über geräuschunterdrückende Kopfhörer erfahren Sie auf Seite 77.

EXPERIMENTE UND AUFGABEN

1 Installieren Sie eine Smartphone-App, die Frequenzen und Lautstärken misst.
a) Untersuchen Sie die Lautstärke bei normalem Unterricht, beim Sportunterricht und in der Pause. Variieren Sie auch den Abstand von der jeweiligen Schallquelle. Notieren Sie Maximal- und Minimalwerte und die Dauer der Messung.
b) Recherchieren Sie die gesetzlich vorgeschriebenen Höchstwerte für die Lärmbelastung am Arbeitsplatz. Formulieren Sie eine Empfehlung für den Gesundheitsschutz von Personen im Sportunterricht.

2 Das Bellen eines Hundes ist im Mittel 80 dB laut. Berechnen Sie die Anzahl der Hunde, die gleichzeitig bellen müssen, um 90 dB oder 100 dB zu erzielen.

3 Befindet sich eine Schallquelle näher an einem Ohr als am anderen, interpretiert unser Gehirn den Laufzeitunterschied des Schalls als Richtungsinformation. Mit einem Schlauch und zwei Trichtern kann das untersucht werden (▸ 5). Eine Person hält sich die beiden mit dem Schlauch verbundenen Trichter an die Ohren, die zweite Person klopft zunächst exakt mittig auf den Schlauch, dann immer weiter zu einer Seite hin. Sobald der Hörende ermitteln kann, auf welcher Seite das Geräusch entsteht, gibt er Bescheid. Bestimmen Sie den kleinsten wahrnehmbaren Weg- und Laufzeitunterschied des Schalls zwischen den beiden Ohren.

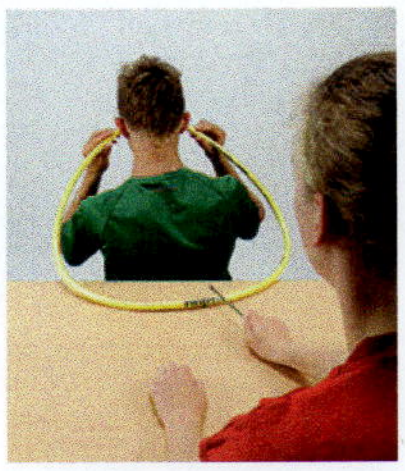

▸ **5** Versuch zum Richtungshören

▸1 Fahrzeug mit Sonderlackierung

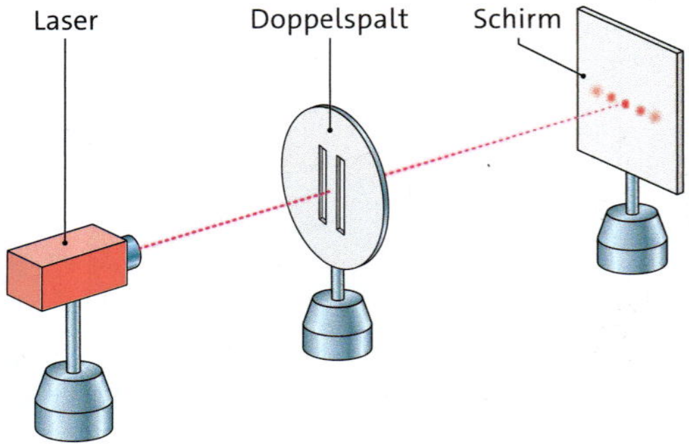

▸3 Doppelspaltversuch mit Laserlicht

Licht als Welle

Seifenblasen, Chitinpanzer von Insekten oder Schmetterlingsflügel bilden die Vorlage für schillernde Farblacke auf Fahrzeugen (▸1) oder Smartphonehüllen. Die **Wellennatur von Licht** ist die Grundlage dieser Farbenspiele, die auf Interferenz beruhen.

Für viele Phänomene aus der Optik, die man aus dem Alltag kennt, ist es ausreichend, wenn man Licht als Strahl interpretiert: Absorption, Reflexion und Brechung können auf diese Weise erklärt werden.

Anders als bei Schall- oder Wasserwellen beobachtet man im Alltag jedoch nicht, dass Licht um eine Ecke gebeugt wird. Erst wenn die Abmessungen der Versuchsanordnung genügend klein gewählt werden, lassen sich Beugungs- und Interferenzphänomene bei Licht erkennen:

Sticht man in eine Aluminiumfolie mit einer Stecknadel ein kleines Loch und lässt das Licht eines Laserpointers durch diese Lochblende auf eine etwa einen Meter entfernte Wand fallen, dann erhält man entgegen der Erwartung keinen kreisrunden Lichtfleck, sondern ein Muster mit hellen und dunklen Stellen (▸2), das weit über die Abmessungen der Projektion der Öffnung in der Aluminiumfolie hinausreicht. Offenbar wurde das Licht an den Kanten des Lochs gebeugt. Zudem lassen sich Interferenzmuster erkennen.

▸2 Beugung an einer Lochblende

Mit einem **Doppelspaltversuch** kann man die Wellennatur von Licht nachweisen und genauere Aussagen über die Wellenlängen machen. Dazu wird mit einem Laser ein Doppelspalt (Spaltabstand 0,5 mm, Spaltbreite 0,2 mm) beleuchtet (▸3).

Auf dem Schirm hinter dem Doppelspalt kann ein Muster wie in ▸4A beobachtet werden: In der Schirmmitte erhält man den hellsten Lichtfleck, nach außen wechseln sich symmetrisch dunkle und helle Stellen ab, wobei die Helligkeit nach außen hin immer geringer wird. Häufig wird das Ergebnis in Form eines Intensitätsdiagramms wie in ▸4B dargestellt.

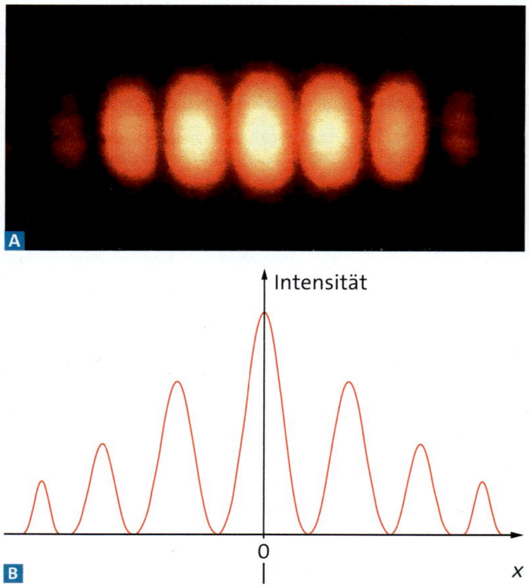

▸4 **A** Schirmbild, **B** Intensitätsverteilung

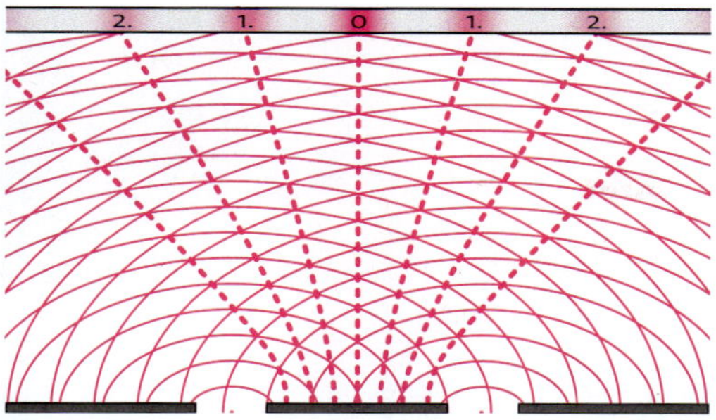

► 5 Konstruktion zum Doppelspalt

Dieses Muster ist nur erklärbar, wenn man Licht als Welle interpretiert. Dann überlagern sich wie bei Wasserwellen nach den Spaltöffnungen die Elementarwellen so, dass abwechselnd konstruktive und destruktive Interferenz auftritt (► 5). Die hellen Stellen werden **Maxima** genannt, die dunklen Stellen **Minima.** Die Ordnung wird analog zu den mechanischen Wellen gezählt.

Auf der Symmetrieachse zwischen den Spalten gibt es keinen Gangunterschied Δs der beiden überlagernden Wellen, es entsteht das Maximum 0. Ordnung. Bei einem Gangunterschied $\Delta s = 1\lambda$ tritt das Maximum 1. Ordnung auf, bei $\Delta s = 2\lambda$ das Maximum 2. Ordnung usw.

Trifft Laserlicht durch einen Doppelspalt passender Größenordnung, dann interferiert das Licht nach dem Doppelspalt. Licht hat Wellencharakter.

Sind die Spalte zu breit oder zu weit voneinander entfernt, tritt keine sichtbare Interferenz auf. Noch deutlicher wird der Interferenzeffekt, wenn man statt des Doppelspalts ein optisches Gitter benutzt, das aus vielen eng nebeneinander liegenden Spalten besteht.

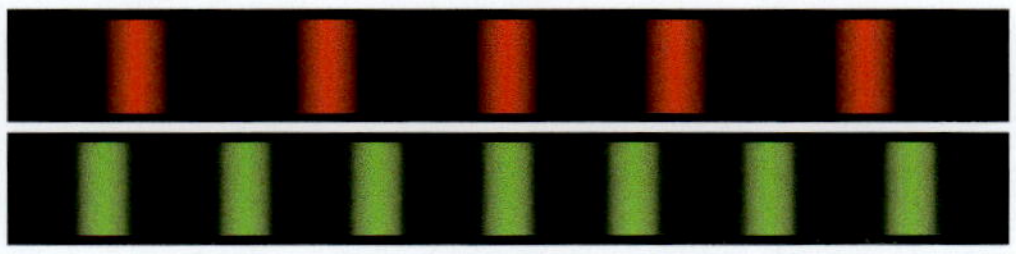

► 6 Interferenzmuster bei Lasern verschiedener Farben

Vergleicht man die Interferenzbilder von grünem und rotem Laserlicht nach dem Durchgang durch einen Doppelspalt bei ansonsten gleichen geometrischen Bedingungen, dann sieht man: Die 1. Maxima des roten Lichts haben vom 0. Maximum einen deutlich größeren Abstand als die des grünen Lichts (► 6).

Mithilfe der Konstruktion nach ► 5 erkennt man: Die 1. Maxima für kleinere Wellenlängen liegen näher an der Symmetrieachse bzw. dem 0. Maximum, die für größere Wellenlängen weiter entfernt. Demzufolge besitzt grünes Licht eine kleinere Wellenlänge als rotes Licht.

EXPERIMENTE UND AUFGABEN

1 ▢ Begründen Sie, dass man um die Ecke hören, aber nicht um die Ecke sehen kann.

2 ▢ Suchen Sie im Internet mit den Stichworten „Doppelspalt“ „Optik“ und „Simulation“ nach einer Simulation zum Doppelspaltversuch (► 7).

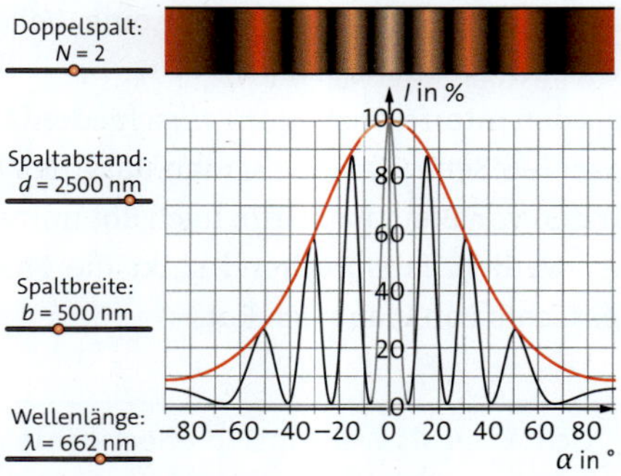

► 7 Simulation zum Doppelspalt

a) Erhöhen Sie in der Simulation die Wellenlänge des Lichts. Beschreiben Sie die Veränderung der Intensitätsverteilung.

b) Variieren Sie bei fester Wellenlänge des Lichts den Spaltabstand bzw. die Spaltbreite. Beschreiben Sie den Einfluss dieser Größen auf die Intensitätsverteilung am Schirm.

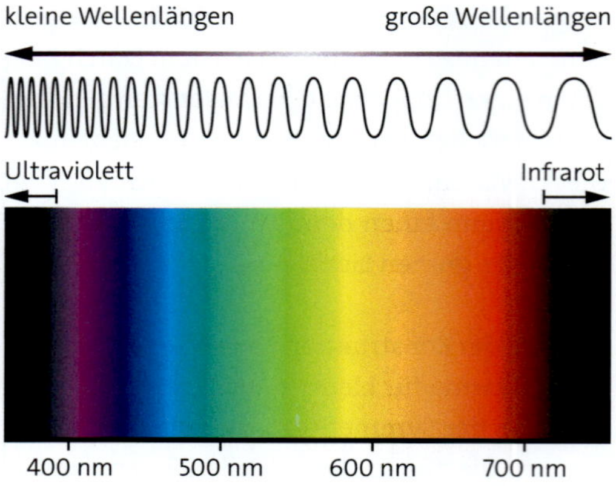

▸1 Wellenlängen von sichtbarem Licht

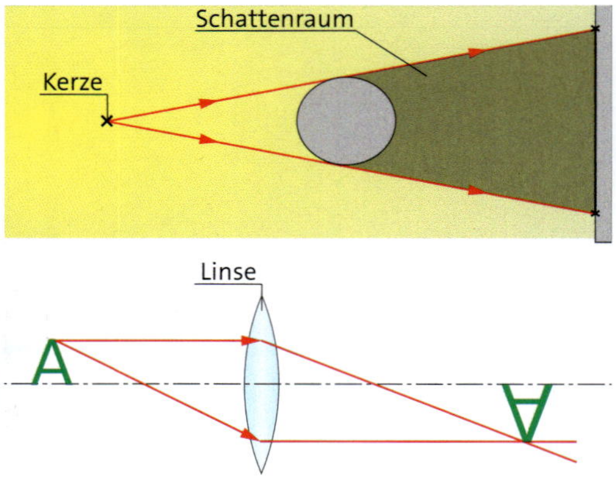

▸2 Lichtstrahlmodell

Farbe und Wellenlänge von Licht

Nach den bisherigen Modellen stellt man sich Licht als Lichtstrahl oder als Strom von Photonen vor. Die Energie E der Photonen bestimmt die Farbe des Lichts. Die Energie wird in der Einheit Elektronenvolt (eV) angegeben. Photonen des sichtbaren Lichts liegen im Bereich zwischen 1,6 eV (Rot) und 3,3 eV (Blau).

Im **Wellenmodell des Lichts** ordnet man jeder Energie E und damit jeder Farbe eine Wellenlänge λ bzw. Frequenz f zu (▸1).
Aus den Interferenzbildern verschiedenfarbiger Laser (▸6, Seite 91) schließt man, dass die Wellenlängen von Blau über Grün nach Rot immer größer werden. Entsprechend sinkt die Frequenz des Lichts von Blau nach Rot.

Licht kann als Welle interpretiert werden. Die Wellenlängen des sichtbaren Lichts liegen zwischen 380 nm (Blau) und 780 nm (Rot), die Frequenzen zwischen $7{,}9 \cdot 10^{14}$ Hz und $3{,}8 \cdot 10^{14}$ Hz.

Je geringer die Wellenlänge bzw. je höher die Frequenz ist, desto höher ist die Energie des Lichts.

Licht mit Wellenlängen unterhalb von 380 nm liegt im ultravioletten, Licht mit Wellenlängen oberhalb von 780 nm im infraroten Bereich.

Modellvorstellungen von Licht

Die drei gängigen Modellvorstellungen von Licht sind die des Lichtstrahls, des Teilchenstroms und der Welle.
Jedes dieser Modelle bietet für einen bestimmten Beobachtungsbereich anschauliche Erklärungen und ermöglicht zielgenaue Voraussagen. Allerdings kann keines der Modelle alle Vorgänge gleichzeitig gut veranschaulichen, sodass die Verwendung mehrerer Modelle nebeneinander sinnvoll ist.

Licht als Strahl

Wenn es um die Bildung von Schatten, die Reflexion am Spiegel oder den Weg des Lichts durch eine Linse geht (▸2), ist die Vorstellung vom Lichtstrahl das einfachste Modell.
Allerdings kann dieses Modell weder erklären, wie Licht entsteht, noch die Ursache von Brechung oder Reflexion offenlegen.

Licht als Photonenstrom

Die Entstehung von Licht durch Emission von Photonen beim Übergang von Atomhüllen von höheren in niedrigere Energieniveaus wird mit dem Photonenmodell verständlich. Nur wenn die auftretenden Energieportionen diskret sind, entstehen die bekannten Emissions- und Absorptionsspektren (▸3A). Der Versuch zur Resonanzabsorption von Natriumlicht in der Kochsalzflamme (▸3B) zeigt das deutlich.

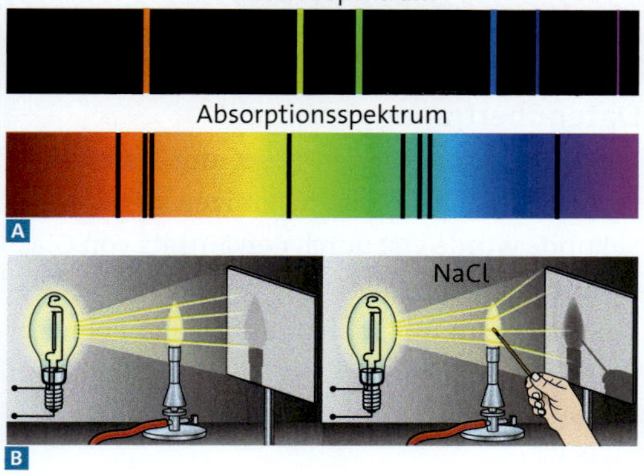

▸ 3 **A** Spektren, **B** Resonanzabsorption

Licht als Welle

Beugung und Interferenz an Doppelspalt und Gitter sind Versuche, die mit keinem der beiden bisherigen Modelle erklärt werden können. Eine Erklärung ist nur möglich, wenn man Licht als Welle auffasst. Ordnet man jeder Farbe eine definierte Wellenlänge zu, dann kann man auch Phänomene wie die spektrale Aufspaltung des Lichts an einem Prisma (▸ 4) verstehen:

Trifft eine Welle schräg auf ein Medium mit größerer optischer Dichte, breitet sie sich in diesem Medium langsamer aus. Die Ausbreitungsgeschwindigkeit hängt dabei von der Wellenlänge des Lichts ab. Je kleiner die Wellenlänge ist, desto stärker wird das Licht abgebremst. Daher erfährt blaues Licht beim Durchgang durch das Prisma eine stärkere Ablenkung als rotes Licht.

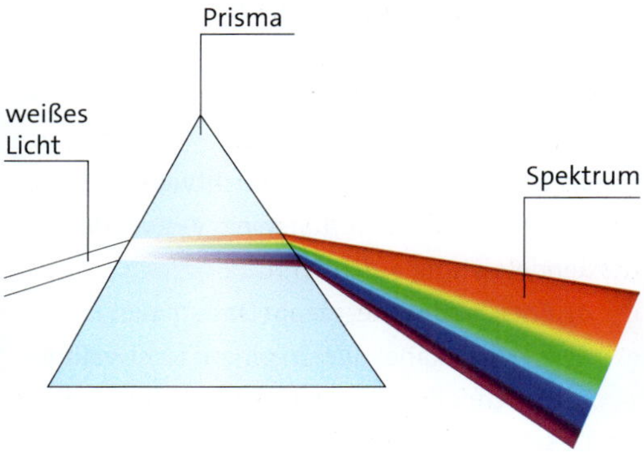

▸ 4 Spektrale Aufspaltung von weißem Licht

EXPERIMENTE UND AUFGABEN

1 ☐ Suchen Sie mit den Stichworten „Doppelspaltversuch im Wellen- und Photonenmodell Animation“ im Internet nach einer Simulation, die das Wellen- und Teilchenmodell des Lichts gegenüberstellt. Erzeugen Sie die beiden Intensitätsverteilungen ▸ 5 nach dem Durchgang von Licht durch einen Doppelspalt und erläutern Sie das jeweils zugrundeliegende Modell.

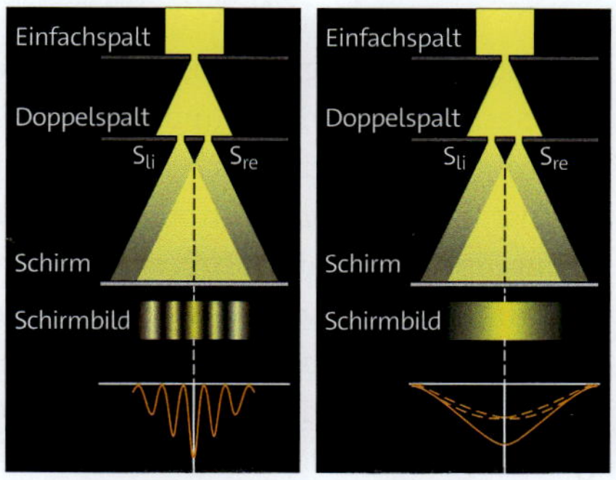

▸ 5 Verschiedene Modelle von Licht

2 ☐ Ordnen Sie die folgenden Begriffe dem passenden Modell von Licht zu: Energie, Frequenz, Geschwindigkeit, Wellenlänge, Beugung, Absorption, Farbe, Strahlenverlauf, Interferenz, Schattenbildung.

3 ◩ Abbildung ▸ 6 entsteht, wenn man durch ein optisches Gitter hindurch eine Leuchtstoffröhre fotografiert.

▸ 6 Spektrum einer Leuchtstoffröhre

Erklären Sie die Entstehung des Leuchtstoffröhrenspektrums. Gehen Sie dabei insbesondere auf das jeweils verwendete Modell des Lichts ein.

Hinweis zu Aufgabe 1: Häufig wird das Photonemodell auch als Teilchenmodell bezeichnet.

AUFGABEN

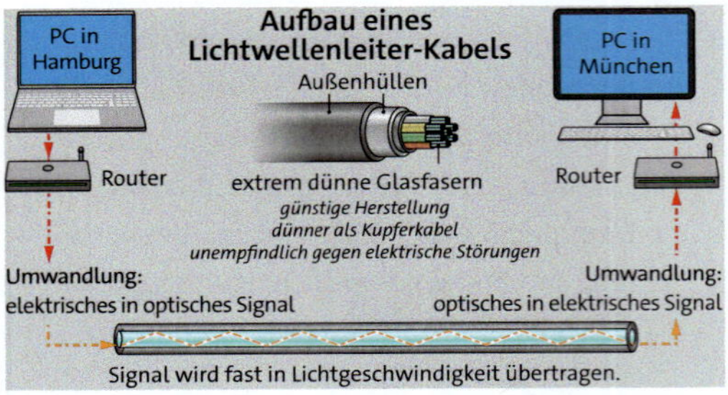

▸ 1 Schemadarstellung zum Glasfaserkabel

Datenübertragung mit Licht L

Modernes Highspeed-Internet mit Datenübertragungsraten von bis zu einigen Gigabit pro Sekunde wurde erst durch den Einsatz von Glasfasertechnik möglich.

Ein Telekommunikationsunternehmen bewirbt die Datenübertragung per Glasfaserkabel auf seiner Internetseite mit dem nebenstehenden Plakat ▸ 1.

Die folgenden Aufgaben lösen Sie als Expertenpuzzle: Bilden Sie vier Gruppen, die je einen der Aufträge 1 – 4 bearbeiten. Jede Gruppe liest zunächst die zugehörige Infobox und bearbeitet dann die Teilaufgaben. Im Anschluss mischen sich die Gruppen, sodass sich in jeder gemischten Gruppe ein Experte zu jedem Thema befindet. Stellen Sie sich Ihr erarbeitetes Thema gegenseitig vor und lösen Sie die Aufgabe 5.

1 Analoge und digitale Daten

a) Wandeln Sie das gegebene analoge Signal ▸ 2 in ein digitales Signal im Dezimalsystem um: Lesen Sie immer nach 0,10 s den Signalwert ab und fertigen Sie für das Intervall $0\ \text{s} \leq t \leq 0{,}6\ \text{s}$ eine Tabelle mit den ermittelten Werten an.

b) Wandeln Sie die ermittelten dezimalen Werte mithilfe des Taschenrechners oder eines Zahlenkonverters aus dem Internet in Werte im Dualsystem um.

c) Begründen Sie das Erfordernis der Umwandlung ins Dualsystem für die Datenübertragung in elektronischen Systemen.

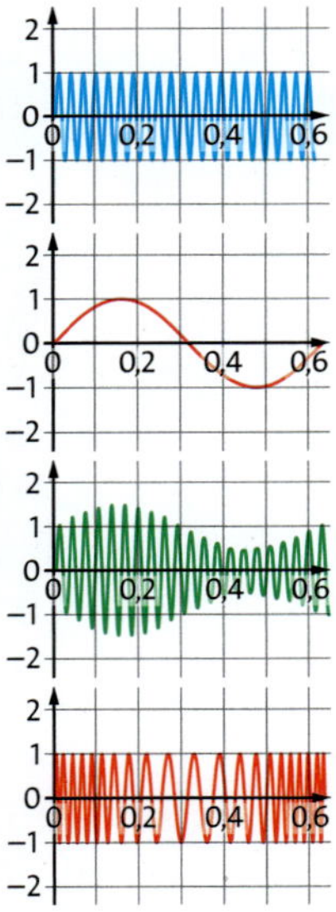

▸ 3 Verschiedene Schwingungsformen

2 Modulation von Wellen

a) Ordnen Sie die Bilder aus ▸ 3 begründet zu: Hochfrequente Trägerschwingung, niederfrequente Signalschwingung, amplitudenmodulierte Schwingung, frequenzmodulierte Schwingung.

b) Skizzieren Sie für die Übertragung der Ziffernfolge 10110 das bei ▸ 4 entstehende Signal, wenn die Amplituden- bzw. die Frequenzmodulation angewandt wird.

c) Erläutern Sie, dass Frequenzen in der Nähe der Trägerfrequenz zur Verfügung stehen müssen, um ein Signal per Frequenzmodulation übertragen zu können.

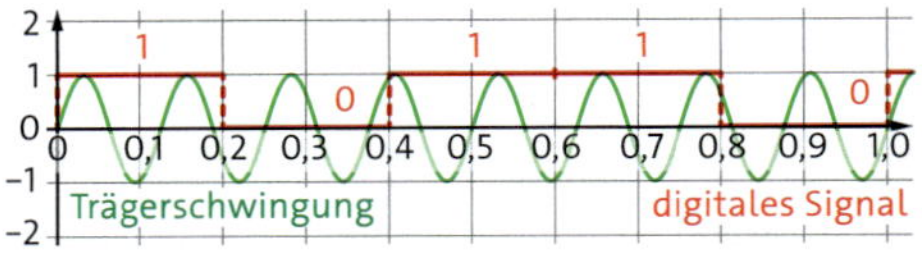

▸ 4 Trägerschwingung und digitales Signal

3 Übertragungstechnik

a) Stellen Sie das Ihnen bereits bekannte Prinzip der Totalreflexion von Licht in einer Skizze dar, in der Sie auch Einfalls- und Reflexionswinkel des Lichts berücksichtigen. Gehen Sie auf die optische Dichte der verwendeten Materialien ein.

b) Erläutern Sie, ob ein Lichtwellenleiter beliebig gebogen werden darf.

c) Begründen Sie, dass im Lichtwellenleiter mit steigender Leiterlänge ein Verlust der Sendeleistung auftritt.

d) Entscheiden Sie, ob ein Datenpaket in einem Kupferkabel oder in einem Lichtwellenleiter schneller übertragen wird oder ob die Geschwindigkeit identisch ist.

4 Übertragungsmethoden: Vergleich

a) Verifizieren Sie, dass im optischen Bereich mehr Trägerfrequenzen verfügbar sind als im Mobilfunk, wenn eine Frequenz eine Bandbreite von 400 kHz benötigt.

b) Begründen Sie mindestens drei weitere genannte Vorteile des Glasfaserkabels ausführlich mit physikalischen Fakten.

Analoge und digitale Daten

Ein Mikrophon verwandelt die Schwingung der Luftmoleküle in ein analoges Spannungssignal, d.h. ein stufenloses Signal. Für die Datenübertragung muss das Signal mit einem Zeitraster digitalisiert und als Dualzahl, also mit den Ziffern 0 und 1, dargestellt werden.

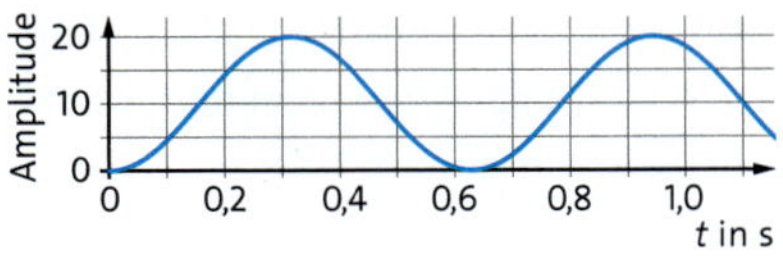

▸2 Analoge Darstellung eines Signals

Übertragungstechnik

Für die Highspeed-Übertragung werden Lichtwellenleiter verwendet. Ein einzelner Leiterkern ist mit 250 µm so dünn wie ein menschliches Haar. Umgeben ist der Kern von einem Mantel aus Glas und einer Kunststoffhülle. Bis zu einige Hundert dieser Leiter werden in einem Kabel zusammengefasst. Das von einer Laserdiode erzeugte Licht wird im Lichtwellenleiter totalreflektiert, bis es von einer Fotodiode empfangen wird, die das Lichtsignal wieder in ein elektrisches Signal umwandelt.

▸5 Lichtwellenleiter

5 Gemeinsame Abschlussaufgabe

Schauen Sie sich nun nochmals das Werbeplakat ▸1 an. Beurteilen Sie mithilfe Ihrer Erkenntnisse, die Sie aus dem Expertenpuzzle gewonnen haben, die fachliche Qualität des Plakats ▸1 des Telekommunikationsunternehmens für einen Kunden, der Ihre Physikkenntnisse besitzt.

Modulation von Wellen

Eine Schwingung mit konstanter Frequenz und Amplitude überträgt keine Informationen. Erst in der Änderung von Amplitude oder Frequenz steckt die Information. Daher ist jedes Signal zusammengesetzt aus der Schwingung in der Trägerfrequenz, die mit der eigentlichen niederfrequenten Signalschwingung moduliert wird. Auch digitale Signale werden auf eine Trägerschwingung aufmoduliert. Die Übertragung der Ziffer 1 bedeutet eine unveränderte Trägerschwingung, die der 0 entsprechend eine kleinere Amplitude oder geringere Frequenz. Daher benötigt jede Trägerfrequenz eine Bandbreite zur Datenübertragung.

Übertragungstechnik im Vergleich

Glasfaserkabel stehen aktuell in Konkurrenz zum klassischen Kupferkabel, das für einen geringeren Grundpreis weniger Daten pro Sekunde überträgt. Zudem sind im optischen Bereich mehr Trägerfrequenzen verfügbar als beim Mobilfunk: Die genutzten Frequenzen des Lichts liegen zwischen 10^{15} Hz und $3{,}8 \cdot 10^{14}$ Hz, die des Mobilfunks zwischen 890 MHz und 3,8 GHz. Weitere Argumente für die Glasfaserkabel sind die Unempfindlichkeit gegenüber elektrischen Feldern, Temperaturschwankungen und Erdungsproblemen, die längere Haltbarkeit, die Korrosionsfestigkeit sowie die fast unbegrenzte Verfügbarkeit von Glas.

- Videoanalyse
- Planen von Experimenten

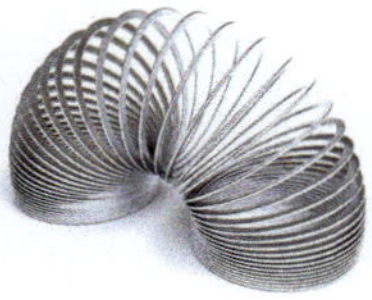

Hinweise zur Durchführung:

- Es kann bei manchen Geräten nötig sein, die Kamera in den manuellen Modus (auch „Nachtmodus“, „Pro-Modus“) zu versetzen, um ein Foto mit längerer Belichtungszeit (Belichtungszeit auf 2 Sekunden, ISO auf etwa 200) aufzunehmen.
- Wenn Sie feststellen, dass die Welle unvollständig in ihrer Amplitude dargestellt wird, erhöhen Sie die Belichtungszeit. Ist das Bild zu sehr „verschmiert“, sollte die Belichtungszeit heruntergesetzt werden.

EXPERIMENTE UND AUFGABEN

1) Slinky-Feder

Material:

Slinky-Feder, Maßband, Tablet oder Smartphone, Stativ mit Halterung

Durchführung:

a) Erzeugen Sie mit einer Slinky-Feder jeweils eine Longitudinal- und eine Transversalwelle. Nehmen Sie jeweils ein Video mit Maßstab im Hintergrund auf.

b) Ermitteln Sie mithilfe der Videos jeweils die Ausbreitungsgeschwindigkeit, Wellenlänge und Frequenz der Wellen.

c) Ermitteln Sie unter Verwendung Ihrer erstellten Aufnahmen jeweils die Wellenlänge.

d) **Weiterführende Aufgabe:** Nehmen Sie zusätzlich ein Slow-Motion-Video des Vorgangs auf und bestimmen Sie die Ausbreitungsgeschwindigkeiten der Wellen und damit die Frequenz.

2) Lightpainting

Stehende Wellen lassen sich auf Bildern nicht nur analysieren, sondern auch künstlerisch mit Lightpainting (als „Lichtgraffiti“ durch längere Belichtungszeit) darstellen.

Material:

Maßband, (bunte) Lichterkette, Tablet, Smartphone oder Digitalkamera, Stativ mit Halterung

Durchführung:

Führen Sie den Versuch zu zweit oder zu dritt in einem dunklen Raum durch.
Zwei Personen spannen die Lichterkette zwischen sich. Fixieren Sie die Kamera in der Halterung auf dem Stativ so, dass die beiden Durchführenden im Sucher voll erfasst werden und messen Sie die Länge der Lichterkette von Hand zu Hand.

a) Eine Person hält die Kette fest auf konstanter Höhe, die andere beginnt sein Ende auf- und abzubewegen. Die Frequenz wird so lange gesteigert, bis sich eine stehende Welle im Grundzustand ergibt. Nehmen Sie dann ein Foto auf. Wiederholen Sie das Vorgehen auch für die erste und zweite Oberschwingung (vgl. S. 80 f.).

b) Erläutern Sie, inwiefern der Versuch zeigt, dass Wellen Energie, aber keine Teilchen transportieren.

3) Cappuccino-Effekt

Material:

Tasse frischer Cappuccino mit Milchschaum, Löffel

Durchführung:

a) Recherchieren Sie, was man unter dem Cappuccino-Effekt (engl.: *hot chocolate effect*) versteht.

b) Planen Sie einen Versuchsaufbau, um den Effekt nachzuweisen und führen Sie das Experiment durch.

c) Untersuchen Sie verschiedene weitere Flüssigkeiten bezüglich des Effekts. Dokumentieren Sie Ihre Versuche.

4) Gasgefüllter Ballon

Material:

Luftballons mit CO_2-Füllung bzw. Helium und Luft, Maßband

Durchführung:

Ein Mitschüler hält einen CO_2-gefüllten Ballon vor sein Gesicht und beginnt zu sprechen. Stellen Sie sich anfangs direkt hinter den Ballon und gehen Sie dann langsam rückwärts.

a) Finden Sie den Bereich, in dem Sie den Mitschüler besonders gut hören.

b) Dieses Phänomen nennt man „akustische Linse“. Erklären Sie mithilfe einer Skizze die Ausbreitung des Schalls.

c) Untersuchen und begründen Sie Veränderungen bei der Verwendung unterschiedlicher Gasfüllungen.

5 Überlagerungen aufzeichnen

Material:

Lange Feder, Smartphone, Stativ

Durchführung:

Legen Sie die Feder auf einen Tisch und erzeugen Sie in Partnerarbeit Transversalwellen. Nehmen Sie ein Video auf. An beiden Enden wird zunächst in die gleiche, in einem zweiten Durchgang in unterschiedliche Richtungen ausgelenkt.

a) Sehen Sie sich das erste Video in Einzelbildern an und weisen Sie die Addition der Auslenkungen in der Mitte nach.

b) Vergleichen Sie beide Videos. Halten Sie Gemeinsamkeiten und Unterschiede hinsichtlich der Überlagerungen fest.

6 **a)** Bei einer Spiralfeder wird eine Welle (Frequenz $f = 4{,}0$ Hz) an einem Ende angeregt. Sie breitet sich mit $3{,}5\,\frac{m}{s}$ aus. Berechnen Sie die Wellenlänge.

b) Ein Metallstab wird mit $f = 4\,460$ Hz an einem Ende angeregt, wobei sich eine Wellenlänge von 1,16 m ausbildet. Bestimmen Sie die Ausbreitungsgeschwindigkeit und um welches Metall es sich handeln könnte.

c) Ein Lautsprecher strahlt in Luft bei Raumtemperatur eine Wellenlänge von 42 cm ab. Ermitteln Sie die Frequenz, mit der der Lautsprecher schwingt.

7 Ein etwa 2 m langer, dünner Kupferdraht wird zwischen zwei Isolierstützen gespannt und mit einer Wechselspannungsquelle verbunden. Der Kupferdraht verläuft dabei mittig zwischen und knapp über den Enden eines Hufeisenmagneten.

a) Erläutern Sie mithilfe Ihres Wissens über stromdurchflossene Leiter im Magnetfeld, dass der Kupferdraht in Schwingung gerät, sobald die Wechselspannungsquelle eingeschaltet wird.

b) Legt man eine ausreichend hohe Wechselspannung an, ist ein tiefer Brummton wahrnehmbar und es entsteht eine stehende Welle mit mehreren Knoten. Verdunkelt man den Raum, dann kann man erkennen, dass die Bereiche um die Knoten der stehenden Welle rötlich glühen. Erklären Sie dieses Phänomen. Gehen Sie dazu auf die Rolle von Knoten und Bäuchen einer stehenden Welle ein und nutzen Sie Ihr Wissen über die Wirkung des elektrischen Stroms.

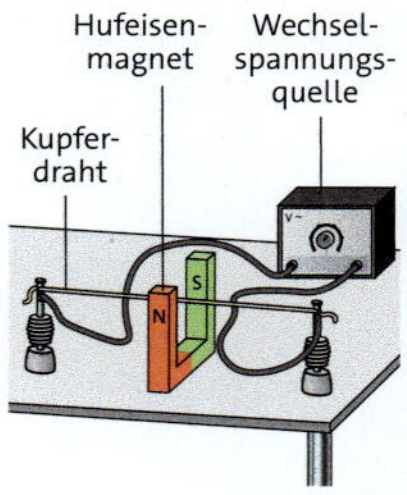

8 Gegeben ist das folgende *x*-*y*-Diagramm einer sinusförmigen Welle mit den markierten Punkten A, B, C und D.

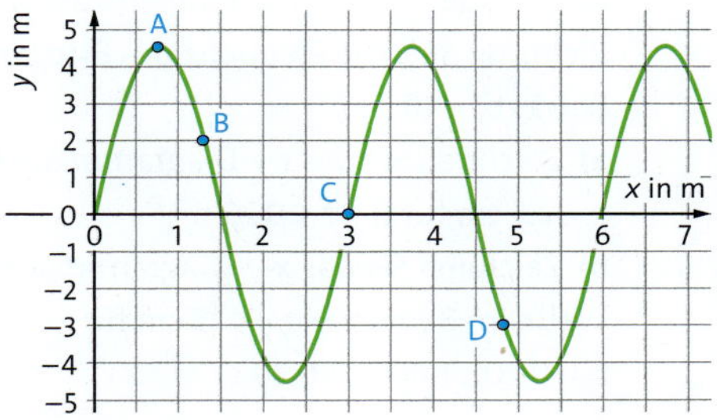

a) Ermitteln Sie aus dem Diagramm die Amplitude A und die Wellenlänge λ.

b) Zu drei der Punkte im *x*-*y*-Diagramm passt eines der vier *t*-*y*-Diagramme auf der Randspalte. Erläutern Sie, dass eines der *t*-*y*-Diagramme nicht die gleiche Welle wie die drei anderen beschreiben kann.

c) Ordnen Sie begründet den Punkten jeweils das zugehörige *t*-*y*-Diagramme zu.

d) Bestimmen Sie aus einem der Diagramme die Periodendauer T und die Frequenz f.

e) Geben Sie die Wellenfunktion $y(t)$ an, die den zeitlichen Verlauf der Auslenkung des verbliebenen Punkts beschreibt und skizzieren Sie dessen Verlauf.

f) Begründen Sie, dass der Punkt C durch Auf- und Abbewegung nach $t = 16$ s eine Stecke von 72 m zurückgelegt hat.

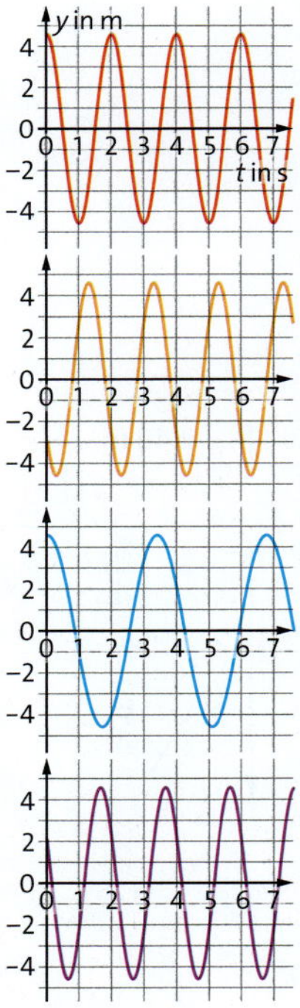

Hinweis:

Eine Wellenfunktion dieser Wellenart hat die Form:

$y(t) = A \cdot \sin\left(\frac{2\pi}{T} \cdot t + t_0\right)$

EXPERIMENTE UND AUFGABEN

9 Mit einer Schiene und rollenden Magneten wird häufig das Prinzip einer Longitudinalwelle veranschaulicht. Nennen Sie je zwei Vor- und Nachteile des Modells und beurteilen Sie den Einsatz im Unterricht.

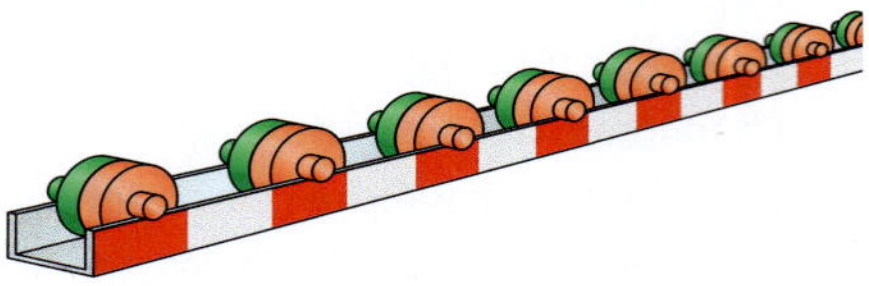

10 Eine sinusförmige Transversalwelle beginnt zum Zeitpunkt $t = 0$ im Koordinatenursprung und breitet sich mit einer Geschwindigkeit von $c = 50\,\frac{\text{cm}}{\text{s}}$ und einer Amplitude von $A = 3{,}0$ cm in positive x-Richtung aus. Die Frequenz des Erregers beträgt $f = 10$ Hz.

a) Zeichnen Sie das t-y-Diagramm am Ort $x = 2{,}5$ cm für $0 < t < 0{,}25$ s.

b) Zeichnen Sie das x-y-Diagramm der Welle im Bereich $0 < x < 15$ cm für $t_1 = 0{,}20$ s und $t_2 = 0{,}30$ s.

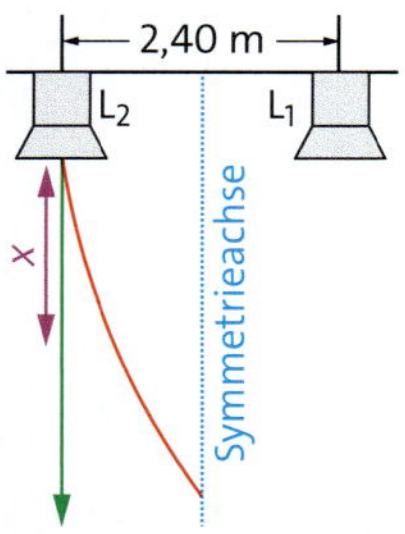

11 Zwei identische Lautsprecher im Abstand $g = 2{,}40$ m senden gleichphasig Wellen mit $f = 857{,}5$ Hz aus. Ein Mikrofon nimmt das Signal auf und wird von L_2 zur Symmetrieachse verschoben (roter Weg).

a) Erläutern Sie, dass auf der Symmetrieachse nur Punkte maximaler Interferenz liegen.

b) Geben Sie die Anzahl an Stellen maximaler und minimaler Lautstärke an, die auf dem Weg zwischen Start- und Endpunkt nachgewiesen werden können. Begründen Sie die Anzahl.

c) Nun wird das Mikrofon erneut direkt bei L_2 platziert und entlang der grünen Linie vom Lautsprecher weg verschoben. Ermitteln Sie, in welchem Abstand x von L_2 das Minimum 1. Ordnung liegt.

12 Mit zwei identischen Tupfern im Abstand von $g = 5{,}0$ cm werden kreisförmige Wellen in einer Wellenwanne erzeugt. Die Erreger tauchen dabei stets gleichzeitig gleich tief ins Wasser ein. Zum Zeitpunkt $t = 0$ sind beide am tiefsten Punkt der Bewegung. Die Frequenz beträgt $f = 25$ Hz, die Ausbreitungsgeschwindigkeit $c = 0{,}50\,\frac{\text{m}}{\text{s}}$.

a) Skizzieren Sie das Interferenzbild zum Zeitpunkt $t = 4T$ und kennzeichnen Sie Bereiche maximaler konstruktiver und destruktiver Interferenz.

b) Erläutern Sie die Änderung des Interferenzbilds, wenn...

(i) nur die Frequenz der Tupfer gesteigert wird.

(ii) nur der Abstand g verkleinert wird.

(iii) die Tupfer gegenphasig eintauchen.

c) Begründen Sie, dass das tatsächliche Interferenzbild der Wasserwellen von Ihrer Zeichnung leicht abweicht.

13 NTG Die kleinsten Orgelpfeifen der Passauer Orgel sind als halbgedeckte Röhren gebaut, d. h., sie sind nur oben geschlossen.

a) Fertigen Sie eine Skizze analog zu ▸ 3 auf Seite 84 an und erläutern Sie den hier geltenden Zusammenhang $l = 0{,}25\lambda$.

b) Berechnen Sie die Frequenz des Tons, der in der kleinsten Pfeife der Länge 6 mm entsteht.

c) Erläutern Sie den Vorteil, die Pfeife in der halbgedeckten Form zu bauen. Notieren Sie auch einen Nachteil.

14 ▢ Die Millennium-Bridge, entworfen von Norman Foster, ist eine Fußgängerbrücke über die Themse in London. Recherchieren Sie die Ereignisse, die kurz nach der Eröffnung der Brücke am 10. Juni 2000 auftraten. Notieren Sie die Problematik und die Gegenmaßnahmen, die getroffen wurden.
NTG

15 ▢ Blicken Sie durch einen fein gewebten, leicht transparenten Vorhang (am besten weiß) auf eine Lichtquelle wie eine Straßenlaterne oder einen Pkw-Scheinwerfer. Beschreiben und erklären Sie Ihre Beobachtung.

16 ▢ Licht der Wellenlänge $\lambda = 500$ nm fällt senkrecht auf einen Doppelspalt mit dem Spaltabstand $g = 2{,}5$ µm. Konstruieren Sie die Orte der 0. und 1. Maxima des Lichts mit einer Zeichnung im Maßstab $10^4 : 1$.

17 Licht interferiert nach dem Durchgang durch zwei Spalte A und B. Am Punkt P befindet sich ein Detektor, der die Lichtintensität misst.

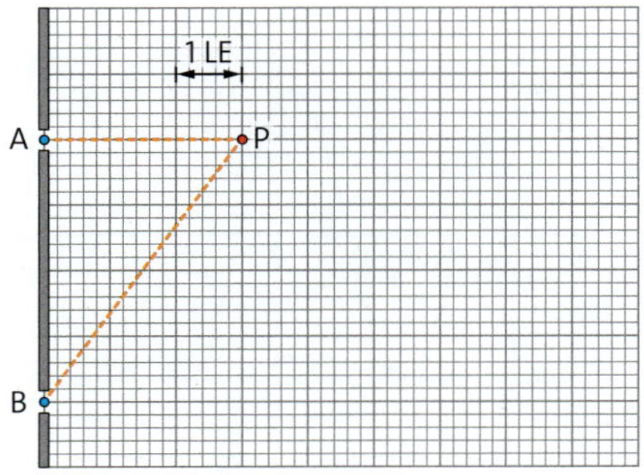

Berechnen Sie den Gangunterschied der von A bzw. B ausgehenden Elementarwellen bei P mithilfe geometrischer Überlegungen. Entscheiden Sie, ob der Detektor bei P ein Maximum/Minimum oder keines von beiden anzeigt, wenn ...

a) die Wellenlänge des Lichts ein Viertel des Abstands von A und B beträgt.

b) die Wellenlänge des Lichts ein Drittel so groß ist wie der Abstand von A und B.

18 Die folgenden Interferenzbilder sind bei drei Versuchen mit demselben Laser entstanden. Es wurden Doppelspalte mit verschiedenen Spaltabständen genutzt. Entscheiden Sie begründet, bei welchem der Bilder der Spaltabstand am geringsten war.

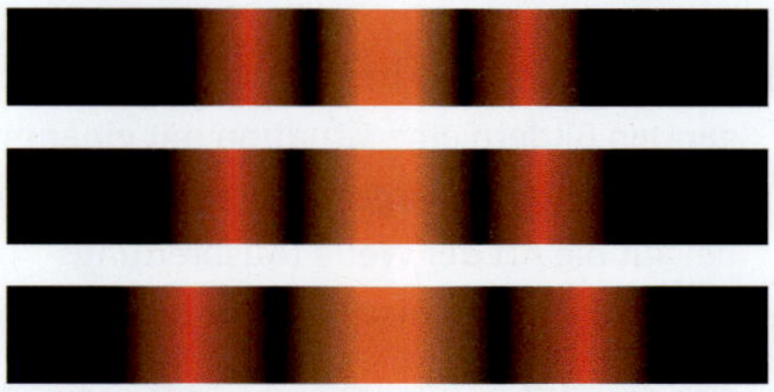

19 Das Licht dreier verschiedenfarbiger Laser (Rot, Blau und Grün) fällt gleichzeitig durch einen Doppelspalt.
Skizzieren Sie das entstehende Interferenzbild bis zur 2. Ordnung.

20 Skizzieren Sie die Intensitätsverteilung von Licht nach dem Durchgang durch einen Doppelspalt, wenn man ausschließlich das Photonenmodell von Licht verwenden würde.

21 Zwei Laserpointer haben dieselbe Farbe, aber unterschiedliche Leistungen: 0,5 mW und 1,0 mW. Schülerinnen und Schüler fertigen Skizzen an, wie sie sich den Unterschied der beiden Laser vorstellen.

a) Ordnen Sie die nebenstehenden Zeichnungen begründet jeweils einem der Modelle von Licht zu.

b) Beschreiben Sie jeweils ein Experiment, das mit dem entsprechenden Modell gut erklärt werden kann.

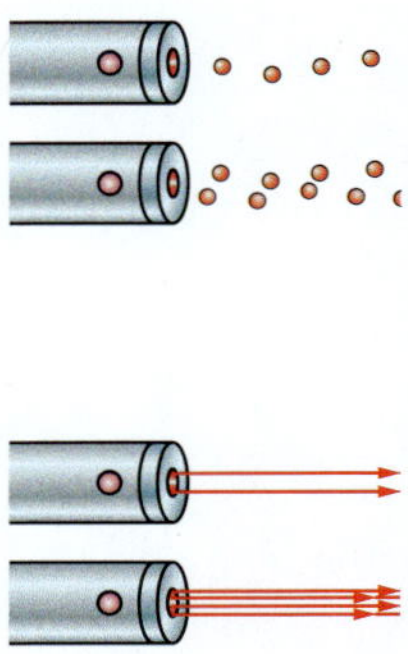

Wellen

1 Sie gehen am Strand spazieren, betrachten das ruhige Meer und werfen schließlich zwei kleine Steine: einer fällt auf den Sand, der andere ins Meer.

a) Erläutern Sie, dass in einem der beiden Fälle eine mechanische Welle entsteht und im anderen nicht.

b) Ein großes Seerosenblatt schwimmt einige Meter vom Einschlag des Steins entfernt an der Oberfläche. Erläutern Sie, ob das Blatt von der Ausbreitung der Welle beeinflusst wird.

2 Entscheiden Sie begründet, ob in den folgenden Bildern eine Situation mit einer physikalischen Welle dargestellt ist. Gehen Sie dabei auf die Art der Welle (Ausbreitungsverhalten, mechanisch etc.) ein.

▸1 Welle oder nicht?

3 Skizzieren Sie in Ihrem Heft eine sinusförmige Welle mit der Amplitude $A = 3{,}0$ cm, der Frequenz $f = 5{,}0$ Hz und der Wellenlänge $\lambda = 4{,}0$ cm sowohl in einem t-y- als auch in einem x-y-Diagramm in geeignetem Maßstab.

4 **a)** Berechnen Sie die Wellenlängen von Schallwellen in Luft bei Raumtemperatur für den Hörbereich von 20 Hz bis 20 kHz.

b) Bestimmen Sie die Frequenz von Licht der Wellenlänge $\lambda = 410$ nm und geben Sie die Farbe des Lichts an.

c) Berechnen Sie die Geschwindigkeit einer Wasserwelle, bei der innerhalb von 50 s insgesamt acht Wellenberge im Abstand von 7,5 m an einer Stelle registriert wurden.

5 **a)** Nennen Sie je zwei Beispiele einer Transversal- und einer Longitudinalwelle im Alltag.

b) Ein beliebter Party-Gag ist das Einatmen von Helium aus einem Ballon, um danach mit sehr hoher Stimme zu sprechen.
Erläutern Sie das Zustandekommen der Veränderung der wahrgenommenen Stimmlage, wenn die Stimmlippen weiter die gleichen Wellenlängen erzeugen.

c) Berechnen Sie die wahrgenommene Frequenz für die Wellenlänge $\lambda = 0{,}85$ m, wenn die Schallgeschwindigkeit in Helium bei 20 °C $c = 981\,\frac{\text{m}}{\text{s}}$ beträgt.

6 Ermitteln Sie mithilfe der beiden folgenden Diagramme die Periodendauer, die Amplitude, die Wellenlänge und die Frequenz der sinusförmigen Welle.

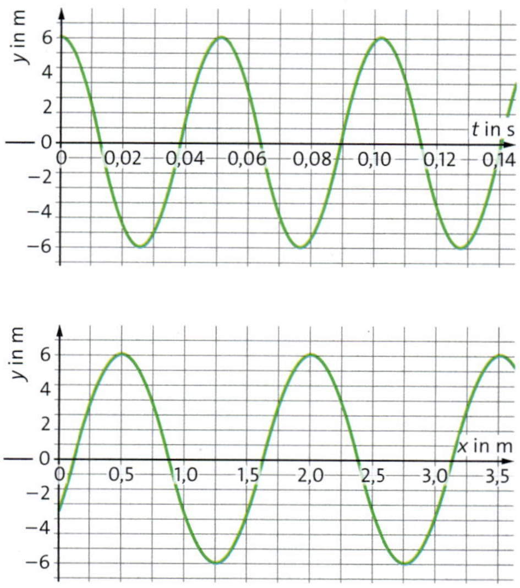

▸2 Diagramme einer sinusförmigen Welle

7 ▢ Eine Wellenmaschine macht aus einem Schwimmbecken ein Wellenbad, indem sich ein Brett 21-mal pro Minute hoch und runter bewegt. Eine ausgesendete Wellenfront trifft den 30 m entfernten Beckenrand nach 20 s.

a) Berechnen Sie die Ausbreitungsgeschwindigkeit und Frequenz der Welle.

b) Ermitteln Sie die Wellenlänge und geben Sie den Abstand zweier aufeinander folgender Wellenberge an.

8 ◪ Sie stehen auf dem Gang und hören aus einem nicht einsehbaren Zimmer dennoch Musik durch die offene Tür. Erläutern Sie dieses Phänomen und geben Sie an, dass dies den Wellencharakter von Schall nachweist.

9 ◪ Die Ausbreitungsgeschwindigkeit eines Tsunamis hängt von der Wassertiefe h ab. Es gilt $c = \sqrt{gh}$. Die Wellenlänge λ lässt sich durch $\lambda = 2\pi h$ annähern.

a) Ermitteln Sie, wie lange ein Tsunami von der Ostküste Japans zur Westküste der USA bei einer Wassertiefe von 5,0 km benötigt.

b) Vergleichen Sie Wellenlänge und Ausbreitungsgeschwindigkeit, wenn die Wassertiefe von 5,0 km auf 100 m absinkt und geben Sie eine Folge für a) an.

10 ■ In einem Hörsaal werden zwei identische Lautsprecher für Durchsagen montiert.

a) Geben Sie an, inwiefern es akustische Unterschiede im Hörsaal gibt. Begründen Sie Ihre Antwort.

b) Ein Mikrofon zeichnet die Vorlesung auf. Der Techniker platziert es willkürlich im Raum in einer Entfernung $s_1 = 12{,}6$ m von Lautsprecher 1 und $s_2 = 16$ m von Lautsprecher 2. Zeigen Sie durch Rechnung, dass die Platzierung des Mikrofons für den Empfang einer Frequenz von $f = 250$ Hz und einer Schallgeschwindigkeit von $c = 340\,\frac{\text{m}}{\text{s}}$ ungünstig ist.

11 ◪ Mit einem Laser ($\lambda = 520$ nm) wird ein Doppelspalt-Experiment durchgeführt.

a) Beschreiben Sie den Versuchsaufbau und erläutern Sie das Zustandekommen des Schirmbilds.

b) Geben Sie an, wie sich das Schirmbild ändert, wenn man den Abstand der beiden Spalte vergrößert.

c) Begründen Sie, dass sich das Schirmbild ändert, wenn man einen roten Laser verwendet.

12 ▢ Fassen Sie zusammen, welche Phänomene mit dem Photonen- und welche mit dem Wellenmodell des Lichts erklärbar sind.

Kann ich ...	Aufgabe	Hilfe
• Transversal- und Longitudinalwellen im Alltag erkennen?	2, 5	S. 68 ff.
• mit den Grundgrößen eine Welle und ihre Ausbreitung beschreiben?	3, 4, 6, 7	S. 70 f.
• den Zusammenhang zwischen Ausbreitungsgeschwindigkeit, Wellenlänge und Frequenz sicher anwenden?	4, 5, 7, 9, 10	S. 70 f.
• Beugung und Interferenz als Wellenphänomene erkennen?	8, 10, 11	S. 74 ff.
• Alltagsphänomene und experimentelle Beobachtungen zur Interferenz mit dem Superpositionsprinzip erklären?	8, 10, 11	S. 76 f., 80 ff.
• das Zustandekommen konstruktiver und destruktiver Interferenz mit dem Gangunterschied begründen?	10, 11	S. 78 f.
• Schirmbilder von Laserlicht am Doppelspalt interpretieren?	11	S. 90 f.
• den Zusammenhang zwischen Farbe und Wellenlänge des Lichts formulieren?	4, 11	S. 92
• das Photonen- und Wellenmodell vergleichen?	12	S. 92 f.

Die Lösungen zu den Check-up-Aufgaben finden Sie ab Seite 185.

Schwingungen und Wellen

- Schwingungen sind **periodische Bewegungen** eines Körpers durch eine stabile Gleichgewichtslage.

- Kenngrößen einer Schwingung:
  - Die **Auslenkung *x(t)*** ist die momentane Entfernung von der Gleichgewichtslage.
  - Als **Amplitude x_{max}** bezeichnet man die betragsmäßig größte Auslenkung.
  - Die **Schwingungs-** oder **Periodendauer *T*** gibt die Dauer einer vollständigen Hin- und Herbewegung an.
  - Die **Frequenz *f*** gibt die Anzahl der Schwingungen pro Sekunde an.

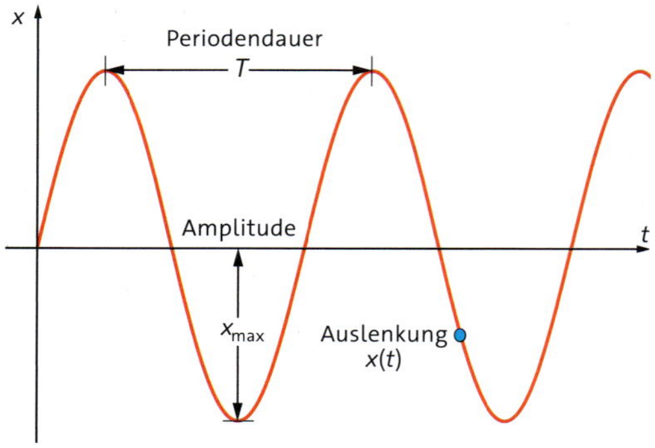

- Ursache einer Schwingung: Die Einwirkung mit einer **Rückstellkraft** auf einen Körper führt zur Schwingungsbewegung.

- Schwingungen, die sich durch eine Sinusfunktion beschreiben lassen, nennt man **harmonische Schwingung.**

- In einer harmonischen Schwingung ist zu jedem Zeitpunkt *t* die Rückstellkraft F_r zur momentanen Auslenkung *x* **proportional**. Sie ist der Auslenkung entgegengesetzt gerichtet.

$$F_r(t) \sim -x(t)$$

Federpendel	Fadenpendel
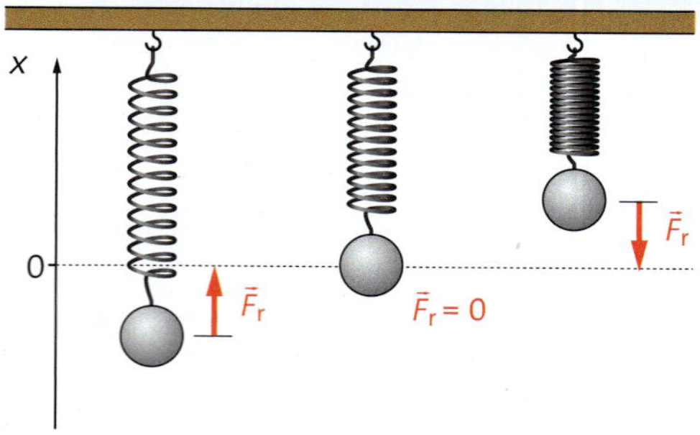	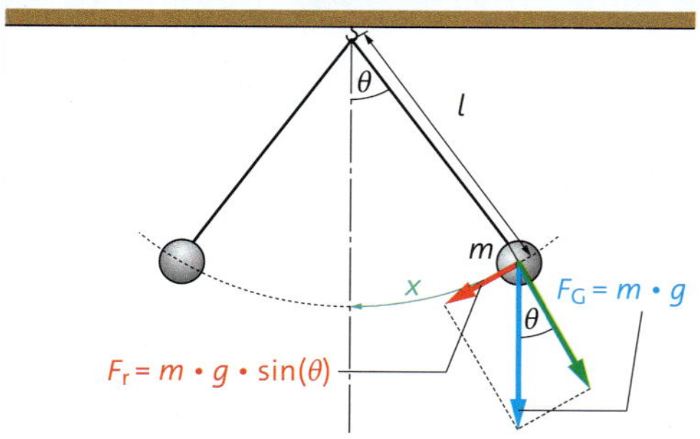
Die Schwingungsdauer *T* hängt nur von der Masse *m* des Pendelkörpers und der Federkonstanten *D* ab.	Die Schwingungsdauer *T* hängt von der Fadenlänge *l* und von der Fallbeschleunigung *g* ab. $T = 2\pi \cdot \sqrt{\frac{l}{g}}$

Eine Welle entsteht, wenn sich in einem System aus **gekoppelten Teilsystemen** eine Anregung zeitlich und räumlich ausbreitet. Eine physikalische Welle **transportiert Energie**, aber keine Materie.

Bei einer **Transversalwelle** (Querwelle) schwingen die beteiligten Teilchen stets senkrecht zur Ausbreitungsrichtung.

Bei einer **Longitudinalwelle** (Längswelle) schwingen die Teilchen parallel/antiparallel zur Ausbreitungsrichtung.

Beschreibung mechanischer Wellen:

- Bei einer mechanischen Welle bewegt sich **jeder Massepunkt wie bei einer Schwingung** und ist durch Auslenkung y, Schwingungsdauer T und Frequenz f charakterisiert.
- Die **Wellenlänge** λ ist der Abstand zweier benachbarter, gleicher Schwingungszustände zum gleichen Zeitpunkt.
- Die **Ausbreitungsgeschwindigkeit** c gibt an, wie schnell sich eine Auslenkung ausbreitet.

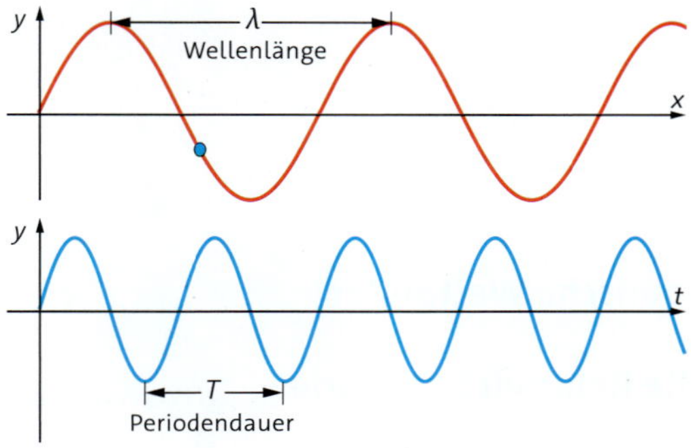

Licht kann als Welle interpretiert werden. Als elektromagnetische Welle benötigt es im Gegensatz zu mechanischen Wellen kein **Medium** zur Ausbreitung.

Kennzeichen aller Wellen:

- Für alle Wellen gilt der Zusammenhang: $c = \frac{\lambda}{T} = \lambda \cdot f$
- Treffen Wellen auf ein begrenztes Hindernis, dann breitet sich die Welle auch in den Bereichen aus, die vom Hindernis verdeckt sind. Dies nennt man **Beugung**.
- Unter **Interferenz** versteht man die ungestörte Überlagerung zweier Wellen gleicher Wellenlänge nach dem **Superpositionsprinzip** (= Überlagerung gleicher physikalischer Größen, die sich gegenseitig nicht stören).

Konstruktive Interferenz	Destruktive Interferenz
Verstärkung der Wellen	Auslöschung der Wellen
$\Delta s = k \cdot \lambda\,;\, k \in \mathbb{N}$	$\Delta s = (2k-1) \cdot \frac{\lambda}{2}\,;\, k \in \mathbb{N}\backslash\{0\}$
mit dem **Gangunterschied Δs** und der Ordnung k des **Maximums** bzw. **Minimums**	

Treffen Wellen auf einen **Doppelspalt** passender Größenordnung, interferieren sie. Die Maxima und Minima rücken näher zusammen, wenn man bei gleichen Spaltabstand die Wellenlänge verkleinert oder bei gleicher Wellenlänge den Spaltabstand vergrößert.

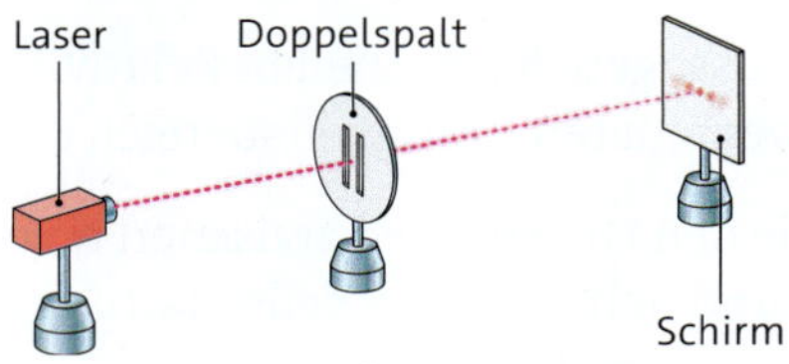

Eigenverantwortliches Arbeiten

1 **Astronomische Weltbilder** **106**

2 **Spezielle Relativitätstheorie** **120**

3 **Energieversorgung** **134**

In diesem Lernbereich

- erschließen Sie sich eigenverantwortlich Informationen aus unterschiedlichen Quellen zu drei verschiedenen Themenkomplexen.
- reflektieren Sie die Auswirkungen von Beobachtungen und Theorien auf die Entwicklung des astronomischen Weltbilds in historischen und gesellschaftlichen Zusammenhängen.
- stellen Sie Aussagen der speziellen Relativitätstheorie dar und erläutern damit den begrenzten Gültigkeitsbereich der klassischen Mechanik.
- erläutern Sie den Unterschied zwischen reversiblen und irreversiblen Vorgängen und nehmen zu gesellschaftlich relevanten Fragen der Energieversorgung Stellung.

▸1 Galaxienhaufen SDSS J0928+2031

1 Astronomische Weltbilder

Das Weltbild im Wandel

In insgesamt sechs Unterrichtsstunden erarbeiten Sie sich in Gruppenarbeit Wissensgrundlagen zu verschiedenen Themen der Astronomie, z.B. dem geo- und heliozentrischen Weltbild, dem Wandel des Weltbilds und der Entwicklung der Keplerschen Gesetze, sowie zu modernen Vorstellungen von der Welt wie dem Urknall, der Expansion des Universums, der Struktur und den Objekten im Universum (▸1).
Zunächst werden anhand der zu bearbeitenden Themen (S.105) Gruppen gebildet. Die Form der am Ende der sechs Stunden anstehenden Präsentation wird abgesprochen (S.104).

Zwei der Unterrichtsstunden sollen der Bearbeitung Ihres Themas dienen. Dazu führen Sie zunächst als Hausaufgabe ein ausführliches Quellenstudium in der Literatur, im Internet und anderen elektronischen Medien durch (S.103). Als Ausgangsliteratur soll Ihnen das Material auf den Seiten 110–119 dienen.

Beachten Sie, dass hier nur grundlegende Gedanken zu allen Themenbereichen aufgeführt sind. Es handelt sich um eine nichtvollständige Übersicht, die Sie mithilfe Ihrer Recherche sinnvoll ergänzen sollen.

In der dritten Stunde vergleichen Sie in Ihrer Gruppe die Inhalte Ihrer Quellen und die erarbeiteten Rechercheergebnisse und verteilen weitere Aufgaben. Insbesondere müssen Sie fehlendes Material wie Bilder und Skizzen anfertigen.

Die vierte und ggf. fünfte Stunde dient dazu, alle Ergebnisse zusammenzutragen und die Struktur für die ausgewählte Präsentationsform vorzubereiten. Zusätzlich fertigen Sie eine Wissenssicherung, z.B. als Handout, für die Klasse an. Am Ende dieser Phase sollten Sie Ihr Thema und Ihre Präsentation soweit ausgearbeitet und aufbereitet haben, dass Sie sie zusammen mit Ihren Gruppenpartnern verständlich und übersichtlich vorstellen können.

METHODE

Quellenarbeit

Für Ihre eigenverantwortliche Arbeit ist eine ausführliche Recherche möglichst vieler, treffender Quellen essenziell. Diese müssen Sie auswerten, im Hinblick auf die dort getroffenen Aussagen vergleichen und für die abschließende Wissenssicherung, z.B. in Form einer Präsentation, aufbereiten.

Alle Quellen – unabhängig davon, in welchem Medium sie veröffentlicht wurden – werden mit einer bestimmten Absicht und vor einem geschichtlichen Hintergrund erstellt. Daher sollten vor ihrer Verwendung für die eigene Arbeit wesentliche Punkte überprüft werden:

- Welchen inhaltlichen Bezug hat die Quelle zum Thema?
- Fehlen in der Quelle wichtige Inhalte zum Thema? Fehlen diese absichtlich oder aufgrund von Unwissenheit des Urhebers?
- Ist der Urheber eine Privatperson oder handelt es sich um eine öffentliche Institution?
- Ist der Urheber glaubwürdig?
- Sind die Argumente folgerichtig?
- Gibt es einen konkreten Anlass oder Hintergrund für die Veröffentlichung?
- Beschreibt der Urheber das Thema mit zeitlichem Abstand zum Geschehnis oder in der Zeit, in der das Thema aktuell war?
- Wer sind die Adressaten des Urhebers?
- Soll die Quelle eine besondere Wirkung auf den Adressaten ausüben?

Eine hilfreiche Methode zur Überprüfung dieser Punkte und bei der Quellenarbeit im Allgemeinen sind sogenannte **Exzerpte**. Dabei fasst man die Texte in eigenen Worten zusammen.

Eine wissenschaftliche Arbeit sollte den aktuellen Stand der Forschung berücksichtigen. Daher sollten Sie einerseits stets auf das jeweilige Datum der Veröffentlichung achten und andererseits überprüfen, ob die hier verwendeten Quellen nachvollziehbar und glaubwürdig sind.

Einen Überblick über mögliche Bezugsquellen für Informationen zeigt ▸ 2. Besonders wichtig ist hierbei das Internet. Mithilfe einer Suchmaschine und passenden Suchwörtern können Sie hier leicht Quellen auffinden. Gleichzeitig müssen insbesondere diese Quellen auf ihre Verwendbarkeit geprüft werden, da im Internet jede Person Informationen verbreiten kann.

Bei allen genutzten Informationen ist es wichtig, die verwendten Quellen zu belegen. Dazu gehören die Angabe des Urhebers, der Werktitel, das Datum der Veröffentlichung sowie ggf. der Verlag und die Seitenzahlen im Werk:

Urheber, Werktitel, Verlag, Seite (Jahr)

Für Quellen aus dem Internet muss immer die URL sowie das Datums des Abrufs angegeben werden.

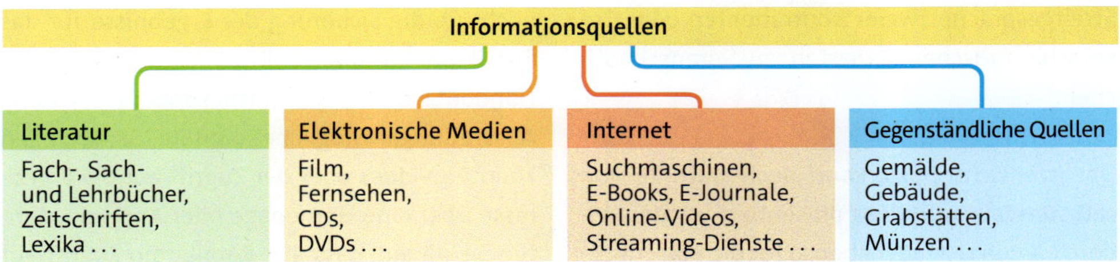

▸ 2 Übersicht über Informationsquellen

– Im Internet recherchieren
– Informationen auswerten
– Umgang mit Quellen
– Präsentieren und Adressatenorientierung

Originalliteratur, z. B. die *Astronomia Nova* von Johannes Kepler oder die *Philosophiae Naturalis Principia Mathematica* von Isaac Newton, kann man häufig als Digitalisat im Internet beziehen.

Präsentieren und Adressatenorientierung

METHODE

Präsentationsformen

Über die Vorgehensweise zur adressatenorientierten Präsentation eigener Arbeitsergebnisse konnten Sie sich bereits in den vorherigen Jahrgängen die wesentlichen Grundlagen und Kompetenzen aneignen (▸ QR-Code).
Nachfolgend soll es daher um verschiedene Möglichkeiten einer gelungenen Präsentation gehen. Je nach Arbeitsergebnis ermöglichen die unterschiedlichen Formen dabei zielgerichtete und abwechslungsreiche Präsentationen:

Die bekannteste Präsentationsform ist die **Computerpräsentation**, für die mithilfe einer entsprechenden Software digitale Folien erstellt werden. Die Folien unterstützen dabei den Vortragenden durch Bilder, Grafiken und kurze Stichpunkte (▸ QR-Code).

Eine Aufarbeitung des Themas für einen größeren Adressatenkreis kann z. B. in einer **Ausstellung mit Postern** erfolgen, die in den Gängen des Schulgebäudes konzipiert wird und dort einige Monate zur Besichtigung und der eigenen Wissenserweiterung verbleibt. Hierfür können die Mitglieder der Arbeitsgruppe auch zu verschiedenen Zeiten kurze Führungen im Schulhaus anbieten.

Ein **szenisches Spiel** bietet die Möglichkeit Ergebnisse über Rollenspiele (z. B. Gerichtsverfahren), Talkshows, Podiumsdiskussionen, Interviews (z. B. mit einer historischen Persönlichkeit), Streitgespräche zweier Kontrahenten oder Gespräche zwischen Experten zu veranschaulichen.

Das szenische Spiel kann auch mithilfe von **selbsterstellten Videos** präsentiert werden. Videos eignen sich aber ebenso für die Präsentation von Erklär- oder Kurzfilmen zum Thema.

Auch eine Vorstellung im Rahmen einer **Abendveranstaltung**, die sich an Interessierte der Schulgemeinschaft, z. B. Mitschülerinnen und Mitschüler, Lehrkräfte, Eltern und Geschwister, richtet, ist möglich. Hier kann eine Zusammenarbeit mit Musik- und Kunstkursen nützlich sein, die die Veranstaltung musikalisch und künstlerisch umrahmen.

In allen Fällen ist eine adressatengerechte Präsentation wesentlich. Dazu ist auch die Kombination mehrerer Präsentationsformen denkbar.

Beispielsweise bearbeiten bei einem Expertenpuzzle einzelne Gruppen Teilaspekte des Themas. Anschließend bilden sich neue Gruppen mit je einem Experten aus den vorherigen Gruppen und tauschen sich aus. Die abschließende Präsentation des gesamten Themas durch ein Gruppenmitglied könnte dann mit einer Computerpräsentation und zusätzlichen Videos erfolgen.

Bedenken Sie bei der Anfertigung Ihrer Präsentation, dass Sie ggf. nur einen begrenzten Zeitrahmen für Ihre Ausführungen haben werden. Dieser richtet sich nach dem Umfang des Themas und der Anzahl der Gruppen. Daher müssen Sie bei der Erstellung die wesentlichen Inhalte herausarbeiten, Unwichtiges streichen und die Ergebnisse sinnvoll strukturieren.

Zusätzlich zur Präsentation müssen Sie sich auch um die **Sicherung der Ergebnisse** für das Publikum kümmern. Dazu eignen sich z. B. Handouts oder Flyer (insbesondere bei einer Ausstellung). Mögliche digitale Sicherungen könnten Videos oder der Zugriff auf die Ergebnisse über eine Homepage oder App sein. Achten Sie darauf, dass alle Beteiligten Zugriff auf Ihre erstellte Wissenssicherung haben können.

AUFGABEN

Für die Bearbeitung der Aufgaben können Sie sich mithilfe der Seiten 106-115 als erste Informationsquelle einen Überblick über das Thema „Astronomische Weltbilder" verschaffen. Es empfiehlt sich, dass diese Quelle zunächst von allen Gruppen gelesen wird. Beachten Sie, dass hier zu den einzelnen Themen nur eine Auswahl an Informationen gegeben wird. Zur vollständigen Ausarbeitung benötigen Sie eine weiterführende Recherche. Achten Sie darauf, für alle Informationen, die sie nutzen, die verwendeten Quellen zu belegen.

1 Gegenüberstellung von geo- und heliozentrischem Weltbild

a) Beschreiben Sie die Entwicklung des geozentrischen Weltbilds anhand zeitlich eingeordneter Vertreter des Weltbilds.

b) Fassen Sie die Aussagen des geo- und des heliozentrischen Weltbilds zusammen. Vergleichen Sie beide Weltbilder und fertigen jeweils eine Skizze an.

2 Der Wandel vom geozentrischen zum heliozentrischen Weltbild

a) Erklären Sie die Gründe für das lange Festhalten am geozentrischen Weltbild.

b) Erläutern Sie im historischen Kontext den Zeitpunkt der Anerkennung des heliozentrischen Weltbilds. Geben Sie die Gründe für den Wechsel des Weltbilds an.

c) Formulieren Sie einen Lebenslauf von Tycho de Brahe als Astronom zwischen den Weltbildern.

3 Die Keplerschen Gesetze

a) Beschreiben Sie das Leben und Handeln von Johannes Kepler sowie die Entstehung der Keplerschen Gesetze im geschichtlichen Zusammenhang.

b) Geben Sie den Inhalt der Keplerschen Gesetze in eigenen Worten wieder.

c) Erklären Sie an Beispielen die unterschiedlichen Umlaufzeiten sonnennaher und sonnenferner Planeten mithilfe des 3. Keplerschen Gesetzes.

4 Die Urknalltheorie und das kosmologische Prinzip

a) Erklären Sie den Begriff Urknall.

b) Beschreiben Sie die Entwicklung des Universums mithilfe der Urknalltheorie. Gehen Sie insbesondere auf das Alter und die Expansion des Universums ein.

c) Erklären Sie begründet, dass die Mikrowellenhintergrundstrahlung die Urknalltheorie stützt.

d) Geben Sie die Inhalte des kosmologischen Prinzips an und erklären Sie begründet dessen Gültigkeit.

5 Objekte im Weltall und Exoplaneten

a) Beschreiben Sie den Aufbau des heutigen Universums. Gehen Sie dabei auf die wichtigsten astronomischen Objekttypen ein und geben Sie jeweils ein Beispiel an.

b) Erläutern Sie begründet, dass die Aussagekraft der Drake-Formel begrenzt ist.

c) Beschreiben Sie stichpunktartig mindestens drei Methoden zur Auffindung von Exoplaneten. Geben Sie für jede Methode ein Beispiel eines entdeckten Exoplaneten an.

d) Erklären Sie den Begriff „habitable Zone" und geben Sie die Kriterien an, die ein Exoplanet erfüllen muss, um als erdähnlich klassifiziert zu werden.

6 Abschlussaufgabe für alle Gruppen

a) Fertigen Sie eine Übersicht zum Stichwort „Unser Platz im Universum" an.

b) Fassen Sie die Auswirkungen durch die Veränderung unseres Weltbilds im Laufe der letzten 2 000 Jahre auf die Wahrnehmung des Menschen zusammen.

- Bewertungen analysieren
- Umgang mit Quellen
- Arbeit mit Quellen
- Physikalisch argumentieren

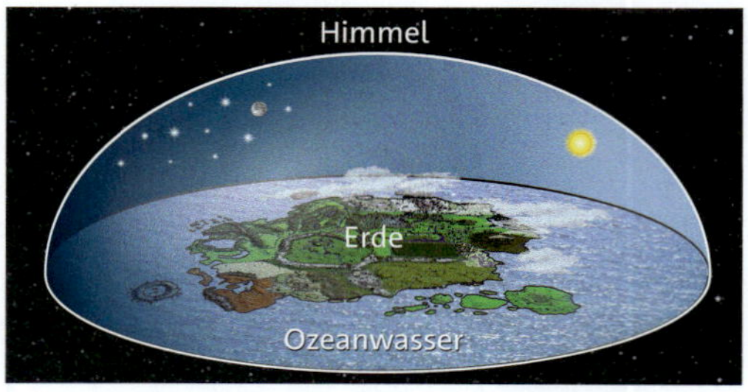

▸ 1 Die Erde im Ozeanwasser

▸ 2 Ägyptische Sternbilder

Der Weg zum modernen Weltbild

Bereits aus dem 4. Jt. v. Chr. liegen uns Zeugnisse darüber vor, dass die Menschen den Himmel beobachtet haben. Mit der Sonne, dem Mond und den Planeten Venus, Mars, Jupiter und Saturn bestand eine besondere Verbundenheit, da sie aufgrund ihrer (scheinbaren) Helligkeit gut zu beobachten sind. Sie waren der Gegenpol zu dem irdisch vergänglichen Leben und stellten das regelmäßige, nicht endende, verlässlich wiederkehrende und ewige Leben dar. So wurden aus den Planeten Götter, die das Schicksal der Menschen beeinflussten. Dieser Glaube findet noch bis heute in der Astrologie seine Fortsetzung.

Ein synodischer Monat ist die Zeit von einer Mondphase bis zu ihrer Wiederkehr.

Die genaue Beobachtung der Gestirne hatte für die Menschen auch praktische Bedeutung: Sie gaben eine Zeiteinteilung vor und führten in allen Kulturen der Frühzeit zur Entwicklung verschiedener Kalender. Sesshaft gewordene Menschen stellten fest, dass die erfolgreiche Aussaat von Nahrungsmitteln am besten bei bestimmten Sternstellungen durchgeführt werden sollte. Die Aufzeichnungen und Vorhersagen von Mond- und Sonnenfinsternissen verwendete man zur Abschreckung von Feinden, die noch nicht in der Lage waren, Finsternisse vorherzusagen. Finsternisse waren allgemein Vorboten schlimmer Ereignisse. Zusätzlich bot der Sternenhimmel eine Möglichkeit zur Orientierung auf der Erde.

Heute liegen uns aus vielen verschiedenen Kulturen astronomische Beobachtungen vor:

Die **Maya** (ab 3 400 v. Chr.) lebten auf der nordamerikanischen Halbinsel Yukatan. Aufgrund der geografischen Lage konnten sie die Sonne zweimal im Jahr im Zenit beobachten. Steht die Sonne im Zenit, kann kein Schattenwurf beobachtet werden, sodass diese Termine bei den Maya einen besonderen Stellenwert besaßen.

Die **Babylonier** (ab 3 000 v. Chr.) stellten sich die Erde als schwimmende Scheibe im Ozeanwasser vor (▸ 1). Von ihren Tempeln beobachteten sie den Himmel. Von den Babyloniern finden sich genaue astronomische Daten, z. B. die Länge des Synodischen Monats nach NABURI ANNU mit 29,53 Tagen oder die Aufzeichnung einer Sonnenfinsternis vom 15.06.763 v. Chr. Zum ersten Mal findet man den Begriff Saroszyklus im Zusammenhang mit Finsternissen. Die Namen der wichtigsten Sternbilder wurden durch die Babylonier festgelegt, darunter die Tierkreiszeichen.

In Ägypten (ab 3 000 v. Chr.) war das Erscheinen des Sterns Sirius am Nachthimmel von wesentlicher Bedeutung, da es in Zusammenhang mit der Landwirtschaft und den Nilfluten steht. Viele Erkenntnisse der Ägypter fußen auf denen der Babylonier (▸ 2).

Aus der Beobachtung der Gestirne durch den Menschen entwickelte sich die Vorstellung eines Weltbilds: Die Erde muss eine zentrale Stellung in der Welt haben. Durch am Horizont verschwindende Schiffe wurde ca. 600 v. Chr. klar, dass die Erde keine Scheibe, sondern eine Kugel sein muss.

Die Erkenntnisse der Babylonier und Ägypter haben sich über die damalige Welt verbreitet. So übernahm HERODOT (480 – 425 v. Chr.) die Einteilung des Tages in 12 Abschnitte von den Babyloniern. THALES VON MILET (640 – 652 v. Chr.) sagte eine Sonnenfinsternis voraus, indem er den Saroszyklus verwendete.

PLATON (427 – 347 v. Chr.) beeinflusste mit seiner philosophischen Schule das **griechische Weltbild** entscheidend. Sterne und Planeten waren für ihn Lichter, durch die das Denken der „Weltseele" ausgedrückt wird. Er meinte, dass der Schöpfer die Welt und alle Körper in ihr nach dem Vorbild von Kreis und Kugel erschaffen hat.

Aus der Schule Platons kam ARISTOTELES (384 – 322 v. Chr.). Er war der bedeutendste griechische Universalgelehrte, der das Wissen seiner Zeit systematisierte und lehrte. So war er beispielsweise Lehrer von Alexander dem Großen. Seine Ansichten, Erkenntnisse und Denkweisen haben die Naturwissenschaften bis in das Mittelalter geprägt.

Aristoteles begründete sowohl die Zoologie als auch die Botanik, er beschäftigte sich mit Logik, Staatsrecht und Physik (Naturkunde). Darüber hinaus befasste er sich mit den Themen Licht und Farben, mit Schall, den Bewegungen und dem Aufbau von Himmelskörpern. Er vertrat die Ansicht, dass es für Bewegungen in der Natur stets einen Beweger gibt: Bei irdischen Bewegungen ist es die „belebte Seele" von Lebewesen. Bei unbelebten Körpern unterschied er zwischen natürlichen Bewegungen (z. B. fallender Stein) und erzwungenen Bewegungen (z. B. Pfeil). Dabei galt für ihn: Schwere Körper fallen zum Mittelpunkt der Erde. Je schwerer Sie sind, desto schneller fallen sie.

Mit dieser aus heutiger Sicht falschen Ansicht und der Meinung, dass die Fallgeschwindigkeit indirekt proportional zur Dichte ist, folgerte Aristoteles, dass es kein Vakuum geben kann. Die Existenz von Vakuum hätte eine unendlich große Fallgeschwindigkeit zur Folge. Zusammengefasst ist sein Wissen u. a. in der *Problemata Physica (Naturprobleme)*.

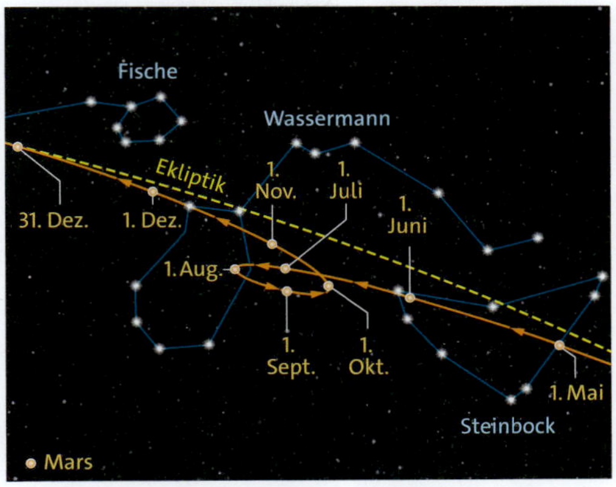

▸ 3 Rückläufige Bewegung des Mars

Mit den Ideen von Platon und Aristoteles konnte EUDOXOS VON KNIDOS (ca. 408 – 347 v. Chr.) sein geozentrisches Weltbild mit der unbeweglichen Erde als Mittelpunkt des Universums erstellen. Der Mond, die Sonne und die damals bekannten Planeten bewegen sich auf kreisförmigen Bahnen mit konstantem Geschwindigkeitsbetrag um die Erde. Eudoxos hat sich bereits Gedanken darüber gemacht, wie sich die rückläufige Bewegung eines Planeten (▸ 3) beschreiben lässt. Er berücksichtigte mit entsprechenden Sphären die Abweichungen des Monds von der Ekliptik, d. h. von der Ebene, in der sich Erde und Sonne befinden.

Auch der griechische Astronom HIPPARCH VON NICÄA (190 – 125 v. Chr.) beschäftigte sich ausführlich mit der Bewegung der Planeten. Er beobachtete und katalogisierte zudem rund 1 000 Sterne jeweils unter Angabe ihrer Helligkeit und führte damit die sogenannten Größenklassen zur Beschreibung der Sternhelligkeit ein. Er beschrieb als erster die unterschiedlich langen Jahreszeiten. Durch seine grundlegenden Arbeiten gilt Hipparch heute als Begründer der wissenschaftlichen Astronomie.

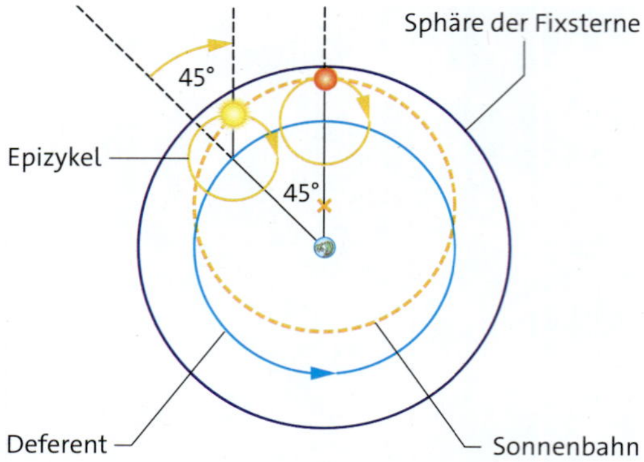

▸ 2 Geozentrisches Weltbild

▸ 1 Claudius Ptolemäus

Eine Zusammenfassung des damaligen griechischen Weltbilds verfasste CLAUDIUS PTOLEMÄUS (100 – 160 n. Chr.) aus Alexandria (▸ 1) in seinem Hauptwerk *Syntax Mathematicae*, heute bekannt unter seinem arabischen Namen *Almagest*. Dieses Werk beinhaltet nicht nur einen Sternenkatalog, sondern auch eine detaillierte Ausarbeitung des **geozentrischen Weltbilds**, das später nach ihm als **Ptolemäisches Weltbild** bezeichnet wurde. Mit dem Werk des Ptolemäus konnten die Stellungen der Planeten relativ genau vorausberechnet werden.

Nach dem geozentrischen Weltbild des Ptolemäus (▸ 2) steht die Erde im Mittelpunkt der Welt. Die Planeten (Sonne, Mond, Merkur, Venus, Mars, Jupiter und Saturn) bewegen sich auf Kristallkugeln, sogenannten Sphären, um die Erde. Eine achte Kristallkugel dient als Sphäre für die Fixsterne. Die einzelnen Planeten bewegen sich dabei auf kleinen Beikreisen (Epizykeln) auf einem großen Kreis (Deferent) um einen Mittelpunkt neben der Erde.

Es gab jedoch in der Antike auch eine andere Vorstellung von der Welt: Von ARISTARCH VON SAMOS (310 – 230 v. Chr) selbst gibt es kaum Aufzeichnungen über sein Weltbild. Werke anderer Autoren zeigen jedoch, dass seine Vorstellungen zwar auf dem geozentrischen Weltbild basieren, er jedoch das sogenannte **heliozentrische Weltbild** vertrat.

Im Dialog *Über das Mondgesicht* schreibt beispielsweise PLUTARCH:

„Kleanthes [Anmerkung: ein Zeitgenosse von Aristarch] *glaubte, es sei die Pflicht der Griechen, Aristarch von Samos wegen Gottlosigkeit anzuklagen, dafür, dass er den Herd des Universums* [Anmerkung: gemeint ist die Erde] *in Bewegung versetzt habe, da er die Phänomene zu retten trachtete, indem er annahm, der Himmel befände sich in Ruhe und die Erde drehe sich in einem schiefen Kreis und rotiere dabei um ihre eigene Achse."*

In seinem Werk *Die Sandrechnung* hatte Archimedes abgeschätzt, wie viele Sandkörner das Universum auffüllen würden. Das Universum stellte man sich wesentlich kleiner vor als heute. Seine Abschätzung ergab eine große, aber endliche Zahl an Sandkörner. Das widerlegte die Ansicht, dass es unendlich viele Sandkörner gibt. Bei der Größe des Universums nach Aristarch wäre dies falsch, wie der folgende Auszug zeigt, der zudem weitere Einzelheiten des Weltbilds von Aristarch erkennen lässt.

„Du, König Gelon, weißt, dass ‚Universum' die Astronomen jene Sphäre nennen, in deren Zentrum die Erde ist, wobei ihr Radius der Strecke zwischen dem Zentrum der Sonne und dem Zentrum der Erde entspricht. Dies ist die allgemeine Ansicht, wie du sie von Astronomen vernommen hast. Aristarch aber hat ein Buch verfasst, das aus bestimmten Hypothesen besteht, und das, aus diesen Annahmen folgernd, zeigt, dass das Universum um ein Vielfaches größer ist als das ‚Universum', welches ich eben erwähnte. Seine Thesen sind, dass die Fixsterne und die Sonne unbeweglich sind, dass die Erde sich um die Sonne auf der Umfangslinie eines Kreises bewegt, wobei sich die Sonne in der Mitte dieser Umlaufbahn befindet, und dass die Sphäre der Fixsterne, deren Mitte diese Sonne ist und innerhalb derer sich die Erde bewegt, eine so große Ausdehnung besitzt, dass der Abstand von der Erde zu dieser Sphäre dem Abstand dieser Sphäre zu ihrem Mittelpunkt gleichkommt."

Das Weltbild des Aristarch konnte sich gegenüber dem physikalischen Gesamtkonzept von Aristoteles nicht durchsetzen, auch wenn Aristarch mit seinen Annahmen bereits das Größenverhältnis von Sonne und Mond abschätzen konnte.

Das geozentrische Weltbild hatte unangefochten rund 1 500 Jahre Bestand. Erst am Ende des 15. Jahrhunderts, im Zeitalter der Weltreisen und der geografischen Entdeckungen gewannen astronomische Beobachtungen, z. B. für die Navigation, wieder an großer Bedeutung. Man erkannte, dass die Berechnungen mithilfe des *Almagest* ungenau waren. Die vorausberechnete Stellung der Planeten stimmte nicht mit deren Position am Firmament überein.

Zu einer grundlegenden Wende des Weltbilds führten jahrelange Berechnungen von NIKOLAUS KOPERNIKUS (1473 – 1543) (▸3). In seinem sechs Bände umfassenden Werk *De revolutionibus orbium coelestium* beschreibt er folgendes Weltbild:

Der Erdmittelpunkt ist zwar der Mittelpunkt der Mondbahn, nicht aber der Mittelpunkt der Welt. Stattdessen bewegen sich die Himmelskörper um die Sonne, wobei die Erde die Sonne einmal im Jahr umläuft.
Die Fixsternsphäre ist fest und im Vergleich zur Größenordnung des gesamten Planetensystems sehr weit entfernt. Die Erde dreht sich einmal am Tag um ihre eigene Achse, wodurch die beobachtbare Bewegung der Fixsterne erklärt werden kann.
Alle Planeten bewegen sich nahezu in einer Ebene, der Ekliptik um die Sonne. Die scheinbare Bewegung zum Sternenhintergrund der Planeten ist eine Überlagerung ihrer wirklichen Bewegung um die Sonne und der Bewegung der Erde auf ihrer Bahn um die Sonne.
Die Rotationsachse der Erde bildet mit der Senkrechten zur Ekliptik einen konstanten Winkel von 23,5°.

Kopernikus wurde in Thorn als Sohn eines Schöffen geboren. Nach dem frühen Tod des Vaters wurde er von seinem Onkel, einem Bischof, aufgezogen. Im Jahr 1496 begab sich Kopernikus nach Italien und studierte in Bologna Jurisprudenz sowie unter dem Mathematiker, Astronom und Sterndeuter NOVARA Astronomie. Novara legte großen Wert auf Beobachtungen und selbstständiges Denken.
Danach schloss sich für Kopernikus in Padua ein Medizinstudium an. Nach 12 Jahren Studienzeit kehrte er zurück nach Frauenburg. Dort war er u. a. für das Domkapitel tätig, führte eine Münzreform durch und praktizierte als Arzt. Nebenbei beschäftigte er sich mit den antiken Planetentheorien. Er kannte die Fehler, die Kompliziertheit und die Ungenauigkeiten der Berechnungen mit dem geozentrischen Weltbild. Es gab Fehler bei der Kalenderrechnung und falsch erstellte Horoskope. Zudem fehlte ihm im geozentrischen Weltbild die Schönheit der platonischen Grundgedanken wie Symmetrie, einfache Kreise und gleichförmige Bewegungen.

In den Schriften Plutarchs fand er die Vorstellungen von Aristarch und begann über viele Jahre Berechnungen im heliozentrischen Weltbild. Im Jahr 1514 begann er mit der Niederschrift seines Werks, für das er seine Berechnungen immer wieder ausbesserte und anpasste. Der Theologe Osiander überwachte die Veröffentlichungen und ergänzte im Vorwort eigenmächtig:

„Allerdings müssen seine Hypothesen nicht unbedingt wahr sein; sie brauchen nicht einmal wahrscheinlich sein. Es reicht vollkommen, wenn sie zu einer Berechnung führen.“

Kopernikus starb 1543. Sein gedrucktes Werk hielt er erst auf dem Sterbebett in den Händen.

Auch wenn das Werk des Kopernikus‘ zu seiner Zeit noch nicht als Ketzerei galt, taten sowohl die katholische als auch die evangelische Kirche es als Hirngespinst ab.

▸3 Nikolaus Kopernikus

De revolutionibus orbium coelestium, lateinisch für *Über die Umlaufbahnen der Himmelssphären*

► 1 **A** Tycho de Brahe, **B** Galileo Galilei

► 2 Jupiter und die vier Galileischen Monde

Abgesehen von der zentralen Stellung des Menschen in der Schöpfung gab es für geistliche Wissenschaftler auch Probleme bei der Vereinbarkeit des heliozentrischen Weltbilds mit der Bibel. Im Buch Josua 10,12-13 heißt es z.B., Gott habe beim Kampf der Israeliten gegen die Amoriter einmal den Mond und einmal die Sonne stillstehen lassen. Dies ist mit dem heliozentrischen Weltbild nicht zu bewerkstelligen.

Der Streit um das „richtige Weltbild" begann schließlich in den Jahren nach dem Tod von Kopernikus.

Der dänische Astronom TYCHO DE BRAHE (1546 – 1601) (► 1 A), dessen Interesse durch die genau vorausberechnete Sonnenfinsternis vom 21.08.1560 geweckt wurde, vertrat zunächst das geozentrische Weltbild. Er betrieb astronomische Beobachtungen mit professionellen Geräten auf der Sternwarte Uraniborg.
Die Beobachtung einer Supernova am 11.11.1572 im Sternbild Kassiopeia sowie eines Kometen im Jahr 1577 ließen ihn am geozentrischen Weltbild zweifeln. Was sollte ein neuer Stern in der ewig gleichen Fixsternsphäre? Ein Komet war kein Objekt der Erdatmosphäre – was war es aber dann?

Sidereus Nuncius, lateinisch für *Sternenbote* oder *Nachricht von den Sternen*

So entwickelte Tycho de Brahe ein System, das den Vermittlungsversuch zwischen geozentrischem und heliozentrischem Weltbild darstellt. In diesem bewegen sich alle Planeten außer der Erde um die Sonne. Das gesamte System aus Sonne und Planeten bewegt sich dann um die ruhende Erde in der Weltmitte.

GIORDANO BRUNO (1548 – 1600) ging in der Auslegung des heliozentrischen Weltbilds sogar so weit, dass er auch die Existenz anderer Planetensysteme vorhersah, die von anderen denkenden Lebewesen bewohnt sein könnten. Diese und andere von der Kirche als Ketzereien verurteilte Aussagen führten zu seiner öffentlichen Verbrennung in Rom.

Es wurde immer deutlicher, dass die Lösung des „Weltbild-Problems" nur bessere Beobachtungsgeräte und die konsequente Durchführung physikalischer Experimente bringen können.

Der in Pisa als Sohn des Musikers Vincento Galileo geborene GALILEO GALILEI (1564 – 1642) (► 1 B) studierte Medizin, Mathematik und Physik an der Universität in Pisa. Er baute sich nach niederländischem Vorbild ein Fernrohr, mit dem er u. a. die Venusphasen, die Saturnringe, die Mondgebirge und die Sonnenflecken beobachtete. Die wichtigsten dieser Ergebnisse erschienen im *Sidereus Nuncius.*

Bei der Beobachtung des Jupiters fielen Galilei vier kleinere Lichtpunkte auf, die er zunächst für Fixsterne hielt. Bei längerer Beobachtung stellte er jedoch fest, dass sich die Objekte um den Jupiter bewegen und somit Monde des Jupiters (später benannt als die Galileischen Monde Kallisto, Europa, Ganymed und Io) darstellen (► 2). Mit seinen Beobachtungen konnte er sogar deren Umlaufdauer berechnen.
Galilei entdeckte damit Objekte, die sich eindeutig nicht um die Sonne bewegten.

▸ 3 Johannes Kepler und Tycho de Brahe in Prag

Im Jahr 1616 wurde das Werk des Kopernikus' verboten und kam auf den kirchlichen Index. 16 Jahre später veröffentlichte Galilei sein Hauptwerk *Dialog über die beiden hauptsächlichen Weltsysteme, das ptolemäische und das kopernikanische*, in dem er den wissenschaftlich ungebildeten Menschen Simplicio das geozentrische Weltbild verteidigen lässt.

Nachdem sich Galilei zusätzlich auch noch in die Auslegung der Bibel einmischte, erfolgte 1633 eine Anklage der Inquisition durch den Jesuitenorden. Galilei wurde der Verteidigung der verbotenen Lehre des Kopernikus schuldig gesprochen. Nach seiner Verurteilung widerrief Galileo und blieb bis zu seinem Tod im Hausarrest in Florenz.

Die Legende besagt, dass Galileo mit der trotzigen Bemerkung „*Eppur si mouve.*" („Und sie bewegt sich doch.") den Gerichtssaal verlassen haben soll, zu der der Wissenschaftshistoriker J. O. Fleckenstein sagte:

„Auch wenn es höchst unwahrscheinlich ist, daß Galilei es gewagt haben könnte, sich mit diesem Ausspruch von der Inquisition zu verabschieden, so kann man dennoch nachfühlen, wie treffend diese Worte seine innere Haltung nach der erzwungenen Abschwörung wiedergeben."

Erst 1992 ordnete Papst Johannes Paul II. nach Überprüfung aller vorhandenen Unterlagen die Rehabilitierung von Galilei an.

Ein Zeitgenosse Galileis war der deutsche Astronom JOHANNES KEPLER (1571 – 1630) (▸ 3). Als Lutheraner besuchte er die evangelischen Klosterschulen und studierte in Tübingen. 1594 bekommt er in Graz die Stelle eines Professors der Mathematik am evangelischen Gymnasium. 1596 veröffentlichte er aus privaten Mitteln das *Mysterium Cosmographicum (Das Weltgeheimnis)*, in dem er sich eindeutig zum heliozentrischen Weltbild bekannte.

Im Zuge der Gegenreformation musste Kepler 1600 Graz verlassen und floh nach Prag, wo er zunächst Assistent und nach Tycho de Brahes Tod (1601) dessen Nachfolger wurde. Kepler wertete Brahes exakte Beobachtungsdaten des Mars aus. Die Daten legten nahe, dass sich der Mars nicht mit konstanter Geschwindigkeit bewegt und dass sich der Abstand zur Erde verändert. Kepler folgerte daraus, dass sich der Mars nicht auf einer Kreisbahn, sondern auf einer Ellipsenbahn um die Sonne bewegen muss.

Seine Erkenntnisse veröffentlichte er 1609 in der *Astronomia Nova* mit zwei Gesetzen. Bis zum Erscheinen seines nächsten Werkes *Harmonices Mundi* vergingen 10 Jahre. Hier findet man das dritte Gesetz zur Planetenbewegung:

Astronomia Nova, lateinisch für *Neue Astronomie*

Harmonices Mundi, lateinisch für *Weltharmonie*

1. Gesetz: *„Die Planetenbahn ist kein Kreis; sie geht auf beiden Seiten allmählich herein und dann wieder bis zum Umfang des Kreises im Perigäum* [Anmerkung: bedeutet im nächsten Punkt der Bahn zur Sonne] *hinaus."*

2. Gesetz: *„Da ich mir bewusst war, dass es unendlich viele Punkte auf dem Exzenter und entsprechend unendlich viele Abstände gibt, kam mir der Gedanke, dass in der Fläche des Exzenters all diese Abstände enthalten seien."*

3. Gesetz: *„Indessen ist es völlig sicher und exakt, dass das Verhältnis zwischen den Umlaufzeiten zweier Planeten genau dem anderthalbfachen Verhältnis ihrer mittleren Entfernungen* [Anmerkung: entspricht der großen Halbachse], *das heißt der Planetensphäre selbst ist."*

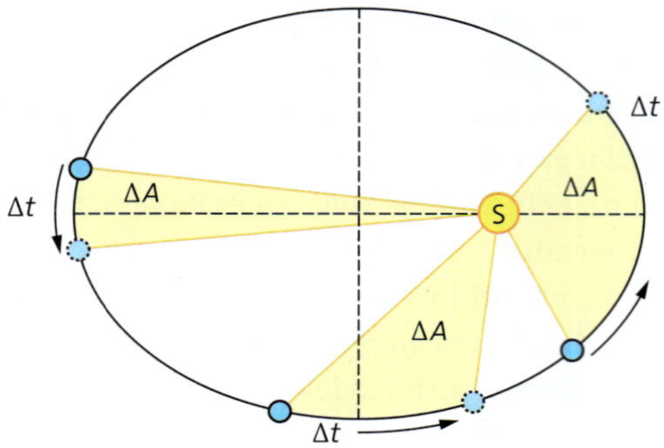

► 1 Zweites Keplersches Gesetz

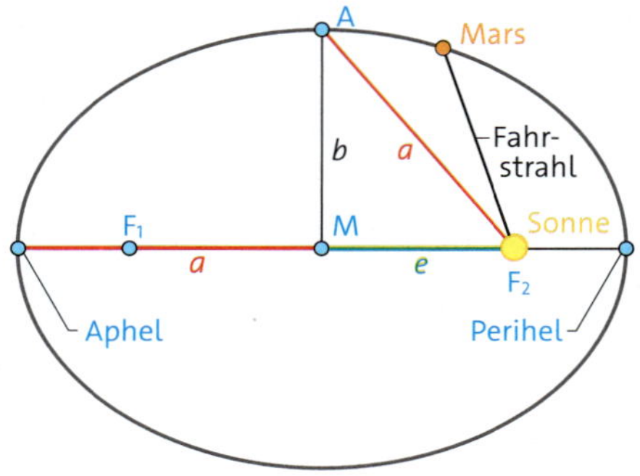

► 2 Bezeichnungen an der Ellipse

In der heutigen Formulierung lauten die drei Keplerschen Gesetze:

1. Keplersches Gesetz: Die Planeten bewegen sich auf Ellipsenbahnen, in deren gemeinsamen Brennpunkt die Sonne steht.

2. Keplersches Gesetz: In gleichen Zeiten überstreicht der Fahrstrahl Sonne-Planet gleiche Flächen (► 1).

3. Keplersches Gesetz: Die Quadrate der Umlaufzeiten zweier Planeten verhalten sich wie die dritten Potenzen ihrer großen Halbachsen.

Besonderheit einer Ellipse: Für jeden beliebigen Punkt P auf der Ellipse gilt, dass die Summe der beiden Abstände zwischen P und F_1 sowie P und F_2 genau $2a$ entspricht.

Abbildung ► 2 zeigt eine Übersicht über die wichtigsten Größen einer Ellipse:
Jede Ellipse hat zwei Brennpunkte F_1 und F_2 (Sonne). Die Strecken a (rot) nennt man große Halbachsen, die Strecke b (schwarz) kleine Halbachse. Die Verbindungslinie Sonne-Planet wird als Fahrstrahl bezeichnet. Im Perihel befindet sich der Planet am nächsten zur Sonne, im Aphel ist er am weitesten von ihr entfernt. Die Strecke e (grün) wird lineare Exzentrizität genannt. Je kleiner die lineare Exzentrizität ist, desto kreisförmiger ist die Bahn.

Philosophiae naturalis principia mathematica, lateinisch für *Die mathematischen Grundlagen der Naturphilosophie*

Bezeichnet man die Umlaufzeiten der Planeten mit T_1 und T_2 und die großen Halbachsen mit a_1 und a_2, dann erhält man:

Zum Gravitationsgesetz s. Seite 26.

$$\frac{T_1^2}{T_2^2} = \frac{a_1^3}{a_2^3}$$

Dieser Zusammenhang ergab sich nicht aus den Aufzeichnungen Brahes. Kepler suchte nach dem Studium der Werke von Vincento Galileo in der Musik nach „einem harmonischen Verhältnis". Das Verhältnis 2 : 3 (Quint) passte hervorragend zu den Marsdaten.

Die eigentliche Aufgabe, die Kepler und bereits vor ihm Tycho de Brahe im Namen des Kaisers zu bearbeiten hatten, war die Aufstellung genauerer Tabellen, in denen eine Vorhersage zur Stellung der Planeten im Laufe der Jahre aufgezeichnet war. Dies gelang 1627 mit der Veröffentlichung der zu Ehren von Kaiser Rudolf II. benannten *Rudolfinischen Tafeln.* Derartige Übersichten legten den Grundstein für weitere Gedanken zum Weltbild. Im Laufe der Jahre wurden die Ergebnisse mithilfe neuerer, verbesserter Fernrohre immer genauer.

Die Suche nach dem „Warum bewegen sich die Planeten so, wie es Kepler beschreibt" führte schließlich zum Übergang von der kinetischen zur dynamischen Betrachtung der Bewegungen im Universum.
ISAAC NEWTON (1643 – 1727) stellte die Mechanik als Wissenschaft und die für die Astronomie wichtige Himmelsmechanik im Werk *Philosophiae naturalis principia mathematica* 1687 dar. Hier befindet sich neben den drei Newtonschen Gesetzen für Bewegungen auch das für die Berechnungen von Planeten- und Satellitenbahnen notwendige Gravitationsgesetz.

Allerdings fehlten auch in der Zeit nach Kepler und Newton immer noch zwei wichtige Nachweise für das heliozentrische Weltbild: Zum einen der Nachweis der sogenannten **Parallaxe** und zum anderen der experimentelle Nachweis der **Erdrotation.**

Der Nachweis der Parallaxe (▸ 3), d.h., dass sich ein beobachteter naher Stern durch die Bewegung der Erde um die Sonne vor dem Hintergrund ferner Sterne ebenfalls auf einer Ellipse bewegt, wurde zum ersten Mal 1838 von FRIEDRICH WILHELM BESSEL am Stern 61 Cygni nachgewiesen.

Die Rotation der Erde um die eigene Achse zeigte der Physiker LÉON FOUCAULT 1851 im Keller seines Hauses mit einem drei Meter langen Pendel, das über dem Boden pendelte und im Lauf der Zeit seine Richtung änderte, ohne dass eine zusätzliche Kraft auf das Pendel einwirkte.

Mithilfe der Messung der Parallaxe war es möglich, die Entfernung sonnennaher Sterne genau zu bestimmen. Durch die nachfolgende Entwicklung größerer Fernrohre und Teleskope bzw. am Ende des 20. Jh. von Weltraumteleskopen wie dem *Hubble Space Telescope* und 2022 dem *James Webb Telescope* gelang es, einen immer detaillierteren Einblick in das Universum zu gewinnen. Zusätzlich zu sonnennahen Sternen, Planeten und deren Monden konnten so auch andere Objekte wie ferne Sterne, Sternhaufen, Galaxien und planetarische Nebel (▸ 4) beobachtet und vermessen werden.

Die genauere Beobachtung unserer Umgebung ergab ein Bild unserer Galaxie, der Milchstraße. Die Illustrationen ▸ 5 und ▸ 6 veranschaulichen, wie sie aus weiter Ferne aussehen würde. Strukturell handelt es sich bei der Milchstraße um eine Spiralgalaxie, die in der Seitenansicht wie eine Scheibe aussieht. Die Dicke dieser Scheibe beträgt 5 000 pc und ist in den äußeren Bereichen wesentlich dünner. Der Radius der Milchstraße beträgt ca. 50 000 Lj.

▸ 4 Planetarischer Nebel NGC 7293 (Helixnebel)

▸ 5 Illustration der Milchstraße

▸ 6 Illustration der Seitenansicht der Milchstraße

Unser Sonnensystem befindet sich nicht im Zentrum der Milchstraße, sondern liegt ca. 26 000 Lj davon entfernt in einem der Spiralarme. Im Galaxiezentrum befindet sich eine große Massenansammlung, ein sogenanntes Schwarzes Loch.

Am Ende des 19. Jahrhunderts wurde jedoch klar, dass die Newtonsche Mechanik nicht zur Beschreibung der Entstehung und Entwicklung des Weltalls ausreicht. Hierfür benötigte man eine neue Theorie.

▸ 3 Parallaxe

Die Parallaxe ist der Winkel *p* zwischen zwei Geraden, die von verschiedenen Standorten auf denselben Punkt gerichtet sind.

Entfernungen im Universum werden in unserem Planetensystem in Astronomischen Einheiten (AE) angegeben. 1 AE entspricht ungefähr dem mittleren Abstand zwischen Erde und Sonne. Größere Entfernungen gibt man in Parsec (pc) oder Lichtjahren (Lj) an:

1 pc = 3,26 Lj
$= 2{,}05 \cdot 10^5$ AE
$= 3{,}09 \cdot 10^{16}$ m

▸1 **A** Spiralgalaxie (Andromedagalaxie), **B** Elliptische Galaxie (NGC 5128), **C** Unregelmäßige Galaxie (IC 3583)

ALBERT EINSTEIN (1879 – 1955) entwickelte die allgemeine Relativitätstheorie als Grundlage der Kosmologie, der Lehre vom Ursprung und der Entwicklung des Universums. Darin wird als Hypothese das **Kosmologische Prinzip** verwendet, das besagt: *„Kein Punkt im Universum ist besonders ausgezeichnet."*
Anders ausgedrückt bedeutet dies, dass der Kosmos in alle Richtungen gleich aussieht (**Isotropie**). Das wiederum heißt, dass die Materie im Kosmos im Wesentlichen gleichmäßig verteilt ist (**Homogenität**).

Sieht man sich im „nahen" Kosmos um, ist dies jedoch nicht der Fall. Gehen wir von unserem Planetensystem mit der Sonne und den acht Planeten aus, findet ein Wechsel von Massenansammlung und leerem Raum (interplanetarer Raum) statt. Verlassen wir unser Planetensystem, dann gelangen wir in die Milchstraße. Auch hier trifft die Homogenität nicht zu. Daran schließt sich die lokale Gruppe an, eine Ansammlung von Galaxien, zu der auch die Milchstraße gehört. Selbst in dieser Größenordnung tritt noch keine Isotropie auf. Erst wenn man zu weit entfernen Galaxien übergeht, kann man die Isotropie erkennen.

Die Berechnung des Alters des Universums direkt aus dem Kehrwert des Hubble-Parameters liefert einen zu großen Wert, da die Beeinflussung der Expansion durch die Materie und die Energie im Universum nicht betrachtet wird.
Mithilfe von Korrekturfaktoren erhält man das wahre Alter des Universums.

EDWIN HUBBLE (1889 – 1953) beschäftigte sich mit der Beobachtung und Bewegung von Objekten relativ zur Milchstraße. Er konnte nachweisen, dass die Andromedagalaxie (▸1 A) weit außerhalb unserer Galaxie liegen und somit ein eigenes Sternsystem sein muss.

Die Beobachtung vieler Galaxien ermöglichte es ihm, diese nach ihrer Struktur in Spiral-, elliptische und unregelmäßige Galaxien zu katalogisieren (▸1 A–C). Auch die neuen Groß- und Weltraumteleskope konnten bisher keine anderen Galaxienformen entdecken.

Hubble fiel zudem auf, dass sich fast alle Sternsysteme voneinander entfernen: Je weiter zwei Sternsysteme voneinander entfernt sind, desto schneller vergrößern sie ihren Abstand zueinander. Damit bestätigte er die Vermutung von GEORGE LEMAÎTRE aus dem Jahr 1927, dass das Universum expandiert.

Der mathematische Zusammenhang zwischen der Fluchtgeschwindigkeit v einer Galaxie und ihrem Abstand r zu uns wird durch das Hubble-Lemaître-Gesetz beschrieben und lautet:

$$v = H \cdot r \text{ mit } H = (72 \pm 7)\,\frac{\text{km/s}}{\text{Mpc}}$$

Der Hubble-Parameter H beschreibt dabei den Geschwindigkeitszuwachs über eine gewisse Entfernung. Der Kehrwert des Hubble-Parameters ist die Hubble-Zeit. Sie gibt das Alter für ein gleichförmig expandierendes, „leeres" Universum an.
Der erste von Hubble selbst ermittelte Wert lag bei $H = 500\,\frac{\text{km/s}}{\text{Mpc}}$. Damit ergibt sich ein Universum von nur rund 2 Milliarden Jahren, was schon mit dem Alter der Erde mit mehr als 4,5 Milliarden Jahren nicht vereinbar ist. Mit dem heutigen Hubble-Parameter ergibt sich ein Alter von 14 bis 15 Milliarden Jahren.

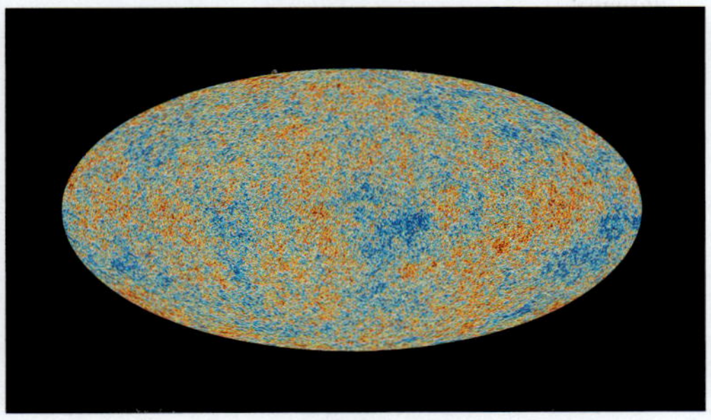

▸ 2 Kosmische Hintergrundstrahlung

Vor 14 bis 15 Milliarden Jahren befand sich das gesamte Universum in einem „Punkt" vereinigt. Mit einer heftigen Explosion, dem **Urknall** wurde das Universum „geboren".
Die Theorie zur Entstehung des Universums durch den Urknall wird durch die von GEORGE GAMOW (1904 – 1968) vorausberechnete und 1965 von ARNOLD PENZIAS (*26.04.1933) und ROBERT WILSON (*10.01.1936) nachgewiesene Hintergrundstrahlung gestützt. Satelliten wie COBE (*Cosmic Background Explorer*) und Planck haben die Hintergrundstrahlung seit 1992 genauer untersucht. Es handelt sich dabei um Mikrowellenstrahlung mit einer Temperatur von 2,73 K, die eine fast perfekte Isotropie aufweist. 1989/90 wurden mit COBE winzige Unregelmäßigkeiten in der Temperatur gemessen (▸ 2).

Heute weiß man, dass die Struktur des Universums einer Honigwabe (▸ 3) gleicht. An den Knotenpunkten befinden sich Galaxienhaufen, die tausende Galaxien mit Milliarden von Sternen enthalten. Die Galaxien bilden aufgrund der Gravitation „Ketten", die wie die Wände einer Wabe den leeren Raum umschließen.

Berechnungen mithilfe der Hintergrundstrahlung zeigen auch, dass das Universum zu lediglich 5 % aus leuchtender, d. h. direkt sichtbarer, Materie besteht. Die übrigen Energiekomponenten sind die Dunkle Materie (25 %) und die Dunkle Energie (70 %); zwei Komponenten, über deren genaue Natur noch geforscht wird.

Auch zur zukünftigen Entwicklung des Universums wird noch diskutiert und geforscht. Möglich wäre ein Universum, in dem sich die Expansion verlangsamt und umkehrt oder ein auf ewig expandierendes Universum. Die heutigen Daten deuten darauf hin, dass sich unser Universum sogar beschleunigt ausdehnt.

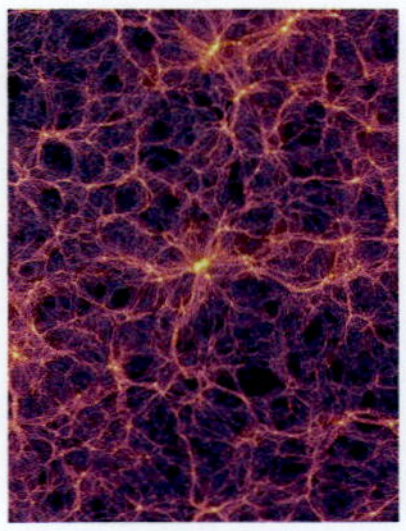

▸ 3 Wabenstruktur des Universums

Im Laufe der vergangenen 2 000 Jahre rückte der Mensch als „Zentrale Figur" im Weltbild immer weiter an den Rand. Die Erde als Zentrum wurde von der Sonne abgelöst, die auch nur ein Stern von Milliarden Sternen der Milchstraße ist, der weit vom Zentrum der Milchstraße entfernt ist. Die Milchstraße wiederrum gehört zu einem von vielen Galaxienhaufen. Somit ist davon auszugehen, dass es neben unserer Sonne auch andere Sterne gibt, um die Planeten kreisen, auf denen Leben möglich sein könnte.

Eine erste Abschätzung von Planeten mit Leben allein in unserer Galaxie lieferte 1961 die Drake-Formel ($N = R \cdot f_p \cdot n_c \cdot f_l \cdot f_i \cdot f_c \cdot L$), mit der man je nach Wahl der Konstanten auf bis zu 30 000 Zivilisationen kommt.
Interessanter ist es jedoch, fremde Planeten direkt nachzuweisen. Da Planeten in der Regel eher klein sind und nicht selbst leuchten, sondern nur das Licht ihrer Zentralsterne reflektieren, ist dies erst gegen Ende des vergangenen Jahrhunderts durch Entwicklung neuer Methoden, z. B. der **spektroskopischen**, der **photometrischen** und der **astrometrischen Methode**, möglich geworden.

Konstanten der Drake-Formel:
R: mittlere Sternentstehungsrate in der Milchstraße;
f_p: Anteil der Sterne mit Planetensystem;
n_c: durchschnittliche Anzahl der Planeten in der habitablen Zone;
f_l: Anteil der Planeten mit Leben;
f_i: Anteil der Planeten mit intelligentem Leben;
f_c: Anteil der Planeten mit Interesse an interstellarer Kommunikation;
L: Lebensdauer einer technischen Zivilisation

Mit der photometrischen Methode wurde 1995 beim sonnenähnlichen Stern 51 Pegasi erstmalig ein Planet außerhalb unseres Sonnensystems entdeckt. Danach begann eine systematische Suche nach extrasolaren Planeten (Exoplaneten). Es wurden mehrere Satellitenmissionen gestartet, z. B. Kepler (Start 2009) und Tess (Start 2018). Insgesamt wurden so bisher über 5 000 Planeten nachgewiesen. Den ersten Planeten in einer habitablen Zone fand man 2011.

► 1 Gekrümmter Raum um die Erde

2 Spezielle Relativitätstheorie

Stationsarbeit

Die spezielle Relativitätstheorie (SRT) hat Albert Einstein zum wohl bekanntesten Physiker weltweit gemacht, da sie das physikalische Weltbild zu Beginn des 20. Jahrhunderts auf den Kopf stellte.

Die bisherige Mechanik nach Newton erklärte alle bis dahin bekannten experimentellen Phänomene schlüssig und vollständig. Daher erachtete die Wissenschaftsgemeinschaft die theoretischen Grundlagen der Physik für abgeschlossen. Der Münchner Physikprofessor Philipp von Jolly kommentierte 1874 das Interesse des jungen Studenten Max Planck an der Physik damit, dass „in dieser Wissenschaft schon fast alles erforscht sei und es gelte, nur noch einige unbedeutende Lücken zu schließen".

Doch die revolutionären Theorien von Albert Einstein führten zur Konzeption und Durchführung von Experimenten, die allesamt die Vorhersagen der theoretischen Physik bestätigten. Mit der Relativitätstheorie und später der Quantenphysik erschlossen sich völlig neue Fachgebiete, die das bisherige Verständnis von Vorgängen bei großen Geschwindigkeiten oder auf kleinen Skalen revolutionierten.

In einzelnen Stationen werden Sie sich eigenständig Kernaussagen der speziellen Relativitätstheorie erarbeiten, um so einen Einblick in die Theorie zu gewinnen. Die Stationen können Sie in Einzel- oder Partnerarbeit durchführen.

Jede Station beginnt mit einem Arbeitsauftrag und beinhaltet dazugehörige kurze fachliche Informationen mit Links zu vertiefendem Material oder Animationen. Wenn Sie diese Aufträge bearbeitet haben, geben Ihnen zusätzliche Aufgaben die Möglichkeit, Ihr Wissen zu testen und zu sichern. Halten Sie die Ergebnisse Ihrer Arbeit und die Lösungen der Aufgaben schriftlich in Ihren Aufzeichnungen fest. Übernehmen Sie auch die Merksätze an geeigneter Stelle in Ihre Aufzeichnungen.

Um die Links aufrufen zu können, benötigen Sie ein QR-Code-fähiges digitales Endgerät.

Station 1: Einsteins Postulate

In der von Albert Einstein (▸ 2) 1905 aufgestellten speziellen Relativitätstheorie, abgekürzt SRT, spielen Bezugsysteme eine wichtige Rolle, die sich mit konstanter Geschwindigkeit relativ zueinander bewegen.

Die Beobachter ruhen jeweils in ihrem Bezugssystem.

Arbeitsauftrag

a) Vergleichen Sie die Definition des Begriffs Inertialsystem wie sie im Video ▸ 3 festgelegt wird mit den Informationen auf dieser Seite (Infobox Inertialsysteme). Erläutern Sie Gemeinsamkeiten und Unterschiede beider Definitionen. Geben Sie an, welche Definition Sie anschaulicher finden und formulieren Sie basierend auf den Informationen beider Quellen Ihre Definition eines Inertialsystems.

b) Die Erde kann in sehr guter Näherung als Inertialsystem betrachtet werden.
Geben Sie ein Beispiel für einen Versuch an, der diese Näherung bestätigt. Geben Sie auch einen Versuch oder eine Beobachtung an, die zeigt, dass die Erde kein Inertialsystem ist.

c) Fassen Sie das Wesentliche des Michelson-Morley-Experiments in eigenen Worten zusammen (Infobox Lichtäther).

▸ 2 Albert Einstein (1905)

Inertialsysteme

Ist es möglich in einem Zug ohne Blick aus dem Fenster festzustellen, ob man mit gleichbleibender Geschwindigkeit fährt oder mit laufenden Motoren auf den Bahngleisen steht?
Dazu beobachtet man einen im Zug ruhenden Ball (▸ 4). Dieser Ball bleibt in Ruhe, solange der Zug entweder steht oder mit konstanter Geschwindigkeit (ohne Erschütterungen) fährt. Erst wenn der Zug sein Tempo verändert oder in eine Kurve fährt, bewegt sich der Ball aufgrund seiner Trägheit und man kann feststellen, dass der Zug beschleunigt hat. Das Beispiel zeigt, dass man erkennen kann, wenn ein Zug beschleunigt, aber nicht, ob er steht oder sich mit konstanter Geschwindigkeit bewegt.
Einstein folgerte daraus, dass alle physikalischen Experimente in Bezugssystemen, die sich mit konstanter Geschwindigkeit bewegen, gleich ablaufen und alle derartigen Bezugssysteme demzufolge gleichberechtigt sind. Bezugssysteme, die sich geradlinig mit konstanter Geschwindigkeit bewegen, nennt man Inertialsysteme.

Betrachtet man die Erde als Ganzes, ist diese streng genommen kein Inertialsystem, da sie sich nicht gleichförmig bewegt, sondern sowohl um ihre eigene Achse rotiert als auch auf einer Kreisbahn um die Sonne kreist. Da sich die Bewegungen, die man im Allgemeinen untersucht, im Klassenzimmer oder im Labor abspielen, kann man die Erde aber in guter Näherung als Inertialsystem betrachten.

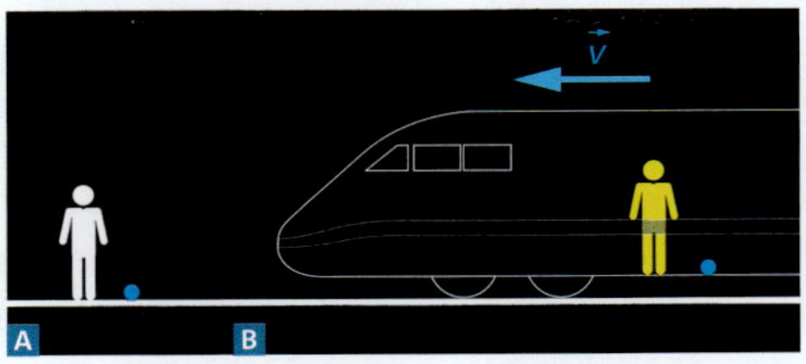

▸ 4 Am Boden liegender Ball im **A** ruhenden und **B** bewegten Inertialsystem

▸ 3 Inertialsystem

Lichtäther

Seit man im 19. Jh. erkannt hatte, dass Licht Wellennatur besitzt, war man auf der Suche nach einem Trägermedium, dessen Bestandteile beim Durchgang von Licht zum Schwingen angeregt werden. So wie Schallwellen Luft zur Ausbreitung benötigen, vermutete man, dass ein unsichtbares Medium, der Lichtäther, für die Lichtausbreitung nötig ist. Man nahm an, dass der Äther im Weltall ruht und sich alle Körper mit einer bestimmten Geschwindigkeit dazu bewegen. Danach sollte sich Licht bezogen auf das ruhende Bezugssystem des Äthers in alle Richtungen gleich schnell ausbreiten. Bezogen auf zum Äther bewegte Körper sollte die Lichtgeschwindigkeit davon abhängen, ob sie in Bewegungsrichtung oder senkrecht dazu gemessen wird. Die Forscher Albert Michelson und Edward Morley entwickelten eine Versuchsanordnung (► 1), um diese unterschiedlichen Lichtgeschwindigkeiten zu messen. Das Experiment zeigte, dass Licht, das sich in die entgegengesetzte Richtung bewegt wie die Erde, ebenso schnell ist wie Licht, das sich senkrecht zur Bewegungsrichtung der Erde ausbreitet. Der Versuch widerlegte die Annahme, dass sich die Erde mit einer Relativgeschwindigkeit zum ruhenden Lichtäther bewegt.

► 1 Michelson-Interferometer

Einstein interpretierte das Ergebnis dieses Experiments sehr viel drastischer. Er lehnte die Existenz des Äthers und damit die Vorstellung eines ausgezeichneten Bezugssystems ab. Alle Inertialsysteme werden als gleichberechtigt betrachtet. Einstein formulierte dazu zwei **Postulate**:

1. Relativitätsprinzip
Alle Inertialsysteme sind gleichberechtigt. Die physikalischen Gesetze gelten in allen Inertialsystemen.

2. Konstanz der Lichtgeschwindigkeit
Die Lichtgeschwindigkeit im Vakuum hat in jedem Bezugssystem den gleichen Wert.

Die Lichtgeschwindigkeit im Vakuum beträgt $c = 2{,}99792458 \cdot 10^8\ \frac{\text{m}}{\text{s}}$ und ist in jedem Bezugssystem gleich, unabhängig von der Geschwindigkeit, mit der sich das System bewegt.

AUFGABEN

1 **a)** Zwei Personen werfen sich einen Ball mit $v = 10\ \frac{\text{m}}{\text{s}}$ zu. Jetzt wird der Versuch in einem fahrenden Zug wiederholt. Beträgt die Geschwindigkeit des Zugs $20\ \frac{\text{m}}{\text{s}}$, dann misst ein Beobachter am Bahnsteig für den Ball eine Geschwindigkeit von $v = 20\ \frac{\text{m}}{\text{s}} + 10\ \frac{\text{m}}{\text{s}}$, wenn der Ball in Bewegungsrichtung des Zugs geworfen wird. Berechnen Sie die Geschwindigkeit des Balls, wenn dieser entgegen der Bewegungsrichtung geworfen wird.
b) Gedankenexperiment: Leuchtet man stehend mit einer Taschenlampe nach vorne, dann breitet sich das Licht mit $299\,792\ \frac{\text{km}}{\text{s}}$ aus. Nun fährt man wieder wie bei a) mit $20\ \frac{\text{m}}{\text{s}}$ in einem Zug und leuchtet mit der Lampe nach vorne. Geben Sie die Geschwindigkeit des Lichts an, die eine Person im Zug und eine Person am Bahnsteig messen.

2 Drei Raumschiffe fliegen mit konstanter Geschwindigkeit und in gleichen Abständen hintereinander. Das mittlere Raumschiff sendet einen Lichtblitz an die beiden anderen Raumschiffe. Begründen Sie, ob die Lichtblitze beide Raumschiffe gleichzeitig erreichen.

Station 2: Gleichzeitigkeit

Einsteins Postulate haben eine gravierende Auswirkung auf die Vorstellung von Raum und Zeit. Nachfolgendes Gedankenexperiment zeigt, dass auch der Begriff der Gleichzeitigkeit zweier Ereignisse vom Bezugssystem des Beobachters abhängt.

Arbeitsauftrag

Raumschiff B fliegt mit konstanter Geschwindigkeit am ruhenden Raumschiff A vorbei. An Bug und Heck der Raumschiffe befinden sich baugleiche Uhren. Befinden sich beide Raumschiffe unmittelbar nebeneinander, dann wird von einer Lampe, die mittig neben Raumschiff A ruht, ein Lichtblitz in alle Richtungen ausgesendet. Erreicht der Lichtblitz eine Uhr, dann wird diese gestartet (▸ 2).

a) Sehen Sie sich Video ▸ 3 an und geben Sie die Reihenfolge an, in der die Uhren für einen Beobachter in der Mitte von Raumschiff A gestartet werden.

b) Geben Sie die Ereignisse an, die (i) für den Beobachter A und (ii) für den Beobachter B gleichzeitig stattfinden. Beachten Sie hierzu die Infobox zur Gleichzeitigkeit.

c) Recherchieren Sie eine Methode zur Synchronisation von zwei baugleichen Uhren, die sich im selben Inertialsystem befinden. Halten Sie das Ergebnis ihrer Recherche als Merksatz fest.

Definition der Gleichzeitigkeit

Zwei Ereignisse an verschiedenen Orten A_1 und A_2 werden als gleichzeitig wahrgenommen, wenn von ihnen ausgehende Lichtsignale gleichzeitig bei einem in der Mitte befindlichen Beobachter eintreffen.

Zwei Uhren im selben Inertialsystem an den Orten A_1 und A_2 starten gleichzeitig, wenn sie von einem Lichtblitz ausgelöst werden, der von der Mitte der beiden Punkte A_1 und A_2 in ihrem Inertialsystem ausgeht.

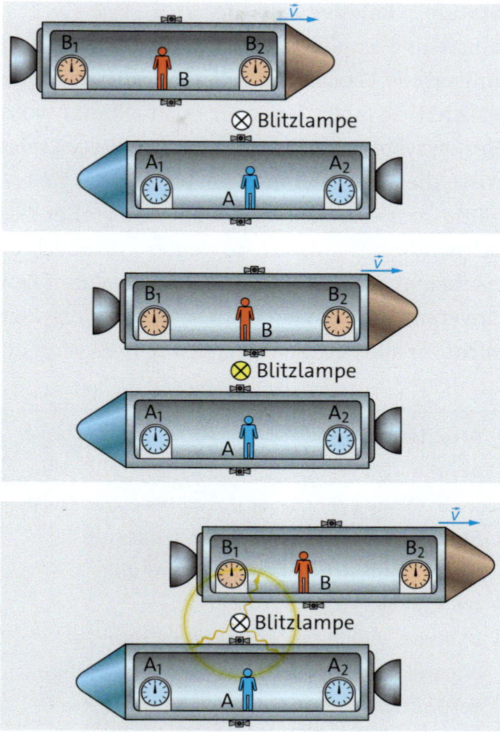

▸ **2** Gleichzeitigkeit in verschiedenen Bezugssystemen

Zwei Ereignisse, die in einem Inertialsystem an verschiedenen Orten gleichzeitig passieren, finden in einem dazu bewegten Inertialsystem nicht gleichzeitig statt.

▸ **3** Raumschiffe

▸ **4** Gleichzeitigkeit

AUFGABEN

1 Die Raumschiffe in ▸ 2 sind jeweils 600 m lang. Raumschiff A ruht und B bewegt sich mit $0{,}5\,c = 1{,}5 \cdot 10^8\,\frac{\text{m}}{\text{s}}$. Berechnen Sie die Zeitspanne, bis der Lichtblitz die Uhr A_1 erreicht, und die Zeitspanne, bis der Lichtblitz die Uhr B_1 erreicht.

2 Die Animation ▸ 4 zeigt das Problem der Gleichzeitigkeit in verschiedenen Inertialsystemen. Laden Sie das stumme Video herunter und vertonen Sie es zu einem Erklärvideo.

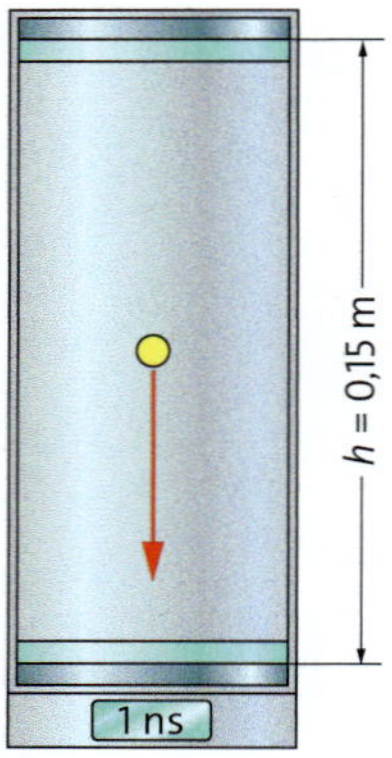

▸ 1 Lichtuhr

▸ 2 Animation

▸ 3 Simulation

Station 3: Relative Zeit

Einsteins Postulate führen dazu, dass es keine universelle Gleichzeitigkeit gibt. Ob Ereignisse gleichzeitig ablaufen oder nicht, hängt vom Bezugssystem des Beobachters ab. Zwei Ereignisse, die für einen ruhenden Beobachter gleichzeitig passieren, registriert ein mit großer Geschwindigkeit dazu bewegter Beobachter nacheinander. Dies ist mit einer absoluten Zeit unvereinbar. Sie werden lernen, dass die Zeit nicht für alle Beobachter gleich schnell vergeht.

Arbeitsauftrag

a) Animation ▸ 2 zeigt eine Lichtuhr (▸ 1), wie sie in der zugehörigen Infobox beschrieben ist. Bestätigen Sie durch Rechnung, dass ein Takt dieser Lichtuhr 1 ns lang ist (Näherung: $c = 300\,000 \frac{\text{km}}{\text{s}}$).

b) Stellen Sie in der Simulation ▸ 3 $v = 0{,}8c$ ein und machen Sie sich mit der Bedienung vertraut. In der Simulation werden andere Bezeichnungen für die Zeit verwendet. Ordnen Sie die Schreibweisen der Simulation denen im Buch zu.

c) Lesen Sie in ▸ 3 die Zeit Δt ab, die der ruhende Beobachter E auf seiner Uhr abliest, wenn auf der relativ zu ihm bewegten Uhr $\Delta t' = 0{,}3$ ns; 0,5 ns; 0,8 ns und 1,0 ns vergangen sind. Formulieren Sie Ihre Beobachtung als Merksatz.

c) Vollziehen Sie mithilfe der Infobox „Formel für die Zeitdilatation“ und dem H5P-Applet ▸ 6 das Auflösen der Gleichung (I) nach Δt nach und halten Sie Ihre Umformungen schriftlich fest.

Lichtuhr

Eine einfache Lichtuhr (▸ 1) besteht aus einem Behälter mit Spiegeln an Boden und Decke, sodass ein Lichtblitz zwischen den Spiegeln hin und her reflektiert wird. Am unteren Ende der Lichtuhr ist ein Zähler, der jedes Mal einen Takt, z. B. 1 Nanosekunde, weiterzählt, wenn dort ein Lichtblitz registriert wird.

Zeitdilatation

Wenn es in zueinander bewegten Inertialsystemen keine Gleichzeitigkeit gibt, ergibt sich die Frage, ob Uhren für den gleichen Vorgang in verschieden Inertialsystemen gleiche oder unterschiedliche Zeitintervalle messen.

Ein Gedankenexperiment (▸ 4) verdeutlicht die Zusammenhänge:

Ein Raumschiff (System S′) mit einer Lichtuhr an Bord fliegt an der Erde vorbei. Ein ruhender Beobachter E auf der Erde (System S) hat ebenfalls eine Lichtuhr zur Verfügung. Wenn beim Vorbeiflug des Raumschiffs beide Uhren gleich auf sind, starten beide Lichtuhren.

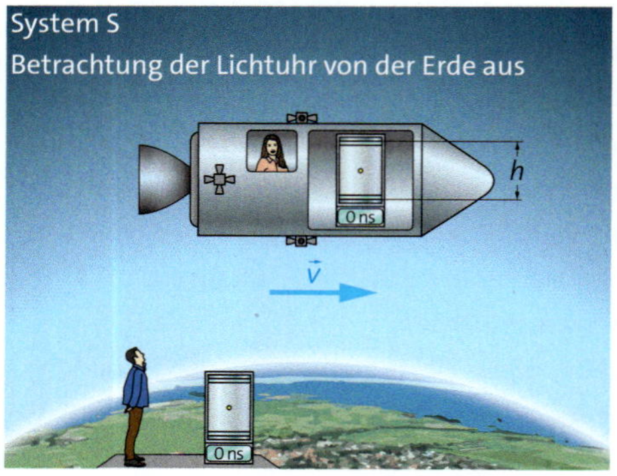

▸ 4 Gedankenexperiment zur Zeitdilatation

Die Situation lässt sich mit einer im System S ruhenden Lichtuhr und einer Lichtuhr S′, die sich in einem Raumschiff von links nach rechts bewegt, vereinfacht darstellen (▸ 5).

Für den Astronauten A im Raumschiff (System S′) ist auf seiner Uhr 1 Nanosekunde vergangen, wenn der Lichtblitz zweimal die Strecke h zwischen den Spiegeln zurückgelegt hat.

Für den Beobachter E auf der Erde bewegt sich der Lichtimpuls der bewegten Uhr hingegen schräg auf und ab und legt dabei einen längeren Weg L zurück. Da aber die Lichtgeschwindigkeit konstant ist, dauert ein Takt $\Delta t'$ der bewegten Lichtuhr für den ruhenden Beobachter E länger als für den mitbewegten Astronauten A.

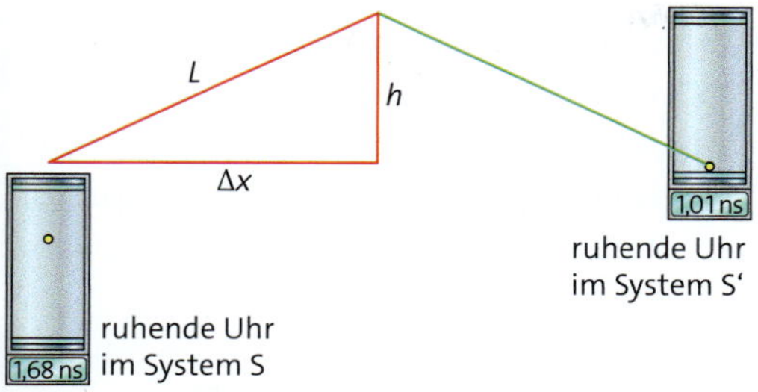

▸ **5** Lichtweg der bewegten Uhr

Formel für die Zeitdilatation

Um die Zeitdilatation berechnen zu können, muss man eine Beziehung zwischen der Zeitangabe Δt der auf der Erde ruhenden Uhr und der Zeit $\Delta t'$ der bewegten Uhr herleiten.

Im Zeitintervall Δt hat die bewegte Uhr für den ruhenden Beobachter E die Strecke $\Delta x = v \cdot \Delta t$ und der Lichtimpuls der bewegten Uhr die Strecke $L = c \cdot \Delta t$ zurückgelegt (▸5). Vom Standpunkt des Astronauten A hat der Lichtimpuls auf seiner Uhr im Zeitintervall $\Delta t'$ lediglich einmal die Strecke $h = c \cdot \Delta t'$ durchlaufen.

Die Strecken Δx, L und h bilden ein rechtwinkliges Dreieck, sodass der Satz des Pythagoras gilt:

$$L^2 = (\Delta x)^2 + h^2$$

$$(c \cdot \Delta t)^2 = (v \cdot \Delta t)^2 + (c \cdot \Delta t')^2 \qquad \text{(I)}$$

Löst man (I) nach Δt auf, dann erhält man:

$$\Delta t = \frac{\Delta t'}{\sqrt{1-\left(\frac{v}{c}\right)^2}} = \gamma \cdot \Delta t'$$

Den Term $\frac{1}{\sqrt{1-\left(\frac{v}{c}\right)^2}} = \gamma$ nennt man Lorentz-Faktor.

Da die Geschwindigkeit v stets kleiner als die Lichtgeschwindigkeit c ist, ist der Quotient $\frac{v}{c}$ immer kleiner als 1. Daraus folgt, dass der Lorentz-Faktor immer größer als 1 und somit Δt größer als $\Delta t'$ ist.

Bei der Zeitdilatation handelt es nicht um einen scheinbaren Effekt. Experimente zeigen, dass die Zeitdauer eines Vorgangs vom Bezugssystem abhängt, aus dem man diesen beobachtet.

Hinweis: Da alle Inertialsysteme gleichberichtigt sind, macht ein Mitreisender im System S' dieselbe Beobachtung. Für ihn bewegt sich die Uhr S in entgegengesetzter Richtung an ihm vorbei. Für ihn ist diese Uhr die bewegte Uhr, die im Vergleich zu seiner eignen, ruhenden Uhr nachgeht.

▸ **6** H5P-Applet

Zeitdilatation

Eine Uhr, die sich relativ zur Uhr eines ruhenden Beobachters bewegt, geht für diesen Beobachter langsamer als dessen Uhr:

$$\Delta t = \frac{\Delta t'}{\sqrt{1-\left(\frac{v}{c}\right)^2}}$$

Dauert ein Vorgang im bewegten System die Zeitspanne $\Delta t'$, dann misst ein Beobachter im ruhenden System für diesen Vorgang eine längere Zeitspanne Δt.

Merkhilfe:
„Bewegte Uhren gehen langsamer."

AUFGABEN

1 Eine Uhr S' bewegt sich mit $v = 0{,}8c$ relativ zu einer ruhenden Uhr S.

a) Berechnen Sie die Zeit, die auf der ruhenden Uhr S verstrichen ist, wenn die bewegte Uhr S' 0,30 ns anzeigt. Kontrollieren Sie ihr Ergebnis mithilfe von ▸3.

b) Berechnen Sie die Zeit, die auf der bewegten Uhr S' vergangen ist, wenn die ruhende Uhr S 1,0 ns anzeigt.

2 Geben Sie begründet an, welche der folgenden Aussagen richtig sind.

(i) Je schneller sich ein Raumschiff relativ zur Erde bewegt, desto langsamer vergeht die Zeit im Raumschiff für einen Beobachter auf der Erde.

(ii) Je schneller sich ein Raumschiff relativ zur Erde bewegt, desto langsamer geht die Uhr im Raumschiff für einen Beobachter auf der Erde.

(iii) Für einen Astronauten im Raumschiff geht beim Vorbeiflug an der Erde eine Uhr auf der Erde schneller.

Station 4: Relativer Raum

Bewegte Uhren gehen langsamer. Die Zeitdilatation hat deshalb auch Auswirkungen auf die Längenmessung in unterschiedlichen Inertialsystemen. An dieser Station werden Sie an einem Zahlenbeispiel die Längenkontraktion kennenlernen und verallgemeinern.

Arbeitsauftrag

a) Lesen Sie die beiden Infoboxen zur Längenkontraktion durch.

b) Für den Zusammenhang von L' und L gilt allgemein:

$$L' = L \cdot \sqrt{1 - \left(\frac{v}{c}\right)^2}$$

Leiten Sie diesen Zusammenhang aus den Gleichungen (I) und (II) mithilfe der Zeitdilatation her.

Gedankenexperiment

Um für das folgende Gedankenexperiment und das Zahlenbeispiel möglichst einfache Ergebnisse zu erhalten, wird die Relativgeschwindigkeit der beiden Inertialsysteme so gewählt, dass $\gamma = 2$ beträgt. Das ist ungefähr bei $v = 260\,000\,\frac{\text{km}}{\text{s}}$ der Fall:

Auf der Erde (System S) befinden sich zwei synchronisierte Uhren im Abstand L (▸1). Ein Raumschiff fliegt mit der Geschwindigkeit v über diese Strecke hinweg. Wenn die Spitze des Raumschiffs über U_1 ist, werden die Uhr U_1 am Boden und die Uhr im Raumschiff gestartet. Erreicht die Raumschiffspitze U_2, werden die Uhren wieder angehalten.

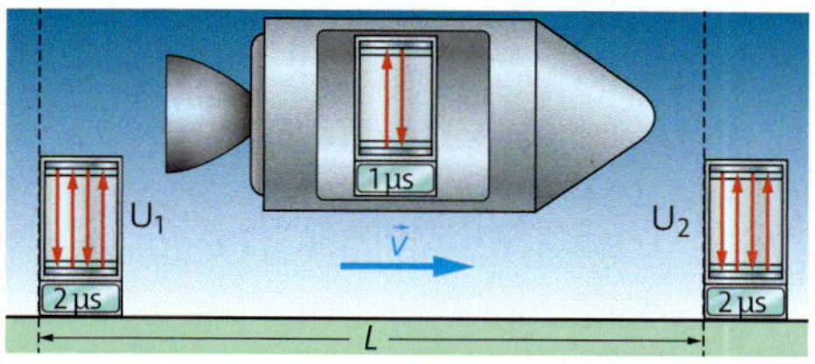

▸1 Gedankenexperiment zur Längenkontraktion

Merkhilfe:
„Bewegte Strecken erscheinen für den ruhenden Beobachter in Bewegungsrichtung verkürzt.“

Hinweis:
Der Effekt der Längenkontraktion tritt nur in Bewegungsrichtung auf. Streckenlängen senkrecht zur Bewegungsrichtung bleiben unverändert.

Zahlenbeispiel: Längenkontraktion für $\gamma = 2$

Im beschriebenen Gedankenexperiment bestimmt der Beobachter E auf der Erde für die Zeitdauer des Vorbeiflugs $\Delta t = 2\ \mu\text{s}$. Daraus ermittelt er für den Abstand L der beiden Uhren:

$$v = \frac{L}{\Delta t} \qquad \text{(I)}$$

$$\Rightarrow L = v \cdot \Delta t = 260\,000\,\frac{\text{km}}{\text{s}} \cdot 2\ \mu\text{s} = 520\ \text{m}$$

Für den Astronauten A, der im System S′ des Raumschiffes ruht, bewegt sich die Strecke zwischen den Uhren auf der Erde an ihm vorbei. Seine Uhr misst für den Überflug die kürzere Zeit $\Delta t' = 1\ \mu\text{s}$. Für ihn hat es nur halb so lange gedauert. Er berechnet für die Länge der Strecke:

$$v = \frac{L'}{\Delta t'} \qquad \text{(II)}$$

$$\Rightarrow L' = v \cdot \Delta t' = 260\,000\,\frac{\text{km}}{\text{s}} \cdot 1\ \mu\text{s} = 260\ \text{m}$$

Raum und Zeit sind keine absoluten Größen. Ihre Wahrnehmung hängt vom Bezugssystem und der Geschwindigkeit des Betrachters ab. Nur die Lichtgeschwindigkeit ist in allen Bezugssystemen eine konstante Größe.

Längenkontraktion

Für einen ruhenden Beobachter im System S′ ist die Länge eines relativ zu ihm bewegten Körpers in Bewegungsrichtung verkürzt. Es gilt:

$$L' = L \cdot \sqrt{1 - \left(\frac{v}{c}\right)^2} = \frac{1}{\gamma}$$

Dabei ist L die Länge des Körpers im System S und L' die Länge, die ein ruhender Beobachter im System S′ misst.

AUFGABE

1 Berechnen Sie die Geschwindigkeit v auf drei signifikante Ziffern genau, mit der sich zwei Bezugssysteme zueinander bewegen, wenn $\gamma = 2$ beträgt.

METHODE

Das Zusammenspiel von Theorie und Experiment

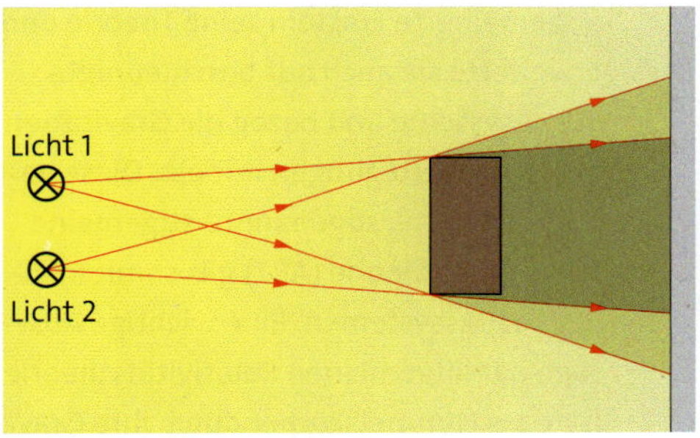

► 3 Schatten zweier Lichtquellen

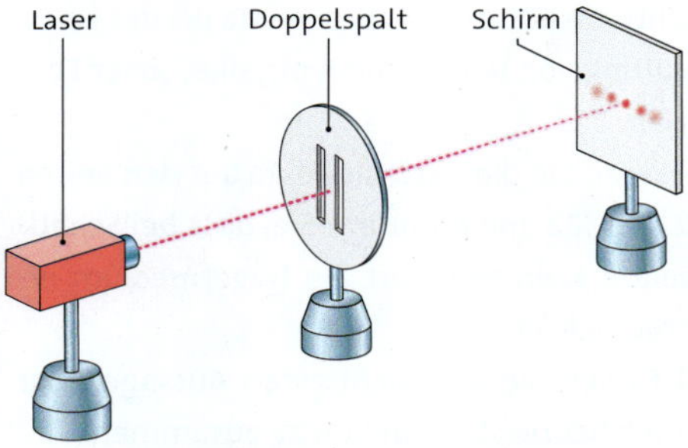

► 4 Doppelspaltversuch mit Laserlicht

In allen naturwissenschaftlichen Fachbereichen versucht man, die Vielzahl an Phänomenen möglichst systematisch und einfach zu erklären. Dazu geht man von plausiblen, theoretisch begründeten Annahmen aus, die man aber zunächst nicht beweisen kann. Beispielsweise nahm Newton bei der Gravitation an, dass nicht nur die Erde einen darauf befindlichen Gegenstand gravitativ anzieht, sondern auch umgekehrt. Derartige Annahmen nennt man Postulate.

Nach dem Aufstellen von Postulaten erarbeitet man auf diesen aufgebaut eine Theorie, die alle Naturgesetze und Vorhersagen zu einem bestimmten Thema beinhaltet. Mit der Theorie muss es gelingen, bekannte Phänomene über Argumentationsketten zu erklären. Darüber hinaus stellt man weitere Hypothesen auf, die man experimentell untersuchen und mit denen der Wahrheitsgehalt der Theorie überprüft werden kann.

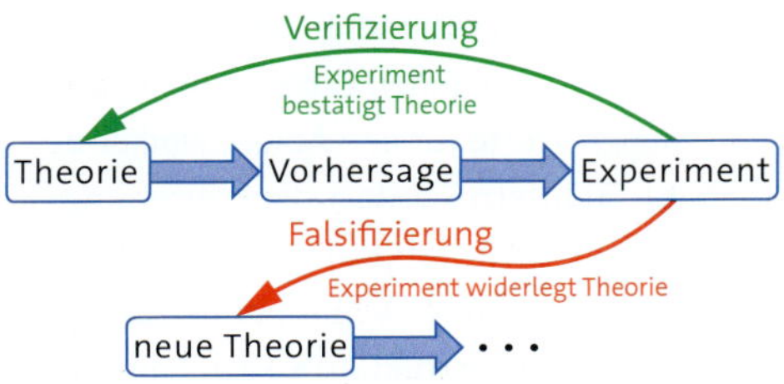

► 5 Verifizierung und Falsifizierung einer Theorie

Belegen alle Experimente die Theorie, dann wird die Theorie als verlässlich verifiziert. Widerlegt das Ergebnis auch nur eines einzigen Experiments dagegen eine Hypothese, dann sagt man, die Theorie ist „falsifiziert“. In diesem Fall muss die Theorie überarbeitet oder verworfen werden (► 5).

Beispiel:

Theorie: Licht breitet sich geradlinig aus.

Experiment: Die Randstrahlen der Schatten, die zwei Lichtquellen hinter einem Hindernis erzeugen, erhält man durch gerade Linien, die von den Lichtquellen ausgehen und am Rand des Hindernisses vorbei gehen (► 3). Die Theorie der geradlinigen Lichtausbreitung versagt jedoch, wenn Licht auf einen schmalen Doppelspalt trifft. Das Bild hinter den Spalten entspricht nicht dem geometrischen Schattenbild, das man bei gerader Lichtausbreitung erwarten würde.

Überarbeitete Theorie: Licht hat auch Welleneigenschaften.

Experiment: Das Beugungsbild eines Laserstahls hinter einem sehr schmalen Doppelspalt kann nicht durch die geradlinige Ausbreitung von Licht erklärt werden. Das Interferenzbild lässt sich nur durch die Welleneigenschaften von Licht deuten (► 4).

BEISPIEL

Aufgaben:
Erörtern Sie am Beispiel der Äthertheorie des Lichts die Rolle des Experiments bei der Überprüfung von Vorhersagen physikalischer Theorien.

a) Lesen Sie die dazu die Texte auf den Seiten 72 und 122 und erläutern Sie, dass bei Schallwellen zwingend Luft als Trägermedium erforderlich ist.

b) Fassen Sie die wichtigsten Aussagen der Äthertheorie stichpunktartig zusammen.

c) Durch verschiedene Modifizierungen der Äthertheorie wurde versucht, diese „zu retten". Eine dieser Modifizierungen ging davon aus, dass sich der Lichtäther mit der Erde mitbewegt. Das würde nicht im Widerspruch zu den Ergebnissen des Michelson-Morley-Experiments stehen. Erläutern Sie, dass diese Annahme jedoch im Widerspruch zu Einsteins spezieller Relativitätstheorie steht.

Lösung:

a) Schallwellen bringen benachbarte Luftmoleküle zum Schwingen. Dadurch entstehen Dichteschwankungen, die sich ausbreiten. Ohne Luft gäbe es diese Schwankungen nicht und somit keine Schallwelle.

b) - Licht bringt den Lichtäther, der im Weltall ruht, zum Schwingen.
- Die Lichtgeschwindigkeit hängt davon ab, ob sich das Licht in Bewegungsrichtung der Erde oder senkrecht dazu ausbreitet.
- Das Michelson-Morley-Experiment konnte die Äthertheorie nicht bestätigen, da die Lichtgeschwindigkeit nicht von der Ausbreitungsrichtung abhängt.

c) Die Annahme, der Lichtäther bewege sich mit der Erde mit, würde die Erde als besonderes Bezugsystem beispielweise gegenüber der Sonne oder andere Planeten auszeichnen, was einen Widerspruch zum 1. Postulat Einsteins darstellt.

AUFGABEN

1 Die spezielle Relativitätstheorie gilt nur in Inertialsystemen. Im Jahr 1915 verallgemeinerte Einstein seine Theorie und erweiterte sie auch auf beschleunigte Bezugsysteme und bezog die Gravitation in seine Überlegungen mit ein. Diese verallgemeinerte, sogenannte allgemeine Relativitätstheorie (ART) gilt somit in allen Bezugssystemen. Eine wichtige Aussage der allgemeinen Relativitätstheorie ist, dass Himmelskörper durch ihre Gravitationskraft die Bahn eines Lichtstrahls krümmen (► 1).

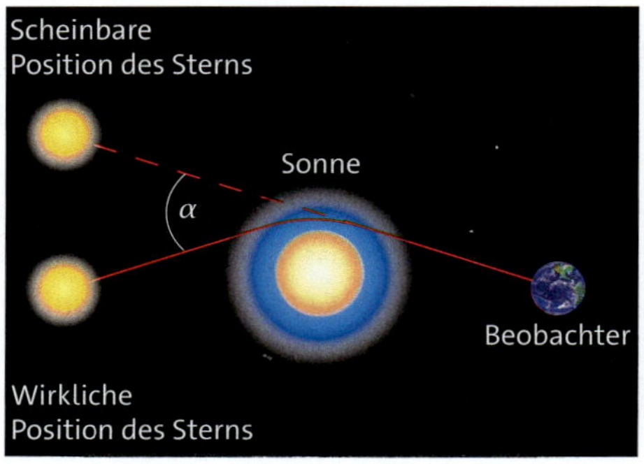

► **1** Die Gravitationskraft der Sonne krümmt den Lichtweg.

a) Einstein sagte vorher, dass bei einer Sonnenfinsternis der Lichtstrahl eines Sterns hinter der Sonne um den Winkel α = 1,75 Bogensekunden abgelenkt wird.
Hinweise: Eine Bogensekunde entspricht 1/3600 Grad.
Recherchieren Sie im Internet unter dem Schlagwort „Sonnenfinsternis 1919" die von verschiedenen Expeditionen gemessenen Werte für den Ablenkwinkel α.

b) Erläutern Sie, dass die Krümmung eines Lichtstrahls durch die Gravitationskraft der Sonne nicht im Widerspruch zur Schattenkonstruktion ► 3 auf Seite 127 steht.

Station 5: Experimentelle Belege

Albert Einstein führte selbst keine Experimente durch, die seine Ergebnisse bestätigt hätten. Alle Ergebnisse wurden mit mathematischen Methoden aus den Postulaten theoretisch hergeleitet. Zeitdilatation und Längenkontraktion wurden erst 1941 von BRUNO ROSSI und DAVID B. HALL durch die Messung des Zerfalls von Myonen bestätigt.

Arbeitsauftrag

a) Zeigen Sie rechnerisch, dass bereits nach 10 Halbwertszeiten von 1 000 Myonen statistisch nur noch ein Myon vorhanden ist (Infobox Myonen).

b) Lesen sie „Das Myon als bewegte Uhr" und berechnen Sie die Halbwertzeit der Myonen für einen ruhenden Beobachter auf der Erde, wenn die Geschwindigkeit der Myonen $v = 0{,}99942c$ beträgt.

c) Betrachtet man den Myonen-Zerfall im Bezugssystem der Myonen, verkürzt sich die Strecke von 15 km aufgrund der Längenkontraktion (Infobox Längenkontraktion beim Myonen-Zerfall). Berechnen Sie die Länge der „vorbeifliegenden Strecke" $L = 15$ km aus Sicht der Myonen.

d) Berechnen Sie den Lorentz-Faktor für die Bewegung der Myonen.

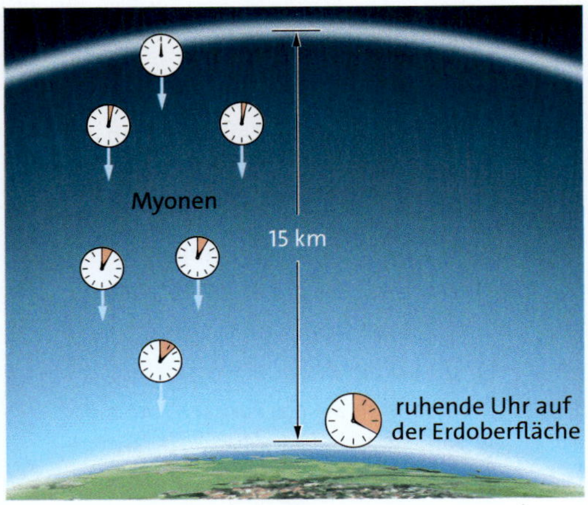

▸ **2** Myonen als bewegte Uhren

Myonen

Myonen sind elektronenähnliche Elementarteilchen, die durch Wechselwirkungen von kosmischer Strahlung mit Protonen in der Erdatmosphäre in ca. 15 km Höhe entstehen. Myonen sind sehr instabil und zerfallen wie radioaktive Teilchen mit einer Halbwertszeit von $t_H = 1{,}52$ µs. Das heißt, von ursprünglich 1 000 Myonen sind nach einer Halbwertszeit nur noch 500, nach zwei Halbwertszeiten nur noch 250 Myonen usw. vorhanden.
Myonen bewegen sich mit 99,942 % der Lichtgeschwindigkeit auf die Erdoberfläche zu. Um von 15 km Höhe die Erdoberfläche zu erreichen, benötigen die Myonen für einen außenstehenden Beobachter die Zeit:

$$\Delta t = \frac{h}{v} = \frac{15\ \text{km}}{2{,}996 \cdot 10^5\ \text{km/s}} = 50\ \mu\text{s}$$

50 µs entsprechen mehr als 32 Halbwertszeiten der Myonen, sodass keine Myonen die Erdoberfläche erreichen sollten. Das widerspricht allerdings den experimentellen Ergebnissen: Von den in der Atmosphäre generierten Myonen erreichen mehr als die Hälfte die Erdoberfläche und werden hier nachgewiesen.

Der experimentelle Widerspruch kann mit der Zeitdilatation geklärt werden und dient damit gleichzeitig als ein Beleg für die Gültigkeit der Relativitätstheorie.

Das Myon als bewegte Uhr

Myonen kann man als bewegte Uhren ansehen, die sich mit einer Geschwindigkeit von 0,99942 c senkrecht zur Erde bewegen (▸2). Ihr Zerfall erfolgt gemäß ihrer Uhr und nicht gemäß der ruhenden Uhr auf der Erde. Die Zeitdilatation verlangsamt den Zerfallsprozess der Myonen für einen Beobachter auf der Erde. Die „innere Uhr" der Myonen geht im Vergleich zur Uhr eines Beobachters im Bezugssystem Erde langsamer.

Längenkontraktion beim Myonen-Zerfall

Der in den Infoboxen zuvor beschriebene Zerfall von Myonen dient auch als Nachweis für die Längenkontraktion. Dazu muss man den Zerfall der Myonen aus der Sicht der Myonen beschreiben (▸1): Bei einer relativistischen Rechnung im Bezugssystem eines Myons ruht der Beobachter, also das Myon, mit seiner Uhr in diesem Bezugssystem. Die 15 km lange Strecke zwischen Atmosphäre und Erde rast nach oben an ihm vorbei. Diese Strecke erscheint für den Beobachter im Bezugssystem des Myons relativistisch verkürzt.

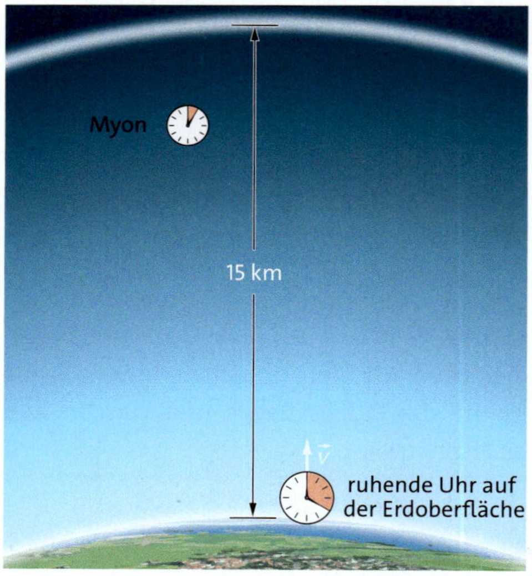

▸ **1** Myonen-Zerfall im Bezugssystem eines Myons

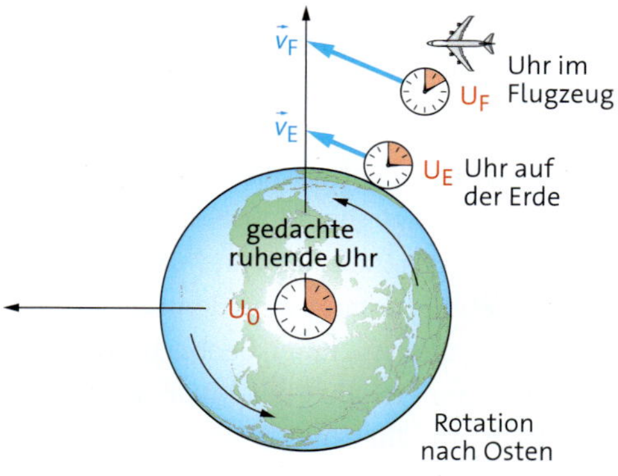

▸ **2** Hafele-Keating-Experiment

AUFGABEN

1 **Weiterführende Aufgabe:**

Beim Hafele-Keating-Experiment aus dem Jahr 1971 (▸2) erfolgte der Nachweis der Zeitdilatation durch eine direkte Zeitmessung mit Atomuhren.

Da bei diesem Experiment auch Effekte der allgemeinen Relativitätstheorie zu beachten sind, soll hier vereinfacht nur die Zeitdilatation aufgrund der Flugbewegung betrachtet werden. Der Einfluss der Gravitation auf den Gang der Uhren bleibt unbeachtet.

Experimentbeschreibung:

Eine Atomuhr U_F befand sich in einem Flugzeug, das mit $800\,\frac{km}{h} = 222\,\frac{m}{s}$ über dem Äquator nach Osten flog.

Auf der Erde stand die Vergleichsuhr U_E.

Da die Erde jedoch um ihre eigene Achse rotiert, muss das ruhende Bezugssystem einer gedachten Uhr U_0 in den Mittelpunkt der Erde gelegt werden. Damit bewegt sich die Vergleichsuhr auf der Erdoberfläche mit der Geschwindigkeit $v_E = \frac{40\,000\text{ km}}{24 \cdot 3\,600\text{ s}} = 463\,\frac{m}{s}$ gegenüber der Uhr U_0 im ruhenden Bezugssystem.

Die Atomuhr im ostwärts fliegenden Flugzeug bewegt sich mit der Geschwindigkeit $v_F = 463\,\frac{m}{s} + 222\,\frac{m}{s}$ relativ zum ruhenden Bezugssystem der Uhr U_0.

Aufgaben:

a) Berechnen Sie die Zeitdilatation der beiden bewegten Uhren U_F und U_E gegenüber der ruhenden Uhr U_0 bei einem fünfzigstündigen Flug.

b) Berechnen Sie die Zeitdifferenz zwischen der Uhr U_F im Flugzeug und der Uhr U_E auf der Erde.

c) Berechnen Sie die Flugzeit, nach der die Zeitdifferenz der beiden Uhren 1,00 Sekunde beträgt.

AUFGABEN

1 Drei Raumschiffe fliegen hintereinander mit sehr hoher Geschwindigkeit in gleichem Abstand her. Das mittlere Raumschiff sendet den Funkspruch „Positionslichter einschalten“ aus und schaltet sofort sein eigenes Licht ein.

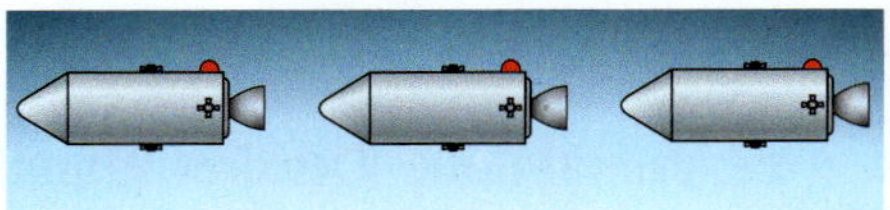

Beschreiben und begründen Sie die Reihenfolge, in der die Lichter für einen Beobachter auf der Erde angehen, wenn die drei Raumschiffe unmittelbar nach dem Empfang des Signals ihre Lichter anmachen.

2 Auf der Erde befinden sich im Abstand vom 600 km zwei synchronisierte Uhren. Eine Rakete fliegt mit 0,9c über die beiden Uhren hinweg. Wenn sich die Spitze der Rakete über die Uhr A hinwegbewegt, werden alle Uhren gestartet. Die Uhren werden angehalten, wenn die Spitze der Rakete Uhr B erreicht hat.

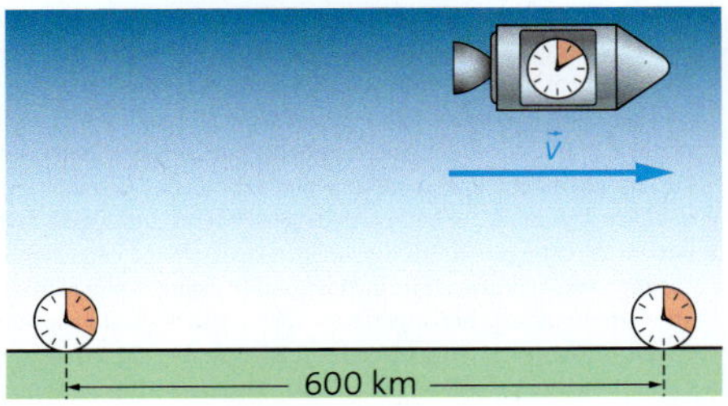

a) Berechnen Sie die Zeiten, die die Uhren für den Vorbeiflug der Rakete messen.
b) Klären Sie mithilfe einer geeigneten Rechnung den Widerspruch auf, dass die Uhr im Raumschiff eine andere Zeit als die ruhenden Uhren auf der Erde für den Überflug misst.

3 Das Zwillingsparadoxon: Von zwei Zwillingen geht Zwilling A mit einer Rakete, die sich mit einer Geschwindigkeit von $v = 0{,}6c$ bewegt, auf eine Weltraumreise. Zwilling B bleibt auf der Erde zurück.
Wenn für Zwilling B zwanzig Jahre vergangen sind, kehrt Zwilling A von seiner Reise zurück. Verblüffender Weise ist Zwilling A weniger gealtert als sein Zwilling auf der Erde.

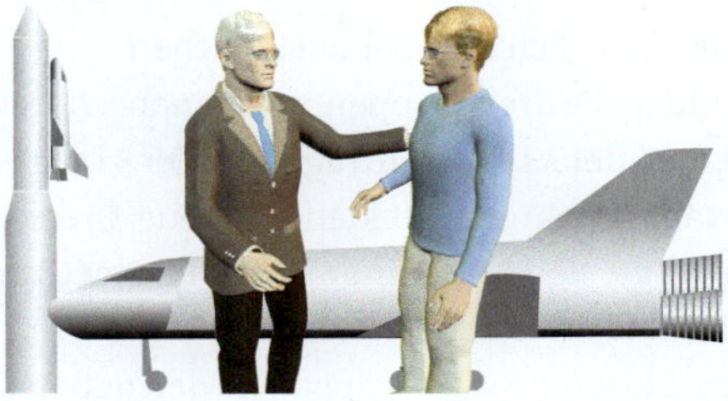

a) Berechnen Sie die Zeit, um die der Zwilling A gealtert ist.
b) Das Paradoxe an diesem Effekt ist, dass die Gleichberechtigung der beiden Bezugssysteme verletzt zu sein scheint. Aus Sicht des Zwillings A hat sich die Erde mit Zwilling B fortbewegt und dieser müsste eigentlich jünger sein als er, wenn sich die Zwillinge wieder treffen.
Lesen sie Quelle ▸3. Bringen Sie die dortigen Aussagen für eine physikalisch schlüssige Argumentationsweise in die richtige Reihenfolge. Geben Sie anschließend in eigenen Worten den Fehler in der Argumentationskette wieder, der zum Zwillingsparadoxon führt.

4 Recherchieren Sie zwei Beispiele, z. B. aus dem Alltag oder der Technik, bei denen die spezielle bzw. die um die Gravitation erweiterte allgemeine Relativitätstheorie zur Anwendung kommt.
Fertigen Sie Notizen an.

▸3 Zwillingsparadoxon

- Umgang mit Quellen
- Im Internet recherchieren
- Informationen auswerten
- Physikalisch argumentieren

AUFGABEN

Wissenschaft und Gesellschaft L

Albert Einstein war einer der bedeutendsten Wissenschaftler des 20. Jahrhunderts. Nahezu jede oder jeder kennt die Formel $E = mc^2$, auch wenn die tiefere Bedeutung dieser Aussage nicht immer geläufig ist.

Einstein war aber auch ein politischer Mensch, der immer die Verantwortung der Wissenschaft und wissenschaftlicher Entdeckungen für gesellschaftliches Handeln gesehen hat. Insbesondere machte er sich unermüdlich für Pazifismus und gegen Kriege stark.

In dieser Lerneinheit sollen Sie in Form eines Expertenpuzzles Wissenschaft im Spannungsfeld gesellschaftlicher Interessen kennenlernen und sich darüber austauschen.
Bilden Sie drei Gruppen, von denen jede jeweils einen der Arbeitsaufträge 1, 2 oder 3 bearbeitet. Nach 15 Minuten bilden Sie neue Dreiergruppen, die sich aus je einem Experten der Gruppen 1, 2 und 3 zusammensetzen.
Diskutieren Sie gemeinsam in den neuen Gruppen darüber, wie wissenschaftliche Erkenntnisse von der Gesellschaft akzeptiert werden.

1) Gruppe 1
Lesen Sie den Infotext „Die Deutsche Physik" (▸1) und erläutern Sie die Wesenszüge der Deutschen Physik.

2) Gruppe 2
Lesen Sie den Infotext „Einstein und die Politik" und charakterisieren Sie kurz Einsteins politisches Handeln.

3) Gruppe 3
Erarbeiten Sie mithilfe der nebenstehenden Quelle Gründe, die dafür sprechen, dass Lenard Einstein auch aus persönlichen Gründen ablehnte, und erläutern Sie diese.

Für Interessierte: Sie finden ausführliche Informationen zum gesellschaftlichen Einfluss von Albert Einstein auf der Homepage der Bundeszentrale für politische Bildung unter dem Suchbegriff „Einsteins Berliner Zeit"

Dr. Philipp Lenard: Deutsche Physik

„Deutsche Physik?" wird man fragen. – Ich hätte auch arische Physik oder Physik der nordisch gearteten Menschen sagen können, Physik der Wirklichkeits-Ergründer, der Wahrheit-Suchenden, Physik derjenigen, die Naturforschung begründet haben. – „Die Wissenschaft ist und bleibt international!" wird man mir einwenden wollen. Dem liegt aber immer ein Irrtum zugrunde. In Wirklichkeit ist die Wissenschaft, wie alles was Menschen hervorbringen, rassisch, blutmäßig bedingt. Ein Anschein von Internationalität kann entfliehen, wennaus der Allgemeingültigkeit der Ergebnisse der Naturwissenschaft zu Unrecht auf allgemeinen Ursprung geschlossen wird oder wenn übersehen wird, daß die Völker verschiedener Länder, die Wissenschaft gleicher oder verwandter Art geliefert haben wie das deutsche Volk, dies nur deshalb und insofern konnten, weil sie ebenfalls vorwiegend nordischer Rassenmischung sind und waren. Völker anderer Rassenmischung haben eine andere Art Wissenschaft zu treiben.

Naturforschung [...] hat kein Volk überhaupt je begonnen, ohne auf dem Nährboden schon vorhandener Errungenschaften von Ariern zu fußen. Vieles ist von den Fremden zunächst immer mitgemacht und nachgemacht worden; das Rasseneigentümliche gibt sich erst nach längerer Entwicklung zu erkennen. Man könnte an Hand der vorliegenden Literatur vielleicht bereits von einer Physik der Japaner reden; in der Vergangenheit gab es eine Physik der Araber. Von einer Physik der Neger ist noch nichts bekannt; dagegen hat sich sehr breit eine eigentümliche Physik der Juden entwickelt, die nur bisher wenig erkannt ist, weil man Literatur meist nach der Sprache einteilt, in der sie geschrieben ist. Juden sind überall, und wer heute noch die Behauptung von Internationalität der Naturwissenschaft verficht, der meint wohl unbewußt die jüdische, die allerdings mit den Juden [...] überall gleich ist.

Es ist wichtig, die „Physik" des jüdischen Volkes hier ein wenig zu betrachten, weil sie ein auffallendes Gegenstück zur deutschen Physik ist und diese bei Erkenntnis des Gegensatzes wohl für viele erst ins rechte Licht setzt. Wie alles Jüdische ist auch die jüdische Physik erst seit kurzem überhaupt einer unbefangenen öffentlichen Betrachtung zugänglich geworden. Sie hatte sich lange versteckt und zögernd entwickelt. Mit Kriegsende, als die Juden in Deutschland herrschend und tonangebend wurden, ist sie in ihrer ganzen Eigenart plötzlich überschwemmungsartig hervorgetreten. Sie hat dann alsbald auch unter vielen Autoren nichtjüdischen oder doch nicht rein jüdischen Blutes eifrige Vertreter gefunden. Um sie kurz zu charakterisieren, kann am gerechtesten und besten an die Tätigkeit ihres wohl hervorragendsten Vertreters, des wohl reinblütigen Juden A. Einstein, erinnert werden. Seine „Relativitäts-Theorien" wollten die ganze Physik umgestalten und beherrschen; gegenüber der Wirklichkeit haben sie aber nun schon vollständig ausgespielt. Sie wollten wohl auch gar nie wahr sein. Dem Juden fehlt auffallend das Verständnis für Wahrheit, für mehr als nur scheinbare Übereinstimmung mit der von Menschen-Denken unabhängig ablaufenden Wirklichkeit, im Gegensatz zum ebenso unbändigen als besorgnisvollen Wahrheitswillen der arischen Forscher.

▸1 Vorwort zur Deutschen Physik von Philipp Lenard

Absolute Wissenschaft in einer absoluten Welt. Der Fall Philipp Lenard

Einstein und die Politik

Zwei britische Expeditionen, die am 29.05.1919 an unterschiedlichen Standorten die Sonnenfinsternis mit Teleskopen beobachteten und fotografische Aufnahmen von Sternen neben und hinter der Sonne machten, konnten damit wichtige Aussagen der von Albert Einstein aufgestellten allgemeinen Relativitätstheorie experimentell bestätigen. Die Veröffentlichung dieser Ergebnisse verhalf Einstein endgültig zu Weltruhm (▸ 2). Nicht nur Wissenschaftler, sondern auch eine breite Öffentlichkeit erkannte Einstein als eine herausragende Persönlichkeit an. Auch die Politik wurde auf Einstein aufmerksam, der seit 1913 in Berlin forschte und lehrte. Da Einstein öffentlich den Krieg ablehnte und dem Verhalten des deutschen Kaiserreichs im 1. Weltkrieg kritisch gegenüberstand, war er bestens geeignet, um das Ansehen Deutschlands wieder zu steigern. Im *Aufruf an die Europäer* hatten sich Albert Einstein und Georg Friedrich Nicolai klar von den Kriegszielen des Kaiserreiches distanziert und forderten einen Frieden, der nicht zur Quelle eines neuen Krieges werden kann.

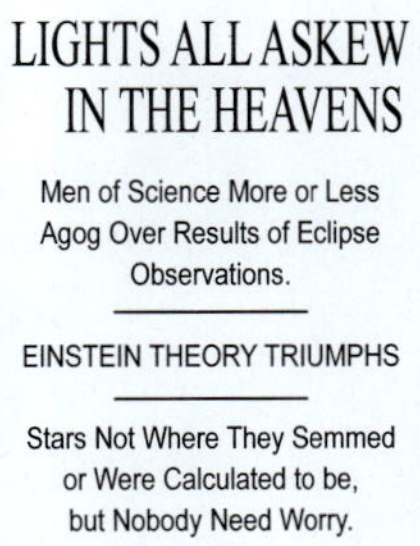
LIGHTS ALL ASKEW IN THE HEAVENS

Men of Science More or Less Agog Over Results of Eclipse Observations.

EINSTEIN THEORY TRIUMPHS

Stars Not Where They Semmed or Were Calculated to be, but Nobody Need Worry.

▸ 2 „Lichter am Himmel alle schief": Schlagzeile über die Bestätigung der allgemeinen Relativitätstheorie

Die internationale Anerkennung der Leistungen Einsteins sollte auch das deutsche Image aufbessern. Auf Drängen des deutschen Außenministers Walther Rathenau hielt Einstein eine Reihe von Vorträgen in Frankreich. Da diese „Relativitätsreise" die Erwartungen der Politik erfüllen konnte, folgten weitere Reisen in verschiedene Länder. Einstein leistete einen entscheidenden Beitrag zur Durchbrechung des Boykotts der deutschen Wissenschaft und zur Verbessrung der internationalen Beziehungen.

Gleichzeitig gab es aber auch die ersten Kritiker, die Einstein als Mitverfasser des *Aufrufs an die Europäer* an die Seite der „Verräter" stellten, die Deutschland den „Dolchstoß" versetzten. Auch Physiker, die immer noch die Äthertheorie verfolgten und damit die Konstanz der Lichtgeschwindigkeit als tragendes Axiom der speziellen Relativitätstheorie ablehnten, formierten sich gegen Einstein. Der offen geäußerte Antisemitismus dieser Zeit tat sein Übriges. Die Relativitätstheorie wurde als das Werk eines Juden abgelehnt und Einstein verließ 1932 Deutschland, um über Belgien in die USA auszuwandern.

Als 1939 bekannte wurde, dass nach der erfolgreichen Kernspaltung von Otto Hahn, Lise Meitner und Fritz Straßmann die deutsche Wehrmacht an der Herstellung einer Atombombe forscht, unterschrieb Einstein einen offenen Brief an Präsident Roosevelt, den der ungarisch-deutsch-amerikanische Physiker Leo Szilard (▸ 3) verfasst hatte. Darin wurde der Präsident aufgefordert, eine Atomwaffe entwickeln zu lassen, bevor es die Deutschen tun. Dieser Brief war entscheidend dafür, dass die USA das Manhattan-Projekt zur Entwicklung von Atombomben startete. Einstein nahm nicht an der Entwicklung teil und bedauerte den Abwurf der Atombomben über Japan zutiefst.

▸ 3 Albert Einstein und Leo Szilard

► 1 Wasserdampfwolken über einem Kraftwerk

3 Energieversorgung

Stationsarbeit

Unter dem Begriff Energieversorgung versteht man die Versorgung von Endkunden, z. B. private Haushalte oder die Industrie, mit elektrischem Strom, Kraftstoffen und Fernwärme.
In Deutschland basiert diese Versorgung derzeit noch überwiegend auf fossilen Energieträgern wie Erdgas, Kohle und Öl. Besonders im Hinblick auf den Klimawandel gewinnen jedoch erneuerbare Energiequellen, z. B. Wind- und Solarenergie, zunehmend an Bedeutung.

Auf den nachfolgenden Seiten werden Sie sich in einzelnen Stationen eigenständig mit dem Thema Energieversorgung beschäftigen. Die Seiten werden in Einzel- oder Gruppenarbeit bearbeitet. Dabei beginnt jede Station mit Arbeitsaufträgen und enthält kurze fachliche Informationen. Nach der Bearbeitung der Arbeitsaufträge halten Sie die Ergebnisse Ihrer Ausarbeitung und die Lösungen der Aufgaben schriftlich in Ihren Aufzeichnungen fest. Bearbeiten Sie zum Einstieg in das Thema zunächst die untenstehende Aufgabe.

AUFGABEN

1 In den vorherigen Jahrgängen haben Sie sich bereits mit einigen Aspekten zum Thema Energie in der Physik beschäftigt. Machen Sie sich wiederholend mit den nachfolgenden Themen vertraut. Nutzen Sie dazu Ihre Aufzeichnungen aus den bisherigen Jahrgängen oder recherchieren Sie im Internet.
(i) Die physikalische Größe Energie
(ii) Energieerhaltung
(iii) Energieentwertung
(iv) Energieflussdiagramm
(v) Leistung
(vi) Wirkungsgrad

Station 1: Reversible und irreversible Vorgänge

Arbeitsauftrag
a) Lesen Sie die Infobox „Reversible und irreversible Vorgänge".
b) Lösen Sie die Aufgaben 1 und 2.

Reversible und irreversible Vorgänge
Heiße Getränke kühlen sich ab. Ein Teller zerbricht, wenn er auf den Boden fällt – das entspricht unserer Alltagserfahrung (▸2). Dabei werden verschiedene Energieformen ineinander umgewandelt, es geht keine Energie verloren. Keines der bisher in der Schule behandelten physikalischen Gesetze besagt, dass diese Vorgänge nicht auch von allein umgekehrt ablaufen könnten, und doch beobachten wir nie, dass ein kaltes Getränk spontan wieder warm wird oder der Teller sich wieder zusammenfügt.
Die Ursache für die Unumkehrbarkeit ist die Energieentwertung, die während des Vorgangs auftritt: Durch Reibungs- und Verformungsarbeit wird ein Teil der umgesetzten Energie in innere Energie der Umgebung umgewandelt und dadurch „entwertet". Sie ist für uns nicht mehr nutzbar. Vergleicht man die Energien zu Beginn und zum Ende eines irreversiblen Vorgangs, ergibt sich wegen der Energieentwertung stets ein Wirkungsgrad kleiner als 100 %. Ein reversibler Vorgang dagegen muss einen Wirkungsgrad von 100 % besitzen, was in der realen Welt nicht vorkommt. Selbst bei einem Fadenpendel im Vakuum wird die Bewegung irgendwann zum Stillstand kommen - der Wirkungsgrad ist kleiner als 100 %.

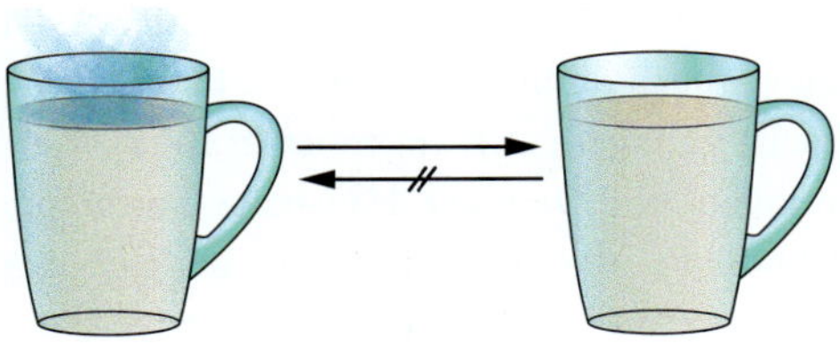

▸ 2 Heiße Getränke kühlen sich ab.

Vorgänge, die nur in eine zeitliche Richtung ablaufen können, heißen irreversibel. Alle anderen Vorgänge sind reversibel.

AUFGABEN

1 Vom Wurf eines Balls wird eine Stroboskopaufnahme (▸3) angefertigt.

▸ 3 Bewegung eines Balls

a) Erläutern Sie, in welche Richtung sich der Tischtennisball auf der Stroboskopaufnahme ▸3 bewegt.
b) Fertigen Sie ein Energieflussdiagramm der Ballbewegung an. Erklären Sie die Ursache für die Irreversibilität des Vorgangs.
c) Fertigen Sie nach dem Vorbild von ▸3 jeweils ein Video oder eine Stroboskopaufnahme eines weiteren Vorgangs an, der
(i) eindeutig irreversibel ist.
(ii) eventuell reversibel sein könnte.

2 Lithium-Ionen-Akkus sind wiederaufladbar. Ein Fahrzeughersteller wirbt mit der Darstellung ▸4 für die Rekuperation, also die Energierückgewinnung beim Bergabfahren bzw. Bremsen.
Beurteilen Sie die fachliche Korrektheit der Darstellung. Gehen Sie dabei auch auf die Interessenlage des Urhebers ein.

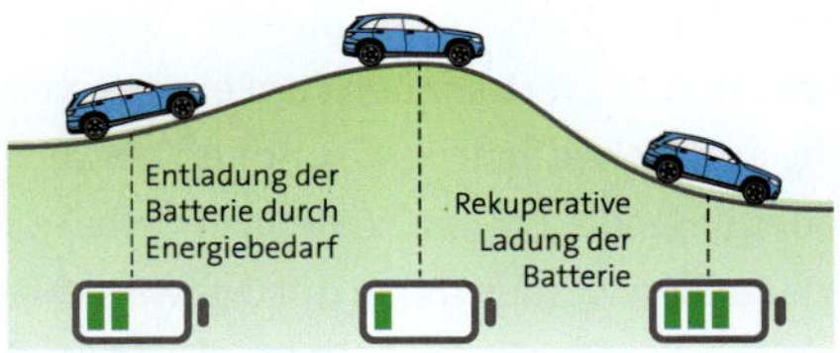

▸ 4 Rekuperation

► 2 Energieversorgung in Deutschland

Station 2: Überblick über Energiequellen

Arbeitsauftrag

a) Lesen Sie die Infoboxen zu Primärenergie und Kraftwerken.

b) Bilden Sie Gruppen und erstellen Sie für verschiedene Primärenergiequellen jeweils ein Plakat zur Nutzwertanalyse nach dem Beispiel ►5. Recherchieren Sie die notwendigen Informationen auch im Internet.
Die Bewertung erfolgt nach von Ihnen gewählten Kriterien mit Zahlenwerten zwischen −2 (sehr schlecht) und +2 (sehr gut).

c) Legen Sie die Plakate im Physiksaal aus, diskutieren Sie über den aktuellen Primärenergiemix Deutschlands vor dem Hintergrund Ihrer Rechercheergebnisse. Nutzen Sie dazu auch die Informationen aus dem QR-Code ►2.

Primärenergie

Prinzipiell unterscheidet man zwischen Primärenergieträgern (Kohle, Erdgas, Erdöl, Uran, Holz, Wind, Wasser usw.) und Sekundärenergieträgern (Strom, Wärme, Kraftstoffe). Zur Erzeugung der für den Verbraucher nutzbaren Sekundärenergie muss der Primärenergieträger zunächst gewonnen, aufbereitet, ggf. umgewandelt und transportiert werden. Der dafür nötige Aufwand wird mithilfe des sogenannten Primärenergiefaktors (►1) bewertet. Dieser Zahlenwert dient dazu, verschiedene Primärenergiequellen vergleichbarer zu machen. Um z.B. 1 kWh Strom im Haushalt zu nutzen, müssen zuvor 1,8 kWh Energie erzeugt worden sein. Bei diesem Wert handelt es sich nicht um einen durch physikalische Experimente ermittelten Wert, sondern um eine Bewertung, die durch staatliche Institutionen im Gebäudeenergiegesetz erfolgt. Viele erneuerbare Energiequellen werden dabei mit 0 gewertet, sofern sie nicht im Laufe der Existenz der Menschheit verbraucht werden.

Primärenergiequelle	Faktor
Strom (nicht regenerativ erzeugt)	1,8
Braunkohle	1,2
Steinkohle	1,1
Heizöl	1,1
Erdgas, Biogas	1,1
Holz	0,2
Erdwärme, Abwärme, Solarenergie, Wind, Wasser, Strom aus Photovoltaik	0

► 1 Übersicht über Primärenergiefaktoren

Kraftwerke als Energieversorger

In Kraftwerken wird die chemische Energie aus Gas, Öl, Kohle, Uran oder Reststoffen wie Müll in elektrische Energie umgewandelt.
Unabhängig vom verwendeten Energieträger ist der prinzipielle Aufbau eines Kraftwerks (►3) dabei stets derselbe:
Durch die bei der Verbrennung des Energieträgers oder der Kernspaltung freiwerdende Energie wird zunächst Wasser erhitzt, sodass Wasserdampf entsteht. Dieser steht unter hohem Druck und treibt beim Entspannen und Abkühlen eine Turbine an. Dadurch wird ein Generator in Rotation versetzt, der so elektrische Energie erzeugt (►4).
Beim Prinzip der Kraft-Wärme-Kopplung wird zusätzlich auch die innere Energie der Abwärme genutzt. Der Wirkungsgrad von Kraftwerken kann mithilfe der Kraft-Wärme-Kopplung auf oftmals über 90 % gesteigert werden.
Kraftwerke ohne Kraft-Wärme-Kopplung erreichen Wirkungsgrade von knapp 40 %.

In Deutschland existieren rund 300 große Kraftwerke mit Leistungen zwischen 100 MW und 1000 MW. Neben den Großkraftwerken gibt es auch zahlreiche dezentrale Erzeuger, die meist geringere Leistungen unter 100 MW erbringen und weniger Haushalte versorgen: Windkraft-, Photovoltaik-, Biogasanlagen oder Blockheizkraftwerke versorgen Endverbraucher lokal mit Strom bzw. Wärme.

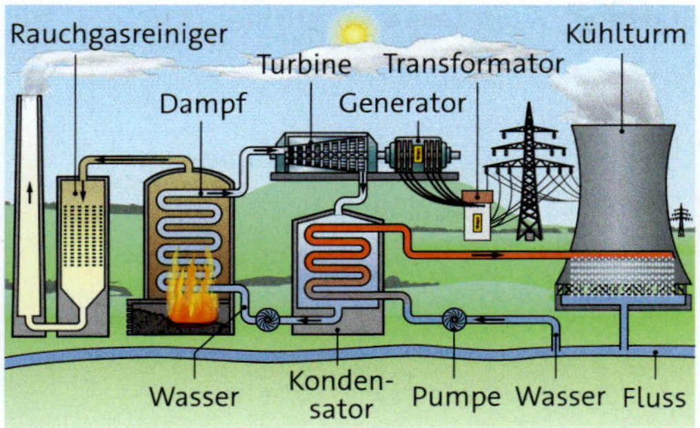

► 3 Prinzipieller Aufbau eines Kraftwerks

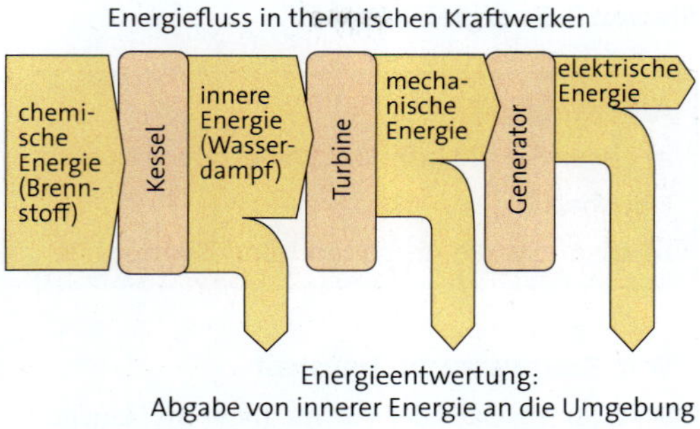

► 4 Prinzipielles Energieflussgramm eines Kraftwerks

Energieträger: **Gas**

Energieflussdiagramm des Kraftwerks:

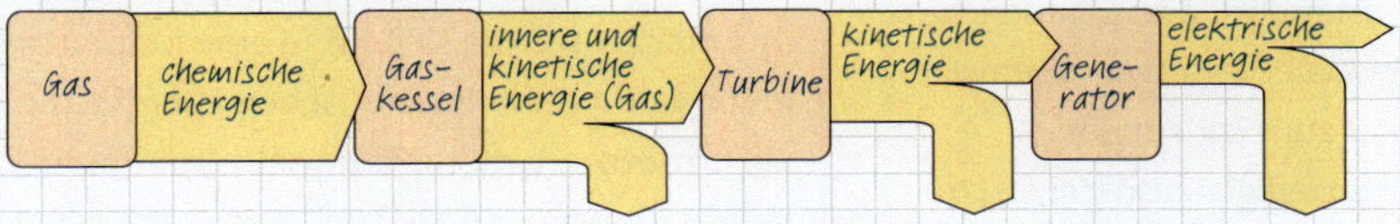

		Bewertung
Leistung im Durchschnitt:	100 – 600 MW, recht flexibel	2
Primärenergiefaktor:	1,1	0
Wirkungsgrad:	ca. 39 %, bei Nutzung von Gas und Dampf bis 60 %	1
Bau- und Betriebskosten:	Bau: 800 Euro / kWh Betrieb: 50 Euro / kWh > beides gering	2
Herkunft des Energieträgers:	Russland, Niederlande, Skandinavien	0
Reichweite der Ressource:	40 – 70 Jahre	–1
Emissionen bei der Sekundärenergieerzeugung:	Wärme, ansonsten kaum Emissionen	1
Riskien:	lange Transportwege, wirtschatliche Abhängigkeit von Drittstaaten, Fracking gefährdet Umwelt	–2
Chancen:	schnell verfügbare Leistung, gut zum Decken von Spitzenlasten, gut speicherbar, Ersatz durch Wasserstoff oder LNG möglich	+2
		+5

► 5 Beispiel einer Nutzwertanalyse eines Gaskraftwerks

►1 Energieversorgung, Stromerzeugung und Energieübertragung

Station 3: Energietransport

Arbeitsauftrag
a) Lesen Sie die Infobox „Vom Kraftwerk zum Haushalt“.
b) Lösen Sie die Aufgaben 1 und 2 von S. 139.

Vom Kraftwerk zum Haushalt
Wird Strom, Gas oder Wärme nicht im Haushalt selbst erzeugt, benötigt man ein Leitungsnetz, um den von den Erzeugern eingespeisten Energieträger zu den Endverbrauchern zu bringen (►1). Mithilfe des Höchst- und Hochspannungsnetzwerks wird elektrische Leistung vom Kraftwerk zu Verteilerstationen gebracht. Dieses Stromnetz wird in Deutschland von vier Übertragungsnetzbetreibern ausgebaut und instand gehalten. Zahlreiche kommunale oder regionale Versorger organisieren dann den Transport zum Endkunden.
Im Stromnetz muss jederzeit genauso viel elektrische Energie zur Verfügung stehen, wie benötigt wird, damit die Versorgung stabil ist und es zu keinen Stromausfällen oder kurzfristigen Abschaltungen kommt. Da im Zuge der Energiewende immer mehr Strom aus regenerativen Quellen stammt, wird Strom nicht immer genau dann und dort produziert, wo er benötigt wird. Darum ist eine grundlegende Anpassung der Bereitstellungs- und Nutzungsstrukturen nötig. Die Energieversorger bauen die Netzstruktur so um, dass viele dezentrale Kleinkraftwerke ins Netz eingebunden werden können und beispielsweise der Strom aus Windkraftwerken aus dem Norden Deutschlands in den industriereichen Süden transportiert werden kann. Auch auf Verbraucherseite wird sich der Umgang mit Energie ändern müssen, damit die Energiewende gelingt: Intelligente Haushaltsgeräte nutzen elektrische Energie dann, wenn sie im Überfluss vorhanden und somit preisgünstig ist. Bidirektionale Speicher in einem intelligenten Stromnetz (*smart grid*) werden bei Verfügbarkeit von Strom geladen und geben die Energie bei Bedarf wieder ins Netz ab.

Station 4: Energiesparpotentiale

Arbeitsauftrag
In der Tabelle ►2 finden Sie zahlreiche Bereiche, in denen Sie in Ihrem privaten oder im schulischen Umfeld Energie einsparen können.
a) Erstellen Sie auf einer digitalen oder analogen Pinwand ein Raster nach ►2.
b) Finden Sie möglichst viele konkrete Vorschläge für die einzelnen Bereiche.
c) Nehmen Sie eine Bewertung der Vorschläge vor. Geben Sie dazu Punkte von –2 (schlecht) bis +2 (gut) für die Effizienz jeder Maßnahme und für ihre Umsetzbarkeit, sodass jede Maßnahme einen Punktewert zwischen –4 und +4 erhält.
d) Entscheiden Sie sich für je eine Maßnahme im privaten und im schulischen Umfeld, die Sie umsetzen wollen. Sammeln Sie Argumente und überzeugen Sie die Verantwortlichen von Ihrem Vorschlag.

	Schule	Effizienz/ Umsetzbarkeit	Privat	Effizienz/ Umsetzbarkeit
Heizung			nur genutzte Räume heizen	
Stromverbrauch	LEDs statt Glühbirne 			
Ernährung			regional einkaufen 	
Verkehr	Klassenfahrten mit Zug 			
Konsum			Müll vermeiden 	

►2 Energiespartabelle

AUFGABEN

► 3 Hochspannungsmasten des Stromnetzes

1 Neben dem Stromnetz (► 3) existieren auch noch weitere Netze für die Energieversorgung.

a) Nennen Sie zwei weitere Netze, die in Deutschland existieren.

b) Geben Sie drei Anforderungen an, die ein Energienetz erfüllen muss.

c) Nennen Sie die Gründe, die aktuell einen Umbau der Energienetze notwendig machen.

d) Die Einbindung dezentraler Anlagen zur Stromproduktion sind für die Energieversorger, aber auch für Betroffene eine Herausforderung.
Nennen Sie sowohl zwei Nachteile als auch zwei Vorteile von dezentralen Anlagen. Recherchieren Sie ggf. notwendige weitere Informationen im Internet. Nutzen Sie darüber hinaus auch die Karikatur ►4 für Ihre Argumentation.

► 4 Nicht in meiner Nachbarschaft?!

2 Das Einfamilienhaus einer vierköpfigen Familie verfügt über eine Photovoltaikanlage auf dem Dach. Bei optimalen Bedingungen kann die Anlage eine maximale Leistung von 8,0 kW erbringen. Hersteller bezeichnen das häufig mit „8,0 kW Peak" oder kurz 8,0 kWp.
In Bayern gibt es jährlich durchschnittlich 1 600 Stunden Sonnenschein. Davon führen 60 % zu einer maximalen Auslastung der Photovoltaikanlage.

a) Die Eigentümer der Photovoltaikanlage benötigen 20 % der erzeugten Energie für den Eigenverbrauch. Den Rest speisen sie in das Stromnetz ein. Die Vergütung für die Einspeisung beträgt 0,086 € je kWh.
Berechnen Sie den jährlichen Ertrag aus der Einspeisung.

b) Ein durchschnittlicher Vierpersonenhaushalt benötigt 4 000 kWh elektrische Energie im Jahr.
Recherchieren Sie den aktuellen Strompreis je kWh und berechnen Sie die Kosten für den Bezug der elektrischen Energie aus dem Stromnetz, die nicht direkt aus der Photovoltaikanlage gedeckt wird.

c) Wird die Photovoltaikanlage mit einem hauseigenen Speicher gekoppelt, dann steigt der Anteil der selbst genutzten Energie auf 75 % des Bedarfs.
Ermitteln Sie, nach wie vielen Jahren sich die Anschaffung eines Stromspeichers mit einer Kapazität von 8 kWh finanziell für den Haushalt rechnet. Gehen Sie dabei von Anschaffungskosten für den Speicher in Höhe von 6 000 € aus.

d) Listen Sie mindestens drei Argumente für und gegen die Anschaffung eines Stromspeichers auf.
Bewerten Sie die Anschaffung eines Speichers für die hier geschilderte vierköpfige Familie.

Station 5: Debatte

Arbeitsauftrag
Sie debattieren in der Rolle verschiedener Personen in einer Bürgerversammlung um die Zukunft des fiktiven Orts Futurhausen. Dort will ein Unternehmen ein Blockheizkraftwerk und Photovoltaikanlagen auf landwirtschaftlichen Flächen errichten. Damit wird es die Versorgung der Kommune mit Strom und Wärme übernehmen, sodass der Ort unabhängig vom bisherigen großen Energieversorger wird.

Vorbereitung (1 Unterrichtsstunde):
Verteilen Sie die sieben nachfolgend aufgeführten Rollen innerhalb der Klasse.
Informieren Sie sich anhand der vorgegebenen Positionspapiere über die Meinung der von Ihnen dargestellten Person.
Überlegen Sie sich schlüssige Argumente, mit denen Sie in der Debatte Ihre Position vertreten wollen. Recherchieren Sie zusätzlich Fakten und sammeln Sie, welche Vorteile der von Ihnen angestrebte Weg für andere Teilnehmer der Debatte bieten kann.
Bei Rollen mit mehreren Personen: Wählen Sie jeweils einen Vertreter Ihrer Gruppe aus, der in der nächsten Stunde Ihre Argumente vorträgt.

Debatte (1 Unterrichtsstunde):
Zunächst legt der Vertreter jeder Partei seine Argumente in einem kurzen Statement dar (max. 2 Minuten). Formulieren Sie zum Abschluss Ihre zwei Hauptforderungen, damit sie für alle sichtbar notiert werden können.
Anschließend diskutieren Sie über den Weg von Futurhausen hin zu einer energieautarken Kommune.
Finden Sie einen für alle Beteiligten tragbaren Kompromiss und formulieren Sie ein Abschluss-Statement.

Rahmenbedingungen
Futurhausen besteht aus 250 Haushalten mit insgesamt 900 Einwohnern. Dazu kommen einige Handwerksbetriebe und ein kleines Hotel.

- Die Dachflächen von 100 Häusern, dem Hotel und zwei kommunalen Gebäuden sind potentiell für die Bestückung mit Photovoltaikanlagen geeignet.
- Die Landwirte besitzen insgesamt 200 ha Wald, in denen jährlich 5 800 m^3 Hackschnitzel nachwachsen.
- Wärmebedarf eines Haushalts:

  $10\,000 \frac{\text{kWh}}{\text{Jahr}}$
- Strombedarf eines Haushalts:

  $4\,000 \frac{\text{kWh}}{\text{Jahr}}$
- Photovoltaikfläche zur Erzeugung von jährlich 1 000 kWh: 6 m^2
- Wärmemenge aus 1 m^3 Hackschnitzel: 800 kWh

Rolle: Moderator
(1 Person)
Sie leiten die Debatte, ohne persönlich Stellung zu nehmen. Sie erteilen das Rederecht, achten auf gleichmäßige Beteiligung und mahnen zu kurzen Statements (max. 2 Minuten pro Partei).
Sie beenden die Debatte und tragen das Abschluss-Statement vor, das die Parteien gemeinsam formuliert haben.

Rolle: Beobachter
(ggf. mehrere Personen)
Sie notieren wertneutral die Vorschläge der einzelnen Parteien für alle sichtbar z.B. auf einem Flipchart oder der Tafel. Sie erstellen nach dem Abschluss der Debatte einen kurzen Artikel für die Schulhomepage, in dem Sie wesentliche Ergebnisse darstellen. Klären Sie, ob Fotografien der Veranstaltung möglich sind.

Rolle: Gemeinderat
(mehrere Personen)
Sie setzen sich für die Errichtung des Blockheizkraftwerks und der Photovoltaikanlagen ein. Dort werden Arbeitsplätze entstehen und die anfallende Gewerbesteuer kommt der gesamten Gemeinde zugute.
Außerdem sehen Sie neben dem Nutzen für den Klimaschutz einen Imagegewinn für Futurhausen, wenn Ihr Ort eine vollständig energieautarke Kommune wird.

Rolle: Unternehmer
(mehrere Personen)
Sie möchten ein Blockheizkraftwerk errichten, das die Siedlung und den Industriebetrieb mit Wärme versorgt. Als Brennstoff setzen Sie auf Hackschnitzel, die von den Landwirten geliefert werden können.
Die Photovoltaikanlagen sollen als Freiflächenanlagen aufgeständert werden. Von Ihnen betriebene Energiespeicher sollen die durchgehende Versorgung mit elektrischer Energie sichern.
Die nötigen Investitionen können Sie als Unternehmen nicht aus eigenen Mitteln tragen.

Rolle: Landwirte
(mehrere Personen)
Sie bewirtschaften die Flächen, auf denen der Solarpark errichtet werden könnte. Das würde Ihnen langfristige Einnahmen aus der Verpachtung sichern, allerdings verlieren Sie dadurch einen Teil Ihrer Betriebsfläche, den Sie für den Futtermittelanbau für Ihre Tiere benötigen.
Sie würden gerne als Brennmaterial für das Blockheizkraftwerk Hackschnitzel aus Ihren Wäldern liefern.

Rolle: Anwohner
(mehrere Personen)
Sie haben Bedenken, dass das Blockheizkraftwerk und der Solarpark tatsächlich die benötigten Mengen an Wärme und Strom zuverlässig zur Verfügung stellen können. Sie befürchten außerdem eine Lärm- und Geruchsbelästigung durch das Blockheizkraftwerk und durch den notwendigen Zulieferverkehr.
Andererseits sind Sie einer lokalen und regenerativen Energieerzeugung gegenüber positiv eingestellt, insbesondere der Hotelbesitzer würde gerne damit werben.

Rolle: Naturschutzverein
(mehrere Personen)
Sie wollen den ökologischen Umbau des Orts vorantreiben.
Andererseits befürchten Sie eine Beeinträchtigung der Ökosphäre durch die geplante Photovoltaikanlage auf den bisherigen landwirtschaftlichen Flächen. Sie sind der Ansicht, dass landwirtschaftliche Nutzflächen nicht für die Stromerzeugung genutzt werden sollen. Damit vertreten Sie den Leitspruch: „Teller vor Tank".
Photovoltaikanlagen auf bestehenden Gebäuden finden Sie dagegen wünschenswert.

Eigenverantwortliches Arbeiten

Im vorangegangen Lernbereich hatten Sie die Gelegenheit, sich durch eigenverantwortliches Arbeiten Inhalte zu den Themen „Astronomische Weltbilder", „Spezielle Relativitätstheorie" und „Energieversorgung" in einem größeren Zusammenhang selbst zu erarbeiten, sodass Sie sich besonders intensiv mit diesen Themen auseinandersetzen konnten.

Übergreifend über alle Themen sollten Sie nun in der Lage sein, sich Informationen aus unterschiedlichen Quellen zu erschließen, Ihre Rechercheergebnisse einander gegenüberzustellen und auf Stimmigkeit sowie Relevanz zu prüfen. Zudem hatten Sie die Möglichkeit sich kriteriengeleitet Meinungen zu bilden und Entscheidungen zu fällen.

Im Einzelnen sollten Sie sich folgende Kompetenzerwartungen und Inhalte erarbeitet haben:

Astronomische Weltbilder

<table>
<tr><th>Kompetenzerwartung – Kann ich …</th><th>Zugehörige Inhalte</th></tr>
<tr><td>• die Auswirkung bedeutsamer Beobachtungen und physikalischer Theorien auf die Entwicklung des astronomischen Weltbilds in historischen und gesellschaftlichen Zusammenhängen reflektieren?</td><td rowspan="2">• Wandel vom geozentrischen zum heliozentrischen Weltbild
• Keplersche Gesetze</td></tr>
<tr><td>• mir selbstständig aus verschiedenen Quellen physikalische und historische Kenntnisse erschließen und diese zur Reflexion verwenden?</td></tr>
<tr><td>• Aspekte des modernen Weltbilds anhand verschiedener Quellen vergleichen?</td><td rowspan="2">• Urknalltheorie
• Expansion des Universums
• Struktur des Universums
• Objekte im Universum
• Exoplaneten</td></tr>
<tr><td>• Rechercheergebnisse in geeigneter Darstellung adressatengerecht präsentieren?</td></tr>
</table>

Spezielle Relativitätstheorie

Kompetenzerwartung – Kann ich …	Zugehörige Inhalte
wesentliche Aussagen der speziellen Relativitätstheorie darstellen?	Einsteins Postulate Bezugssysteme Relativität der Gleichzeitigkeit Zeitdilatation Längenkontraktion
anhand von Fachtexten und digitalen Lernumgebungen Gedankenexperimente nachvollziehen und wiedergeben?	
aus Schlussfolgerungen aus den Postulaten Einsteins eine Struktur physikalischer Argumentationsketten identifizieren?	
den begrenzten Gültigkeitsbereich der klassischen Mechanik erläutern?	
in einer Diskussion darlegen, wie sich gesellschaftliche und politische Entwicklungen auf die Wahrnehmung und Akzeptanz physikalischer Erkenntnisse auswirken?	Wissenschaft im Spannungsfeld gesellschaftlicher Interessen („Deutsche Physik“)

Energieversorgung

Kompetenzerwartung – Kann ich …	Zugehörige Inhalte
den Unterschied zwischen reversiblen und irreversiblen Vorgängen erläutern und an Beispielen verdeutlichen?	reversible und irreversible Vorgänge Energieentwertung
verdeutlichen, dass irreversible Vorgänge mit einer Energieentwertung verbunden sind und daraus Schlussfolgerungen über den Wirkungsgrad thermischer Kraftwerke ziehen?	
zu gesellschaftlich relevanten Fragen der Energieversorgung Stellung nehmen, indem ich naturwissenschaftliche Daten berechne und recherchiere?	Überblick über Energiequellen und die Energieversorgung Wirkungsgrad von Kraftwerken Verfügbarkeit von Ressourcen Energietransport Energienetze Umweltfragen Energiesparpotentiale
eine Nutzwertanalyse erstellen und zielgerichtet verwenden?	
im Rahmen einer Debatte eine eigene Position entwickeln und sachlich begründen?	

Profilbereich

1 **Die Methode der kleinen Schritte** **148**

2 **Photovoltaik in Anwendungen** **162**

3 **Außerunterrichtliche Aktivität** **172**

In diesem Lernbereich

- lernen Sie, dass Bewegungen unter dem Einfluss nichtkonstanter Kräfte mithilfe der Methode der kleinen Schritte beschrieben werden können und wenden diese Methode selbstständig an.
- erkennen Sie die Bedeutung der Methode der kleinen Schritte für die Wissenschaft.
- untersuchen Sie experimentell Solarzellen und erläutern die Funktionsweise und Bedeutung technischer Komponenten in Photovoltaikanlagen.
- bewerten Sie den Nutzen photovoltaischer Anlagen.
- erhalten Sie das methodische Rüstzeug zur Durchführung außerunterrichtlicher Aktivitäten.

Halbleiterbauelemente

Halbleiter: Bei Halbleitern handelt es sich um Stoffe, deren elektrische Leitfähigkeit zwischen der von elektrischen Leitern und der von Isolatoren liegt. Als Reinstoffe sind Halbleiter in der Nähe des absoluten Temperaturnullpunkts elektrische Isolatoren. Mit steigender Temperatur nimmt die Leitfähigkeit aufgrund der Eigenleitung zu.

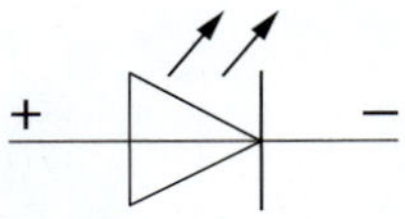

▸3 Schaltsymbol einer LED

Eigenleitung: In der Nähe des absoluten Temperaturnullpunkts gibt es in einem Halbleiter keine freien Ladungsträger. Man unterscheidet:

- **Elektronenleitung (n-Leitung):** Freie Elektronen sind negative Ladungsträger und bewegen sich bei angelegter Spannung zum Pluspol.
- **Löcherleitung (p-Leitung):** Freiwerdende Elektronen hinterlassen unbesetzte Zustände, die als Elektronenlöcher bezeichnet werden. Besetzt ein Elektron einer benachbarten Paarbindung diese Lücke, kommt es zur Verschiebung des Lochs. Bei angelegter Spannung wandert das Loch in Richtung des Minuspols. Das Loch verhält sich daher wie eine positive Ladung.

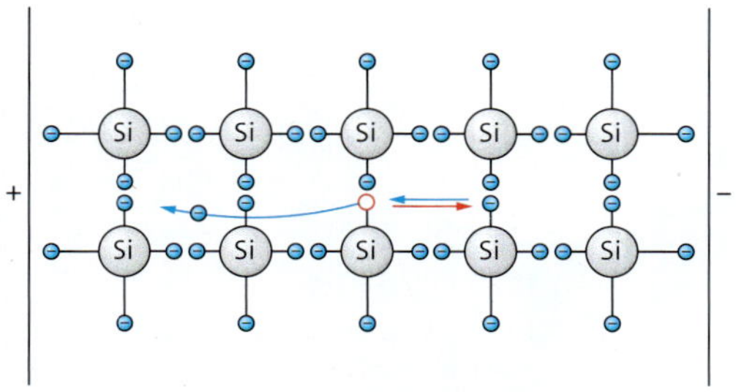

▸1 **A** Elektronen- (blau) und Löcherleitung (rot)

Dotierung: Die Eigenleitung eines Halbleiters kann durch Dotierung gesteigert werden:

- n-Dotierung erfolgt mit Elementen der V. Hauptgruppe, die zusätzliche Elektronen im Halbleiter zur Verfügung stellen.
- p-Dotierung erfolgt mit Elementen der III. Hauptgruppe, wodurch zusätzliche Löcher im Halbleiter auftreten.

Dioden: Dioden sind Halbleiterbauteile, die aus einer p- und einer n-Schicht bestehen. Sie arbeiten also mit einem pn-Übergang. Je nach Einbaurichtung kann eine Diode den elektrischen Stromfluss sperren oder den elektrischen Strom leiten. Ohne angelegte Spannung entsteht am pn-Übergang eine Raumladungszone, die wie ein Isolator wirkt.
Leuchtdioden (LEDs) sind spezielle Dioden mit der zusätzlichen Eigenschaft, dass sie bei Stromfluss einfarbiges Licht emittieren.

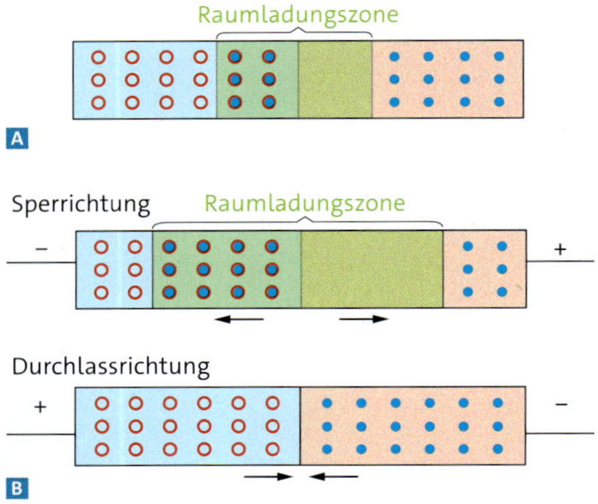

▸2 pn-Übergang **A** ohne und **B** mit angelegter Spannung

Solarzellen

Photovoltaik: Bei Solarzellen verursacht Sonnenlicht in einer Grenzschicht zwischen zwei Materialen eine Ladungstrennung. Jede Solarzelle ist eine Gleichspannungsquelle.

Leerlaufspannung und Kurzschlussstromstärke: Die Leerlaufspannung U_L ist die maximale Spannung einer Stromquelle ohne Stromfluss. Die maximale Stromstärke in einem Stromkreis ohne Widerstand bezeichnet man als Kurzschlussstromstärke I_K.
Bei der Reihenschaltung von n Solarzellen gilt:
$U_L = U_1 + U_2 + ... + U_n$ und $I_K = I_1 = I_2 = ... = I_n$
Bei der Parallelschaltung von n Solarzellen gilt:
$U_L = U_1 = U_2 = ... = U_n$ und $I_K = I_1 + I_2 + ... + I_n$

Halbleiterbauelemente

1) Geben Sie je zwei Elemente an, mit denen man Silicium
a) p-dotieren und
b) n-dotieren kann.

2) Entscheiden Sie begründet, ob folgende Aussage korrekt ist:
„In einem p-dotieren Halbleiter gibt es keine freien Elektronen.“

3) Ermitteln Sie, bei welchen der nachfolgenden Schaltungen das Lämpchen leuchtet. Beantworten Sie die Frage auch für den Fall, dass die Gleichspannung durch eine Wechselspannung ersetzt wird.

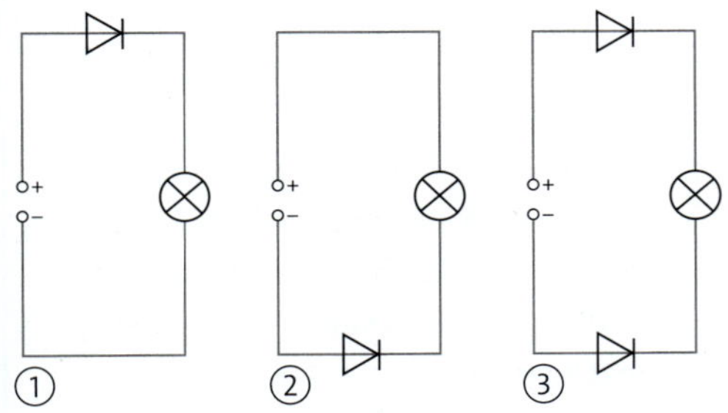

▸ **4** Leuchtet das Lämpchen?

4) Eine LED wird zusammen mit einem Ohmschen Widerstand ($R = 4{,}7\,\text{k}\Omega$) in Reihe an ein Netzteil angeschlossen. Die Abbildung zeigt die Kennlinie der LED, die durch die Messung von Stromstärke und Spannung entstanden ist.

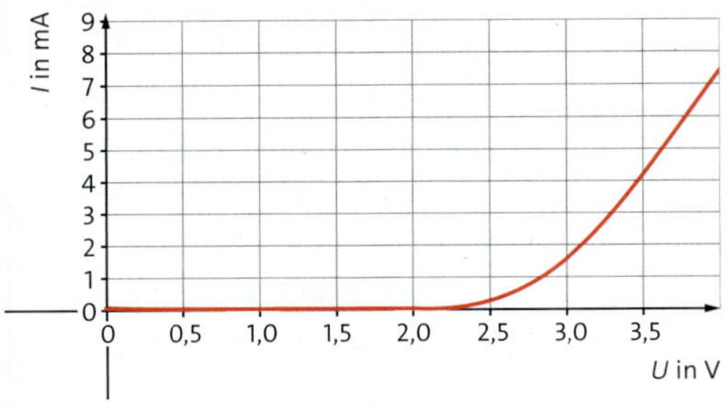

▸ **5** Kennlinie einer LED

a) Skizzieren Sie das zugehörige Schaltbild. Tragen Sie darin auch alle zum Aufnehmen der Kennlinie benötigten Messgeräte ein.
b) Bestimmen Sie die Spannung der elektrischen Quelle, sodass in der LED eine Stromstärke von 4,0 mA fließt.

5) Die Abbildung zeigt die Kennlinie einer Siliciumdiode.

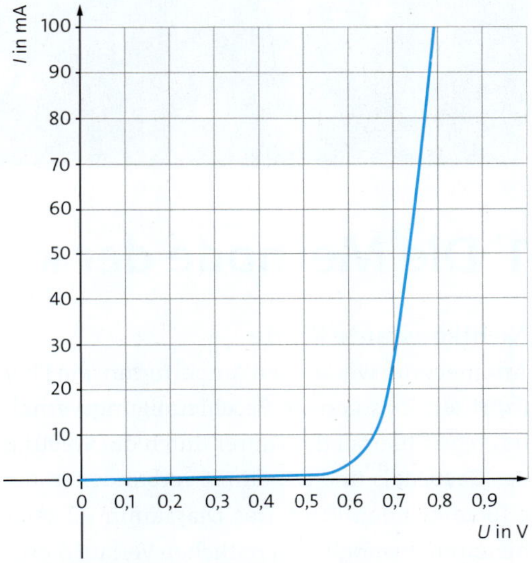

▸ **6** Kennlinie einer Siliciumdiode

a) Berechnen Sie den Diodenwiderstand bei einer Spannung von 0,6 V; 0,7 V und 0,8 V.
b) Skizzieren Sie qualitativ das zugehörige *U*-*R*-Diagramm.

Solarzellen

6) Skizzieren Sie mithilfe des Internets den Aufbau einer Silicium-Solarzelle. Geben Sie die Schichten an, in denen sich der Elektronenüberschuss und der Elektronenmangel bildet.

7) Bei einem industriell gefertigten Solarmodul werden 24 Siliciumsolarzellen in Reihe geschaltet und 12 Stränge parallel. Bestimmen Sie die Leerlaufspannung des Moduls, wenn eine einzelne Zelle 0,55 V liefert.

▸1 Ein Auto beschleunigt an einer Ampel.

1 Die Methode der kleinen Schritte

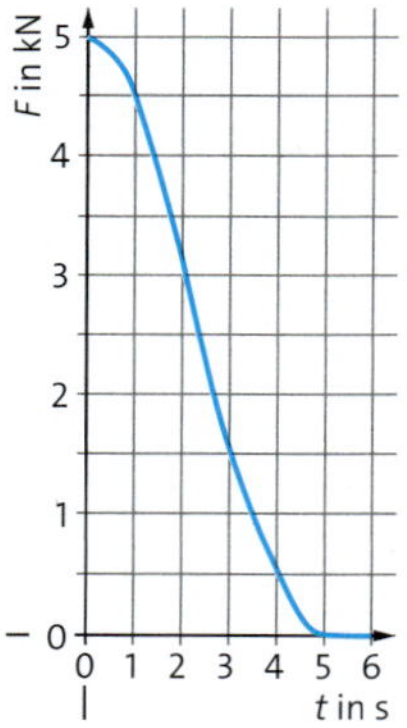

▸2 Zeitlicher Verlauf der beschleunigenden Kraft

Nichtkonstante Kräfte

An einer grün werdenden Ampel nimmt ein Pkw Fahrt auf. Das genaue Beschleunigungsverhalten regelt hierbei der Fahrer durch die Stellung des Gaspedals und der damit verbundenen beschleunigenden Kraft. Das Diagramm ▸2 zeigt hierzu einen möglichen zeitlichen Verlauf dieser Kraft.

Die nichtkonstante Kraft bewirkt, dass die Beschleunigung ebenfalls nicht konstant ist. Daher kann das Anfahren des Pkws mit den Bewegungsgleichungen, die eine konstante Beschleunigung erfordern, nicht beschrieben werden.
Um dennoch solche Problemstellungen zu lösen, erarbeiten Sie sich in der nachfolgenden Lernaufgabe ein Näherungsverfahren, die sogenannte **Methode der kleinen Schritte**.

t in s	$v(t)$ in $\frac{m}{s}$	$x(t)$ in m	$F(t)$ in kN	$a(t)$ in $\frac{m}{s^2}$
0,0	0,0	0,0	5,0	3,1
1,0	3,1	1,6	4,5	2,8
2,0	5,9	6,1	3,0	1,9
3,0	7,8	13	1,5	0,94

AUFGABEN

1 L Gegeben ist ein Pkw der Masse 1 600 kg, der aus der Ruhe beschleunigt. Für den zeitlichen Verlauf der beschleunigenden Kraft soll das Diagramm ▸2 zugrunde gelegt werden.

a) Lesen Sie die nebenstehende Methodenseite 149.

b) Legen Sie die Anfangsbedingungen fest und führen Sie bei einer Wahl von $\Delta t = 1{,}0\,\text{s}$ die ersten Schritte des Verfahrens nur unter Verwendung des Taschenrechners durch. Lesen Sie die erforderlichen Werte aus dem Diagramm ab und bestätigen Sie damit die nebenstehende Tabelle. Vervollständigen Sie die Tabelle bis zum Zeitpunkt $t = 6{,}0\,\text{s}$.

c) Entscheiden Sie begründet, inwieweit zum Zeitpunkt $t = 2{,}0\,\text{s}$ die tatsächlichen Werte für Ort und Geschwindigkeit von denen in b) berechneten abweichen.

d) Geben Sie eine Möglichkeit zur genaueren Bestimmung von $x(2{,}0\,\text{s})$ und $v(2{,}0\,\text{s})$ an.

METHODE

Arbeiten mit der Methode der kleinen Schritte

Die Methode der kleinen Schritte ist ein Verfahren, mit dem man die zeitliche Veränderung von Ort und Geschwindigkeit eines Körpers näherungsweise berechnen kann. Im Gegensatz zu den bisher bekannten Bewegungsgleichungen können dabei auch Bewegungen mit nichtkonstanter Beschleunigung erfasst werden.

Zu Beginn des Verfahrens müssen die **Anfangsbedingungen** bekannt sein. Darunter versteht man die Geschwindigkeit v_0 und den Ort x_0 des Körpers zum Zeitpunkt $t = 0$ s.
Im nächsten Schritt ermittelt man mithilfe eines **Kraftgesetzes** die zu diesem Zeitpunkt einwirkende Kraft F_0. Das Kraftgesetz hängt dabei vom konkreten physikalischen Problem ab.
Um nun den Ort und die Geschwindigkeit für spätere Zeitpunkte zu berechnen, wird die zentrale Idee der Methode herangezogen (▸ 3):

> Bei der Methode der kleinen Schritte wird die Bewegung in Abschnitte mit kurzer Dauer Δt zerlegt. In jedem Abschnitt wird die reale Beschleunigung durch eine konstante Beschleunigung angenähert.

Betrachtet man in einem Abschnitt das zugehörige Zeitintervall Δt, dann gilt für die mittlere Beschleunigung:

$$\overline{a} = \frac{\Delta v}{\Delta t} = \frac{v_1 - v_0}{\Delta t} \Rightarrow v_1 = v_0 + \overline{a} \cdot \Delta t$$

Dabei bezeichnet v_0 die Anfangs- und v_1 die Endgeschwindigkeit im ersten Zeitintervall.

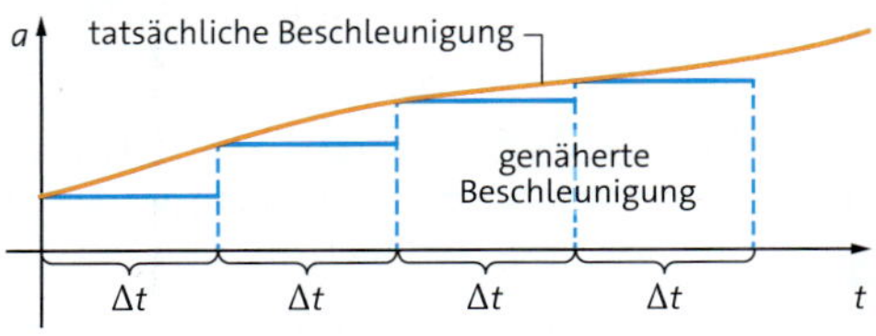

▸ 3 Näherung der Beschleunigung

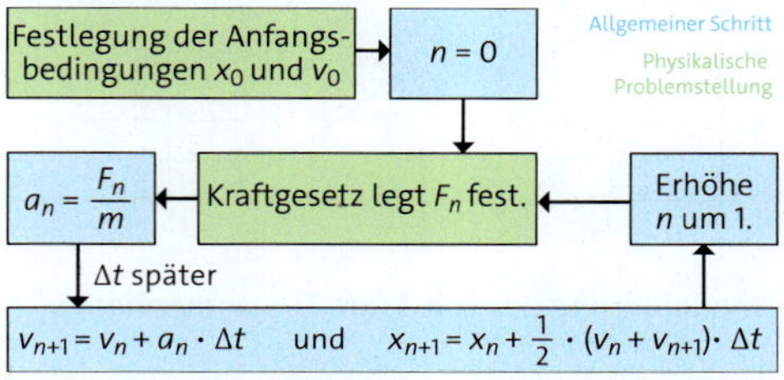

▸ 4 Prinzip der Methode der kleinen Schritte

Wird Δt klein genug gewählt, dann gilt in guter Näherung $\overline{a} \approx a_0$ und es folgt:

$$v_1 \approx v_0 + a_0 \cdot \Delta t \qquad \text{(I)}$$

Analog gilt für den Zusammenhang zwischen Geschwindigkeit und zurückgelegtem Weg:

$$\overline{v} = \frac{\Delta x}{\Delta t} = \frac{x_1 - x_0}{\Delta t} \Rightarrow x_1 = x_0 + \overline{v} \cdot \Delta t$$

Da jedoch durch Gleichung (I) die Geschwindigkeit v_1 bereits bekannt ist, kann man mit $\overline{v} \approx \frac{1}{2}(v_0 + v_1)$ genauer nähern und es folgt:

$$x_1 \approx x_0 + \frac{1}{2} \cdot (v_0 + v_1) \cdot \Delta t \qquad \text{(II)}$$

Die Gleichungen (I) und (II) erlauben nun die Berechnung von x_1 und v_1. Der Kreis schließt sich und das Verfahren kann jetzt mit x_1 und v_1 weitergeführt werden (▸ 4). Diese Vorgehensweise bezeichnet man als **Iteration**.

> Verallgemeinerte Iterationsgleichungen:
> $v_{n+1} = v_n + a_n \cdot \Delta t$
> $x_{n+1} = x_n + \frac{1}{2}(v_n + v_{n+1}) \cdot \Delta t\,;\, n \in \mathbb{N}$

Zusammen mit den Anfangsbedingungen und dem Kraftgesetz lässt sich damit die Bewegung eines Körpers berechnen. Der mit den Näherungen verbundene Fehler wird dabei umso kleiner, je kleiner Δt gewählt wird.

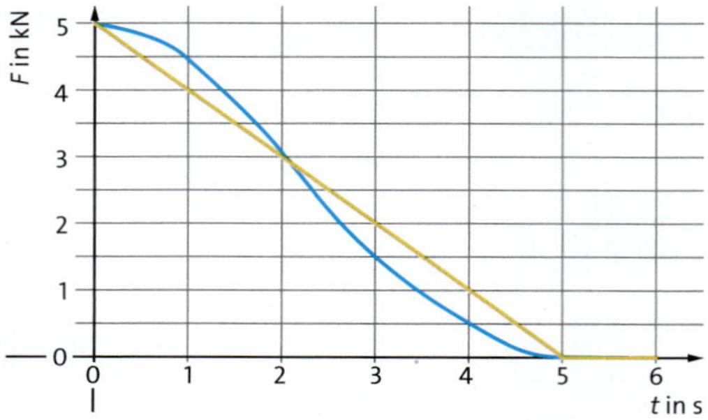

▸1 Modellierung des Zeit-Kraft-Zusammenhangs

Umsetzung mit einer Tabellenkalkulation

Die Ergebnisse der Methode der kleinen Schritte werden umso besser, je kleiner das gewählte Zeitintervall Δt ist. Eine Verkleinerung von Δt führt jedoch zu einem erhöhtem Rechenaufwand. Da sich jedoch die einzelnen Bearbeitungsschritte fortlaufend wiederholen, lässt sich das Verfahren leicht mit einer Tabellenkalkulation umsetzen.

Modellierung des Kraftgesetzes

Da in einer Tabellenkalkulation keine Diagramme „abgelesen" werden können, ist es zunächst erforderlich, den Zusammenhang zwischen Zeit und Kraft mithilfe einer geeigneten Funktion zu modellieren.

Um den im Diagramm ▸2 auf Seite 148 dargestellten Zusammenhang wiederzugeben, wird im Zeitintervall [0 s; 5 s] der Kurvenverlauf durch eine Gerade angenähert. Ab $t = 5$ s wird die Kraft gleich null gesetzt (▸1).

Die Steigung der Geraden $\left(-1\,000\,\frac{\text{N}}{\text{s}}\right)$ und der Achsenschnittpunkt auf der vertikalen Achse (5000 N) sind dabei so gewählt, dass sich die Differenzen zum tatsächlichen Verlauf näherungsweise ausgleichen.

Das vollständige Kraftgesetz lautet nun:

$$F(t) = \begin{cases} -1\,000\,\frac{\text{N}}{\text{s}} \cdot t + 5\,000\text{ N} & \text{für } 0\text{ s} \le t \le 5\text{ s} \\ 0 & \text{für } t \ge 5\text{ s} \end{cases} \qquad \text{(I)}$$

Erstellung des Rechenblatts

Die Abbildung ▸2 zeigt einen möglichen Aufbau des Rechenblatts. Es lässt sich unterteilen in Beschriftungen (blaue Zellen), Eingabezellen für Parameter und Anfangsbedingungen (rote Zellen) sowie Zellen, deren Werte aus anderen Zellen berechnet werden (grüne Zellen). Die Formeln für die jeweils ersten Berechnung einer Spalte sind ebenfalls dargestellt. Durch Kopieren lassen sie sich diese auf die darunter befindlichen Zellen übertragen.

	A	B	C	D	E	F	G
1	Delta t in s	0,1	t in s	v in m/s	x in m	F in N	a in m/s^2
2	Pkw-Masse in kg	1600	0	0	0	5000	3,125
3			0,1	0,3125	0,015625	4900	3,0625
4			0,2	0,61875	0,0621875	4800	3
5			0,3	0,91875	0,1390625	4700	2,9375
6							
7							
8							
9							
10							
11							
12							

=C2+$B$1

=D2+G2*$B$1

=E2+0,5*(D2+D3)*$B$1

=WENN(C2<5;-1000*C2+5000;0)

=F2/$B$2

▸2 Rechenblatt

In den Zellen D3 und E3 werden die Berechnungen der Iterationsgleichungen durchgeführt. Sie treten ebenso wie die Zellen G2 und C2 in jedem Rechenblatt zur Methode der kleinen Schritte auf.

Eine entscheidende Bedeutung kommt der Zelle F2 im Rechenblatt zu. Sie enthält das aufgestellte Kraftgesetz (I) und damit auch die eigentliche physikalische Problemstellung, die geklärt werden soll.

AUFGABEN

1 **a)** Erstellen Sie nach dem in Abbildung ▸ 2 dargestellten Muster ein Rechenblatt in einem Tabellenkalkulationsprogramm. Legen Sie für die Spalten C bis G mindestens 200 Zeilen an. Überprüfen Sie die Funktion durch Verwendung der in ▸ 2 genutzten Parameterwerte.

b) Erstellen Sie zusätzlich zwei Diagramme, die den *t*-*x* bzw. *t*-*v*-Verlauf darstellen. Es sollten sich dabei die nebenstehenden Diagramme ▸ 3 ergeben.

c) Erklären Sie, wie man mithilfe der beiden Diagramme die Endgeschwindigkeit sowie die Beschleunigungsstrecke ermitteln kann.

d) Überprüfen Sie die Abhängigkeit der Endgeschwindigkeit bzw. der Beschleunigungsstrecke vom gewählten Δt. Verringern Sie dazu ausgehend von $\Delta t = 1{,}0$ s das Zeitintervall und beschreiben Sie die Auswirkungen sowohl auf die Endgeschwindigkeit und als auch auf die Beschleunigungsstrecke.

e) Die maximal zur Verfügung stehende beschleunigende Kraft hängt von der Geschwindigkeit des Autos ab. Das Diagramm ▸ 4 zeigt hierzu den genauen Verlauf.
Ändern Sie das Kraftgesetz in Ihrem Rechenblatt so ab, dass dieses den im Diagramm ▸ 4 dargestellten Verlauf entspricht. Ermitteln Sie anschließend die Beschleunigungsdauer und Beschleunigungsstrecke des Autos, wenn dieses mit maximaler Kraft von 0 auf 100 $\frac{km}{h}$ bzw. von 0 auf 200 $\frac{km}{h}$ beschleunigt.

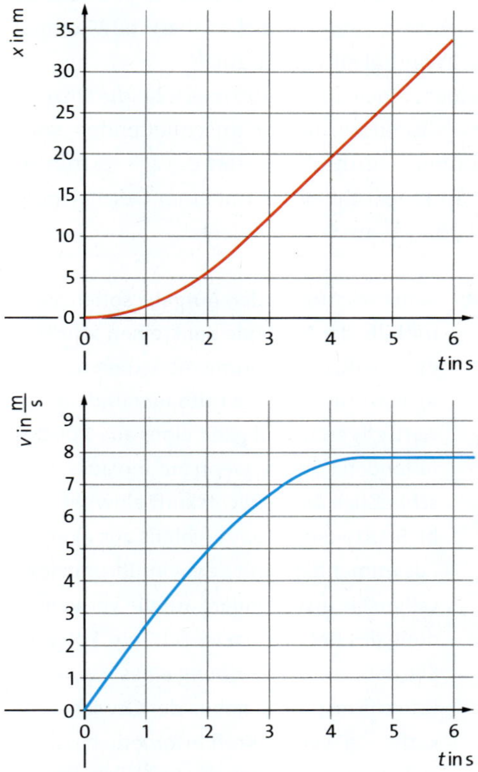

▸ 3 Diagramme zur Überprüfung

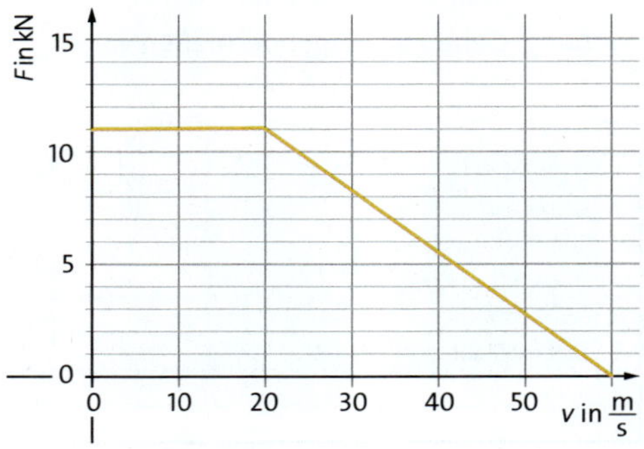

▸ 4 Geschwindigkeit-Kraft-Zusammenhang

EXPERIMENTE UND AUFGABEN

Fallschirmsprung L

Ein Fallschirmspringer springt typischerweise aus einer Höhe von 3 000 m – 4 000 m aus dem Flugzeug. Die Flugphase mit ungeöffnetem Fallschirm wird unter Fallschirmspringern als freier Fall bezeichnet (▸ 1). Sie dauert ca. 50 s und der Fallschirmspringer erreicht dabei eine Maximalgeschwindigkeit von ca. 200 $\frac{\text{km}}{\text{h}}$.
In einer Höhe von ca. 1 500 m erfolgt die Öffnung des Fallschirms. In der anschließenden sogenannten Schirmfahrt dauert es ca. 3 – 5 min, bis der Springer schließlich mit einer Geschwindigkeit von 5 $\frac{\text{m}}{\text{s}}$ am Boden aufsetzt.

▸ 1 Fallschirmsprung

1 In der nachfolgenden Aufgabe sollen Sie mithilfe der Methode der kleinen Schritte einen Fallschirmsprung modellieren.

a) Berechnen Sie die Falldauer und die Auftreffgeschwindigkeit eines aus 3 000 m fallenden Körpers, wenn auf ihn ausschließlich die Gewichtskraft einwirkt.

b) Beurteilen Sie das Ergebnis aus a) im Zusammenhang mit dem Einführungstext. Gehen Sie insbesondere auf die Verwendung des Begriffs „Freier Fall" ein. Folgern Sie, dass zur Beschreibung eines realen Fallschirmsprungs neben der Gewichtskraft eine weitere Kraft erforderlich ist.

c) Simulieren Sie mit der Methode der kleinen Schritte den Fallschirmsprung aus 4 000 m unter Einbeziehung der Luftreibung. Gehen Sie folgendermaßen vor:

(1) Formulieren Sie die Anfangsbedingungen unter der Annahme, dass das in Abbildung ▸ 2 dargestellte Koordinatensystem zugrunde gelegt wird.

(2) Auf dem Springer wirkt neben der Gewichtskraft $\vec{F}_G$ die Luftreibungskraft $\vec{F}_R$ ein. Genauere Informationen hierzu finden Sie in der Infobox. Stellen Sie den Term für die resultierende Kraft auf, die auf den Springer einwirkt. Achten Sie dabei auf das Vorzeichen der Kraft.

(3) Erstellen Sie mit einer Tabellenkalkulation das zugehörige Rechenblatt. Die Abbildung ▸ 3 zeigt einen möglichen Aufbau. Übernehmen Sie zunächst die in der Abbildung verwendeten z. T. unrealistischen Parameterwerte und kontrollieren Sie ihr Ergebnis.

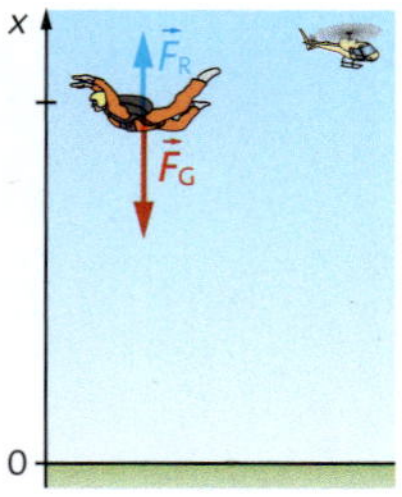

▸ 2 Orientierung von Ort und Kraft

	A	B	C	D	E	F	G
1	Delta t in s	0,1	t in s	v in m/s	x in m	F in N	a in m/s^2
2	Körpermasse in kg	10	0	0	1000	-98,1	-9,81
3	Stirnfläche A in m^2	1	0,1	-0,981	999,95095	-97,61882	-9,761882
4	Luftdichte in kg/m^3	1	0,2	-1,9571882	999,80404	-96,184707	-9,6184707
5	cw-Wert	1	0,3	-2,9190353	999,56023	-93,839617	-9,3839617
6	Fallbeschleunigung in m/s^2	9,81	0,4	-3,8574314	999,22141	-90,660111	-9,0660111
7			0,5	-4,7640325	998,79033	-86,751997	-8,6751997
8			0,6	-5,6315525	998,27055	-82,242808	-8,2242808

▸ 3 Rechenblatt

(4) Erstellen Sie jeweils ein *t-x-*, *t-v-* und *t-a-*Diagramm. Lesen Sie aus dem Diagramm die Zeitdauer ab, die zum Erreichen der Maximalgeschwindigkeit benötigt wird.
(5) Passen Sie nun die Parameterwerte an die reale Situation an. Setzen Sie hierzu nachfolgende Werte fest:
- Stirnflächeninhalt A (Schätzung) (► 4)
- Luftdichte ρ (Recherche)
- Masse m des Springers (Schätzung)

Verändern Sie den c_W-Wert, bis der Springer eine Grenzgeschwindigkeit von $55\frac{\text{m}}{\text{s}}$ besitzt.
(6) Durch Änderung der Parameterwerte und Anfangsbedingungen lässt sich auch die Sprungphase nach der Öffnung des Schirms beschreiben. Schätzen Sie hierzu den neuen Stirnflächeninhalt und c_W-Wert ab. Überprüfen Sie das Ergebnis mit der Landegeschwindigkeit.

d) Überprüfen Sie die Ergebnisse der in c) erstellten Simulation durch einen Vergleich mit einem realen Experiment:
(1) Verwenden Sie als Ersatz für die fallende Person einen Papierkegel (► 5). Erläutern Sie auch die Vorteile dieser Wahl.
(2) Filmen Sie die Fallbewegung des Papierkegels und führen Sie anschließend eine Videoanalyse durch. Dokumentieren Sie den Versuch in einem Protokoll.
(3) Passen Sie die Parameter des in c) erstellten Rechenblatts an das Experiment an. Recherchieren Sie hierzu den c_W-Wert des verwendeten Fallkörpers. Vergleichen Sie die Ergebnisse mit dem realen Experiment.

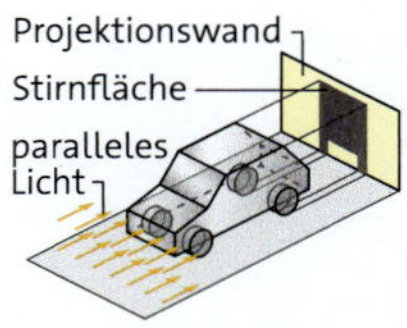

► 4 Stirnfläche

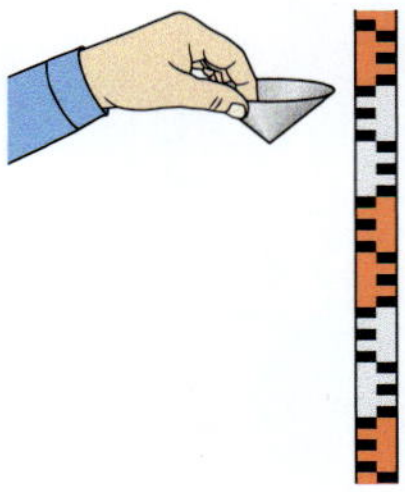
► 5 Fallversuch mit einem Papierkegel

Luftreibung
Bewegt sich ein Körper in einem Medium, treten Reibungskräfte auf. Bei einer Bewegung in gasförmigen Medien liegt meist ein turbulenter Strömungswiderstand vor, der dadurch gekennzeichnet ist, dass sich an der Grenzfläche Wirbel bilden (► 6). Jeder Wirbel beinhaltet kinetische Energie. Es kommt zu einer Erwärmung des Mediums und des Körpers und damit zu einer Erhöhung der inneren Energie. Folglich muss sich die kinetische Energie des Körpers verringern, sofern ihm von außen keine Energie zugeführt wird. Es wirkt daher eine der Geschwindigkeit entgegengerichtete Kraft F_R. Näherungsweise gilt:

$$F_R = \frac{1}{2} c_W \cdot \rho \cdot A \cdot v^2$$

Dabei ist v die Geschwindigkeit, ρ die Dichte des Mediums und A der Stirnflächeninhalt des Körpers bei Betrachtung des Körpers längs der Bewegungsrichtung. Der c_W-Wert ist eine Zahl, die von der Körperform und Anströmrichtung abhängt (► 7).

► 6 Wirbelbildung

Körperform	c_W-Wert
Zylinder	0,85 – 1,2
Kugel	0,45
Halbkugelschale	0,34 1,33
Stromlinienkörper	0,06
Pkw	0,20-0,40

► 7 c_W-Werte (Pfeil: Anströmrichtung)

EXPERIMENTE UND AUFGABEN

Harmonischen Schwingungen

Im Kapitel Schwingungen konnte experimentell gezeigt werden, dass bei einer harmonischen Schwingung folgende Zusammenhänge gelten:

- Die Rückstellkraft ist zur Auslenkung proportional, d. h. $F_r = -D \cdot x$.
- Der Zeit-Ort-Zusammenhang kann mit einer Sinusfunktion beschrieben werden:

$$x(t) = x_{max} \cdot \sin(\omega \cdot t) \qquad \text{(I)}$$

Für die Kreisfrequenz ω gilt hierbei:

$$\omega = \frac{2\pi}{T} \text{ mit } T = 2\pi\sqrt{\frac{m}{D}} \qquad \text{(II)}$$

Die Methode der kleinen Schritte bietet nun die Möglichkeit, diese Ergebnisse auf eine andere unabhängige Art zu überprüfen.

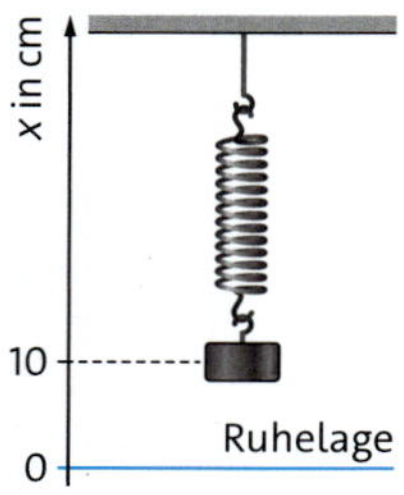

▸1 Federpendel

1 Prüfung der Bewegungsgleichung

a) Simulieren Sie mit der Methode der kleinen Schritte die ersten 4 Sekunden der Schwingung eines Federpendels, das zum Zeitpunkt $t = 0$ s um 10 cm ausgelenkt ist (▸1). Wählen Sie als Pendelmasse 500 g. Für die Rückstellkraft soll die Beziehung $F_r = -D \cdot x$ mit $D = 10\,\frac{\text{N}}{\text{m}}$ gelten. Wählen Sie zunächst als Zeitintervall $\Delta t = 0{,}02$ s. Bestätigen Sie damit das in Abbildung ▸2 dargestellte Rechenblatt.

b) Erstellen Sie jeweils ein Diagramm zum (i) Zeit-Ort-, (ii) Zeit-Geschwindigkeit- und (iii) Zeit-Beschleunigung-Verhalten. Geben Sie damit den maximalen Betrag der Geschwindigkeit bzw. der Beschleunigung an.

c) Überprüfen Sie die Gültigkeit der Beziehung (II). Lesen Sie dazu die Periodendauer T aus den Diagrammen ab.

d) Geben Sie die notwendigen Änderungen für die Masse m bzw. die Federkonstante D in Gleichung (II) an, damit sich die Periodendauer verdoppelt (verdreifacht). Überprüfen Sie, ob die Simulation diesen Sachverhalt richtig wiedergibt.

e) Vergleichen Sie das mit der Methode der kleinen Schritte berechnete Zeit-Ort-Verhalten mit der Bewegungsgleichung der harmonischen Schwingung mit den ursprünglichen Daten. Beachten Sie, dass der Term (I) abgewandelt werden muss. Erstellen Sie in der Tabellenkalkulation eine weitere Spalte mit dem korrekten Zeit-Ort-Zusammenhang. Bestätigen Sie den Verlauf in ▸3.

f) Begründen Sie, dass man ▸3 sofort entnehmen kann, dass der mit der Methode der kleinen Schritte berechnet Verlauf mit Ungenauigkeiten verbunden ist. Führen Sie Änderungen am Rechenblatt durch, sodass die Genauigkeit erhöht wird.

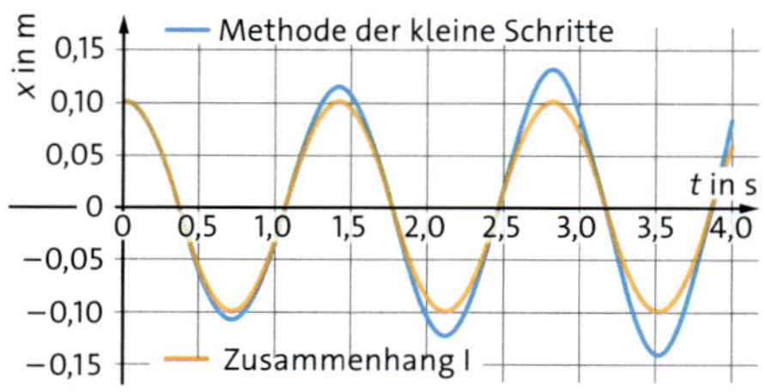

▸3 Vergleich des Zeit-Ort-Verhaltens

	A	B	C	D	E	F	G
1	Delta t in s	0,02	t in s	v in m/s	x in m	F in N	a in m/s^2
2	Masse in kg	0,5	0	0	0,1	-1	-2
3	Federkonstante D in N/m	10	0,02	-0,04	0,0996	-0,996	-1,992
4			0,04	-0,07984	0,0984016	-0,984016	-1,968032
5			0,06	-0,1192006	0,0964112	-0,9641119	-1,9282239
6							
7							

▸2 Ausschnitt des Rechenblatts zur harmonischen Schwingung

2 Weiterführende Aufgabe: Abwandlung der harmonischen Schwingung

Im Alltag treten oftmals Schwingungen auf, die nur näherungsweise harmonisch sind. Untersuchen Sie hierzu in Gruppenarbeit die in der Tabelle ▸ 4 dargestellten Schwingungen. Bearbeiten Sie jeweils die nachfolgenden Arbeitsaufträge und stellen Sie anschließend der Klasse Ihre Ergebnisse in einer Präsentation vor.

a) Erläutern Sie die Bedeutung der Parameter im Kraftgesetz. Stellen Sie den Zusammenhang zwischen der Auslenkung x und der Kraft F grafisch dar.

b) Erstellen Sie das zugehörige Rechenblatt. Beachten Sie, dass hierzu ggf. zusätzliche Parameter benötigt werden.

c) Untersuchen Sie, ob die bei einer harmonischen Schwingung vorliegende Eigenschaft *„Die Periodendauer einer Schwingung ist unabhängig von der Amplitude"* bei der veränderten Schwingung weiterhin Gültigkeit besitzt.

d) Stellen Sie die Schwingung mit dem in ▸ 4 dargestellten realen Experiment nach und untersuchen Sie dieses mittels Videoanalyse. Vergleichen Sie qualitativ die Videoanalyse des realen Experiments mit Ihrer Berechnung im Rechenblatt.

Schwingung	Versuchsaufbau	Kraftgesetz	Hinweise
Gedämpfte Schwingung	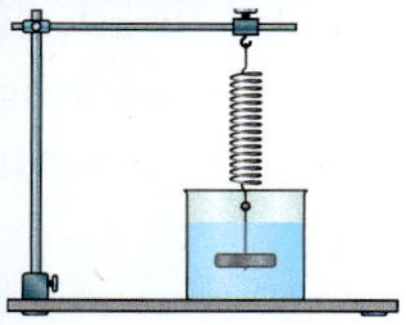	$F(x) = -Dx - k \cdot v$	Untersuchen Sie den Einfluss des Dämpfungsparameters.
Schwingung mit Magneten	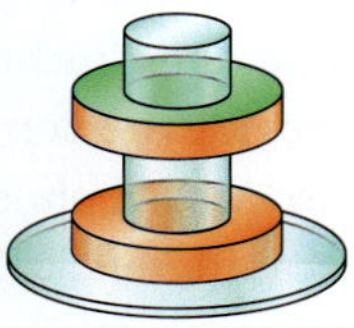	$F(x) = \frac{c}{x^3} - mg$	Beachten Sie bei den Anfangsbedingungen, dass nur bestimmte Auslenkungen möglich sind.
Schwingung eines Fadenpendels	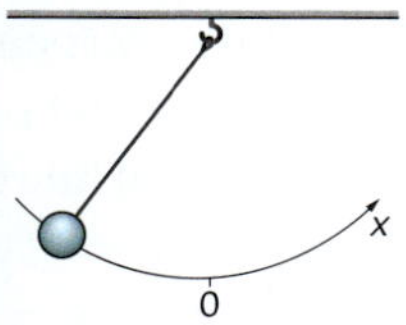	$F(x) = -mg \cdot \sin\left(\frac{x}{l}\right)$	Die Bewegung erfolgt entlang eines gekrümmten Koordinatensystems.
Schwingung in einer V-förmigen Schiene	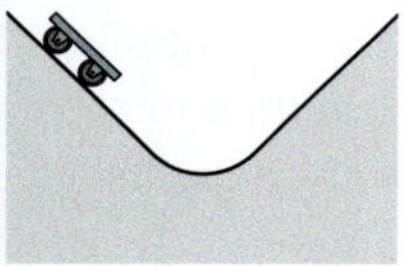	$F(x) = \begin{cases} mg\sin(\alpha) & \text{für } x < 0 \\ -mg\sin(\alpha) & \text{für } x > 0 \end{cases}$	Der Übergangsbereich zwischen den beiden schiefen Ebenen soll vernachlässigt werden. In der Tabellenkalkulation kann die Fallunterscheidung mithilfe des Befehls „WENN" realisiert werden.

▸ **4** Abwandlung harmonischer Schwingungen

▸ 1 Numerische Simulation von Luftströmungen entlang eines Jets

Numerische Verfahren

Die Bewegung eines Federpendels mit einer Federkonstante von $D = 2\,\frac{\mathrm{N}}{\mathrm{cm}}$, das zum Zeitpunkt $t = 0\,\mathrm{s}$ bei einer Auslenkung von $x_0 = 5\,\mathrm{cm}$ losgelassen wird (▸ 2 A), kann durch folgende Bewegungsgleichung beschrieben werden:

$$x(t) = x_0 \cos\left(\sqrt{\frac{D}{m}} \cdot t\right) \qquad \text{(I)}$$

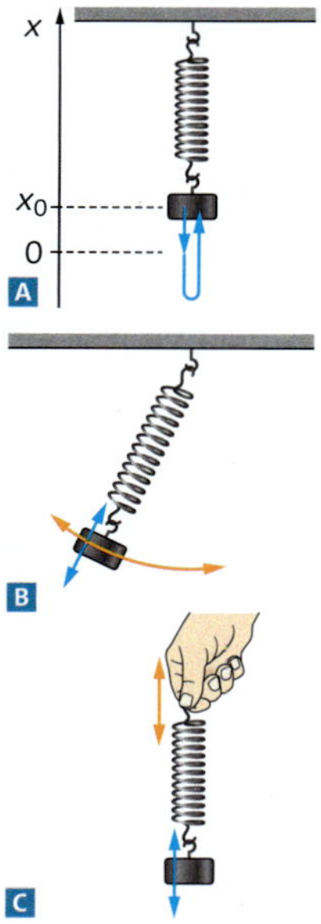

▸ 2 Variation der Federpendelschwingung

Lösungen, die wie in diesem Fall in Form eines Terms angegeben werden können, bezeichnet man als **analytische Lösungen**.

Eine analytische Lösung ermöglicht es, dass z. B. der Ort zum Zeitpunkt $t = 10\,\mathrm{s}$ sofort durch Einsetzen in die Gleichung angegeben werden kann, $x(10\,\mathrm{s}) = 0{,}243\,\mathrm{cm}$.
Ein weiterer Vorteil besteht darin, dass durch die Analyse des Terms zusätzliche Informationen gewonnen werden können. So lässt sich beispielsweise die Hypothese *„Vervierfacht man die Masse, dann verdoppelt sich die Schwingungsperiode."* aufgrund der Struktur des Terms exakt bestätigen.

Die Schwingung des Federpendels kann man aber auch mit der Methode der kleinen Schritte untersuchen. Die Lösung wird in diesem Falle durch eine Tabelle mit (t, x)-Wertepaaren wiedergegeben. Solche Lösungen werden als **numerische Lösungen** bezeichnet.

Da hierbei ein Näherungsverfahren vorliegt, ergibt sich abhängig vom gewählten Δt nur ein mehr oder weniger genauer Wert für $x(10\,\mathrm{s})$. Auch eine direkte Überprüfung der obigen Hypothese kann mit einer numerischen Lösung nur bedingt erfolgen.

Dennoch bieten numerische Lösungen einige Vorteile:

- Analytische Lösungen existieren nur bei relativ einfachen Problemen. Möchte man z. B. die Federschwingung noch mit der Schwingung in eine zweite Bewegungsrichtig kombinieren (▸ 2 B), dann zeigt sich, dass ein solches Problem nur numerisch gelöst werden kann.
- Ein numerisches Verfahren bietet die Möglichkeit, auf einfache Weise äußere zeitabhängige Einflüsse einzubinden. Es ist so z. B. leicht möglich, die Bewegung des Pendels auch dann zu berechnen, wenn sich der obere Aufhängepunkt x_A des Pendels zeitlich verändert (▸ 2 C). Es werden lediglich der zeitliche Verlauf $x_A(t)$ und ein modifiziertes Kraftgesetz benötigt.
- Der Nachteil einer nur näherungsweise richtigen numerischen Lösung wiegt bei physikalischen Situationen nicht allzu schwer, da aufgrund von Messfehlern und anderen Näherungen im Modell ohnehin bereits Ungenauigkeiten auftreten. So könnte z. B. der Wert der Federkonstante in (I) aufgrund einer zuvor durchgeführten Messung bereits mit einem Messfehler behaftet sein, was zu Ungenauigkeiten bei $x(10\,\mathrm{s})$ führt.

Der zunehmende Einsatz von numerischen Lösungsmethoden ist eng mit der Entwicklung des Computers verknüpft. Durch hohe Rechengeschwindigkeit und großen Speicher können mittlerweile sehr komplexe Situationen wie Crashtest, Wettervorhersagen oder Aerodynamikberechnungen (▸ 1) zuverlässig simuliert werden.
Auf den nachfolgenden Seiten werden drei weitere Beispiele näher behandelt.

► 3 Asteroid

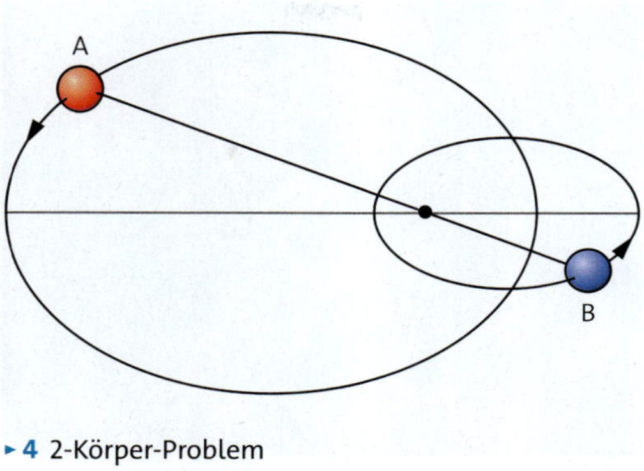

► 4 2-Körper-Problem

Das 3-Körper-Problem

Am Freitag, den 13. April 2029, wird der Asteroid Apophis die Erde in einem Abstand von 31 750 km und mit einer Geschwindigkeit von $7{,}4\,\frac{\text{km}}{\text{s}}$ passieren. Würde der Asteroid mit einem Durchmesser von 350 m auf der Erde einschlagen, dann käme es zu einer gewaltigen Explosion mit verheerenden Folgen. Um solche Vorhersagen zu ermöglichen sind zwei Dinge erforderlich:

- Die derzeitige Position und Geschwindigkeit des Asteroiden müssen möglichst genau bekannt sein. Hierzu sind präzise astronomische Beobachtungen nötig.
- Bei der Berechnung der zukünftigen Bahn müssen Gravitationskräfte, die zwischen den beteiligten Körpern Sonne, Erde und Asteroid auftreten, berücksichtigt werden.

Das sogenannte N-Körper-Problem, also die Frage, wie sich mehrere Himmelskörper unter dem gegenseitigen Einfluss der Gravitationskräfte bewegen, tritt nicht nur bei der Berechnung von Asteroidenbahnen auf. Sie ist auch wichtig für viele weitere Probleme der Astronomie.

Es zeigt sich, dass nur für den Fall zweier Körper analytische Lösungen gefunden werden können. Hier ergeben sich die schon von Kepler erkannten elliptischen Bahnen. (► 4). Bereits beim 3-Körper-Problem führen die gegenseitigen Krafteinwirkungen zu Bewegungen, die mit Ausnahme einiger weniger Spezialfälle keine analytische Lösung mehr erlauben.

Durch die Analyse von numerischen Lösungen kann man aber inzwischen genauere Einsichten über die Bahnen der Körper erzielen, so z. B. ob eine Bewegung chaotisch erfolgt oder nicht (► 5). Auch heute noch werden Fortschritte bei der Erforschung des 3-Körper-Problems erzielt.

AUFGABEN

1 Erstellen Sie eine Präsentation über das 3-Körper-Problem. Teilen Sie sich in Gruppen auf und bearbeiten Sie folgende Unterthemen:

a) Historischer Abriss über das Problem

b) Schwache und starke Kausalität beim 3-Körper-Problem und ihre Folgen.

c) Darstellungen von ausgewählten Bewegungen mithilfe von Simulationen (*Hinweis:* Verwenden Sie zur Suche Begriffe wie „Simulation", „N-Körper-Problem" bzw. „*n*-body problem".)

d) Art und Weise der Verwendung der Methode der kleinen Schritte beim 3-Körper-Problem (Prinzip und Berechnung)

e) Astronomische Anwendungen des 3-Körper-Problems

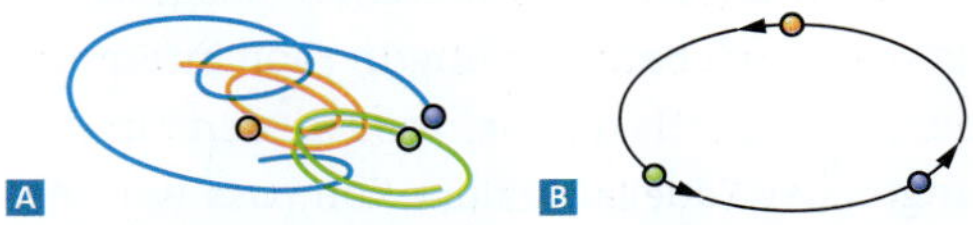

► 5 Mögliche Bahnen beim 3-Körper-Problem: **A** Chaotische Bewegung, **B** periodische Bewegung

– Videoanalyse
– Beschleunigungsmessungen

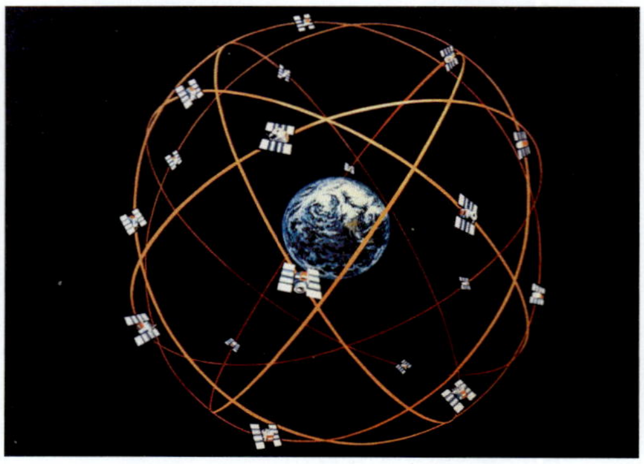

▸ 1 GPS-Satelliten

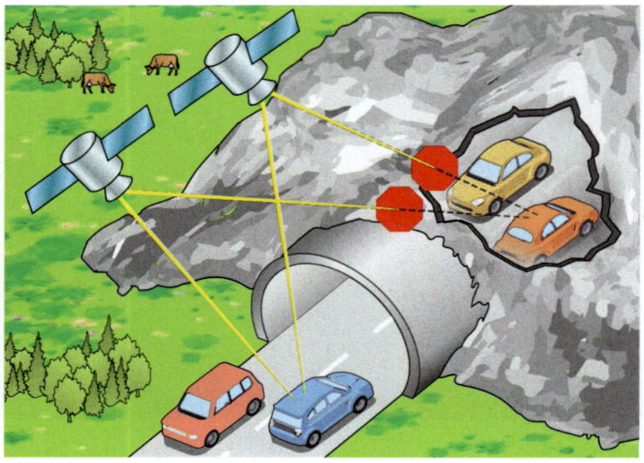

▸ 2 In einem Tunnel ist kein GPS-Empfang möglich.

Trägheitsnavigationsverfahren

Um seinen Weg mit dem Auto mithilfe eines Navigationsgeräts zu finden, benötigt das Gerät immer genaue Daten über den aktuellen Ort des Fahrzeugs. Normalerweise werden hierzu mehrere GPS-Signale (*Global Positioning System*) benutzt, die über Satelliten zur Verfügung gestellt werden (▸ 1).
In Situationen, in denen dies nicht möglich ist, z. B. bei einer Fahrt durch einen Tunnel (▸ 2), muss zum Navigieren ein anderes Verfahren unterstützend eingreifen.

Eine Möglichkeit stellt das sogenannte **Trägheitsnavigationsverfahren** dar. Hierbei werden mithilfe von Sensoren sämtliche Beschleunigungsdaten des Fahrzeugs erfasst. Aus der genauen Kenntnis des zeitlichen Beschleunigungsverhalten lassen sich dann unter Verwendung eines Verfahrens, welches ähnlich arbeitet wie die Methode der kleinen Schritte, sowohl die Geschwindigkeit als auch die Position des Fahrzeugs berechnen.

Moderne Navigationssysteme benutzen sogenannte **integrierte Navigationsverfahren**, bei denen Daten weiterer Sensoren ausgewertet werden. Durch Berücksichtigung von Informationen wie dem Lenkradeinschlag, den Umdrehungen der Räder und dem Kompass wird ein hohes Maß an Ausfallsicherheit und Genauigkeit erreicht.

EXPERIMENT

1 Trägheitsnavigationsverfahren

Material:

Experimentierwagen, Smartphone mit App zur Beschleunigungsmessung

Durchführung:

a) Befestigen Sie auf einem Experimentierwagen ein Smartphone und simulieren Sie eine „Autofahrt". Führen Sie gleichzeitig folgende Messungen durch:

- Messen Sie mit einer App den zeitlichen Verlauf der Beschleunigung in Bewegungsrichtung. Verwenden Sie dafür eine App, die die Beschleunigungsdaten im Format einer Tabellenkalkulation exportieren kann.
- Filmen Sie den Bewegungsablauf und führen Sie eine Videoanalyse durch.

b) Ermitteln Sie mithilfe der Methode der kleinen Schritte aus den gemessenen Beschleunigungsdaten den zeitlichen Verlauf von Geschwindigkeit und Ort. Beachten Sie, dass das Zeitintervall Δt nicht fest vorgegeben ist, sondern aus den exportierten Zeitdaten berechnet werden muss.

c) Vergleichen Sie die mit der Methode der kleinen Schritte erhaltenen t-x- bzw. t-v-Diagramme mit denen aus Ihrer Videoanalyse. Beurteilen Sie die Ergebnisse.

▸ 3 Parabelförmige Wurfbahn

Physik bei Computerspielen

In vielen Computerspielen werden physikalische Gesetze berücksichtigt, damit die darin vorkommenden Bewegungen möglichst realistisch wiedergegeben werden können. Der reibungsfreie Wurf eines Gegenstands erfolgt z.B. mit einer parabelförmigen Bahn (▸ 3) und kann daher mit einer quadratischen Funktion beschrieben werden. Möchte man jedoch noch zusätzliche Effekte wie Reibung berücksichtigen, dann ist meist keine analytische Lösung mehr möglich. Stattdessen kann die Bewegung dadurch simuliert werden, dass man die auf den Körper einwirkenden Kräfte betrachtet und die zugehörige Beschleunigung berechnet. Anschließend kann man mit der Methode der kleinen Schritte Geschwindigkeit und Position ermitteln.

Bei der Entwicklung von realitätsnahen Computerspielen werden häufig **Physik-Engines** eingesetzt. Hierbei handelt es sich um spezielle Entwicklungsumgebungen, die die Berechnung aller physikalischer Prozesse übernehmen.

Für die Wiedergabe von komplexen Vorgängen in Echtzeit ist eine enorme Rechenleistung erforderlich. Daher gibt es Computer, die neben dem Hauptprozessor (CPU, *Central Processing Unit*) einen weiteren speziellen Coprozessor haben, den man mit PPU (*Physical Processing Unit*) bezeichnet. In diesem Chip werden ausschließlich physikalische Berechnungen durchgeführt.

AUFGABEN

1 ▢ Physik-Engines werden nicht nur bei Computerspielen verwendet. Recherchieren und notieren Sie weitere Anwendungen für Physik-Engines.

2 In einem der ersten Spiele, das auf physikalischen Gesetzen basierte, bestand die Aufgabe des Spielenden darin, eine Mondlandefähre mit einem begrenzten Treibstoffinhalt sicher zu landen.
Die Abbildung ▸ 4 zeigt eine einfache und noch unvollständige Version dieses Spiels, programmiert in einer blockbasierten Programmiersprache.

a) Übernehmen Sie das Programm in eine browserbasierte Programmierumgebung und überprüfen Sie die Funktion. Suchen Sie dazu im Internet mit den Begriffen „Scratch" und „programmieren".

b) Erklären Sie, wie und an welchen Stellen physikalische Gesetze im Programm berücksichtigt sind.

c) Führen Sie im Programm Ergänzungen durch, sodass das Spiel realistischer wird.

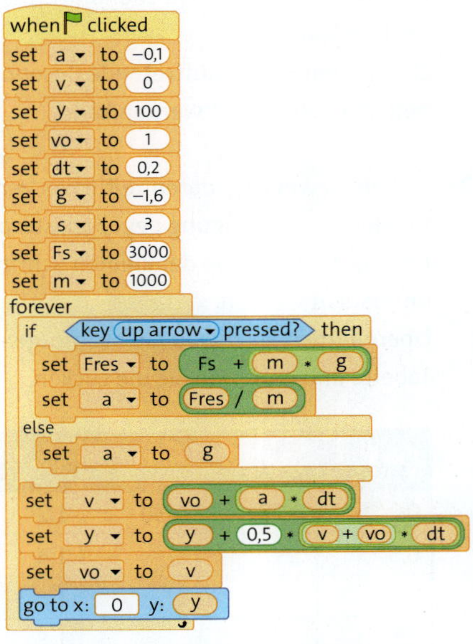

▸ 4 Unvollständiger Programmcode

EXPERIMENTE UND AUFGABEN

1 **a)** Erstellen Sie in einer Tabellenkalkulation ein Rechenblatt, das mit der Methode der kleinen Schritte eine Bewegung mit konstanter Kraft berechnet. Verwenden Sie für die Berechnung folgende Parameterwerte und Anfangsbedingungen:

$x(0\,s) = 0\,m$;
$v(0\,s) = 0\,\frac{m}{s}$;
$F(x) = 1\,N$;
$m = 1\,kg$

b) 

Da eine Bewegung mit konstanter Beschleunigung vorliegt, kann das Ergebnis mit den entsprechenden Bewegungsgleichungen bei konstanter Beschleunigung verglichen werden:

$x(t) = \frac{1}{2}a\,t^2$
$v(t) = at$

Ergänzen Sie in Ihrem Rechenblatt hierzu weitere Spalten.

c) Erklären Sie die auftretende Besonderheit, die beobachtet werden kann.

2 Eine Bewegung, deren zeitliches Verhalten der Beschleunigung gegeben ist, soll mittels der Methode der kleinen Schritte untersucht werden.
Übernehmen Sie hierzu die nachfolgende Tabelle und ergänzen Sie die Lücken.

t in s	v in $\frac{m}{s}$	x in m	a in $\frac{m}{s^2}$
0	0,20	0,50	1,2
0,5	...	...	1,4
1,0	...	...	1,6
1,5	...	...	1,8

3 Auf einen zum Startzeitpunkt ruhenden Körper mit einer Masse von 5,0 kg wirkt eine zeitabhängige Kraft, deren Verlauf nachfolgendes Diagramm zeigt.

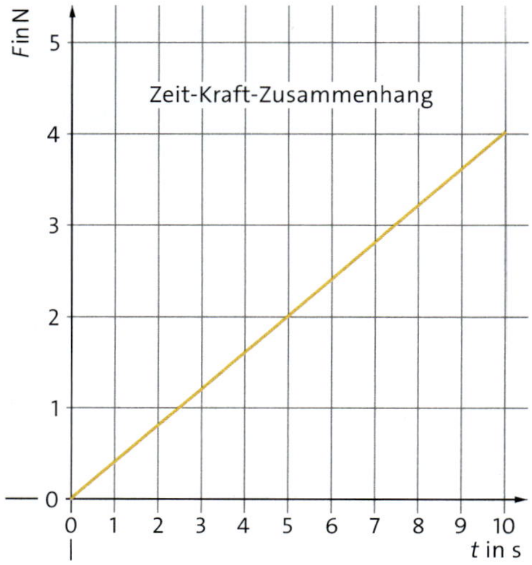

a) Erklären Sie die zentrale Näherung, die bei der Methode der kleinen Schritte im Zusammenhang mit der Kraft getroffen wird.

b) Entscheiden Sie begründet, ob die mit der Methode der kleinen Schritte berechnete Geschwindigkeit für den im Diagramm vorliegenden Kurvenverlauf zu groß oder zu klein ist.

c) Analysieren Sie die Bewegung mit der Methode der kleinen Schritte. Erstellen Sie hierfür das erforderliche Rechenblatt. Untersuchen Sie den Einfluss der Schrittweite von Δt auf die Genauigkeit der Ergebnisse, indem Sie nachfolgende Tabelle ergänzen und interpretieren.

Δt in s	1,0	0,5	0,25	0,1	0,05
$x(10\,s)$ in m	...	...	...	...	...
$v(10\,s)$ in $\frac{m}{s}$	...	...	...	...	...

4 Im Jahre 2012 sprang der Österreicher Felix Baumgartner aus einer Höhe von 39 km aus einem speziell konstruierten Ballon. Bei seinem Fall erreichte er eine Maximalgeschwindigkeit von 1 357 $\frac{km}{h}$ und durchbrach so als erste Person auf diese Art die Schallmauer.
Die hohe Geschwindigkeit konnte erzielt werden, da die Luftdichte in großer Höhe stark abnimmt.
Näherungsweise gilt mit der Höhe x über dem Meeresspiegel für die Luftdichte der Zusammenhang:

$$\rho(x) = 1{,}23\,\frac{kg}{m^3} \cdot 2{,}72^{-\frac{0{,}000104}{m}x}$$

a) Simulieren Sie unter Berücksichtigung der Abnahme der Luftdichte den Sprung von Felix Baumgartner. Ermitteln Sie unter Verwendung sinnvoller Schätzwerte für den Querschnitt A und die Masse m den c_W-Wert, sodass die Maximalgeschwindigkeit erreicht wird.

b) Der Sprung wurde auch wissenschaftlich untersucht. Suchen Sie im Internet nach der unten stehenden Veröffentlichung. Sie können alternativ dazu auch den QR-Code mit Ihrem Smartphone scannen:

Markus Guerster, Ulrich Walter: Aerodynamics of a highly irregular body at transonic speeds - Analysis of STRATOS flight data, *PLoS One*, **2017**, 12(12)

Vergleichen Sie das t-v-Diagramm aus der Veröffentlichung mit dem, das sich aus der Simulation ergibt.
Geben Sie Ursachen für die auftretenden Unterschiede an.

5 Im Jahr 1969 betrat Neil Armstrong als erster Mensch den Mond. Beim Start auf der Erde wurde hierzu die mehrstufige Saturn-V-Rakete eingesetzt.

Die erste Stufe verbrannte pro Sekunde 13 t Treibstoff und erzielte dadurch eine Schubkraft von F_S = 34 MN. Die Rakete mit einer Startmasse von m_0 = 2 900 t erreichte damit nach 160 s auf einer Höhe von 56 km eine Geschwindigkeit von ca. 10 000 $\frac{km}{h}$.
Untersuchen Sie nachfolgend den Raketenstart. Nehmen Sie hierbei an, dass für die resultierende Kraft zum Zeitpunkt t näherungsweise folgender Zusammenhang gilt:

$$F_r(t) = F_S - \left(m_0 - 13000\,\frac{kg}{s} \cdot t\right) \cdot g$$

a) Erläutern Sie, welche Annahmen und Näherungen bei dem Ansatz von $F(t)$ getroffen werden (mindestens drei Aspekte).

b) Simulieren Sie mit der Methode der kleinen Schritte den Start der Saturn-V-Rakete. Berücksichtigen Sie hierbei den Massenverlust während der Startphase. Vergleichen Sie die erzielte Höhe und Geschwindigkeit mit den tatsächlichen Werten und geben Sie Gründe für mögliche Unterschiede an.

▸ 1 Solarzellen prägen das Alltagsbild

2 Photovoltaik in Anwendungen

Photovoltaik

Unter allen Energieformen nimmt die elektrische Energie aufgrund ihrer vielseitigen Einsetzbarkeit eine Schlüsselstellung für die Menschheit ein. Gleichzeitig erfordert jedoch die Klimawandelproblematik den Einsatz regenerativer Energien. Von besonderem Interesse ist daher das Verfahren, mit dem man die Energie der Sonne direkt in elektrische Energie umwandeln kann.

Die direkte Umwandlung von Lichtenergie in elektrische Energie bezeichnet man als **Photovoltaik**.

Photovoltaik wird inzwischen vielfältig eingesetzt. Die Anwendungen reichen von Solarmodulen auf Hausdächern (▸ 1) oder Freiflächen bis hin zu kleinen Solarzellen, die einen Taschenrechner mit Energie versorgen.

Auf den folgenden Seiten sollen Sie sich die Funktionsweise einer Solarzelle schrittweise und unter Einbeziehung von Experimenten erarbeiten.

EXPERIMENTE UND AUFGABEN

1 Die Solarzelle als Umkehrung der Leuchtdiode (LED)

Eine LED ist ein Bauteil, das effizient elektrische Energie in Lichtenergie umwandelt. In der Physik lassen sich viele Prozesse umkehren, z. B. wandelt ein Elektromotor normalerweise elektrische in mechanische Energie um. Wird dagegen die Drehachse des Motors angetrieben, wirkt dieser als Generator und wandelt mechanische in elektrische Energie.

a) Zeigen Sie, dass das Umkehrprinzip auch für eine LED gilt. Formulieren Sie dazu für die LED eine Hypothese, die aus der Übertragung des Prinzips folgt.

b) Planen und führen Sie zur Überprüfung der Hypothese ein entsprechendes Experiment durch.

c) Die LED hat zwei Anschlüsse, die nicht vertauschbar sind. Ermitteln Sie die Bedeutung der unterschiedlichen Anschlüsse im Zusammenhang mit Ihrem Experiment.

METHODE

Erforschung physikalischer Eigenschaften durch Experimente

Planen von Experimenten

Solarzellen wandeln Strahlungsenergie in elektrische Energie um. Diese Kenntnis reicht jedoch noch nicht aus, um sofort technische Anwendungen zu konstruieren. Hierfür benötigt man weitere Informationen zu physikalischen Eigenschaften von Solarzellen, z. B. die maximale elektrische Leistung, die von einer Zelle bestimmter Größe erzielt werden kann.

Mit der nachfolgenden Lernaufgabe erfahren Sie, welch wichtige Bedeutung das Experiment bei der Erkenntnisgewinnung über Eigenschaften physikalischer Objekte besitzt.

1 L Die Erfahrung hat gezeigt, dass der Einfallswinkel α des Lichts (▸ 2) Einfluss auf die Funktionsweise einer Solarzelle besitzt. Dieser Sachverhalt soll näher untersucht werden, indem man dessen Auswirkungen auf die Leerlaufspannung und die Kurzschlussstromstärke betrachtet.

a) Erklären Sie den Begriff Leerlaufspannung U_L.

b) Gegeben sind folgende Hypothesen:
Hypothese 1: Der Einfallswinkel α beeinflusst die Leerlaufspannung U_L entscheidend.
Hypothese 2: Der Einfallswinkel α hat nur geringen Einfluss auf die Leerlaufspannung U_L.
Überprüfen Sie die Hypothesen durch ein Experiment. Verwenden Sie hierzu folgende Materialien: Solarzelle, Strom- und Spannungsmessgerät, Lichtquelle. Dokumentieren Sie das Experiment in einem Protokoll und entscheiden Sie, welche Hypothese richtig ist.

c) Wiederholen Sie die Teilaufgaben a) und b) für die Kurzschlussstromstärke I_K einer Solarzelle.

Mithilfe der Aufgabe 1 sollten Sie erkannt haben, dass Zusammenhänge zwischen verschiedenen physikalischen Größen nicht immer offensichtlich sind. Erst Experimente können eine genauere Antwort geben.

Neben der Grundlagenforschung, bei der man neue physikalische Theorien experimentell überprüft, besitzen Versuche eine weitere wichtige Funktion:

> Experimente können verwendet werden, um physikalische Eigenschaften von Objekten, z. B. ihre Materialeigenschaften, zu erforschen.

Besonders bei der Entwicklung von Solarzellen ist dieser Punkt von Bedeutung: Die vielfältigen Möglichkeiten Halbleiter herzustellen und zu kombinieren, können mit Modellen oft nur ungenau beschrieben werden. Welches System optimal ist, erschließt sich meist erst durch eine Messung. Durch ein ständiges Wechselspiel aus Herstellung neuartiger Systeme und den anschließenden experimentellen Untersuchungen konnte so z. B. der Wirkungsgrad von Solarzellen im Laufe der Zeit gesteigert werden (▸ 3)

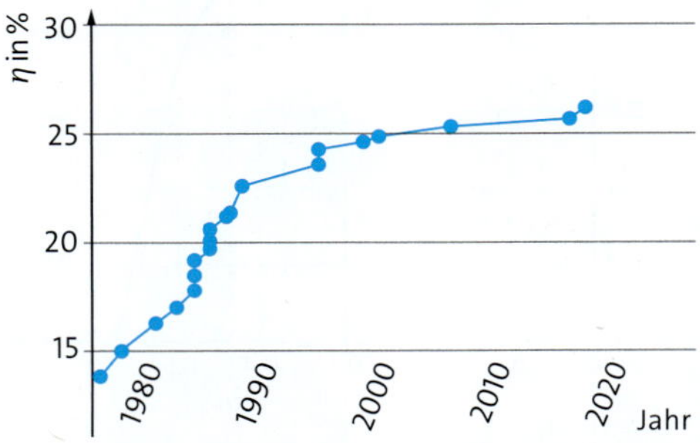

▸ **3** Entwicklung des Wirkungsgrads von Solarzellen

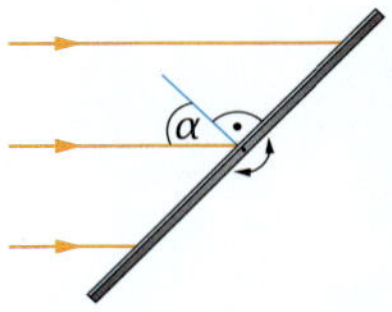

▸ **2** Einfallswinkel

Planen von Experimenten

SCHÜLEREXPERIMENT

1 Kennlinien von Solarzellen

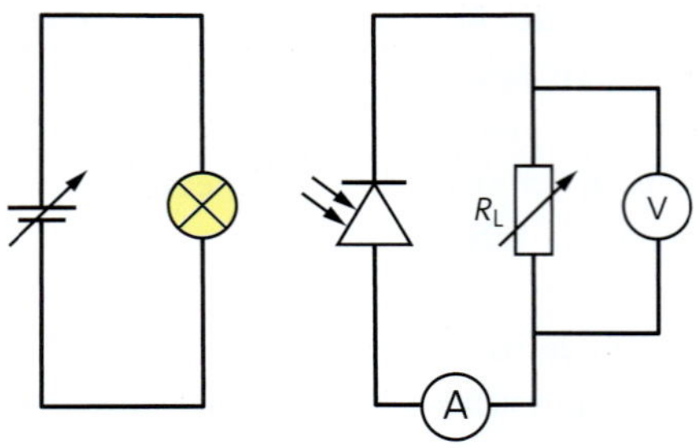

▸ 1 Schaltbild zum Experiment

Ziel:

In den nachfolgenden Experimenten ermitteln Sie den Spannung-Strom- und den Spannung-Leistung-Zusammenhang einer Solarzelle sowie dessen Abhängigkeit von der einfallenden Beleuchtungsstärke.

Material:

Für das Experiment benötigen Sie: Solarzelle, regelbarer Lastwiderstand (0-1 kΩ), Strom- und Spannungsmessergerät, Lampe sowie dazu passendes Netzteil mit regelbarer Spannung

Durchführung und Auswertung:

a) Bauen Sie die Schaltung aus ▸ 1 auf. Erklären Sie, welche Einflussfaktoren mit dem regelbaren Netzteil bzw. dem Widerstand gesteuert werden können. Beachten Sie, dass die Solarzelle ausschließlich von der Lampe beleuchtet wird.

b) Beleuchten Sie die Solarzelle mit maximaler Stärke. Messen Sie unter Variation von R_L jeweils U und I. Stellen Sie den Zusammengang in einer U-I-Kennlinie grafisch dar.

c) Entnehmen Sie der U-I-Kennlinie die Kurzschlussstromstärke und die Leerlaufspannung der Solarzelle.

d) Ermitteln Sie ausgehend von der bisher erfolgten Messung den Zusammenhang zwischen der elektrischen Leistung P und der Spannung U. Stellen Sie diesen in der U-P-Kennlinie dar.

e) Wiederholen Sie die Teilaufgaben b) - d) mehrmals mit jeweils anderen Beleuchtungsstärken. Dokumentieren Sie alle Ergebnisse in einem Protokoll.

f) Die in ▸ 2 und ▸ 3 dargestellten Kennlinien entstanden durch Messung an einer anderen Solarzelle. Vergleichen Sie diese Kennlinien mit denen Ihrer Messung. Geben Sie Gründe für mögliche Unterschiede an.

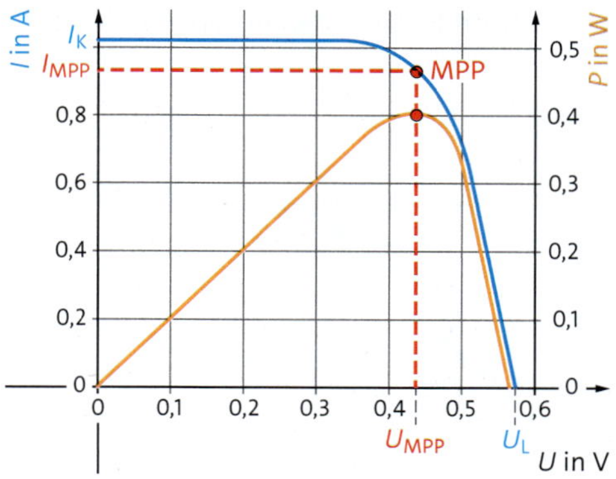

▸ 2 Beispiel einer U-I-Kennlinie (blau) und einer U-P-Kennlinie (orange)

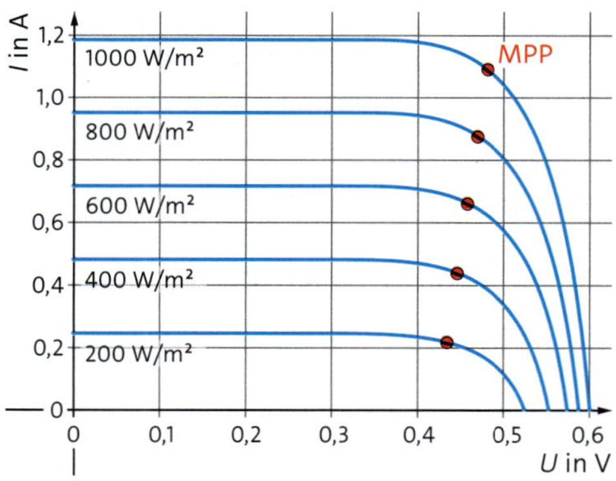

▸ 3 Abhängigkeit der U-I-Kennlinie einer Solarzelle von der Beleuchtungsstärke

Kennlinie einer Solarzelle

Aus dem vorangegangenen Schülerexperiment können folgende Punkte zu Solarzellen abgeleitet werden:

- Die *U-I*-Kennline bzw. die *U-P*-Kennlinie (▸ 2) gibt wichtige Eigenschaften einer Solarzelle wieder, beispielsweise die Leerlaufspannung, die Kurzschlussstromstärke oder die maximale Leistung.

- Die elektrische Leistung einer Solarzelle ist vom Lastwiderstand abhängig und wird bei einem bestimmten Widerstandswert maximal. An der Solarzelle liegt dann die Spannung U_{MPP} an und es fließt die Stromstärke I_{MPP}. Dieser Betriebszustand wird als **Maximum Power Point (MPP)** bezeichnet. Bei einer Solaranlage soll dieser Zustand angestrebt werden, da dort der Wirkungsgrad $\eta = \frac{P_{elektrisch}}{P_{Licht}}$ am größten wird. Gängige Solarzelle erreichen hierbei einen Wirkungsgrad von etwa 20 %.

- Die Bestrahlungsintensität hat wesentlichen Einfluss auf den Verlauf der *U-I*-Kennlinie. Die Abbildung ▸ 3 zeigt den Verlauf, wenn Licht mit unterschiedlicher Intensität senkrecht auf eine Solarzelle fällt. Als Bestrahlungsintensität wird dabei die Leistung pro Flächeninhalt bezeichnet. Man erkennt, dass die Bestrahlungsintensität sowohl Einfluss auf die Kurschlussstromstärke als auch auf die Leerlaufspannung hat.

  Ebenso tritt eine Abhängigkeit des MPP von der Intensität auf.
  Da beim praktischen Betrieb einer Solarzelle in der Regel unterschiedliche Lichtverhältnisse auftreten, muss der Lastwiderstand der jeweiligen Lichtintensität angepasst werden, sodass die Solarzelle immer mit optimalem Wirkungsgrad arbeitet. Hierfür wird ein elektronisches Bauteil verwendet, das als **MPP-Tracker** bezeichnet wird.

AUFGABE

1) Die *U-I*-Kennlinie einer Solarzelle hängt nicht nur von der Bestrahlungsstärke ab, sondern auch von der Temperatur. Die Abbildung zeigt hierzu drei Kennlinien bei verschiedenen Temperaturen sowie die Lage des jeweiligen MPP.

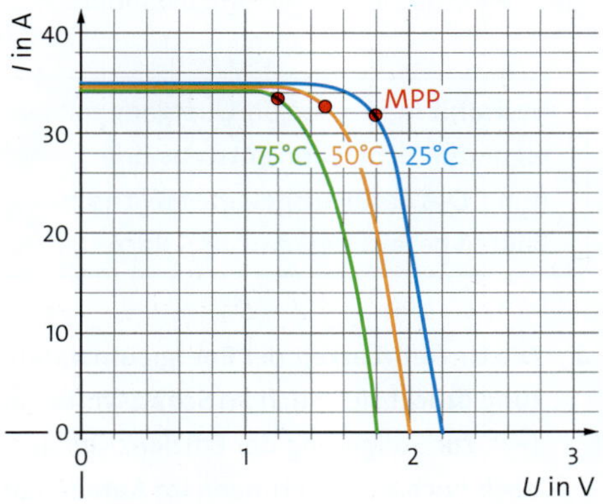

a) Erläutern Sie den Einfluss der Temperatur auf die elektrische Leistung.
b) Berechnen Sie, um wie viel Prozent sich die am MPP vorliegende Leistung ändert, wenn sich die Solarzelle von 25 °C auf 75 °C erwärmt.

2) Die zu ▸ 3 gehörige Solarzelle ist 5 cm lang und 6 cm breit. Sie wird zunächst mit Licht der Intensität $1000 \frac{W}{m^2}$ bestrahlt.
a) Bestätigen Sie, dass bei der gewählten Lichtintensität die maximale Leistung 0,53 W beträgt.
b) Ermitteln Sie den Wirkungsgrad der Solarzelle.
c) Berechnen Sie die Größe des Lastwiderstands, sodass die Solarzelle am MPP arbeitet.
d) Nun wird die Lichtintensität auf $200 \frac{W}{m^2}$ verringert. Entscheiden Sie ohne weitere Rechnung, wie der Lastwiderstand verändert werden muss, sodass die Solarzelle trotzdem weiterhin am MPP arbeitet.

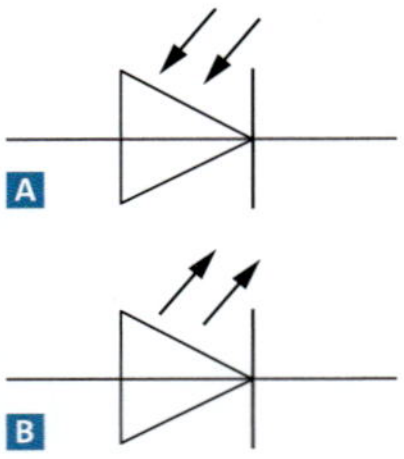

► 1 Schaltsymbol einer **A** Solarzelle, **B** LED

AUFGABEN

Konstruktion von Solarzellen

Eine LED ist ein Halbleiterbauteil, bei dem eine p-dotierte Schicht und eine n-dotierte Schicht aufeinandertreffen. Das Eingangsexperiment auf S. 162 zeigt, dass es prinzipiell auch möglich ist, mithilfe eines pn-Übergangs Lichtenergie in elektrische Energie umzuwandeln.

> Bestrahlt man einen pn-Übergang mit geeignetem Licht, dann entsteht eine Spannung. Das dafür ausgelegte elektrische Bauteil bezeichnet man als Solarzelle.

1 Die Umkehrbarkeit der Energieumwandlung drückt sich auch im Schaltsymbol aus (► 1). Zur Steigerung der Effizienz sind jedoch noch Veränderungen im Aufbau nötig. Lesen Sie den nachfolgenden Infotext. Erklären Sie dann drei Maßnahmen, die die Effizienz einer Solarzelle steigern.

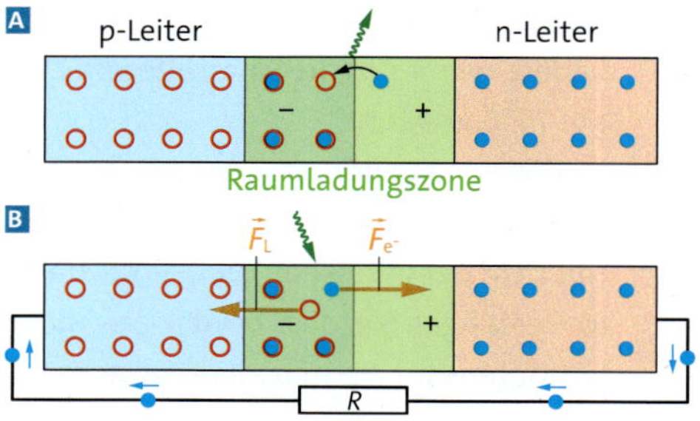

► 2 Vorgänge in einer **A** LED bzw. **B** Solarzelle

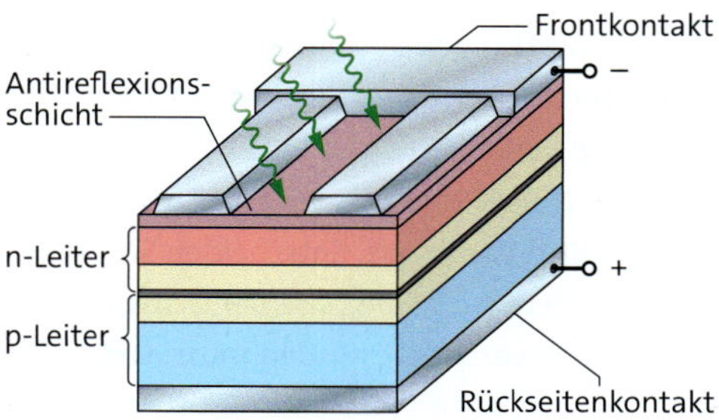

► 3 Aufbau einer Solarzelle

Funktionsweise und Aufbau einer Solarzelle

Wie eine Leuchtdiode besteht auch eine Solarzelle aus einem pn-Übergang, d. h. aus einer Kombination einer p- und n-dotierten Schicht (► 2 A). Im Kontaktbereich bildet sich die Raumladungszone aus, da freie Elektronen aus der n-Schicht mit Elektronenlöchern der p-Schicht rekombinieren, d. h., ein Elektron schließt unter Abgabe eines Photons das Elektronenloch. Gleichzeitig lädt sich am Übergang der p-Bereich negativ und der n-Bereich positiv auf. Die abgegebenen Photonen bewirken das Leuchten einer LED.

Dieser Effekt lässt sich in der Solarzelle umkehren (► 2 B). Gelangt von außen ein Photon in die Raumladungszone, kann dort ein Elektronen-Loch-Paar entstehen. Dieses Paar würde normalerweise unter Abgabe eines Photons rekombinieren. Da die Trennung aber in der geladenen Raumladungszone auftritt, wirken dort auf das Elektron und das Elektronenloch elektrische Kräfte, die zu ihrer Trennung führen. Es entsteht dabei eine Spannung von ca. 0,5 V. Verbindet man nun über eine äußere Leitung die n- und p-Schicht, dann können dort die getrennten Ladungen wieder zusammengeführt und z. B. ein Lämpchen betrieben werden.

Zur technischen Nutzung des Prinzips müssen die Schichten besonders ausgelegt sein. Während die p-Schicht ca. 0,6 mm dick ist, darf die n-Schicht nur 0,001 mm dick sein. Die Kontaktierung erfolgt auf der Rückseite flächig, oben dagegen lediglich als schmale Streifen (► 3). Viele Solarzellen schimmern bläulich. Ursache hierfür ist eine Schicht, die die Reflexion des Lichts abschwächt.

Für Solarmodule, z. B. auf Dächern, werden einzelne Solarzellen zusammengefasst. Durch Anordnung in einer Reihenschaltung werden damit pro Modul bis zu 50 V generiert.

EXPERIMENTE UND AUFGABEN

Funktionsweise eines Wechselrichters

Hauptfunktion eines Wechselrichters ist die Umwandlung der von Solarmodulen erzeugten Gleichspannung in die sinusartige Netzspannung. Zudem ist in einem Wechselrichter ein MPP-Tracker integriert. Die Funktionsweise eines Wechselrichters sollen Sie durch die Bearbeitung nachfolgender Stationen erarbeiten.

1 Umpolen der Spannung

Material:

Gleichspannungsquelle, 100-Ω-Widerstand, 4 Schalter, digitale Messwerterfassung mit Spannungssensor.

a) Bauen Sie die Schaltung ▸ 4A auf.

b) Führen Sie eine zeitabhängige Messung der am Widerstand anliegenden Spannung durch. Erzeugen Sie das Spannungssignal aus ▸ 4B, indem Sie die Schalter geeignet betätigen. Beschreiben Sie Ihr Vorgehen.

c) Das in b) durchgeführte Verfahren kann automatisiert werden. Informieren Sie sich darüber und geben Sie das Grundprinzip des Verfahrens an.

2 Erzeugung einer pulsierenden Gleichspannung

Material:

Mikrocontroller, Gleichspannungsmessgerät, digitale Messwerterfassung mit Spannungssensor.

a) Programmieren Sie den Mikrocontroller so, dass am Ausgang eine Spannung von 2,5 V anliegt. Überprüfen Sie den Wert mit dem Gleichspannungsmessgerät.

b) Untersuchen Sie mit dem Spannungssensor den zeitlichen Spannungsverlauf.

c) Wiederholen Sie a) und b) mit anderen Spannungen.

d) Recherchieren Sie den Begriff Pulsweitenmodulation (PWM). Stellen Sie einen Zusammenhang zu Ihren Versuchen her.

e) ▸ 5 zeigt, wie man mittels PWM ein sinusartiges Signal annähert.
Erklären Sie das dargestellte Verfahren.

3 Spannungstransformation

Geben Sie eine Möglichkeit an, mit der man die Amplitude einer Wechselspannung verändern kann. Zeichnen Sie das zugehörige Schaltbild und erläutern Sie, wie man das Verhältnis von ein- und ausgehender Spannungsamplitude beeinflussen kann.

4 Zusammenfassung der Stationen 1-3

Ordnen Sie die Stationen 1-3 den Schritten I-III der Abbildung ▸ 6 zu. Erklären Sie zusammenfassend das Gesamtergebnis, das durch Kombination der Stationen 1-3 erzielt wird.

5 Simulation des MPP-Trackers

Material:

Solarzelle, regelbarer Widerstand (0-1 kΩ), digitale Messwerterfassung mit Strom- und Spannungssensor, regelbare Lampe

a) Schließen Sie den Widerstand an die beleuchtete Solarzelle an. Messen Sie gleichzeitig Spannung und Stromstärke des Widerstands. Passen Sie die digitale Messwerterfassung so an, dass die Leistung ausgegeben wird.

b) Verändern Sie den Widerstand so lange, bis die Leistung maximal wird. Beschreiben Sie Ihre Vorgehensweise.

c) Verringern bzw. erhöhen Sie nun mehrmals die Intensität des eingestrahlten Lichts und führen Sie b) erneut durch.

d) Stellen Sie einen Zusammenhang der Versuche zum MPP-Tracker einer realen Anlage her.

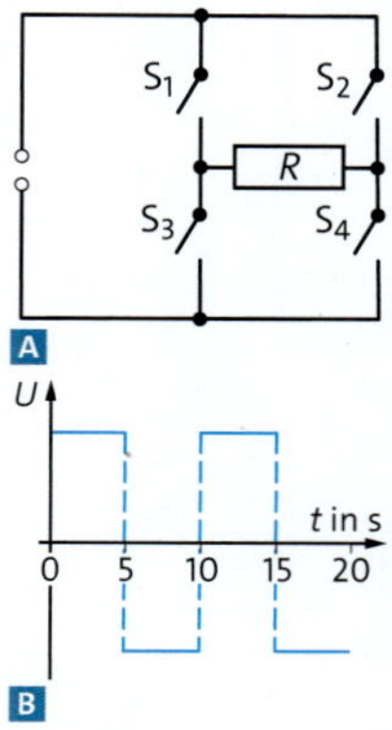

▸ 4 zu Station 1

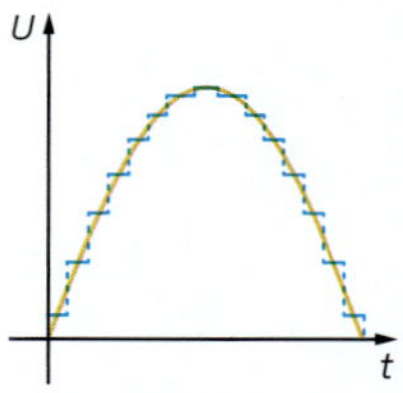

▸ 5 Näherung des Sinus durch treppenartigen Verlauf

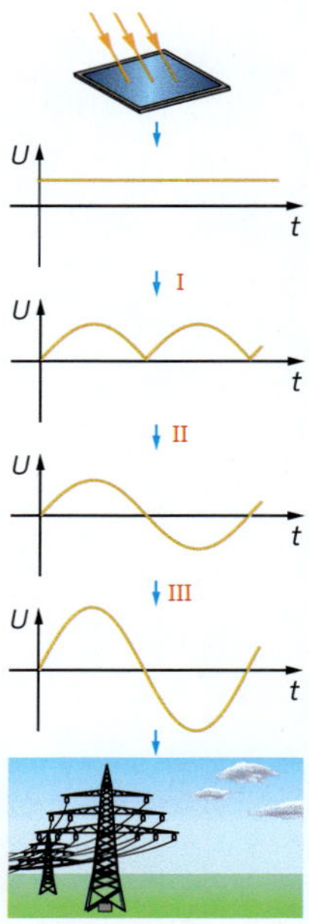

▸ 6 Prinzip des Wechselrichters

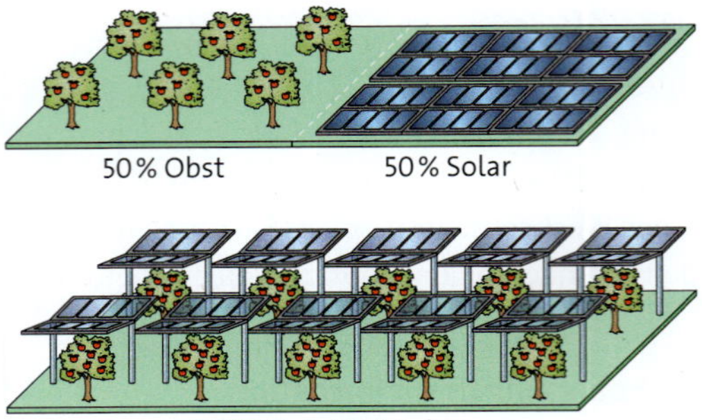

▸ 1 Bilanz der Landnutzung

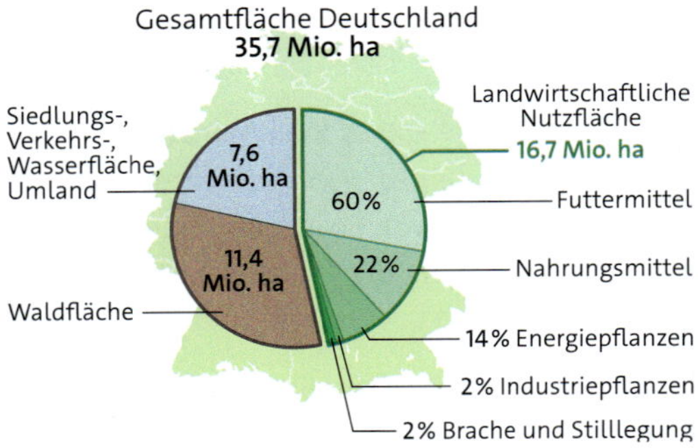

▸ 2 Landnutzung in Deutschland

Agri-Photovoltaik

Auf den folgenden zwei Seiten beschäftigen Sie sich mit der Agri-Photovoltaik und der Frage, ob dies die Energie der Zukunft sein könnte.

Arbeitsauftrag

a) Fassen Sie aus dem folgenden Text mindestens vier Argumente zusammen, die für den Bau von Agri-Photovoltaikanlagen sprechen.

b) Finden Sie selbst mindestens zwei Nachteile solcher Anlagen.

c) Bewerten Sie mithilfe dieser Argumente, ob ein Landwirt in Deutschland bzw. in einem ariden Entwicklungsland eine solche Anlage bauen sollte.

Die Energiewende macht einen massiven Ausbau der Photovoltaikflächen weltweit notwendig. Freiflächenanlagen bieten wegen der größeren Einheiten ein deutlich wirtschaftlicheres Kosten-Nutzen-Verhältnis als Kleinanlagen auf Dächern. Andererseits sind landwirtschaftliche Flächen ein begrenztes und wertvolles Gut.
Eine mögliche Lösung stellt die Agri-Photovoltaik, kurz Agri-PV, dar: Am Boden werden Nahrungsmittel angebaut und gleichzeitig erzeugen in mehreren Metern Höhe aufgeständerte Photovoltaikanlagen Strom. Dadurch kann Land doppelt genutzt werden (▸ 1). Nahrungsmittel- und Energieerzeugung stehen nicht mehr in Konkurrenz zueinander, sondern ergänzen sich.

Landwirte können ihr Einkommen diversifizieren. Insbesondere bei Dauerkulturen wie Obst und Wein ergibt sich ein günstiges Verhältnis von Investition zu Ertrag.
Nach Angaben des Fraunhofer-Instituts für Solare Energiesysteme würden bereits 4 % der landwirtschaftlichen Nutzfläche (▸ 2) ausreichen, um mit Agri-PV-Anlagen den gesamten aktuellen Strombedarf in Deutschland zu decken.

Nicht alle Pflanzen können in einer Agri-PV-Kultur gut wachsen: Zum Beispiel benötigen Sonnenblumen und Mais eine hohe Beleuchtungsstärke, um ihr Wachstum anzuregen. Pflanzen wie Kartoffeln oder Sellerie profitieren hingegen von der Beschattung und zeigen nahezu keine Ernteeinbußen durch die geringere Sonneneinstrahlung.

Neben der hohen Landnutzungseffizienz gibt es noch weitere Synergieeffekte. Starkregenereignisse und Hagel gefährden besonders Obst- und Weinkulturen. Hier kann die teilweise Abdeckung mit Photovoltaikplatten einen guten Schutz bieten. Die Erosion durch Wind und Wasser kann ebenfalls reduziert werden.
Die Beschattung der Felder spart zudem Wasser: Sind die Pflanzen zu intensiver Sonneneinstrahlung ausgesetzt, steigt ihr Wasserverbrauch an. Durch die teilweise Abdeckung kann die Lichtmenge so reguliert werden, dass die Pflanzen optimale Wachstumsbedingungen haben und weniger Wasser verbrauchen.

Des Weiteren wird die Verdunstung des Wassers aus dem Boden reduziert. Mit einem passenden Design der Anlagen kann die Agri-PV zusätzlich zur Gewinnung von Regenwasser eingesetzt werden. In vielen trockenen Regionen der Welt wird so die landwirtschaftliche Nutzung von Flächen erst möglich (▸ 3).
Die größte Hürde beim Bau von Agri-PV-Anlagen in Deutschland ist weder die behördliche Genehmigung noch der finanzielle Aufwand, sondern die Akzeptanz bei den Anwohnern einer geplanten Anlage. Daher ist es entscheidend, von Planungsbeginn an alle Interessensgruppen und die Bevölkerung mit einzubeziehen und eine positive Haltung zu den Anlagen zu erreichen.

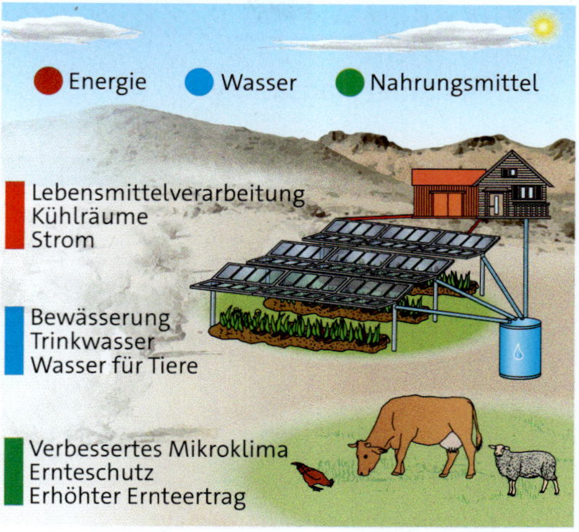

▸ 3 Einsatz in Entwicklungsländern

EXPERIMENTE UND AUFGABEN

1 Für die 2013 errichtete Versuchsanlage in Weihenstephan gibt das Fraunhofer-Institut folgende Daten an:

PV-Fläche	144 m^2
Installierte Leistung	22 kWp
Produktion/Jahr	35 000 kWh
Nachführung	Ost-West
Nutzung	Eigenverbrauch

Prüfen Sie mithilfe der Daten, ob die im Text gegebene Fläche von 4 % der Agrarflächen theoretisch die nötige Menge an Strom für Deutschland erzeugen könnte. Begründen Sie, dass in der Praxis Agri-PV allein nicht ausreicht, um den gesamten Strombedarf Deutschlands zu decken.

2 Planen und realisieren Sie einen Versuch, der das Wachstum von Kresse unter definierten Lichtbedingungen erforscht. Achten Sie darauf, dass bei der Versuchsreihe alle anderen Einflussgrößen (Bodenqualität, Wasserversorgung, Temperatur) vergleichbar sind. Dokumentieren Sie Ihre Ergebnisse geeignet. Beurteilen Sie damit, ob Kresse für Agri-PV geeignet ist.

3 Seit einigen Jahren gibt es organische Photovoltaikmodule (OPV) zu kaufen. Für OPV werden auf transparente, biegsame Trägerfolien organische Materialien aufgebracht, die bei Lichteinfall eine Spannung erzeugen. OPV können ohne Verwendung von Schwermetallen hergestellt werden, haben ein geringes Gewicht im Vergleich zu konventionellen Solarzellen und werden mit sehr geringem Einsatz an Material und Energie hergestellt.
Ermitteln Sie für verschiedene Aufstellwinkel und unterschiedliche Abstände zum Messpunkt die Beleuchtungsstärke unter einer solchen OPV-Folie. Bestimmen Sie gleichzeitig die elektrische Leistung der Folie pro Quadratmeter unter den verschiedenen Bedingungen. Beurteilen Sie die Eignung von OPV für die Agri-Photovoltaik.

4 Für eine Bürgerversammlung sollen Sie als Vertreter des Investors in einem Vortrag die Vorzüge einer Agri-PV-Anlage über einer Beerenkultur darstellen. Fertigen Sie zur Veranschaulichung Ihres Vortrags ein Poster mit grafischen Elementen und Stichworten an.

Die maximale Leistung einer Solarzelle wird mit der Benennung kWp (Kilowatt Peak) angegeben.
Weitere Informationen finden Sie in Aufgabe 1 auf Seite 170.

PHYSIK IM ALLTAG

Aufbau einer Hausanlage

▸1 Komponenten einer Hausanlage

Photovoltaikanlagen auf Hausdächern leisten einen wichtigen Beitrag für die Energiewende. Neben den auf dem Dach platzierten Solarmodulen werden in einer Hausanlage weitere Komponenten benötigt. Die Abbildung ▸1 zeigt einen typischen Aufbau.

1. Solarmodule: Die auf dem Dach installierten Solarmodule wandeln Lichtenergie in elektrische Energie um und geben diese in Form von Gleichstrom weiter. Optimal ist eine Süd-Ausrichtung der Module bei einer Neigung von ca. 30°. Aber auch Ost-West-Ausrichtungen bieten Vorteile, da diese morgens bzw. abends mehr Energie liefern.

2. Wechselrichter und Energie-Management-System (EMS): Ein Wechselrichter wandelt den von den Solarzellen stammenden Gleichstrom in den im Stromnetz verwendeten 50-Hz-Wechselstrom um.
Zusätzlich sorgt ein Energie-Management-System für weitere Regelungen der Photovoltaikanlage. Dazu gehört ein sogenannter MPP-Tracker, der den von den Solarzellen kommenden Strom so steuert, dass die Zelle am MPP und somit mit höchster Leistung arbeitet. Zudem regelt das EMS den Energiefluss zwischen Haushalt und Batterie.

3. Batteriespeicher: Die Batterien dienen dazu, dass überschüssige Energie gespeichert und zu späteren Zeiten wieder entnommen werden kann. Meist werden hierfür Lithium-Ionen-Akkus mit Speicherkapazitäten im Bereich von 5-20 kWh eingesetzt.

4. Zweiwegezähler: Dieser Stromzähler erfasst sowohl den Energiefluss ins Haus als auch aus dem Haus heraus und dient zur Abrechnung mit dem Stromanbieter.

5. Wallbox: Das schnelle Aufladen der Batterie eines elektrischen Pkws erfordert hohe Ladeleistungen, die mit dem 230-V-Haushaltsnetz nicht zu bewerkstelligen sind. Zur Erhöhung der Ladeleistung wird eine sogenannte Wallbox eingesetzt. Darüber hinaus kommuniziert die Wallbox mit dem Pkw und passt die Ladeleistung immer optimal an den momentanen Ladezustand der Autobatterie an.

1 ▢ Die Größe einer Photovoltaikanlage wird üblicherweise in der Einheit kWp angegeben. Informieren Sie sich über diese Einheit und recherchieren Sie, wie man mit dieser Angabe die Größe der jährlich produzierten elektrischen Energie abschätzen kann. Beurteilen Sie, ob eine 8-kWp-Anlage den durchschnittlichen Jahresbedarf an Strom eines Vierpersonenhaushalts decken kann.

2 ◩ Sicherungen im Stromkreis begrenzen den Stromfluss im 230-V-Haushaltsnetz meist auf 16 A. Berechnen Sie die maximale Ladeleistung, wenn ein Elektroauto über eine übliche Netzsteckdose im Haushalt geladen wird. Recherchieren Sie hierzu die Ladeleistung einer Wallbox und vergleichen Sie die Werte.

AUFGABEN

1) Für den Ertrag einer Photovoltaikanlage ist es entscheidend, wie intensiv und wie lange das Sonnenlicht die Solarzelle bestrahlt. Aufschluss darüber gibt die sogenannte Globalstrahlung. Hierunter versteht man die durchschnittliche pro Jahr auftretende Strahlungsenergie der Sonne, die pro Quadratmeter auf eine (bezogen zur Erdoberfläche) horizontale Empfängerfläche auftritt.

a) Geben Sie die Einflussfaktoren an, welche dazu führen, dass die Globalstrahlung die in der Karte dargestellte Verteilung besitzt.

b) Die Module einer Hausanlage besitzen einen Gesamtflächeninhalt von 15 m². Berechnen Sie die jährlich produzierte elektrische Energie, wenn die Anlage in Berlin (Madrid, Dublin) auf einem Flachdach betrieben wird und der Wirkungsgrad der Solarzellen 20 % beträgt.

c) Schätzen Sie unter Zuhilfenahme der Karte die Größe eines Solarparks ab, der den elektrischen (bzw. Primär-)Energiebedarf in Deutschland abdecken kann. Recherchieren Sie hierzu die nötigen Energiewerte.

d) Bewerten Sie, ob der in c) berechnete Flächenbedarf in der Praxis bereitgestellt werden kann, um (i) allein bzw. (ii) zusammen mit anderen regenerativen Energiequellen die Energieversorgung in Deutschland sicherzustellen.
Gehen Sie bei ihren Ausführungen u. a. auf die Energieverfügbarkeit sowie ökologische und gesellschaftspolitische Aspekte ein.

e) Beurteilen Sie, welchen Beitrag eine auf dem Schulgebäude installierte Photovoltaikanlage zur Energieversorgung der Schule leisten kann. Berücksichtigen Sie bei Ihren Ausführungen u. a. folgende Punkte:
- Wirkungsgrad eines Solarmoduls
- Bauliche Gegebenheiten der Schule
- Abschattungseffekte der Anlage
- Zeitlicher Verlauf des Energiebedarfs

2) Die Energieversorgung der ISS erfolgt über Solarzellen mit einer Gesamtfläche von 2 550 m². Der Wirkungsgrad der verwendeten Zellen beträgt rund 15 %. Die Strahlungsleistung des Sonnenlichts beträgt in der Erdumlaufbahn $1366\,\frac{W}{m^2}$.

a) Geben Sie Vorteile an, die eine Photovoltaikanlage im Weltraum gegenüber einer Anlage auf der Erdoberfläche besitzt.

b) Berechnen Sie die maximale elektrische Leistung der ISS-Photovoltaikanlage.

Weitere Informationen und Methoden zur Kompetenzentwicklung

3 Außerunterrichtliche Aktivität

Vorschläge für Aktivitäten

Im Rahmen einer außerunterrichtlichen Aktivität können Sie z.B. eine Forschungseinrichtung, ein naturwissenschaftliches Museum oder ein Industrieunternehmen besuchen, an einer politischen Veranstaltung zu einem naturwissenschaftlichen Thema teilnehmen oder ein physikalisches Forschungsprojekt selbst durchführen. Die folgenden Anregungen sollen Ihnen dabei helfen, Ihre Fachkenntnisse und die bisher erworbenen Methoden an Themen aus Wissenschaft und Gesellschaft anzuwenden. Sie sollen selbstorganisiert und eigenverantwortlich arbeiten, in Gruppenarbeitsphasen können Sie Ihre Teamkompetenz weiter ausbilden.

Besuch einer Institution

In Bayern gibt es zahlreiche Hochschulen, Forschungseinrichtungen, Schülerforschungszentren oder Museen mit naturwissenschaftlichen Sammlungen. Führen Sie eine Exkursion zu einer dieser Einrichtungen durch. Die Karte ▸1 soll Ihnen einen Überblick über vorhandene Institute verschaffen. Weitere Informationen können Sie den Internetauftritten der jeweiligen Region oder Institution entnehmen.

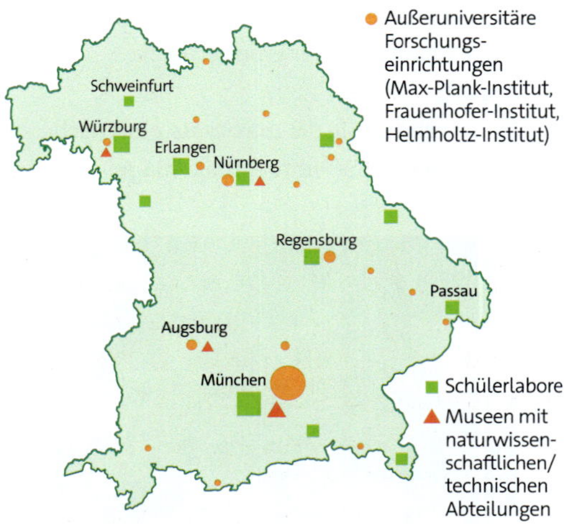

▸1 Übersichtskarte Bayern

Vorbereitung:

- Bilden Sie je nach Anzahl der Versuche, der Abteilungen oder der Themen Gruppen.
- Informieren Sie sich über das Thema Ihrer Gruppe, arbeiten Sie ggf. bereitgestelltes Material des Instituts durch und betreiben Sie zusätzlich eine Hintergrundrecherche zu Ihrem Thema.
- Legen Sie Ihre Ergebnisse auf einer geeigneten (digitalen) Pinwand ab, die allen Teilnehmenden zugänglich ist.
- Bereiten Sie ggf. eine Präsentation zu Ihrem Thema vor.

Durchführung:

- Dokumentieren Sie die Exkursion geeignet mit Fotos, Videos, Protokollen von Versuchen und Ergebnissen.
- Beachten Sie dabei stets die Persönlichkeitsrechte anderer und das Urheberrecht.
- Achten Sie auf den Weg der wissenschaftlichen Erkenntnisgewinnung (Experiment, Theorie, Naturphänomen ...).

Nachbereitung:

- Korrigieren bzw. vervollständigen Sie die auf der Pinwand abgelegten Informationen.
- Vervollständigen Sie ggf. die Präsentation und stellen Sie Ihre Ergebnisse den anderen Gruppen vor.

Besuch einer Podiumsdiskussion

Vorbereitung:

- Bilden Sie je nach Anzahl der teilnehmenden Parteien Gruppen.
- Informieren Sie sich über das Thema, die teilnehmenden Parteien sowie den Ablauf der Diskussion.
- Sammeln Sie Fakten zum Thema, ggf. auf einer digitalen Pinwand.
- Recherchieren Sie die Positionen und Hintergründe der einzelnen Parteien. Formulieren Sie mögliche Argumente aus Sicht der einzelnen Parteien.

Durchführung:

- Protokollieren Sie die Redebeiträge arbeitsteilig, indem Sie die Kernaussagen notieren.
- Notieren Sie sich Auffälligkeiten wie Gestik, Mimik und Rhetorik der Teilnehmenden.
- Beachten Sie dabei stets die Persönlichkeitsrechte anderer und das Urheberrecht.

Analyse der Diskussion:

- Beurteilen Sie die Qualität der einzelnen Argumente. Dabei können Ihnen folgende Fragen helfen: Sind die Argumente fachlich korrekt, schlüssig dargestellt und in einer sinnvollen Reihenfolge? Werden nachprüfbare wissenschaftliche Belege für Behauptungen genannt? Hat Sie eine der Parteien mit ihrer Argumentation überzeugt? Wenn ja, was war dafür ausschlaggebend?
- Wenn Sie von keiner der Parteien überzeugt sind, formulieren Sie mindestens zwei konstruktive Vorschläge zur Verbesserung der Darstellung und der Argumentation einer teilnehmenden Partei.

Forschungsprojekt

Ein Forschungsprojekt bietet Ihnen die Gelegenheit, selbst physikalische Erkenntnisse zu gewinnen, diese systematisch zu erfassen und ihre Relevanz für die Wissenschaft oder Ihren Alltag zu erkennen. Abschließend präsentieren Sie Ihre Ergebnisse fachlich korrekt und adressatenorientiert für Ihre Mitschüler.

Am Beispiel „Stehende Wellen in mehreren Dimensionen sichtbar machen“ wird exemplarisch der Ablauf beschrieben.

Thema erfassen, Ideen sammeln (1. Stunde)

- Stehende Wellen entstehen z.B. durch Resonanz bei Schallwellen oder Wasserwellen. Sehen Sie sich einige Beispiele aus dem Internet zu den Stichworten „Chladni-Figuren, Resonanz von Flüssigkeiten, Faraday-Wellen in Flüssigkeiten, Cymatics“ an.
- Die Resonanzfrequenz wird experimentell ermittelt, indem man mit verschiedenen Frequenzen und Amplituden eines Erregers (Musikinstrument, Smartphone mit Frequenzgenerator-App, Frequenzgenerator, Lautsprecher) experimentiert, bis sich im Medium (Luft, Wasser, ...) eine stehende Welle bildet.
- Zur Visualisierung stehender Wellen benötigt man sichtbare schwingende Teilchen (Sand, Grießkörnchen, Wasser, ...).
- Auftrag bis zur 2. Stunde: Gruppenweise Planung eines Experiments, ggf. unter Nutzung einer Online-Plattform: Planung des Versuchsaufbaus, Aufgabenverteilung bei der Organisation der benötigten Geräte und Materialien, Entscheidung für die Art der Dokumentation (Skizze, Video, Foto, ...)

Experimente durchführen (2./3. Stunde)

- Aufbau der Experimente nach Absprache mit der Lehrkraft
- Durchführung, Optimierung und Auswertung des Experiments: Unter welchen Voraussetzungen entstehen stehende Wellen? Welche Eigenschaften (Frequenz, Amplitude, Form) der anregenden Schwingung sind wichtig? Wovon hängt die Anregungsfrequenz ab? Wie kann man die Eigenschaften des Mediums (Dichte, Zähigkeit, Form des Behälters, ...) variieren? Bei welcher Parameterkonstellation entstehen stabile Strukturen?
- Dokumentation des Ergebnisses
- Recherchieren Sie Zusammenhänge mit aktuellen Forschungsgebieten, z. B. mit folgenden Stichworten: Selbstorganisation beim Wachstum, Strukturbildung bei Flüssigkeiten, Akustik von Musikinstrumenten
- Interpretieren Sie die Relevanz Ihrer Ergebnisse für die Wissenschaft und Technik, z. B. bei der Konstruktion von Lautsprechern oder Schwingungsdämpfern.
- Auftrag bis zur 4. Stunde: Kollaboratives Ausarbeiten der Präsentation und bewusste Entscheidung für ein Präsentationsmedium

Ergebnisse präsentieren (4. Stunde)

- Präsentation (Dauer max. 10 Minuten) der Forschungsergebnisse
- Ggf. Diskussion der Vorgehensweisen der einzelnen Projektgruppen

Profilbereich

1 Die Abbildung zeigt eine Schnur der Länge $l = 100\,\text{cm}$ und der Masse $m = 10\,\text{g}$, die $x = 10\,\text{cm}$ über eine Tischkante herunterhängt. Zum Zeitpunkt $t = 0\,\text{s}$ wird die Schnur losgelassen. Reibungskräfte sollen nachfolgend vernachlässigt werden.

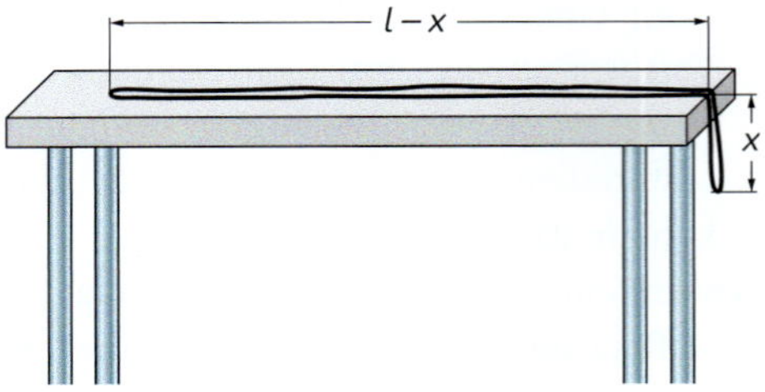

▸ 1 Schnur auf einem Tisch

a) Ermitteln Sie die beschleunigende Kraft und berechnen Sie die Beschleunigung $a(0\,\text{s})$.
b) Begründen Sie, dass im Bereich $0\,\text{m} \leq x \leq 1\,\text{m}$ für die Beschleunigung $a(x) = \frac{x}{l}\,g$ gilt.
c) Simulieren Sie die Bewegung der Schnur mithilfe der Methode der kleinen Schritte. Ermitteln Sie damit den Zeitpunkt, zu dem die Schnur vollständig die Tischkante überquert.

2 Die Leerlaufspannung einer Solarzelle beträgt bei einer gegebenen Ausleuchtung 0,90 V. Die Kurzschlussstromstärke beträgt 50 mA.
a) Entscheiden Sie begründet, ob folgende Aussage richtig ist:
Die maximale Leistung der beschriebenen Solarzelle beträgt 45 mW.
b) Sechs Solarzellen werden gemäß der nachfolgenden Abbildung zu einem Modul zusammengeschaltet.

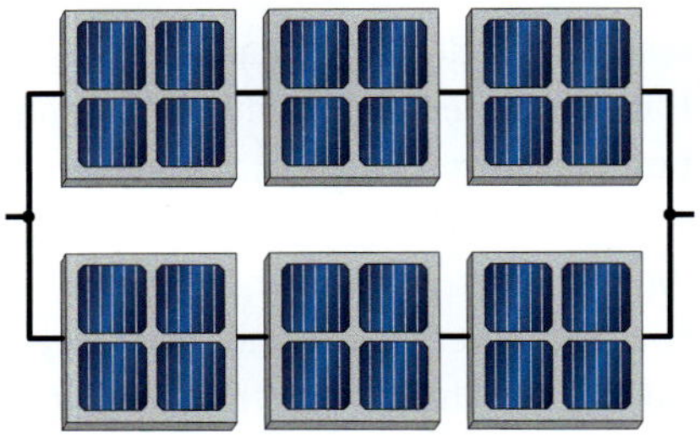

▸ 2 Solarmodul

Beschreiben Sie, wie die Leerlaufspannung und die Kurzschlussstromstärke eines Solarmoduls ermittelt werden kann. Geben Sie beide Werte für das gezeigte Modul an.

Kann ich ...	Aufgabe	Hilfe
• erklären, dass Bewegungen mit nichtkonstanten Kräften näherungsweise durch eine Zerlegung in kurze Zeitabschnitte, in denen dann die Kraft als konstant angenommen wird, beschrieben werden können?	1 1 (S. 148)	S. 148 f.
• die Methode der kleinen Schritte mithilfe einer Software selbstständig durchführen?	1 1 (S. 151)	S. 149 f.
• die Güte der Ergebnisse einer Berechnung mit der Methode der kleinen Schritte diskutieren und mit einem zugehörigen Realexperiment vergleichen?	1 (S. 152) 1 (S. 154) 4 (S. 161)	S. 152 ff.
• die Relevanz der Methode der kleinen Schritte und die Bedeutung der Physik für andere Wissenschaften erläutern?	1 (S. 157) 1 (S. 158)	S. 156 ff.
• experimentell die *U*-*I*-Kennlinie einer Solarzelle in Abhängigkeit von der Bestrahlungsstärke untersuchen?	2 1 (S. 164)	S. 165
• die Funktionsweise und die Bedeutung technischer Komponenten in Photovoltaikanlagen erläutern?	1 (S. 166) 1 – 5 (S. 167)	S. 166 f. S. 170
• den Nutzen photovoltaischer Anlagen bewerten?	1 – 3 (S. 169)	S. 168 ff.

Die Lösungen zu den Check-up-Aufgaben finden Sie auf Seite 188.

Profilbereich

Die Methode der kleinen Schritte

Die **Methode der kleinen Schritte** ist ein Näherungsverfahren, das die Beschreibung von Bewegungen mit nichtkonstanten Kräften ermöglicht.

Die **zentrale Idee** dieser Methode ist es, die Bewegung in Abschnitte mit kurzer Dauer Δt zu zerlegen. In jedem Abschnitt wird dann die reale Beschleunigung durch eine konstante Beschleunigung angenähert.

> Verallgemeinerte Iterationsgleichungen:
> $v_{n+1} = v_n + a_n \cdot \Delta t$
> $x_{n+1} = x_n + \frac{1}{2}(v_n + v_{n+1}) \cdot \Delta t;\ n \in \mathbb{N}$

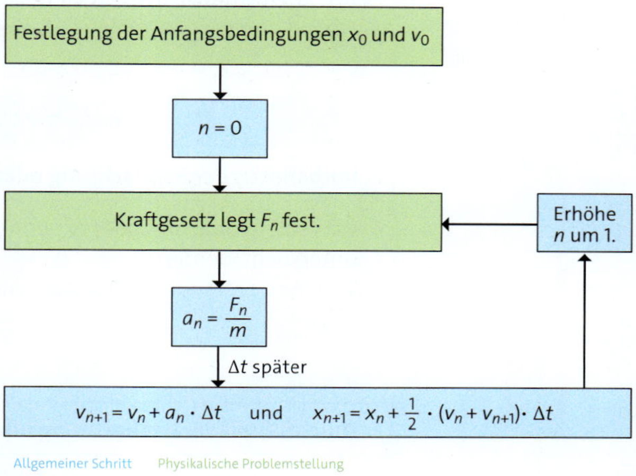

Photovoltaik in Anwendungen

Als Photovoltaik bezeichnet man die direkte Umwandlung von Lichtenergie in elektrische Energie. Das für diese Umwandlung ausgelegte Bauteil ist die Umkehrung einer Leuchtdiode, eine sogenannte **Solarzelle**.

Anhand der ***U*-*I*- und *U*-*P*-Kennlinien** einer Solarzelle lassen sich Eigenschaften wie die Leerlaufspannung, die Kurzschlussstromstärke und die maximale Leistung ablesen.

Der Betriebszustand einer Solarzelle, bei dem die elektrische Leistung maximal ist, wird als **Maximum Power Point (MPP)** bezeichnet. An diesem Punkt ist der Wirkungsgrad der Solarzelle am größten.

Sowohl die **Bestrahlungsintensität** als auch die Temperatur haben einen wesentlichen Einfluss auf die Kurzschlussstromstärke und die Leerlaufspannung und damit auch auf den MPP.

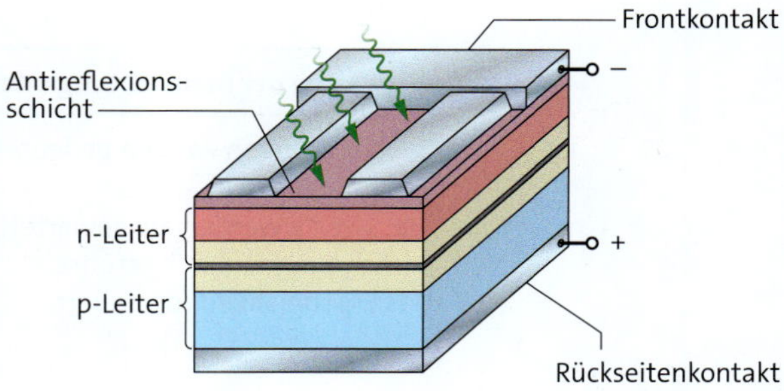

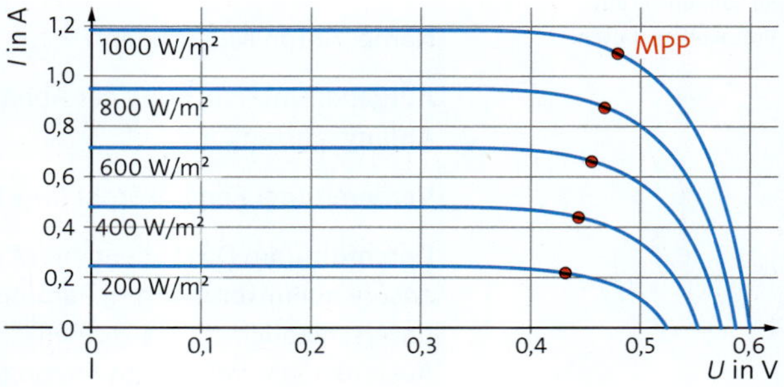

Viele Erkenntnisse werden in der Physik durch genaues Beobachten und durch Experimentieren gewonnen. Dabei ist es wichtig, Beobachtungen und Messwerte zu notieren, damit man sie überprüfen und mit den Ergebnissen anderer Personen vergleichen kann.
Beispielhaft wird die Abhängigkeit der Schwingungsdauer von der Auslenkung betrachtet.

Allgemeine Schritte	Beispiel
1. Vorbereiten der Beobachtung oder der Messung	
• Was soll beobachtet oder experimentell untersucht werden? • Welche Geräte und Hilfsmittel sind erforderlich?	• Es soll die Abhängigkeit der Schwingungsdauer eines Fadenpendels von der Anfangsauslenkung untersucht werden. • Zur Messung werden ein Pendelkörper (m = 50 g), ein Faden mit der Länge l = 2,0 m und eine Stoppuhr benötigt.
2. Durchführen der Beobachtung oder der Messung	
• Alle Beobachtungen und Vorüberlegungen werden dokumentiert. Dazu gehören auch Skizzen und bei manchen Beobachtungen sogar Zeit und Ort. • Messwerte werden übersichtlich notiert, z. B. in einer Messwertetabelle.	• Hypothese: Je größer die Auslenkung ist, desto größer ist die Schwingungsdauer, da der zurückzulegende Weg länger ist. • Beobachtung: Die Schwingungsdauer hat bei allen Auslenkungen den gleichen Wert. Die zugehörigen Messwerte werden in einer Messwerttabelle im Protokoll erfasst.
3. Auswerten der Beobachtung oder der Messung	
• Beobachtungen werden gedeutet und Erklärungen gesucht. • Messwerte werden ausgewertet, notwendige Berechnungen durchgeführt. • Das Ergebnis wird formuliert.	• Mithilfe der Beobachtungen und Messwerte werden die Erkenntnisse zur untersuchten Hypothese formuliert. • Die Zusammenhänge können z. B. als Je-desto-Aussagen notiert werden. • Die Ergebnisse für verschiedene Versuche werden verglichen.

So können Sie ein Protokoll gestalten.

Name: Anton Mustermann **Klasse:** 11 **Datum:** 21.10. ....

Aufgabe: Untersuchung der Abhängigkeit der Schwingungsdauer eines Fadenpendels von der Anfangsauslenkung

Vorbereitung: Pendelkörper (m = 50 g), Faden (l = 2,0 m), Stoppuhr

Durchführung: Das Fadenpendel wird bei ansonsten unveränderten Parametern unterschiedlich stark ausgelenkt. Für jede Auslenkung wird die Schwingungsdauer gemessen.

Versuch	Auslenkung	Schwingungsdauer
1	...	...
2	...	...

Auswertung: Die Schwingungsdauer hat für alle Werte der Ausgangsauslenkung den gleichen Wert, d. h., die Schwingungsdauer ist unabhängig von der Auslenkung. Die Hypothese „Je größer die Auslenkung ist, desto größer ist die Schwingungsdauer“ wurde damit widerlegt.

Beim Experimentieren werden Größen gemessen, für die man unterschiedliche Messgeräte nutzt. Der gemessene Wert weist immer eine Messungenauigkeit auf. Sie kommt zustande, weil man mit einem Messgerät immer nur mit einer bestimmten Genauigkeit messen kann. Hinzu kommt, dass die Messgeräte selbst ungenau sind, auch wenn diese Ungenauigkeit meist vernachlässigbar ist.

Darüber hinaus können auch Ablesefehler auftreten.

Bei Messgeräten mit analoger Anzeige (Skala) beträgt die Messungenauigkeit die Hälfte des kleinsten Skalenwerts, also z.B. ±0,5 mm bei einem Lineal mit mm-Teilung. Messgeräte mit digitaler Anzeige (Ziffern) weisen eine Abweichung um 1 von der letzten angezeigten Ziffer als Messungenauigkeit auf.

Allgemeine Schritte	Beispiel
1. Auswahl zweckmäßiger Messgeräte	
Wählen Sie Messgeräte aus, bei denen die Messungenauigkeit für die geplanten Messungen möglichst klein ist.	Die Bestimmung von Geschwindigkeiten erfolgt z. B. mit Lichtschranken oder mit einer Stoppuhr und einem Meterstab oder Maßband.
2. Durchführung der Messungen	
Ermitteln Sie die Messwerte. Beachten Sie dabei die Regeln für ein möglichst genaues Messen.	Die Messgenauigkeit des Maßbands hängt von dessen cm-Teilung ab. Bei der Messung der Zeit muss die Reaktionszeit berücksichtigt werden. Im Durchschnitt beträgt diese 0,8 Sekunden. Eine Wiederholung der Messung verringert die Gefahr von groben Fehlern.
3. Bewertung der Messungenauigkeit bei den verwendeten Messgeräten	
In Abhängigkeit von den Messgeräten wird die Messungenauigkeit abgeschätzt. Das Ergebnis wird mit der Messungenauigkeit angegeben.	Für die Strecke erhält man: $\Delta x = 542\,\text{cm} \pm 0{,}5\,\text{cm}$ Für die Zeit ergibt sich: $\Delta t = 5{,}0\,\text{s} \pm 0{,}8\,\text{s}$
3. Auswerten der Beobachtung oder der Messung	
Werden mit Messwerten Berechnungen durchgeführt, dann weist auch das Ergebnis der Berechnung eine Ungenauigkeit auf. Der wahre Wert liegt zwischen dem kleinsten und dem größten Wert des Ergebnisses.	Für die Geschwindigkeit ergibt sich: $v = \frac{542\,\text{cm}}{5{,}0\,\text{s}} = 108{,}4\,\frac{\text{cm}}{\text{s}}$ Bei Berücksichtigung der Messungenauigkeit beider Größen erhält man: $v_{\text{klein}} = \frac{541{,}5\,\text{cm}}{5{,}2\,\text{s}} = 104{,}1\,\frac{\text{cm}}{\text{s}}$ $v_{\text{groß}} = \frac{542{,}5\,\text{cm}}{4{,}8\,\text{s}} = 113{,}0\,\frac{\text{cm}}{\text{s}}$
4. Ergebnisse runden und Ziffernregel anwenden	
Beachten Sie bei Berechnungen, die Ergebnisse sinnvoll zu runden, da die Ergebnisse nicht genauer als die Ausgangsdaten sein können. Berücksichtigen Sie daher die Ziffernregel: Die berechnete Größe muss auf die gleiche Anzahl signifikanter Ziffern gerundet werden wie die gemessene Größe mit der kleinsten Anzahl an signifikanter Ziffern.	Die Zeit $\Delta t = 5{,}0\,\text{s}$ hat zwei signifikante Ziffern und damit weniger als die gemessene Strecke. Die Geschwindigkeit muss daher ebenfalls mit zwei Ziffern angegeben werden. Nach den Rundungs- und der Ziffernregel wird das Ergebnis als $v = 1{,}1\,\frac{\text{m}}{\text{s}}$ angegeben.

Die Anzahl signifikanter Ziffern wird bestimmt, indem man eventuell vorhandene Nullen am Anfang entfernt und die Anzahl der übrig bleibenden Ziffern zählt.

Neben Experimenten und theoretischen Überlegungen sind Aufgaben ein wichtiger Bestandteil des Physikunterrichts und unterstützen den Lernprozess. Um Aufgaben richtig zu lösen, muss man zunächst verstehen, was genau in der Aufgabenstellung verlangt wird. Je nach Aufgabentyp werden unterschiedliche Lösungen verlangt. Dies kann meist an dem Wort zu Beginn (Operator) erkannt werden. Nachfolgend sind einige Operatoren beschrieben und werden mithilfe einer Beispielaufgabe mit Lösung erklärt.

NENNEN/ANGEBEN · Bei Aufgaben mit dem Wort „nennen" oder „angeben" sind Elemente, Sachverhalte, Begriffe, Daten oder Fakten ohne Erläuterung wiederzugeben.

Beispiel: Nennen Sie ein Beispiel für eine Galaxie sowie einen Stern und einen Exoplaneten in dieser Galaxie.

Lösung: Galaxie: Milchstraße; Stern: Kepler-90; Exoplanet: Kepler-90b

BESCHREIBEN · Bei Aufgaben mit dem Wort „beschreiben" sind Phänomene, Sachverhalte oder Zusammenhänge mit eigenen Worten, verständlich und mithilfe der Fachsprache in ganzen Sätzen wiederzugeben.

Beispiel: Ein Federpendel wird nach unten ausgelenkt und dann losgelassen. Beschreiben Sie die zu beobachtende Bewegung des Pendels.

Lösung: Nach dem Loslassen bewegt sich das Pendel entgegen der Auslenkungsrichtung nach oben. Am höchsten Punkt kehrt sich die Bewegung um. Mit zunehmender Zeit wird das Auf- und Abschwingen immer geringer.

EINE HYPOTHESE AUFSTELLEN · Bei Aufgaben mit „eine Hypothese aufstellen" ist eine begründete Meinung zu einem Sachverhalt in ganzen Sätzen zu formulieren.

Beispiel: Stellen Sie eine begründete Hypothese über die Abhängigkeit der Schwingungsdauer eines Fadenpendels von der Masse des Pendelkörpers auf.

Lösung: Ich vermute, dass die Schwingungsdauer umso größer wird, je größer die Masse des Pendelkörpers ist, da mit steigender Masse auch die Trägheit des Körpers steigt.

ERKLÄREN · Bei Aufgaben mit dem Wort „erklären" soll ein Sachverhalt oder Zusammenhang durch Zurückführen auf Fakten, Regeln und Gesetzmäßigkeiten nachvollziehbar und verständlich gemacht werden.

Beispiel: Erklären Sie mindestens einen Unterschied zwischen einer mechanischen Schwingung und einer mechanischen Welle.

Lösung: Schwingungen und Wellen sind periodische Änderungen von physikalischen Größen. Während Schwingungen ortsfest sind und sich nur zeitlich ändern, spricht man bei gekoppelten Systemen, die sich zeitlich und räumlich ändern, von einer Welle.

ERLÄUTERN · Bei Aufgaben mit dem Wort „erläutern" soll ein Sachverhalt oder Zusammenhang veranschaulichend dargestellt und durch zusätzliche Informationen, z. B. Beispiele oder Vergleiche, verständlich gemacht werden.

Beispiel: Erläutern Sie, dass sich Schallwellen in der Regel in Flüssigkeiten schneller ausbreiten als in gasförmigen Medien. Nutzen Sie für die Erklärung das Teilchenmodell.

Lösung: Mechanische Wellen benötigen zur Ausbreitung ein Medium, z. B. Wasser oder Luft. In einer Flüssigkeit sind die Bindungen zwischen den einzelnen Teilchen deutlich stärker als in einem Gas. Die einzelnen Teilchen bewegen sich um ihre Ruhelage. Durch den Schall wird eine Störung bzw. Auslenkung durch die Flüssigkeit transportiert. Aufgrund der stärkeren Bindungen wirkt sich die Auslenkung deutlich schneller auf benachbarte Teilchen aus. Im gasförmigen Zustand sind die Teilchen kaum aneinandergebunden, sodass die Übertragung der Energie deutlich langsamer erfolgt.

DOKUMENTIEREN · Bei Aufgaben mit dem Wort „dokumentieren“ sind alle notwendigen Erklärungen, Herleitungen und Skizzen zu einer Tätigkeit oder einem Experiment anzugeben. In manchen Fällen sind auch Fotos oder Tonaufnahmen hilfreich.

Beispiel: Ein Schüler hält sich einen argongefüllten Ballon vor das Gesicht und spricht. Stellen Sie sich zunächst direkt hinter den Ballon und gehen Sie anschließend langsam rückwärts. Dokumentieren Sie Ihre Beobachtung.

Lösung: Während des Rückwärtsgehens wird die Stimme des Sprechenden bis zu einem bestimmten Punkt lauter. Beim weiteren Zurückgehen wird sie wieder leiser.

PROTOKOLLIEREN · Bei Aufgaben mit dem Wort „protokollieren“ sind Ablauf, Beobachtungen, Ergebnisse sowie die Auswertung in fachtypischer Weise wiederzugeben.

Beispiel: Mit einer an einem Faden aufgehängten Kugel soll die Abhängigkeit der Schwindungsdauer von der Masse des Pendels untersucht werden.

Lösung:
Ziel: Bestimmung der Abhängigkeit der Schwingungsdauer eines Fadenpendels von der Pendelmasse

Vorbereitung: Für den Versuch werden ein Pendelkörper, eine Schnur und eine Stoppuhr benötigt.

Durchführung: Der Pendelkörper wird bei ansonsten gleichbleibenden Bedingungen mit unterschiedlichen Massen ausgelenkt. Die Schwingungsdauer wird jeweils gemessen.

Versuch	Masse	Schwingungsdauer
1	...	...

Auswertung: Die Schwingungsdauer ist in allen Teilversuchen annähernd gleich. Die Schwingungsdauer eines Fadenpendels ist also unabhängig von der Pendelmasse.

BERECHNEN/BESTIMMEN · Bei Aufgaben mit „berechnen“ ist ein zahlenmäßiges Ergebnis mit einer sinnvollen Einheit aus einer Rechnung mit gegebenen Größen anzugeben. Bei Aufgaben mit „bestimme“ muss der Lösungsweg nachvollziehbar dargestellt werden.

Beispiel: Ein Achterbahnlooping hat einen Radius von $r = 25\,\text{m}$. Am höchsten Punkt beträgt die Geschwindigkeit des Wagens $v = 15\,\frac{\text{m}}{\text{s}}$. Berechnen Sie die Zentripetalbeschleunigung.

Lösung:
Gegeben: $v = 15\,\frac{\text{m}}{\text{s}}$; $r = 25\,\text{m}$
Gesucht: Zentripetalbeschleunigung a_z
Rechnung: $a_z = \frac{v^2}{r} = \frac{(15\,\text{m/s})^2}{25\,\text{m}} = 9{,}0\,\frac{\text{m}}{\text{s}^2}$
Die Beschleunigung beträgt $9{,}0\,\frac{\text{m}}{\text{s}^2}$.

BEWERTEN/BEURTEILEN · Bei Aufgaben mit „beurteile“ soll zu einem Sachverhalt eine selbstständige Einschätzung nach fachwissenschaftlichen und fachmethodischen Kriterien angegeben werden. Bei Aufgaben mit „bewerte“ sollen Sachverhalte unter Bezügen zur Physik an Werten und Normen gemessen werden.

Beispiel: In Ihrem Dorf soll eine neue Windkraftanlage errichtet werden. Die Investoren behaupten, dass dies das Dorf autarker mache und den Bauern, die Teile ihrer Felder zur Verfügung stellen, zusätzliche Einnahmen bringt. Der ansässige Naturschutzverein protestiert gegen die Anlage, da in der Gegend mehrere seltene Vogelarten heimisch sind. Bewerten Sie den Bau der Anlage.

Lösung: Die Vorteile beim Bau der Anlage überwiegen die Nachteile, sofern bestimmte Bedingungen eingehalten werden. Im Zuge der Klimaproblematik, die alle Menschen betrifft, ist die Investition in regenerative Energiequellen unerlässlich. Obwohl ein Teil der Anbauflächen genutzt werden muss, ist der Platzbedarf einer Windkraftanlage verhältnismäßig klein. Integriert man in die Anlage zusätzliches Monitoring, sodass sie zeitweise abgeschaltet werden kann, ermöglicht dies im Sinne des Naturschutzes zudem, dass Kollisionen mit Vögeln verhindert werden können.

RECHERCHIEREN · Bei Aufgaben mit dem Wort „recherchiere“ sollen Informationen aus Quellen z. B. im Internet beschafft werden.

Beispiel: Recherchieren Sie, was man unter einer Lichtuhr versteht.

Lösung: Eine Lichtuhr ist eine Anordnung, bei der die Laufzeit eines Lichtblitzes zur Zeitmessung verwendet wird.
Quelle: *Name, Vorname: Titel. URL (Datum).*

BEGRÜNDEN · Bei Aufgaben mit dem Wort „begründe“ sind Sachverhalte auf Regeln, Gesetzmäßigkeiten und Zusammenhänge zwischen Ursache und Wirkung zurückzuführen.

Beispiel: Begründen Sie, dass sich die Zentripetalkraft eines Körpers auf einer Kreisbahn verdoppelt, wenn der Kreisradius bei konstanter Bahngeschwindigkeit halbiert wird.

Lösung: Für die Zentripetalkraft, die einen Körper mit der Masse m auf einer Kreisbahn mit dem Radius r hält, gilt:

$$F_Z = \frac{m \cdot v^2}{r}$$

Die Formel zeigt, dass bei konstanter Bahngeschwindigkeit die Zentripetalkraft indirekt proportional zum Radius ist. Daher muss sich die Kraft verdoppeln, wenn sich der Radius der Kreisbahn halbiert.

VERGLEICHEN · Bei Aufgaben mit „vergleiche“ sollen Gemeinsamkeiten und Unterschiede kriteriengeleitet herausgearbeitet werden.

Beispiel: Vergleichen Sie mechanische Longitudinal- und Transversalwellen hinsichtlich ihrer Ausbreitung.

Lösung: Bei beiden Wellentypen handelt es sich um mechanische Wellen, die zur Ausbreitung ein Medium benötigen. Unterschiedlich ist die Art der Ausbreitung. Bei Transversalwellen schwingen die Teilchen senkrecht zur Ausbreitungsrichtung und bei Longitudinalwellen parallel bzw. antiparallel.

SKIZZIEREN · Bei Aufgaben mit dem Wort „skizzieren“ sollen Sachverhalte, Objekte, Strukturen oder Ergebnisse auf das Wesentliche reduziert in übersichtlicher Weise wiedergegeben werden.

Beispiel: Skizzieren Sie qualitativ das t-x-, das t-v- und das t-a-Diagramm der Schwingung eines Fadenpendels.

Lösung:

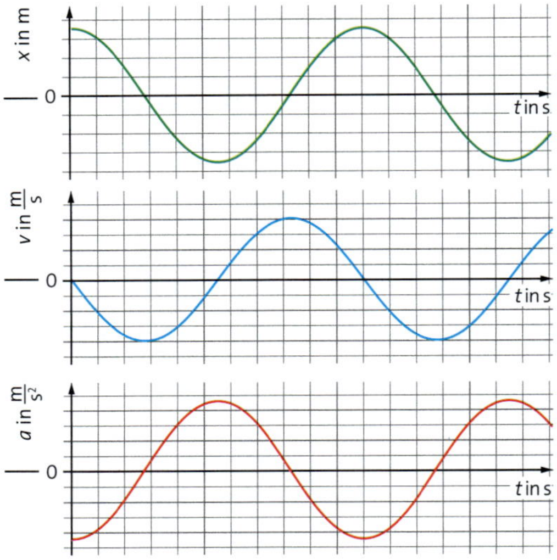

ZEICHNEN · Bei Aufgaben mit dem Wort „zeichnen“ ist eine möglichst exakte Darstellung von beobachtbaren oder gegebenen Phänomenen und Strukturen anzufertigen.

Beispiel: Zeichen Sie eine Darstellung, die das 2. Keplersche Gesetz verdeutlicht.

Lösung:

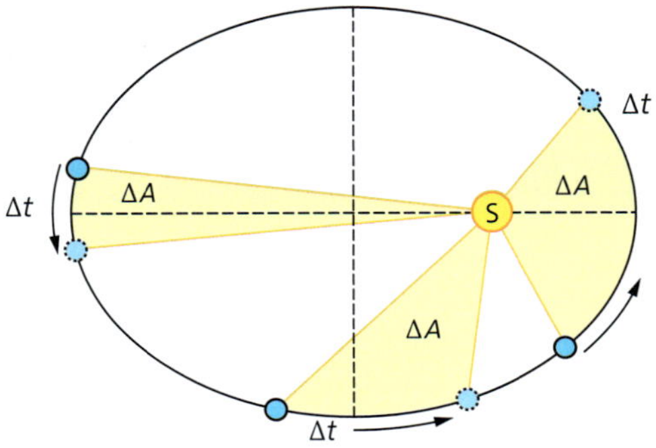

Kreisbewegungen

Check-up-Seiten 38–39

1. a) Gemeinsamkeit:
Beide Formeln beschreiben die Änderung einer Größe pro Zeitintervall:
$v = \frac{\Delta x}{\Delta t}$: Geschwindigkeit als Änderung des Wegs pro Zeitintervall
$\omega = \frac{\Delta \varphi}{\Delta t}$: Winkelgeschwindigkeit als Änderung des Winkels pro Zeitintervall
Unterschied: Die Winkelgeschwindigkeit ist nur bei Kreisbewegungen eine sinnvolle Angabe.
b) Mit der Formel $x = v \cdot t$ kann man den auf dem Kreisbogen zurückgelegten Weg berechnen, wenn die Bahngeschwindigkeit konstant ist.

2. a) <u>Gegeben:</u> Geschwindigkeit $v = 100\,\frac{\text{km}}{\text{h}}$
<u>Gesucht:</u> Minimaler Kurvenradius r
<u>Lösung:</u> Die Haftreibungskraft liefert die notwendige Zentripetalkraft F_Z. Diese beträgt 85 % der Gewichtskraft. Daraus folgt:
$F_Z = 0{,}85\,F_G$
$\Rightarrow m \cdot a_Z = 0{,}85 \cdot m \cdot g \quad |:m$
$a_Z = 0{,}85 \cdot g$

Aus $a_Z = \frac{v^2}{r}$ folgt:
$r = \frac{v^2}{a_Z} = \frac{\left(27{,}78\,\frac{\text{m}}{\text{s}}\right)^2}{0{,}85 \cdot 9{,}81\,\frac{\text{m}}{\text{s}^2}} \approx 93\text{ m}$
Der Radius der Kurve sollte mindestens 93 m betragen.
b) Bei nasser Fahrbahn verringert sich die Haftreibungskraft auf 40 % bis 60 % der Gewichtskraft. Bei einem Kurvenradius von 93 m bedeutet das für die maximale Beschleunigung: $a_Z = 0{,}40 \cdot g$

Aus $a_Z = \frac{v^2}{r}$ folgt:
$v = \sqrt{a_Z \cdot r}$
$v = \sqrt{0{,}40 \cdot 9{,}81\,\frac{\text{m}}{\text{s}^2} \cdot 93\text{ m}} \approx 19{,}1\,\frac{\text{m}}{\text{s}} \approx 69\,\frac{\text{km}}{\text{h}}$

Für $a_Z = 0{,}60 \cdot g$ erhält man entsprechend $v \approx 84\,\frac{\text{km}}{\text{h}}$.
Eine Geschwindigkeitsbegrenzung auf 60 $\frac{\text{km}}{\text{h}}$ bei nasser Fahrbahn bietet ausreichend Sicherheit.

3. a) Der Hammer muss im Punkt C losgelassen werden, da sich der Hammer aufgrund seiner Trägheit ohne Zentripetalkraft geradlinig weiterbewegt.
Nur im Punkt C zeigt die Tangente an der Kreisbahn waagerecht nach links.
b) Die Zentripetalkraft hält den Hammer auf der Kreisbahn. Sie wirkt immer zum Kreismittelpunkt und bewirkt eine ständige Richtungsänderung des Hammers.

4. a) Beispielsweise könnte zur Messung eine Lichtschranke verwendet werden. Die rotierende Scheibe unterbricht bei jeder Umdrehung die Lichtschranke, die damit die Umlaufdauer T misst.
b) (i) Die Bahngeschwindigkeit kann aus dem Umfang der Kreisbahn und der Umlaufdauer T für eine vollständige Umdrehung berechnet werden.
Es gilt: $v = \frac{\Delta x}{\Delta t} = \frac{2\pi \cdot r}{T}$
(ii)

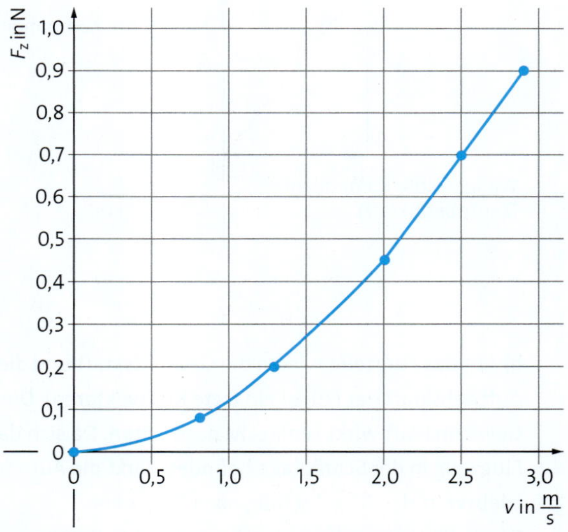

Der Graphen im Diagramm hat die Form einer Parabel. Daraus ergibt sich als Hypothese: Die Zentripetalkraft F_Z hängt quadratisch von der Bahngeschwindigkeit v ab. Bildet man bei allen Wertepaaren den Quotienten aus F_Z und v, dann erhält man einen konstanten Wert von $0{,}11\,\frac{\text{N}}{\text{m/s}^2}$. Die Hypothese ist damit bestätigt.

(iii) Um die Abhängigkeit der Zentripetalkraft von den Größen m und r experimentell zu bestimmen, darf immer nur eine Größe verändert werden.
Veränderung des Radius: Für verschiedene Werte von r wird die Umlaufdauer jeweils so eingestellt, dass bei allen Messungen die Bahngeschwindigkeit konstant bleibt. Die Masse wird ebenfalls nicht verändert. Die Zentripetalkraft wird gemessen und der mathematische Zusammenhang zwischen F_Z und r bestimmt (Indirekte Proportionalität).
Veränderung der Masse: Bei konstanter Bahngeschwindigkeit und konstantem Radius wird die Masse m verändert und die Zentripetalkraft gemessen. Daraus kann man die direkte Proportionalität zwischen F_Z und m bestätigen.

5. a)

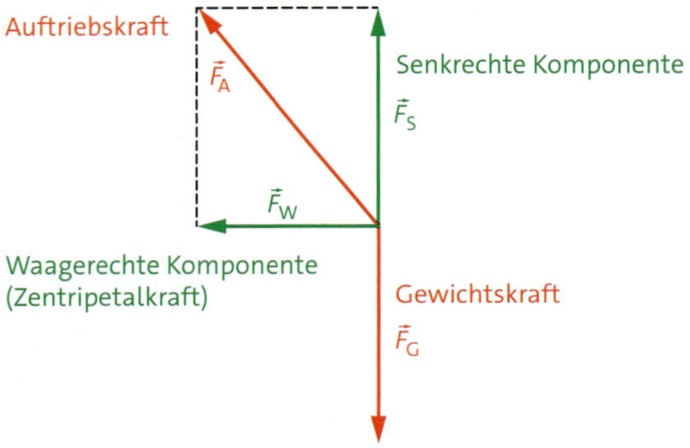

b) Auf das Flugzeug wirken die Gewichtskraft und die Auftriebskraft der Flügel ein (rote Kraftvektoren). Die Gewichtskraft wirkt senkrecht nach unten. Da sich das Flugzeug in der Schräglage befindet, wirkt die Auftriebskraft der Flügel schräg nach links oben.
Die Auftriebskraft kann in eine senkrechte Komponente und eine waagerechte Komponente zerlegt werden (grüne Kraftvektoren). Die senkrechte Komponente hält der Gewichtskraft das Gleichgewicht. Die waagerechte Komponente ist die Zentripetalkraft, die das Flugzeug auf die Kreisbahn zwingt.

6. a) Gegeben: Radius $r = 421\,800$ km, Umlaufdauer $T = 1{,}77$ d
Gesucht: Zentripetalbeschleunigung a_Z
Lösung: Mit der Winkelgeschwindigkeit $\omega = \frac{2\pi}{T}$ gilt für die Zentripetalbeschleunigung:

$$a_Z = \left(\frac{2\pi}{T}\right)^2 \cdot r$$

$$a_Z = \left(\frac{2\pi}{152\,928\ \text{s}}\right)^2 \cdot 4{,}22 \cdot 10^8\ \text{m} \approx 0{,}712\,\frac{\text{m}}{\text{s}^2}$$

Die Zentripetalbeschleunigung des Monds Io beträgt rund $0{,}712\,\frac{\text{m}}{\text{s}^2}$.

b) Gesucht: Masse M
Lösung: Die Gravitationskraft zwischen Jupiter und Io hält den Mond Io auf seiner Umlaufbahn. Als Ansatz mit der Zentripetalkraft F_Z und dem Gravitationsgesetz gilt dann:

$$F_Z = F_G$$

$$\Rightarrow m \cdot \omega^2 \cdot r = G \cdot \frac{M \cdot m}{r^2} \quad | : m$$

mit m = Masse des Io und M = Masse des Jupiters.

$$\omega^2 \cdot r = G \cdot \frac{M}{r^2} \quad | : G \cdot r^2$$

$$\frac{\omega^2 \cdot r^3}{G} = M$$

Mit $\omega = \frac{2\pi}{T}$ folgt:

$$M = \frac{\left(\frac{2\pi}{T}\right)^2 \cdot r^3}{G}$$

$$M = \frac{\left(\frac{2\pi}{152\,928\ \text{s}}\right)^2 \cdot (4{,}22 \cdot 10^8\ \text{m})^3}{6{,}74 \cdot 10^{-11}\,\frac{\text{m}^3}{\text{kg} \cdot \text{s}^2}} \approx 1{,}87 \cdot 10^{27}\ \text{kg}$$

Mit den gegebenen Daten ergibt sich für den Jupiter eine Masse von rund $1{,}87 \cdot 10^{27}$ kg.

Mechanische Schwingungen

Check-up-Seiten 66-67

1. **a)** Die Angabe 440 Hz bedeutet, dass die Stimmgabel 440 Mal pro Sekunde schwingt.
Pro Minute sind das 26 400 Schwingungen.
b) Gegeben: Frequenz $f = 440\ \text{Hz} = 440\frac{1}{\text{s}}$
Gesucht: Schwingungsdauer T
Lösung: $T = \frac{1}{f} = \frac{1}{440\ \text{Hz}} \approx 0{,}00227\ \text{s}$
Die Schwingungsdauer beträgt rund 0,00227 s.

2. **a)** Den Diagrammen können folgende Größen entnommen werden:
Pendel 1: $T = 1{,}5\ \text{s}$; $x_{\text{max}} = 2{,}5\ \text{cm}$
Pendel 2: $T = 1{,}0\ \text{s}$; $x_{\text{max}} = 3{,}0\ \text{cm}$
Pendel 3: $T = 0{,}5\ \text{s}$; $x_{\text{max}}(0) = 2{,}0\ \text{cm}$
Im Vergleich hat das Pendel 1 die längste Schwingungsdauer, d. h., es schwingt am langsamsten. Die größte Auslenkung hat das Pendel 2. Das Pendel 3 hat zu Beginn seine größte Auslenkung. Diese nimmt mit der Zeit ab, d. h., das Pendel schwingt gedämpft. Pendel 1 und 2 schwingen reibungsfrei.
b) Mithilfe der Schwingungsdauern aus a) kann die Fadenlänge der Pendel berechnet werden.

Lösung: $T = 2\pi \cdot \sqrt{\frac{l}{g}} \Rightarrow l = \left(\frac{T}{2\pi}\right)^2 \cdot g$

Pendel 1: $l = \left(\frac{1{,}5\ \text{s}}{2\pi}\right)^2 \cdot 9{,}81\frac{\text{m}}{\text{s}^2} \approx 0{,}5591\ \text{m} \approx 56\ \text{cm}$

Pendel 2: $l = \left(\frac{1{,}0\ \text{s}}{2\pi}\right)^2 \cdot 9{,}81\frac{\text{m}}{\text{s}^2} \approx 0{,}2485\ \text{m} \approx 25\ \text{cm}$

Pendel 3: $l = \left(\frac{0{,}5\ \text{s}}{2\pi}\right)^2 \cdot 9{,}81\frac{\text{m}}{\text{s}^2} \approx 0{,}0621\ \text{m} \approx 6{,}2\ \text{cm}$

Startbedingungen: Pendel 1 und 3 sind in Richtung der x-Achse ausgelenkt und werden bei $t = 0\ \text{s}$ losgelassen. Das Pendel 2 wird aus der Gleichgewichtslage mit einer Anfangsgeschwindigkeit nach rechts angestoßen.
c) Der Pendelkörper wird in einen Wasserbehälter gehängt und bewegt sich nur im Wasser. Je kleiner die Masse des Pendelkörper bei gleicher Form ist, desto stärker ist die Dämpfung (vgl. Simulation auf S. 60 f.).

3. **a)** Es könnten folgende Hypthesen aufgestellt werden:
(i) Masse: Eine schwerere Tasche könnte langsamer schwingen als eine leichtere Tasche.
(ii) Armlänge: Ein längerer Arm könnte zu einer längeren Schwingungsdauer führen.
(iii) Amplitude: Größere Amplituden könnten zu längeren Schwingungsdauern führen.
Tatsächlich hängt die Schwingungsdauer nur von der Pendellänge l ab. Das ist der Abstand zwischen Schultergelenk und Schwerpunkt der Tasche.
b) Zur Beschreibung dieser Bewegung eignet sich das Modell des Fadenpendels.
Gemeinsamkeiten und Unterschiede:
   - Im Modell wird der Faden als masselos betrachtet. Die Masse des Arms kann aber nicht vernachlässigt werden. Daher müsste der gemeinsame Schwerpunkt von Arm und Tasche ermittelt werden. Ist die Tasche sehr schwer, wird der Fehler klein sein, wenn man nur den Schwerpunkt der Tasche abschätzt.
   - Bei der Bewegung handelt es sich um eine erzwungene Schwingung. Wie beim Anstoßen einer Schaukel wird die Schwingung durch die Gehbewegung permanent angeregt. Dadurch wird eine Dämpfung der Schwingung kompensiert. Das Fadenpendel ist dagegen eine freie Schwingung. Da die Schwingung über eine lange Zeit mit minimalem Energieaufwand betrieben wird, liegt der Resonanzfall vor: Die Tasche schwingt mit der Eigenfrequenz, d. h. mit der Frequenz der ungezwungenen Schwingung.
   Daher gilt hier die Gleichung für das Fadenpendel.

c) Experimentell wählt man eine möglichst schwere Tasche und schätzt den Schwerpunkt ab. Dann misst man den Abstand l vom Schultergelenk bis zu diesem Schwerpunkt. Damit lässt sich die zu erwartende Schwingungsdauer $T = 2\pi \cdot \sqrt{\frac{l}{g}}$ berechnen.
Lore soll ohne große Anstrengung die Tasche mit ihrem Arm in Schwingung versetzen. Nach einer Einschwingphase wird die Schwingungsdauer beim Durchgang durch den Gleichgewichtspunkt mit einer Stoppuhr gemessen. Die Messgenauigkeit wird erhöht, indem die Zeit über mehrere Schwingungen gemessen wird. Die berechnete und die gemessene Schwingungsdauer werden verglichen und die prozentuale Abweichung bestimmt.

4. a) und **b)**

Diagramm der Messwerte

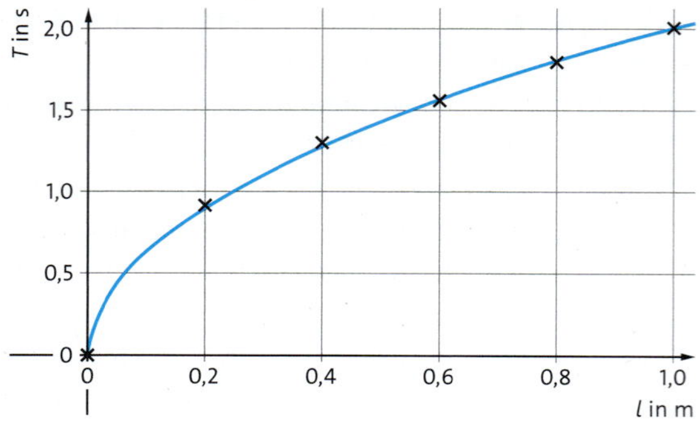

Linearisierung

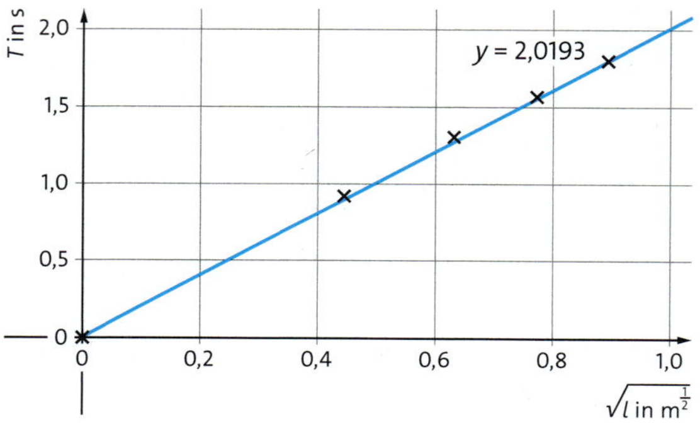

Aus der Ausgleichsgeraden folgt:

$T \approx 2{,}02\,\frac{\text{s}}{\sqrt{\text{m}}} \cdot \sqrt{l} \approx 2{,}02\,\frac{\text{s}}{\sqrt{\text{m}}} \cdot \sqrt{g} \cdot \sqrt{\frac{l}{g}} \approx 6{,}32 \cdot \sqrt{\frac{l}{g}}$

Theoretisch gilt: $T = 2\pi \cdot \sqrt{\frac{l}{g}} \approx 6{,}28 \cdot \sqrt{\frac{l}{g}}$

5. a) Gegeben: Fadenlänge $l = 100\text{ cm} = 1\text{ m}$

Gesucht: Schwingungsdauer T

Lösung: $T = 2\pi \cdot \sqrt{\frac{l}{g}} = 2\pi \cdot \sqrt{\frac{1\text{ m}}{9{,}81\frac{\text{m}}{\text{s}^2}}} \approx 2{,}01\text{ s}$

Die Schwingungsdauer beträgt rund 2,01 s.

b)

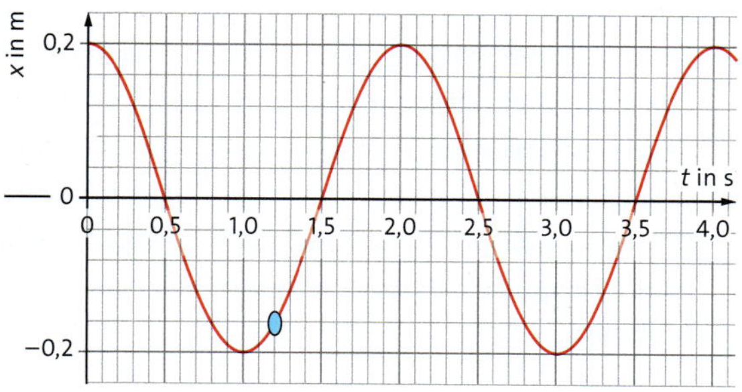

c) $x(t) = 0{,}20\text{ m} \cdot \cos\left(\frac{2\pi}{2{,}01\text{ s}} \cdot t\right)$

d) $x(1{,}2\text{ s}) = -0{,}16\text{ m}$ (s. auch Teilaufgabe b).

6. Zunächst wird die Messreihe aufsteigend sortiert:

D	B	I	A	G	F	C	H	E
1,78	1,82	1,88	1,91	1,97	2,01	2,15	2,25	2,28

Median: 1,97 s

Unteres Quartil: 1,85 s und Oberes Quartil: 2,20 s

Jede der durchgeführten Messungen ist mit einer Messunsicherheit behaftet, sodass die gemessenen Werte um den zu erwartenden Wert verteilt liegen. In der Regel liegt etwa die Hälfte der gemessenen Werte unter und die andere Hälfte über dem zu erwartenden Wert. Daher wird der mittlere Wert der aufsteigend sortierten Messdaten, der Median, mit großer Wahrscheinlichkeit dem zu erwartenden Wert am nächsten kommen. Das untere Quartil ist der Median der unteren Datenhälfte, das obere Quartil der Median der oberen Hälfte der Messwerte. Im Boxplot ist die Boxlänge zwischen den beiden Quartilen ein Maß für die Genauigkeit der Messungen. Je kürzer die Box, desto genauer sind die Messungen.

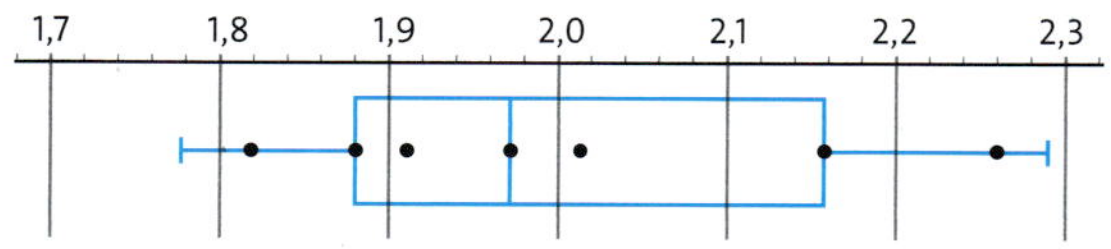

7. a) Aus der Bilderfolge ergibt sich eine Schwingungsdauer von $T = 0{,}80$ s. Die Amplituden betragen: $x_{\text{max,oben}} = 0{,}70$ m und $x_{\text{max,unten}} = 0{,}15$ m.

b) Der Schwingungsteil oberhalb des Trampolins ist durch einen freien Fall modellierbar. Es gilt der quadratische Funktionstyp: $y = \frac{1}{2}gt^2$. Das t-y-Diagramm hat dort die Form einer Parabel. Die Bewegung im Trampolin erfolgt im Hookeschen Bereich: $F \sim y$. Damit schwingt es harmonisch unter der Gleichgewichtslage. Die Bewegungsgleichung wird durch die Sinusfunktion beschrieben. Der Graph hat die Form der 2. Sinushälfte.

8. Früheren Generationen standen digitale Hilfsmittel wie Videoanalysen und Tabellenkalkulationsprogramme nicht zur Verfügung. Sie konnten nur wenige Messwerte auswerten. Die aus der Schule bekannten mathematischen Funktionen erlauben es nur, idealisierte Bewegungen zu analysieren. Mit digitalen Messmethoden lassen sich heutzutage auch Schwingungen erfassen, die nicht durch ideale Modelle angemessen beschrieben werden können. Iterative Verfahren, z. B. die Methode der kleinen Schritte, ermöglichen es, auch solche Bewegungen quantitativ zu analysieren. Simulationen erlauben Vorhersagen komplexer Schwingungen.
Dadurch ist der Blick auf die Physik wesentlich erweitert. Der Schwerpunkt im Unterricht hat sich gewandelt. Quantitative Alltagsbeobachtungen und komplexere Bewegungen ergänzen die theoretischen Modelle.

Wellen

Check-up-Seiten 100-101

1. **a)** Eine mechanische Welle entsteht in dem Fall, in dem der Stein ins Wasser geworfen wird. Beim Wasser führt die Kopplung der Wassermoleküle aneinander, z. B. durch Wasserstoffbrücken, zur Entstehung und Ausbreitung einer Welle.
Hinweis: Auch die Sandteilchen sind aneinandergekoppelt. Die Ausbreitung einer Welle lässt sich mit bloßem Auge jedoch nicht beobachten.
b) Wellen transportieren keine Materie, sondern nur Energie. Das Seerosenblatt auf der Wasseroberfläche würde daher von der Ausbreitung der Welle nicht beeinflusst werden.

2. *Glocken:* Es entstehen Schallwellen, die sich im Medium Luft longitudinal ausbreiten. Bei Schallwellen handelt es sich um mechanische Wellen.
Laserpointer: Beim Licht eines Lasers handelt es sich um eine elektromagnetische Welle, die kein Medium zur Ausbreitung braucht. Licht breitet sich transversal aus.
Wasser: Die Kopplung der Wasserteilchen führt zur Ausbreitung einer mechnischen Oberflächenwelle, die sich transversal ausbreitet.
Schaukel: Bei der Schaukel gibt es keine aneinandergekoppelten Teilchen. Es handelt sich hier um eine Schwingung.
Stimmgabel: Hier entsteht wie bei den Glocken eine mechanische Welle (Schallwelle), die sich longitudinal in der Luft ausbreitet.

3.

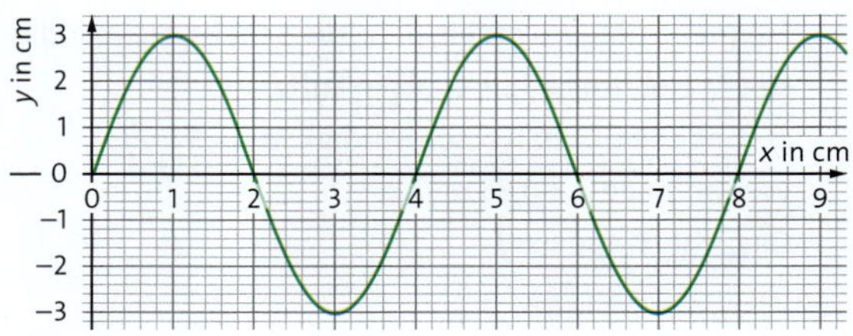

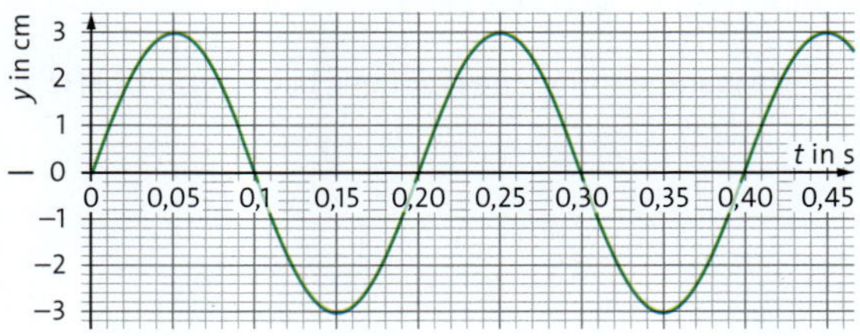

4. **a)** Gegeben: Schallgeschwindigkeit $c = 343\,\frac{m}{s}$; Frequenz $f_1 = 20$ Hz; Frequenz $f_2 = 20$ kHz
Gesucht: Wellenlängen λ_1 und λ_2
Lösung: $c = \lambda \cdot f \Rightarrow \lambda = \frac{c}{f}$

$\lambda_1 = \frac{c}{f_1} = \frac{343\,\frac{m}{s}}{20\,Hz} \approx 17$ m

$\lambda_2 = \frac{c}{f_2} = \frac{343\,\frac{m}{s}}{20\,000\,Hz} \approx 0{,}017\,m \approx 1{,}7$ cm

Bei Raumtemperatur beträgt die Wellenlänge von Schallwellen mit einer Frequenz von 20 Hz etwa 17 m und bei einer Frequenz von 20 000 Hz ca. 1,7 cm.

b) Gegeben: Lichtgeschwindigkeit $c = 3{,}0 \cdot 10^8\,\frac{m}{s}$; Wellenlänge $\lambda = 410$ nm
Gesucht: Frequenz f
Lösung: $c = \lambda \cdot f \Rightarrow f = \frac{c}{\lambda}$

$f = \frac{3 \cdot 10^8\,\frac{m}{s}}{410 \cdot 10^{-9}\,m} \approx 7{,}3 \cdot 10^{14}$ Hz

Das Licht mit einer Wellenlänge von 410 nm hat eine Frequenz von $7{,}3 \cdot 10^{14}$ Hz. Licht dieser Wellenlänge bzw. Frequenz ist violett.

c) Gegeben: Anzahl $n = 8$; Zeit $t = 50$ s; Wellenlänge: $\lambda = 7{,}5$ m
Gesucht: Geschwindigkeit c
Lösung: Berechnung der Frequenz:
$f = \frac{n}{t} = \frac{8}{50\,s} = 0{,}16$ Hz
Berechnung der Geschwindigkeit:
$c = \lambda \cdot f = 0{,}16\,Hz \cdot 7{,}5\,m = 1{,}2\,\frac{m}{s}$
Die Wasserwelle hat eine Geschwindigkeit von $1{,}2\,\frac{m}{s}$.

5. **a)** Transversalwellen: Licht, Seilwelle
Longitudinalwellen: Schallwelle, Erdbeben

b) Die Anregung der Welle durch die Stimmbänder bleibt unverändert. Da die Stimme höher wird, muss die Frequenz höher werden, d. h., die Schallgeschwindigkeit in Helium ist höher als in Luft.

c) Gegeben: Schallgeschwindigkeit $c = 981\,\frac{m}{s}$; Wellenlänge $\lambda = 0{,}85$ m
Gesucht: Frequenz f
Lösung: $c = \lambda \cdot f \Rightarrow f = \frac{c}{\lambda}$

$f = \frac{981\,\frac{m}{s}}{0{,}85\,m} \approx 1154\,Hz \approx 1{,}2$ kHz

Die wahrgenommene Frequenz beträgt ca. 1,2 kHz.

6. Aus den Diagrammen erhält man folgende Werte:
Wellenlänge: $\lambda = 1{,}5$ m
Amplitude: $A = 6{,}0$ m
Periodendauer: $T = 0{,}05$ s
Frequenz: $f = \frac{1}{T} = 20$ Hz

7. **a)** Gegeben: Anzahl $n = 21$ pro 60 s; Strecke $x = 30$ m; Zeit $t = 20$ s
Gesucht: Ausbreitungseschwindigkeit c, Frequenz f
Lösung: Berechnung der Geschwindigkeit:
$c = \frac{\Delta x}{\Delta t} = \frac{30\,m}{20\,s} = 1{,}5\,\frac{m}{s}$
Berechnung der Frequenz:
$f = \frac{n}{t} = \frac{21}{60\,s} = 0{,}35$ Hz
Die Welle hat eine Ausbreitungsgeschwindigkeit von $1{,}5\,\frac{m}{s}$ und eine Frequenz von 0,35 Hz.

b) Gesucht: Wellenlänge λ
Lösung: $c = \lambda \cdot f \Rightarrow \lambda = \frac{c}{f}$
$\lambda = \frac{c}{f} = \frac{1{,}5\,\frac{m}{s}}{0{,}35\,Hz} \approx 4{,}3$ m
Die Wellelänge beträgt rund 4,3 m.

8. Die Schallwellen sind aufgrund des Beugungseffekts auch noch „um die Ecke" hörbar. Wellen werden an einem Spalt gebeugt, wenn ihre Wellenlänge im Vergleich zur Spaltbreite ausreichend groß ist. Dies ist bei Schallwellen im Vergleich zur Breite der Tür der Fall. Da die Beugung charakteristisch für Wellen ist, zeigt dies, dass Schall eine Welle ist.

9. **a)** Gegeben: Ausbreitungsgeschwindigkeit $c = \sqrt{gh}$; Wassertiefe $h = 5{,}0$ km
Gesucht: Zeit Δt
Lösung: Berechnung der Ausbreitungsgeschwindigkeit:
$c = \sqrt{gh} = \sqrt{9{,}81\,\frac{m}{s^2} \cdot 5\,000\,m} \approx 221\,\frac{m}{s}$
Die Entfernung zwischen der Ostküste Japans und Westküste der USA beträgt näherungsweise 7 870 km:
$c = \frac{\Delta x}{\Delta t} \Rightarrow \Delta t = \frac{\Delta x}{c} = \frac{7\,870\,km}{0{,}22\,km/s} \approx 9{,}9$ h
Der Tsunami braucht in 5,0 km Tiefe etwa 9,9 h.

b) Das Verhältnis von 100 m zu 5 000 m beträgt 1 : 50.
Das bedeutet:
$\lambda(5\,000\,m) = 50 \cdot \lambda(100\,m)$
$c(5\,000\,m) = \sqrt{50} \cdot c(100\,m)$
Folglich sind Tiefseewellen länger und ihre Ausbreitungsgeschwindigkeit ist höher. Sie erreichen die USA damit schneller und werden an der Küste gebremst.

10. a) Im Hörsaal gibt es Stellen mit besonders großer bzw. besonders kleiner Lautstärke, da sich Wellen gleicher Wellenlänge und Amplitude überlagern. Es bilden sich Interferenzmaxima und Interferenzminima in Abhängigkeit der Wellenlänge aus.

b) Gegeben: Frequenz $f = 250$ Hz; Geschwindigkeit $c = 340\,\frac{m}{s}$; Entfernung

Lösung: Berechnung des Gangunterschied:

$\Delta s = \left| |\overline{S_2E}| - |\overline{S_1E}| \right| = 16\text{ m} - 12{,}6\text{ m} = 3{,}4\text{ m}$

$\lambda = \frac{c}{f} = \frac{340\,\frac{m}{s}}{250\text{ Hz}} = 1{,}36\text{ m}$

$\frac{\Delta s}{\lambda} = \frac{3{,}4\text{ m}}{1{,}36\text{ m}} = \frac{5}{2}$

$\Delta s = \frac{5}{2}\lambda$

Das Ergebnis $\Delta s = \frac{5}{2}\lambda$ bedeutet, dass dort ein Interferenzminimum vorliegt. Das Mikrofon wurde also äußerst ungünstig positioniert, da an dieser Stelle eine besonders kleine Lautstärke vorliegt.

11. a) Ein Laser beleuchtet eine Blende mit einem Doppelspalt. Auf einem Schirm wird das Interferenzbild mit den Interferenzmaxima und Interferenzminima aufgefangen. Je kleiner dabei der Spaltabstand ist, desto weniger Maxima und Minima sind sichtbar.

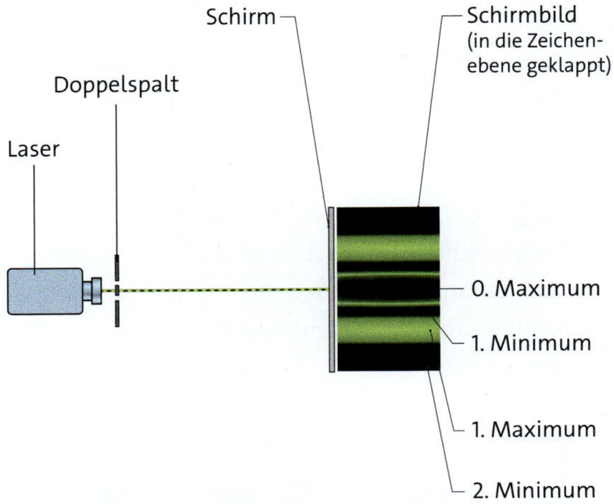

b) Vergrößert man den Abstand der beiden Spalte, dann rücken die Interferenzmaxima und -minima näher zusammen. Es sind mehr Stellen maximaler und minimaler Intensität auf dem Schirm erkennbar.

c) Rotes Licht hat eine größere Wellenlänge als grünes Licht. Die Maxima und die Minima auf dem Schirm gehen daher weiter auseinander. Entsprechend lassen sich weniger dieser Stellen auf dem Schirm beobachten.

12. Im Wellenmodell des Lichts können die Phänomene der Reflexion, der Brechung, der Beugung und der Interferenz erklärt werden.
Mithilfe des Photonenmodells können ebenso die Reflexion und die Brechung von Licht erklärt werden. Die Erklärung der Beugung und der Interferenz sind damit jedoch nicht möglich.

Profilbereich

Check-up-Seite 174

1. a) Die beschleunigende Kraft entspricht der Gewichtskraft des herabhängenden Teils der Schnur. Zum Zeitpunkt $t = 0$ s hängt insgesamt folgende Masse vom Tisch herunter:

$m_{\text{hängend}} = \frac{x}{l} \cdot m = \frac{10\text{ cm}}{100\text{ cm}} \cdot 10\text{ g} = 1{,}0\text{ g}$

Für die beschleunigende Kraft folgt daraus:

$F = m_{\text{hängend}} \cdot g$

$F = 0{,}001\text{ kg} \cdot 9{,}81\frac{\text{m}}{\text{s}^2} = 0{,}00981\ N \approx 9{,}8\text{ mN}$

Für die Beschleunigung folgt:

$a = \frac{F}{m} = \frac{0{,}00981\text{ N}}{0{,}01\text{ kg}} \approx 0{,}98\frac{\text{m}}{\text{s}^2}$

b) Der Schnuranteil, der an der Tischkante überhängt, beträgt $\frac{x}{l}$.

Für die beschleunigende Kraft folgt damit allgemein:

$F(x) = \frac{x}{l} \cdot m \cdot g$

Für die Beschleunigung folgt allgemein:

$a(x) = \frac{F}{m} = \frac{x}{l} \cdot g$

c) Die nachfolgende Abbildung zeigt ein mögliches Rechenblatt sowie die Berechnungsformel für das Kraftgesetz in der Tabellenkalkulation. Den Spalten C und E kann man entnehmen, dass die Schnur die Tischkante nach ca. 0,96 s vollständig überquert hat.

	A	B	C	D	E	F	G
1	Delta t in s	0,005	t in s	v in m/s	x in m	F in N	a in m/s^2
2	Schnurmasse in kg	0,01	0	0	0,1	0,00981	0,981
3	Schnurlänge in m	1	0,005	0,004905	0,1000123	0,0098112	0,9811203
4			0,01	0,0098106	0,1000491	0,0098148	0,9814812
5							
6							

=(E2/$B$3)*$B$2*9,81

2. a) Die maximale Leistung einer Solarzelle liegt am MPP vor. Die dort vorliegende Spannung und Stromstärke sind jedoch geringer als die Leerlaufspannung und die Kurzschlussstromstärke:

$U_{\text{MPP}} < U_{\text{L}}$

$I_{\text{MPP}} < I_{\text{K}}$

Daraus folgt:

$P_{\text{MPP}} < U_{\text{L}} \cdot I_{\text{K}}$

$U_{\text{L}} \cdot I_{\text{K}} = 0{,}90\text{ V} \cdot 0{,}05\text{ A} = 0{,}045\text{ W}$

$P_{\text{MPP}} < 45\text{ mW}$

Die maximale Leistung am MPP ist kleiner als 45 mW. Die Aussage ist daher nicht richtig.

b) Aus den Gesetzmäßigkeiten für die Reihen- und Parallelschaltung von Solarzellen folgt für das dargestellte Modul:

$U_{\text{L,Modul}} = 3 \cdot U_{\text{L}} = 3 \cdot 0{,}90\text{ V} = 2{,}70\text{ V}$

$I_{\text{K,Modul}} = 2 \cdot I_{\text{K}} = 2 \cdot 50\text{ mA} = 100\text{ mA}$

Die Kurzschlussstromstärke wird in Reihe zu den Modulsträngen gemessen. Die Leerlaufspannung wird parallel zum Modul gemessen. Die Abbildung verdeutlicht dies nochmal:

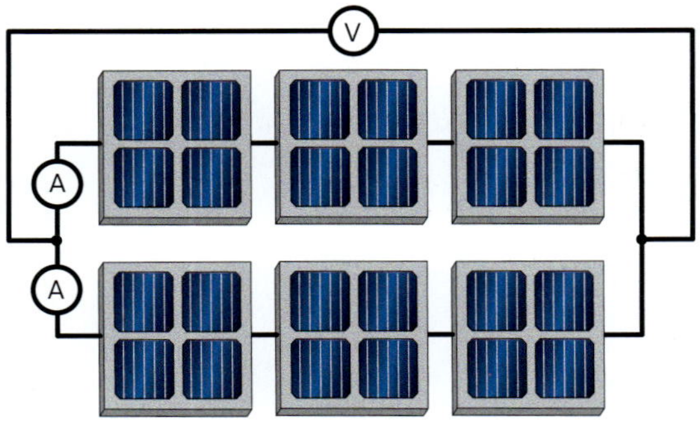

A

Absorption *90*
Absorptionsspektrum *46, 93*
Agri-Photovoltaik *148 f.*
Amplitude *49 f., 80, 84, 86 f., 102*
analytische Lösung *156 f., 159*
Andromedagalaxie *118*
Anfangsbedingung *149 f., 175*
Anregung *68*
astrometrische Methode *119*
Ausbreitungsgeschwindigkeit *70, 73, 93, 103*
Ausbreitungsrichtung *69, 73 ff., 122, 128*
Auslenkung *49 f., 52, 68, 70, 80 f., 86, 120, 156*
Auslenkungswinkel *60*

B

Babylonier *110*
Bahngeschwindigkeit *12 f., 15 f., 40*
Batteriespeicher *170*
Bauch *80*
Beschleunigung *10, 23, 28 f., 31, 44, 49 f., 52, 121, 148, 154, 158, 175*
Beschleunigungssensor *18*
Beugung *74, 103*
Bewegung *70*
Bewegungsgleichung *10, 50, 52, 156*
Bezugssystem *121, 123 f., 130*
Brechung *46, 90, 92*
Brechungswinkel *46*
Brownsche Bewegung *88*

D

Deutsche Physik *132 f.*
Diode *146, 162*
Doppelspalt *79, 90 f., 93, 103, 127*
Doppler-Effekt *82*
Doppler-Verschiebung *82*
Dotierung *146, 166*
Drake-Formel *119*
Drehfrequenz *13*
Dunkle Energie *119*
Dunkle Materie *119*

E

Echolot *83*
Eigenfrequenz *60, 86*
Eigenleitung *146*
Einfallswinkel *46, 163*
Einhüllende *74 f.*
Ekliptik *113*
elektromagnetische Welle *69*
Elektronenleitung *146*
Elementarteilchen *130*
Elementarwelle *74 f.*
Ellipse *116*
Emissionspektrum *46, 93*
Energie
- Bewegungsenergie *46*
- chemische *136 f.*
- elektrische *136 ff., 162, 166*
- Höhenenergie *10, 46*
- kinetische *10, 58, 61, 153*
- Lichtenergie *162 f., 166*
- mechanische *46*
- potentielle *31*

Energieerhaltungssatz *10, 31, 61, 135*
Energieflussdiagramm *137*
Energie-Management-System *170*
Energiequelle *134, 136*
Energiesparpotential *138*
Energieträger *134, 138*
Energietransport *138*
Energieversorgung *134*
Energiewende *168*
Erdrotation *117*
Erreger *68, 74, 76, 79*
Erregerfrequenz *60*
Exoplanet *119*
Exzentrität *116*
Exzerpt *107*

F

Fadenpendel *50, 60 f., 102, 135*
Fallbeschleunigung *10, 23, 60*
Fallgeschwindigkeit *111*
Falsifizierung *127*
Federkonstante *44, 154, 156*
Federpendel *52, 60, 102, 156*
Fixstern *114*
Fixsternsphäre *113*
Fluchtgeschwindigkeit *118*
Forschungsprojket *173*
Fourieranalyse *85*
freier Fall *10, 152 f.*
Frequenz *29, 49, 60, 70, 72, 80, 82 ff., 86 f., 92, 102*
Frequenzspektrum *85*
Funktionsanpassung *57*

G

Gangunterschied *79, 91, 103*
Gedankenexperiment *122 ff., 126*
Geschwindigkeit *10, 12, 14 f., 28 f., 31, 40, 44, 49, 71, 111, 120 f., 124 f., 127, 152 ff., 157 f.*
Geschwindigkeitsänderung *15 f.*
Gewichtskraft *10, 22, 29, 152*
g-Kraft *23*
Gleichgewichtslage *49, 52*
Gleichzeitigkeit *123*
GPS *158*
Gravitation *119, 127*
Gravitationsgesetz *26, 41*
Gravitationskonstante *26, 41*
Gravitationskraft *26 f., 41, 157*
Grenzfall *58*
Größenklasse *111*
Grundschwingung *80, 85*
Grundton *84*
Gyroskopsensor *18*

H

Haftreibungskoeffizient *25*
Haftreibungskraft *25*
Halbachse *116*
Halbleiter *146*
Halbwertszeit *130*
Hemmpendel *61*
Hintegrundstrahlung *119*
Hochspannungsnetz *138*
Homogenität *118*
Hookesches Gesetz *44*
Hörschall *71f.*
Hubble *118*
Homogenität *118*
Huygensches Prinzip *74f.*

I

Impulserhaltungssatz *28*
Inertialsystem *123*
Infraschall *72*
Institution *172*
integriertes Navigationsverfahren *158*
Intensität *88, 90, 165, 175*
Interferenz *76, 78, 90f., 103*
- destruktive *76ff.*
- konstruktive *76, 78f.*

Interferenzmaximum *76, 78f., 91, 103*
Interferenzminimum *76, 78f., 91, 103*
Inertialsystem *121, 125*
irreversibler Vorgang *135*
Isotropie *118*
Iteration *149, 151 ,175*

K

Kennlinie *165, 175*
Keplscher Gesetze *106, 115f.*
Klangfarbe *85*
Klimawandel *134, 162*
Knoten *80*
Kopplung *68, 103*
Kosmologisches Prinzip *118*
Kraft *10, 14, 20, 22, 25f., 29, 31, 50, 117,, 148, 159*
Kräfteparallelogramm *22*
Kraftgesetz *149f., 155, 175*
Kraftwerk *136ff.*
Kreisbahn *12ff., 16, 20, 22, 40f.*
Kreisbewegung *12, 14, 16, 22*
Kriechfall *58*
Kristallkugel *112*
Kurzschlussstromstärke *146, 163*

L

Längenkontraktion *126, 129f.*
Lärm *88*
Lärmschutz *88f.*
Lautstärke *88f.*
Leerlaufspannung *146, 163*
Leistung *31, 138 ,163, 165, 170*
Leuchtdiode *146, 162*
Lichtäther *122, 128*
Lichtgeschwindigkeit *70, 122, 125, 128f.*
Lichtstrahlmodell *92*
Lichtuhr *124*
Lichtwellenleiter *94f.*
Löcherleitung *146*
Lorentz-Faktor *125ff.*
Luftwiderstand *10, 153*

M

Massepunkt *13, 103*
Maximum-Power-Point *165, 175*
Maya *110*
Median *55, 57*
Messgenauigkeit *56*
Messunsicherheit *54f, 57*
- statistische *55*
- systematische *54*

Mikrowellenstrahlung *119*
Milchstraße *117ff.*
Mittelwert *55*
MPP-Tracker *165, 167, 170*
Myon *129f.*

N

Newtonsche Gesetze *20, 28f.*
Newtonsches Grundgesetz *10, 15, 29, 49*
nichtkonstante Kraft *148, 175*
N-Körper-Problem *157*
numerische Lösung *156f.*
numerisches Verfahren *156*

O

Oberschwingung *80, 85*
optisches Gitter *46*
Oszillator *49, 81*

P

Parallaxe *117*
Periode *70*
Periodendauer *29, 49 f., 120*
periodsiche Bewegung *29, 48 f., 102*
Phasenbeziehung *76*
Phasengeschwindigkeit *70*
Phasensprung *80*
photometrische Methode *119*
Photon *46, 92*
Photonenmodell *46, 92*
Photovoltaik *146, 162, 168, 170*
Physik-Engine *159*
Planet *112 ff.*
Planetenbahn *116*
Planetensystem *114, 118*
Podiumsdiskussion *172*
Postulat *122, 124 ,127*
Präsentation *107*
Primärenergie *136*
Primärenergiefaktor *136*

Q

Quantenphysik *120*
Quartil *55, 57*
Quotientengleichheit *57*

R

Raumladungszone *146*
Rechenblatt *150 f.*
Reflexion *46, 90, 92, 124*
Reflexionswinkel *46*
Reinstoff *146*
Relativitätsprinzip *122*
Resonanz *58, 86*
Resonanzkatastrophe *86*
resultierende Kraft *10, 14*
reversibler Vorgang *135*
Rotationsfrequenz *40*
Rückstellkraft *52, 60, 102, 154*
Ruhelage *49*

S

Satellit *27, 158*
Satellitenbahn *116*
Satz des Pythagoras *31, 125*
Schallausbreitung *89*
Schalldämmung *89*
Schallgeschwindigkeit *70 ff.*
Schallwelle *72, 88, 90, 122*
Schwebung *87*
Schwingfall *58*
Schwignung *48 ff., 68, 84, 88*
- erzwungene *58*
- gedämpfte *58*
- harmonische *52, 102, 154 f.*

Schwingungsdauer *49, 60, 70, 102*
Solarmodul *170*
Solarzelle *146, 163, 165 f, 175*
Sonnensystem *117 f.*
spektroskopische Methode *119*
Spektrum *46*
spezielle Relativitätstheorie *120 f*
Spiralgalaxie *117*
Stoßdämpfer *62 f.*
Stoßprozess *28*
Superposition *76, 81, 103*
Synodischer Monat *110*

T

Teilchenmodell *93*
Trägermedium *68 f., 93, 122*
Trägheit *20, 29*
Trägheitsgesetz *10*
Trägheitsnavigationsverfahren *158*
trigonometrische Funktion *31*

U

Ultraschall *72, 83*
Umkehrpunkt *49 f.*
Umlaufbahn *26 f.*
Umlaufdauer *12 f., 40, 114, 116*
Universum *106, 117 ff.*
Urknall *106 ,119*

V

Vektor *10, 15, 29, 81*
Verifizierung *127*
Videoanalyse *28 f., 48, 51 f.*
Vorwiederstand *167, 169 ff., 179 f.*

W

Wallbox *170*
Wasserwelle *73, 90*
Wechselrichter *167, 170*
Wechselwirkungsgesetz *10, 26*
Welle *68, 73, 76*
- Longitudinalwelle *69, 103*
- mechanische *68*
- stehende *80*
- Transversalwelle *69, 103*

Wellenberg *70, 78 f.*
Wellenfront *74, 82*
Wellenlänge *70 f., 74, 79 f., 92 f. 103*
Wellenmodell *92 f.*
Windungszahl *35 f., 44 f., 50, 52, 57, 61,*
Wellental *70, 78 f.*
Weltall *122, 128*
Weltbild *106, 110, 112 ff., 116, 120*
- geozentrisches *106, 112 ff.*
- heliozentrisches *106, 112, 114*

Winkelgeschwindigkeit *12 f., 16, 40 f.*
Wirkungsgrad *135, 165*

Z

Zeitdilatation *124 ff., 129*
Zentrifugalkraft *20, 29, 41*
Zentripetalbeschleunigung *16, 23, 41*
Zentripetalkraft *14, 16, 22, 26, 41*
Zusatzgeschwindigkeit *15*
Zweiwegezähler *170*

Titelbild Shutterstock.com/Anusorn Nakdee

Illustrationen/Grafiken Cornelsen/Peter Hesse (*S. 131/Mi.re.*) – Cornelsen/Tom Menzel (*S. 38/2*) – **Cornelsen/Tom Menzel, bearbeitet durch Werner Wildermuth** (*S. 14/2, S. 17/3, S. 37/Mi.li., S. 38/1*) – **Cornelsen/newVision!GmbH, Bernhard A. Peter** (*S. 10/1, S. 11/2, S. 18/2, S. 19/5, S. 26/2, S. 41/un.re., S. 46/1-3, S. 47/6-8, S. 49/2, S. 53/3, S. 60/2, S. 71/3, S. 74/2C, S. 79/4, S. 86/1, S. 88/2, S. 89/4, S. 92/2, S. 93/4, S. 98/ un.li., S. 102/un.li.+un.re., S. 137/4, S. 146/3, S. 147/5+6, S. 166/1*) – **Cornelsen/newVision!GmbH, Bernhard A. Peter, bearbeitet durch Werner Wildermuth** (*S. 22/1, S. 67/3, S. 121/4*) – **Cornelsen/Werner Wildermuth** (*S. 11/3, S. 12/2, S. 13/3, S. 14/3, S. 15/4+5, S. 16/1+2, S. 18/1+3, S. 20/2, S. 21/Mi.re.+3, S. 22/2, S. 23/3+4, S. 25/2+3, S. 27/3-5, S. 28/1B+C, S. 29/3, S. 30/2-4, S. 33/1+3, S. 34/3, S. 35/4+6+7, S. 36/un.li.+un.re., S. 39/3, S. 40/un., S. 41/Mi., S. 44/1+2, S. 45/3-5, S. 46/un.li.+4+5, S. 49/3, S. 50/2, S. 51/3-5, S. 53/4+6, S. 54/1+2, S. 55/3+4, S. 56/1-4, S. 57/1+2+4, S. 58/2, S. 60/3, S. 61/4-6, S. 62/2, S. 63/4, S. 64/ob.li.+Mi.re., S. 65/ob.re.+Mi.re.+un.re., S. 66/1+2, S. 68/2, S. 69/4+5, S. 70/1, S. 72/2+3, S. 73/5+6, S. 74/3, S. 75/4+5, S. 76/3, S. 77/4+5, S. 78/ob.re.+Mi.re., S. 79/2+3, S. 80/2+3, S. 81/4+5, S. 82/1+2, S. 83/3+4, S. 84/2+3, S. 85/5-7, S. 87/3+4, S. 90/3+4B, S. 91/5-7, S. 92/1, S. 93/3+5+6, S. 94/1+3+4, S. 95/2+5, S. 97/ob.re.+Mi.re.+un.re., S. 98/ob.li., S. 99/un.li.+Mi.re.+un.re., S. 100/2, S. 100/ob.re., S. 103/Mi.re.+un.re., S. 107/2, S. 110/1, S. 111/3, S. 112/2, S. 116/1+2, S. 117/3, S. 123/2, S. 124/1+4, S. 125/5, S. 126/1, S. 127/3-5, S. 128/1, S. 129/2, S. 130/1+2, S. 131/ob.li.+un.li., S. 135/2+4, S. 137/3+5, S. 138/2, S. 146/1+2, S. 147/4, S. 148/2, S. 149/3+4, S. 150/1+2, S. 151/3+4, S. 152/2+3, S. 153/4+5+7, S. 154/1-3, S. 155/4, S. 156/2, S. 157/4+5, S. 158/2, S. 159/3+4, S. 160/Mi.li.+ob.re., S. 163/2+3, S. 164/1-3, S. 165/Mi.re., S. 166/2+3, S. 167/4-6, S. 168/1+2, S. 169/3, S. 170/1, S. 171/Mi.li., S. 172/1, S. 174/1+2, S. 175/ob.re.+Mi.re.+un.re., S. 180/Mi.re+un.re., S. 181/Mi.re., S. 182/Mi.li., S. 184/ob.li.+un.li.+Mi.re., S. 185/un.re., S. 187/un.li., S. 188/Mi.+un.re.*) – Cornelsen (Grafik), Text (s. u.) (*S. 132/1, S. 133/2*)

Fotos **Andrea Renner:** *S. 90/2* – **Anneke Emse:** *S. 74/2B, S. 76/2 ob.* – **bpk** (adoc-photos: *S. 121/2*, adoc-photos, Claude Ptolémée (vers 90 - vers 168), Gravure colorisée.: *S. 112/1*, Brahe mit seinem Schüler Kepler in Prag, Kupferstich (18. Jh.): *S. 115/3*, Alfredo Dagli Orti, Gemälde: Öl auf Leinwand (o.J.) von Justus Suttermans [1597 - 1681] , Person: Galileo Galilei [1564 - 1642]: *S. 114/1B*, Bayerische Staatsbibliothek: *S. 114/1A*, New Picture Library/DeAgostini/G. Nimatallah, Portrait of Mikolaj Kopernik known as Nicolaus Copernicus (Torun, 1473-Frombork, 1543), Polish astronomer, painting, 1575. Poland: *S. 113/3*) – **Bridgeman Images** (Granger, ANCIENT EGYPT: ZODIAC The Egyptian zodiac. Line engraving, 19th century, after a ceiling painting in the temple of Isis at Dendera.: *S. 110/2*) – **Cornelsen/Oliver Meibert:** *S. 69/3* – **Cornelsen/Volker Döring:** *S. 74/1* – **Cornelsen/Volker Minkus:** *S. 89/5* – **ESA/Planck Collaboration:** *S. 119/2* – **Experimente Physikalisches Institut, Albert-Ludwig-Universität Freiburg:** *S. 122/1* – **Depositphotos** (Agnieszka Jonik: *S. 100/1 Mi.re.*, Alexandr Shulyakov: *S. 96/ob. li.*, Evgeny Karandaev: *S. 4/ob.re., S. 104-105*, German Dvinyaninov: *S. 152/1*, kanin wichuma: *S. 19/4*, Ken Pilon: *S. 157/3*, Konstantin Ermolaev: *S. 153/6*, Kyryl Gorlov: *S. 90/1*, Liane Matrisch: *S. 162/1*, Manuel Mata Gallego: *S. 39/4*, Med Photo Studio X: *S. 60/1*, Stephan Pietzko: *S. 134/1*, Thomas Graversen: *S. 88/1*, Xavier Gallego Morell: *S. 87/2*, zhou hong: *S. 139/3*) – **Dr. Brado Diehl:** *S. 48/1, S. 52/1, S. 58/1, S. 59/1, S. 63/3* – **Dr. Reiner Kienle:** *S. 90/4A* – Gerhard Mester: *S. 139/4* – **Gravitationslinse von ESA/Hubble & NASA, M. Gladders et al.Acknowledgement: Judy Schmidt aus https://esahubble.org/images/potw1903a/** - lizenziert unter CC-BY 4.0.(https://creativecommons.org/licenses/by/4.0/): *S. 106/1* – **Imago Stock & People GmbH** (McPHOTO\r: *S. 74/2A*) – **interfoto e.k./**Granger, NYC: *S. 158/1* – Martin Blank: *S. 80/1, S. 86/6* – **Look** (age fotostock: *S. 100/1 Mi.li.*) – **mauritius images** (alamy stock photo/Atomic: *S. 133/3*, alamy stock photo/Christian Ohde: *S. 100/1 ob.re.*, alamy stock photo/Galaxy Picture Library: *S. 114/2*, alamy stock photo/James Barrow: *S. 28/1A*, alamy stock photo/JIPEN: *S. 72/1*, alamy stock photo/ Max Ryazanov: *S. 148/1*, alamy stock photo/Mika Volkmann: *S. 68/1*, alamy stock photo/parkerphotography: *S. 33/2*, alamy stock photo/ PRILL Mediendesign: *S. 24/1*, alamy stock photo/Science History Images: *S. 156/1*, alamy stock photo/sciencephotos: *S. 76/2 un.*, alamy stock photo/Tony Watson: *S. 30/1*, alamy stock photo/Wirestock, Inc.: *S. 35/5*, alamy stock photo/Yon Marsh: *S. 33/4*, alamy stock photo/ Zoonar GmbH: *S. 34/2*, Christine Braun: *S. 28/2*, Moreno Geremetta: *S. 62/1*, Pitopia: *S. 12/1, S. 34/1*, Science Source: *S. 135/3*, Travel Collection: *S. 84/1*, Walter Bibikow: *S. 73/4*) – **NASA** (JPL-Caltech: *S. 117/4+5, S. 118/1A*, JSC: *S. 171/un.re.*, MSFC: *S. 26/1, S. 161/ob.re.*) – **NASA Goddard, ESA/Hubble &amp:** *S. 118/1C* – **NASA Goddard, Capella Observatory:** *S. 118/1B* – **sciencephotolibrary** (Butler, Chris: *S. 117/6*, Degginger, E.R.: *S. 98/ob.re.*, Dohrn, Martin: *S. 78/1*, Giphotostock: *S. 50/1*, MAX PLANCK INSTITUTE FOR ASTROPHYSICS/VOLKER SPRINGEL: *S. 119/3*) – **stock. adobe.com** (Aleksandr Stepanov/alexstepanov: *S. 84/4*, Alex Staroseltsev: *S. 3/ob.re., S. 42-43*, /Archivist: *S. 65/ob.re.*, fullempty: *S. 3/ob.li., S. 8-9*, Thomas Dutour: *S. 76/1*, Yurii: *S. 85/8*, zoff.photography@gmail.com/zphoto83: *S. 20/1*) – **Shutterstock.com** (canbedone: *S. 120/1*, Olga Niekrasova: *S. 5/ob.li., S. 144-145*, Smileus: *S. 100/1 un.li.*, Ungor: *S. 13/4*, Volodymyr TVERDOKHLIB: *S. 100/1 ob.li.*, wavebreakmedia: *S. 14/1*) – **Ulf Konrad:** *S. 19/6*

Texte Plutarch, Über das Mondgesicht, Artemis Verlag Zürich, S. 22 (1968): *S. 112* – **Johann Christoph Sturm,** Des unvergleichlichen Archimedes Sand-Rechnung Oder Tiefsinnige Erfindung einer, mit verwunderlicher Leichtigkeit aussprechlichen Zahl, in Verlegung Paul Fürstens Nürnberg S. 32 (1667): *S. 112* – **Nicolaus Copernicus,** Gesamtausgabe, Band 3, Akademie Verlag Berlin, S. 2 (2007): *S. 113* – **Joachim Otto Fleckenstein,** Naturwissenschaft und Politik (von Galileo bis Einstein), Callwey Verlag München (1965): *S. 115* – **Johannes Kepler,** Gesammelte Werke, Band 3, C. H. Beck München S. 441-444 (1937): *S. 115* – **Johannes Kepler,** Gesammelte Werke, Band 6, C. H. Beck München, S. 497 (1940): *S. 115* – **Philipp Lenard,** Deutsche Physik in vier Bänden, München, S. 1 (1936–37): *S. 132* – **New York Times,** Archives, New York, (10.11.1919): *S. 133*